Progress in Mathematics
Vol. 53

Edited by
J. Coates and
S. Helgason

Birkhäuser
Boston · Basel · Stuttgart

Yves Laurent

Théorie de la Deuxième Microlocalisation dans le Domaine Complexe

1985

Birkhäuser
Boston · Basel · Stuttgart

Author:

Yves Laurent
Université Paris-sud
Centre d'Orsay
Mathématiques, Bâtiment 425
F–91405 Orsay (France)

Code Matière AMS (1982)
58 G 07
(35 N 10, 47 F 05)

Library of Congress Cataloging in Publication Data

Laurent, Yves.
Théorie de la deuxième microlocalisation dans le domaine complexe.
(Progress in mathematics ; vol. 53)
Bibliography: p.
1. Functions of several complex variables.
2. Holomorphic functions. 3. Differential equations, Partial. 1. Differential operators. I. Title.
II. Series: Progress in mathematics (Boston, Mass.) ; vol. 53
QA331.L264 1985 515.9'4 84-24412
ISBN 0-8176-3287-5

CIP-Kurztitelaufnahme der Deutschen Bibliothek

Laurent, Yves:
Théorie de la deuxième microlocalisation dans le domaine complexe / Yves Laurent. –
Boston ; Basel ; Stuttgart : Birkhäuser, 1985.
(Progress in mathematics ; Vol. 53)
ISBN 3-7643-3287-5 (Stuttgart . . .)
ISBN 0-8176-3287-5 (Boston . . .)

NE: GT

Printed in Germany
ISBN 0-8176-3287-5
ISBN 3-7643-3287-5

9 8 7 6 5 4 3 2 1

TABLE DES MATIERES

INTRODUCTION

Considérons une variété analytique complexe X et, sur X, le faisceau $\mathcal{D}_X$ des opérateurs différentiels d'ordre fini à coefficients analytiques. Si P est un opérateur différentiel, sa variété caractéristique est le sous-ensemble de T^*X (fibré cotangent à X) des zéros de son symbole principal. Dans [24], Sato, Kawaï et Kashiwara ont défini sur T^*X le faisceau d'anneaux $\mathcal{E}_X$ des opérateurs microdifférentiels (qu'ils notaient alors $\mathcal{P}_X^f$) dont la première propriété est la suivante :

Si π_0 est la projection de T^*X sur X, $\pi_0^{-1}\mathcal{D}_X$ est un sous-faisceau d'anneaux de $\mathcal{E}_X$ et si P est un opérateur différentiel, il est inversible dans $\mathcal{E}_X$ en dehors de sa variété caractéristique.

Considérons maintenant une sous-variété lagrangienne homogène Λ de T^*X et un opérateur différentiel ou microdifférentiel P défini au voisinage d'un point de Λ. On peut alors définir la variété microcaractéristique de P le long de Λ, c'est un sous-ensemble du fibré cotangent $T^*\Lambda$ à Λ. (Cette définition a d'abord été donnée par Bony [2] puis étendue aux systèmes par Kashiwara-Schapira [15]). Nous nous proposons de définir sur $T^*\Lambda$ un faisceau d'anneaux, que nous noterons $\mathcal{E}_\Lambda^2$ et appellerons faisceau des "opérateurs 2-microdifférentiels", qui joue vis-à-vis des opérateurs microdifférentiels et de la variété microcaractéristique le rôle que jouent les opérateurs microdifférentiels vis-à-vis des opérateurs différentiels et de la variété caractéristique :

Si π est la projection de $T^*\Lambda$ sur Λ, $\pi^{-1}(\mathcal{E}_X|_\Lambda)$ est un sous-faisceau d'anneaux de $\mathcal{E}_\Lambda^2$ et si P est un opérateur différentiel ou microdifférentiel, il est inversible dans $\mathcal{E}_\Lambda^2$ en dehors de sa variété microcaractéristique.

En fait nous construisons le faisceau $\mathcal{E}_\Lambda^2$ pour toute sous-variété involutive homogène Λ de T^*X (pas nécessairement lagrangienne), dans le cas général $\mathcal{E}_\Lambda^2$ n'est pas un faisceau sur $T^*\Lambda$ mais sur une variété que nous noterons $T_\Lambda^*\tilde{\Lambda}$ (cf. début du chapitre 2) et qui est la réunion des fibrés cotangents aux feuilles canoniques de Λ. ($\tilde{\Lambda}$ est la sous-variété lagrangienne de $T^*(X\times X)$ définie comme la réunion des feuilles canoniques de $\Lambda\times\Lambda$ qui rencontrent $T_X^*(X\times X)$).

Notre méthode de construction suit celle de [24] : nous construisons sur $\tilde{\Lambda}$ au voisinage de Λ un faisceau $\mathcal{M}_\Lambda$ dont nous montrons qu'il vérifie essentiellement les mêmes propriétés que celui des fonctions holomorphes sur $X \times X$ (prolongement analytique, annulation de certains groupes de cohomologie,...) ; nous pouvons alors remplacer $\mathcal{O}_{X\times X}$ par ce faisceau dans la construction de [24] et définir ainsi $\mathcal{E}^{2\infty}_\Lambda$ (opérateurs d'ordre infini).

Lorsque la variété Λ est définie par des équations linéaires nous définissons un calcul symbolique pour les opérateurs 2-microdifférentiels, i.e. nous établissons une bijection entre les sections de $\mathcal{E}^2_\Lambda$ sur un ouvert U de $T^*\tilde{\Lambda}$ et certaines séries doubles $\sum_{(i,j)\in\mathbb{Z}^2} f_{ij}$ de fonctions holomorphes sur U.

Ce symbole dépend du choix des coordonnées mais permet de définir le sous-faisceau $\mathcal{E}^2_\Lambda$ de $\mathcal{E}^{2\infty}_\Lambda$ des opérateurs 2-microdifférentiels d'ordre fini et le symbole "principal" σ_Λ d'un opérateur d'ordre fini. $\mathcal{E}^2_\Lambda$ et σ_Λ sont invariants par changement de variables sur X et même par transformation canonique quantifiée.

Dans le cas général, il n'y a plus de calcul symbolique complet mais, puisque toute variété involutive homogène peut (après ajout éventuel d'une variable "muette") être transformée en variété du type précédent, $\mathcal{E}^2_\Lambda$ et σ_Λ peuvent encore être définis.

Ce calcul symbolique nous permet de faire une étude algébrique du faisceau $\mathcal{E}^2_\Lambda$ semblable à celle que l'on peut faire pour $\mathcal{E}_X$: on a un théorème de "préparation de Weierstrass" et un théorème de division ; $\mathcal{E}^2_\Lambda$ est un faisceau d'anneaux unitaires cohérent et noethérien, plat sur l'anneau des opérateurs microdifférentiels (ce qui nous autorisera à considérer un système d'équations différentielles comme un $\mathcal{E}^2_\Lambda$-module cohérent).

Nous étudions les isomorphismes d'anneaux de $\mathcal{E}^2_\Lambda$ (transformations "bicanoniques quantifiées") et pour cela nous sommes amenés à regarder la structure symplectique de la variété $T^*_\Lambda\tilde{\Lambda}$. Nous montrons un théorème d'involutivité des caractéristiques pour les $\mathcal{E}^2_\Lambda$-modules (§.3.1.5).

En vue des applications (chapitre 3), nous sommes conduits à généraliser les constructions précédentes : nous remplaçons le faisceau $\mathcal{E}_X$ de Sato-Kawaï-Kashiwara par des faisceaux $\mathcal{E}_X(r,s)$ (r et s rationnels tels que $1 \leqslant s \leqslant r \leqslant +\infty$). Les éléments de $\mathcal{E}_X(r,s)$ sont définis par des symboles du même type que ceux de $\mathcal{E}_X$ mais avec des majorations différentes (majorations liées aux croissances Gevrey, cf.

§.1.5). Nous définissons ainsi des faisceaux $\mathcal{E}_\Lambda^{2\infty}(r,s)$ et $\mathcal{E}_\Lambda^2(r,s)$ qui ont des propriétés analogues à celles de $\mathcal{E}_\Lambda^{2\infty}$ et $\mathcal{E}_\Lambda^2$. Parmi ces faisceaux $\mathcal{E}_\Lambda^2(r,s)$, les deux plus importants sont $\mathcal{E}_\Lambda^2(1,1)$ qui n'est autre que $\mathcal{E}_\Lambda^2$ et $\mathcal{E}_\Lambda^2(\infty,1)$ sous-faisceau du précédent et lié à la condition de Levi et aux systèmes à points singuliers réguliers ; en particulier un système $\mathcal{M}$ est à points singuliers réguliers le long de Λ au sens de Kashiwara-Oshima [14] si et seulement si comme $\mathcal{E}_\Lambda^2(\infty,1)$-module il est à support dans la section nulle de $T_\Lambda^*\tilde{\Lambda}$ (§.3.1.3).

Par ailleurs le faisceau $\mathcal{E}_\Lambda^2(\infty,\infty)$ est important lui aussi puisqu'il donne la structure formelle des systèmes d'équations aux dérivées partielles.

La théorie des opérateurs 2-microdifférentiels a de nombreuses applications. En premier lieu elle nous permet de définir le polygône de Newton d'un opérateur : étant donnés un opérateur différentiel ou microdifférentiel et une sous-variété involutive homogène de T^*X, le polygône de Newton de cet opérateur le long de la sous-variété est un sous-ensemble du plan $\mathbb{R}^2$ qui est invariant par transformation canonique quantifiée. C'est un invariant très important attaché à un opérateur qui généralise le polygône de Newton en une variable.

A chaque point du bord de ce polygône est attaché un "symbole principal" de P qui est lui aussi invariant par transformation canonique quantifiée.

Dans un article ultérieur nous montrerons que ces symboles permettent de calculer l'indice du complexe des solutions d'un module holonôme dans certains espaces de distributions à croissance, résultat qui permet de mieux préciser la structure des $\mathcal{D}$-modules holonômes.

Ici, nous démontrons un théorème de Cauchy dans le domaine complexe qui généralise un résultat de Kashiwara-Schapira [15]. Comme corollaire de ce résultat on obtient un théorème de Cauchy pour les fonctions holomorphes ramifiées avec contrôle de la croissance des solutions en fonction de celle des données.

Nous prouvons également un théorème de prolongement pour les solutions d'un système du type précédent : si Ω est un ouvert de T^*X dont la frontière est non microcaractéristique pour un système d'équations aux dérivées partielles, les solutions de ce système se prolongent au travers de la frontière de Ω (cf. corollaire 3.3.3). Dans le cas d'un module holonôme cela permet de montrer que le faisceau des solutions est localement constant sur les strates d'une stratification de Whitney (on généralise ainsi le résultat de Kashiwara [10] à des solutions autres que les fonctions holomorphes).

Signalons que dans le cas des opérateurs d'ordre fini qui est pour nous le cas $r=+\infty$, $s=1$, les théorèmes précédents ont été démontrés indépendamment (et par des méthodes différentes) par Teresa Monteiro [19].

Nous terminons par l'étude de la croissance des séries formelles solutions d'un système différentiel. Voici par exemple un résultat que nous obtenons dans le cas d'un seul opérateur :

<u>Théorème</u> : Soit $P = \sum_{0 \leqslant j \leqslant m} P_j(x,D_x)$ un opérateur différentiel défini au voisinage de 0 dans $\mathbb{C}^n$ dont le symbole principal s'écrit :

$$P_m(x,\xi) = \sum_{|\alpha|=|\beta|=m} a_{\alpha\beta}\, x^\alpha\, \xi^\beta + O(|x|^{m+1})$$

avec
$$\forall x \in \mathbb{C}^n \setminus \{0\} \quad \sum_{|\alpha|=|\beta|=m} a_{\alpha\beta}\, x^\alpha\, \bar{x}^\beta \neq 0 .$$

Soient, pour $j=0,\ldots,m$, $\alpha(j)$ l'ordre d'annulation de $P_j(x,\xi)$ en 0, $a(j) = \min(\alpha(j),j)$ et $r = \inf_{0 \leqslant j \leqslant m-1} \frac{m-a(j)}{j-a(j)}$. (On a toujours $1 < r \leqslant +\infty$).

Soit $u = \sum_{\alpha \in \mathbb{N}^n} a_\alpha x^\alpha$ une série formelle telle que $Pu=0$ et que $u_r = \sum_\alpha \frac{a_\alpha}{(\alpha!)^{r-1}} x^\alpha$ ait un rayon de convergence infini, alors u est <u>convergente</u>.

Si pour tout j, P_j s'annule à l'ordre au moins j en 0, i.e. si $r=+\infty$, toute solution série formelle de $Pu=0$ est convergente.

(Dans ce dernier cas, on retrouve le résultat de [16 bis]).

Pour conclure cette introduction, considérons l'exemple très simple de l'opérateur d'Euler $P(t,D_t) = 1 + t^2 D_t$ au voisinage de 0 dans $\mathbb{C}$. Quand il agit sur les séries formelles $u = \sum_{n\geqslant 0} a_n t^n$ ou, pour $r>2$, sur les séries formelles telles que $u_r = \sum_{n \geqslant 0} \frac{a_n}{(n!)^{r-1}} t^n$ soit convergente, P est bijectif.

Par contre pour $r<2$ (en particulier pour $r=1$ qui est le cas des séries convergentes), P a un conoyau de dimension 2.

Ces résultats se traduisent dans notre théorie par le fait que, pour $r>2$, P est inversible dans $\mathscr{E}^2_\Lambda(r,r)$ et a pour symbole principal 1 alors que si $r<2$, P a pour symbole principal $t^2\tau$ dans $\mathscr{E}^2_\Lambda(r,r)$, fonction qui s'annule à l'ordre 2 sur $t=0$.

Donnons maintenant le plan de ce travail :

Le premier chapitre est consacré à la définition des 2-microfonctions holomorphes. Rappelons que Sato, Kawaï et Kashiwara [24] définissent, pour Y sous-variété complexe de X, les faisceaux $\mathscr{C}^{\mathbb{R}}_{Y|X}$ et $\mathscr{C}^{\infty}_{Y|X}$ sur T^*_YX (fibré conormal à Y) et que les faisceaux $\mathscr{E}^{\mathbb{R}}_X$ et $\mathscr{E}^{\infty}_X$ sont obtenus comme cas particulier en prenant pour Y la diagonale de $X\times X$. (cf. [16] §.1 ou [10] pour un bref rappel de ces définitions). Au §.1.1 nous montrons que les faisceaux $\mathscr{C}^{\mathbb{R}}_{Y|X}$ et $\mathscr{C}^{\infty}_{Y|X}$ vérifient des propriétés d'annulation de cohomologie analogues à celles du faisceau $\mathscr{O}_X$ des fonctions holomorphes. Ceci nous permet au §.1.2 de reprendre la construction de S-K-K [24] en remplaçant la donnée $(Y,X,\mathscr{O}_X)$ par $(\Sigma,\Lambda,\mathscr{M}^{\infty})$ où Λ est une sous-variété lagrangienne homogène de T^*X, Σ une sous-variété homogène de Λ, $\mathscr{M}$ un $\mathscr{E}_X$-module holonôme simple de support Λ et $\mathscr{M}^{\infty} = \mathscr{E}^{\infty}_X \otimes_{\mathscr{E}_X} \mathscr{M}$. Les faisceaux obtenus seront notés $\mathscr{C}^{2,\mathbb{R}}_{\Sigma,\mathscr{M}}$ et $\mathscr{C}^{2\infty}_{\Sigma,\mathscr{M}}$ et les sections de $\mathscr{C}^{2\infty}_{\Sigma,\mathscr{M}}$ seront les 2-microfonctions holomorphes.

Au §.1.3 nous définissons des opérations de produit tensoriel, image directe et image inverse sur les 2-microfonctions holomorphes.

Le §.1.4 est consacré au calcul symbolique. Nous nous plaçons dans le cas particulier où il existe deux sous-variétés Y et Z de X non tangentes telles que $\Lambda = T^*_YX$, $\mathscr{M} = \mathscr{C}_{Y|X}$, $\Sigma = T^*_ZX \cap T^*_YX$. Des coordonnées convenables étant fixées, il existe une bijection entre les sections de $\mathscr{C}^{2\infty}_{\Sigma,\mathscr{M}}$ sur un ouvert U de $T^*_\Sigma\Lambda$ et les séries $\sum_{(i,j)\in\mathbb{Z}^2} f_{ij}$ où les f_{ij} sont des fonctions holomorphes sur U homogènes pour chacune des deux actions naturelles de $\mathbb{C}$ sur $T^*_\Sigma\Lambda$ et qui vérifient certaines majorations (théorème 1.4.8). La démonstration de ce résultat est assez simple dans le cas où Y et Z sont de codimension 1. Dans le cas général, suivant [24], nous définissons le symbole par cohomologie de Čech et nous montrons l'unicité de ce symbole en nous ramenant au cas de la codimension 1.

Au §.1.5, nous montrons que l'on peut généraliser les constructions précédentes en remplaçant le faisceau $\mathcal{M}^\infty = \mathcal{E}_X^\infty \otimes_{\mathcal{E}_X} \mathcal{M}$ par $\mathcal{M}(r,s) = \mathcal{E}_X(r,s) \otimes_{\mathcal{E}_X} \mathcal{M}$ où $\mathcal{E}_X(r,s)$ est un faisceau d'opérateurs microdifférentiels semblable à $\mathcal{E}_X^\infty$ mais avec des conditions de croissance différentes (du type Gevrey).

Le chapitre 2 est consacré à la définition et à l'étude des propriétés essentielles du faisceau des opérateurs 2-microdifférentiels. Soit Λ une sous-variété involutive de T^*X, comme nous l'avons dit plus haut on définit $\tilde{\Lambda}$ comme la sous-variété lagrangienne de $T^*X \times X$ réunion des feuilles bicaractéristiques de $\Lambda \times \Lambda$ qui rencontrent $T_X^*(X \times X)$. Nous construisons au voisinage de Λ un $\mathcal{E}_{X \times X}$-module holonôme simple $\mathcal{M}_\Lambda$ de support $\tilde{\Lambda}$ qui ne dépend que de Λ. On définit alors $\mathcal{E}_\Lambda^{2\infty}$ comme le faisceau $\mathcal{C}_{\Lambda,\mathcal{M}_\Lambda}^{2\infty}$ tensorisé par les formes différentielles de degré maximum en la deuxième variable. Nous montrons que $\mathcal{E}_\Lambda^{2\infty}$ est muni d'une structure canonique de faisceau d'anneaux.

La construction précédente est faite dans le cas où Λ est régulière au §.2.1 puis étendue au cas général dans le §.2.2.

S'il existe des coordonnées $(x_1,\dots,x_n)$ de X dans lesquelles $\Lambda = \{(x,\xi) \in T^*X \,/\, \xi_1 = \dots = \xi_p = x_{p+1} = \dots = x_{n-d} = 0\}$, le théorème 1.4.8 cité plus haut défini un symbole pour les éléments de $\mathcal{E}_\Lambda^{2\infty}$. C'est ce que nous énonçons dans le théorème 2.3.1. Nous calculons le symbole du composé de deux opérateurs et nous terminons le paragraphe en montrant qu'il existe un morphisme canonique injectif de faisceaux d'anneaux unitaires $\mathcal{E}_X^\infty|_\Lambda \hookrightarrow \mathcal{E}_\Lambda^{2\infty}|_\Lambda$ (Λ est identifié à la section nulle de $T_\Lambda^*\tilde{\Lambda}$).

Dans les paragraphes 2.4, 2.5, 2.6 et 2.7, nous supposons que des coordonnées locales ont été choisies qui mettent Λ sous la forme précédente. Les définitions que nous posons dans ces paragraphes dépendent a priori de ce choix. Au §.2.4, on définit des sous-faisceaux $\mathcal{E}_\Lambda^2$ de $\mathcal{E}_\Lambda^{2\infty}$ et $\mathcal{E}_\Lambda^2(r,s)$ de $\mathcal{E}_\Lambda^{2\infty}(r,s)$, ce sont les faisceaux des opérateurs 2-microdifférentiels d'ordre fini. Si P est une section de $\mathcal{E}_\Lambda^2(r,s)$, nous définissons son symbole principal $\sigma_\Lambda^{(r,s)}(P)$. Nous définissons une norme formelle imitée de celle de Boutet de Monvel-Kree [5]. Cette norme formelle est assez compliquée car d'une part elle dépend de deux variables formelles puisque les séries $\sum f_{ij}$ dépendent de deux indices et d'autre part nous avons voulu traiter simultanément le cas de tous les $\mathcal{E}_\Lambda^2(r,s)$ Le résultat fondamental est le théorème 2.4.9 qui montre que cette norme est sous-multiplicative ce qui nous évitera la plupart des calculs dans la suite.

En particulier nous montrons que si P est un opérateur 2-microdifférentiel dont le symbole principal $\sigma_\Lambda^{(r,s)}(P)$ ne s'annule pas sur un ouvert U de $T^*_\Lambda\tilde{\Lambda}$, P est inversible sur U dans $\mathcal{E}^2_\Lambda(r,s)$.

De ce théorème on déduit facilement le résultat de Bony-Schapira [3] (cf. [13]).

Les §.2.5, 2.6 et 2.7 sont consacrés à l'étude locale du faisceau des opérateurs 2-microdifférentiels. Suivant la méthode de Boutet de Monvel [4] nous commençons au §.2.5 à montrer un théorème de finitude (théorème 2.5.1 et 2.5.3) ainsi qu'une variante pour certains sous-faisceaux de $\mathcal{E}^2_\Lambda$ (proposition 2.5.7) qui nous sera utile pour étendre les résultats des paragraphes 2.4 à 2.7 au cas d'une variété involutive quelconque. Nous en déduisons au §.2.6 les propriétés algébriques du faisceau $\mathcal{E}^2_\Lambda$ qui nous permettront d'étudier les systèmes d'équations différentielles ou microdifférentielles comme des $\mathcal{E}^2_\Lambda$-modules. Dans le cas de $\mathcal{E}^2_\Lambda$ ou de $\mathcal{E}^2_\Lambda(r,s)$ avec $r = s$, il suffit d'appliquer les résultats de Björk [1] avec le théorème 2.5.1 pour obtenir que $\mathcal{E}^2_\Lambda$ (ou $\mathcal{E}^2_\Lambda(r,r)$) est cohérent et noethérien, plat sur $\pi^{-1}(\mathcal{E}_{X|\Lambda})$ ($\pi : T^*_\Lambda\tilde{\Lambda} \to \Lambda$). Dans le cas $r > s$, on est obligé de passer par l'intermédiaire d'un sous-faisceau $\mathcal{E}^2_\Lambda(r,s)[0]$ de $\mathcal{E}^2_\Lambda(r,s)$.

Au §.2.7 nous déduisons des théorèmes du §.2.5 les théorèmes de préparation de Weierstrass et de division pour les opérateurs 2-microdifférentiels, puis un théorème de division par un idéal. Ce dernier théorème nous permet au paragraphe suivant de montrer que les transformations canoniques quantifiées définies sur le faisceau $\mathcal{E}_X$ se prolongent en des isomorphismes de faisceaux d'anneaux sur $\mathcal{E}^{2\infty}_\Lambda$ et $\mathcal{E}^{2\infty}_\Lambda(r,s)$ et que les objets définis au §.2.4 (faisceaux $\mathcal{E}^2_\Lambda$ et $\mathcal{E}^2_\Lambda(r,s)$, symboles principaux $\sigma_\Lambda^{(r,s)}$ etc ...) sont invariants par ces transformations. Nous montrons ainsi que ces objets sont définis de manière intrinsèque, que l'on peut les définir pour toute sous-variété involutive Λ de T^*X et que dans tous les cas ils vérifient encore les propriétés des §.2.4, 2.5, 2.6 et 2.7.

On sait que la structure du faisceau $\mathcal{E}_X$ des opérateurs microdifférentiels est intimement liée à la structure de variété symplectique homogène de T^*X. Le but du §.2.9 est d'étudier la structure géométrique de $T^*_\Lambda\tilde{\Lambda}$ qui est en relation avec la structure d'anneaux de $\mathcal{E}^2_\Lambda$. Nous montrons qu'il existe sur $T^*_\Lambda\tilde{\Lambda}$ une structure que nous nommons structure de " variété bisymplectique homogène ". Si Λ et Λ' sont deus sous-variétés involutives homogènes de deux espaces cotangents T^*X et T^*X', si U et U' sont deux ouverts de $T^*_\Lambda\tilde{\Lambda}$ et $T^*_{\Lambda'}\tilde{\Lambda}'$ respectivement, si Φ est une bijection de U dans U', nous montrons qu'il existe un isomorphisme de faisceaux d'anneaux entre $\mathcal{E}^2_\Lambda$ et $\Phi^{-1}\mathcal{E}^2_{\Lambda'}$ qui respecte les symboles principaux si et seulement si Φ respecte les structures de variétés bisymplectiques homogènes de $T^*_\Lambda\tilde{\Lambda}$ et $T^*_{\Lambda'}\tilde{\Lambda}'$.

Dans le §.2.10 nous définissons les opérations d'image directe et d'image inverse sur les $\mathcal{E}_\Lambda^2$-modules, opérations qui sont compatibles avec les opérations correspondantes sur les $\mathcal{E}_X$-modules et qui commutent avec la dualité $\mathcal{M} \to \mathbb{R}\mathcal{H}om_{\mathcal{E}_\Lambda^2}(\mathcal{M}, \mathcal{E}_\Lambda^2)$.

Dans le chapitre 3, nous appliquons les résultats précédents à l'étude des systèmes d'équations différentielles et microdifférentielles.

Dans le §.3.1, nous étudions la variété microcaractéristique d'un $\mathcal{E}_X$-module. Nous définissons tout d'abord (§.3.1.1) la variété microcaractéristique de type (r,s) d'un $\mathcal{E}_X$-module cohérent $\mathcal{M}$ comme le support dans $T_\Lambda^*\tilde{\Lambda}$ de $\mathcal{E}_\Lambda^2(r,s) \otimes_{\pi^{-1}\mathcal{E}_X} \pi^{-1}\mathcal{M}$ $(\pi : T_\Lambda^*\tilde{\Lambda} \to \Lambda)$. Nous montrons que si $r = s = 1$ $(\mathcal{E}_\Lambda^2(1,1) = \mathcal{E}_\Lambda^2)$ on retrouve la définition de Kashiwara-Schapira [15] et que si $r = \infty$, $s = 1$ on retrouve celle de Teresa Monteiro [18].

Nous définissons ensuite au §.3.1.2 le polygône de Newton d'un opérateur microdifférentiel le long d'une sous-variété involutive de T^*X (si $X = \mathbb{C}$ on retrouve la définition classique [21]).

Au §.3.1.3 nous définissons la condition de Levi pour un système et nous montrons qu'un système est à points singuliers réguliers au sens de Kashiwara-Oshima [14] si et seulement si sa variété microcaractéristique de type $(\infty,1)$ est contenue dans la section nulle de $T_\Lambda^*\tilde{\Lambda}$.

Enfin au §.3.1.5, nous montrons que la variété microcaractéristique d'un $\mathcal{E}_X$-module cohérent est un ensemble analytique "bi-involutif" pour la structure canonique de variété bisymplectique de $T_\Lambda^*\tilde{\Lambda}$.

Dans le §.3.2, nous étudions le problème de Cauchy dans le domaine complexe. Dans le cas $r = s = 1$ on retrouve (par une méthode complètement différente) les résultats de Kashiwara-Schapira [15] et on obtient un résultat général pour tout (r,s) avec en particulier pour $r = \infty$, $s = 1$ le cas des solutions à valeurs dans un $\mathcal{E}_X$-module (par exemple les fonctions méromorphes) alors que dans le cas $r = s = 1$ de Kashiwara-Schapira on est à valeur dans un $\mathcal{E}_X^\infty$-module (par exemple les fonctions à singularités essentielles). Suivant Kashiwara-Schapira nous appliquons le théorème précédent à l'étude du problème de Cauchy ramifié, obtenant des résultats pour les singularités polaires sous condition de Levi et des résultats de croissance des solutions dans le cas général (théorème 3.2.6).

Dans le paragraphe suivant nous démontrons un théorème de prolongement pour les $\mathcal{E}_X(r,s)$-modules et en particulier pour les $\mathcal{E}_X$-modules, retrouvant un résultat de

[16] pour les $\mathcal{E}_X^\infty$-modules. Nous en déduisons le théorème 3.3.4 qui donne une condition pour que les groupes $\mathcal{E}xt^j(\mathcal{M},\mathcal{N})$ soient faiblement constructibles ($\mathcal{M}$ et $\mathcal{N}$ étant deux $\mathcal{E}_X$-modules cohérents).

Le dernier paragraphe est consacré à l'étude de la croissance des solutions d'un système. Les deux premiers théorèmes (théorème 3.4.1 et corollaire 3.4.3) se rapportent respectivement aux solutions hyperfonctions à support ponctuel et aux solutions séries formelles d'un $\mathcal{D}_X$-module cohérent ; ils donnent une condition très générale du contrôle de la croissance des solutions. En dimension 1, on retrouve des résultats de Ramis ([21] ou [22]). Dans le cas où la dimension est quelconque, notre résultat est une généralisation du résultat de Kashiwara-Kawaï-Sjöstrand [16 bis] qui donnait une condition sur un opérateur pour que ses solutions séries formelles convergent. Ici nous étudions le cas des systèmes et de plus nous donnons des résultats pour toutes les croissances de type Gevrey des solutions en fonction du polygône de Newton de l'opérateur ou de l'analogue pour les systèmes. Les derniers résultats (corollaire 3.4.8 et 3.4.10) s'appliquent aux $\mathcal{E}_X$-modules mais les conditions sont beaucoup plus restrictives (ils intéressent les groupes $\mathcal{E}xt^j_{\mathcal{E}_X}(\mathcal{M},\mathcal{N})$ où $\mathcal{M}$ et $\mathcal{N}$ ont la même variété caractéristique et sont holonômes).

AVERTISSEMENT

Signalons que pour lire le chapitre 3 il n'est pas indispensable d'avoir lu tout ce qui précède et que l'on peut se contenter, par exemple, de lire le §.1.5, le texte des théorèmes du §.2.3, des définitions du §.2.4, des théorèmes 2.8.5 et 2.9.11.

Par ailleurs, en vue des applications, nous avons développé la théorie pour tous les rationnels r et s tels que $1 \leqslant s \leqslant r \leqslant +\infty$ mais dans une première lecture on peut se contenter de considérer les deux cas extrêmes $r = s = 1$ (faisceau $\mathcal{E}_X^\infty$ des opérateurs microdifférentiels d'ordre infini de [24] et faisceau $\mathcal{E}_\Lambda^2$ des opérateurs 2-microdifférentiels) et $r = \infty$, $s = 1$ (faisceau $\mathcal{E}_X$ des opérateurs microdifférentiels d'ordre fini de [24] et faisceau $\mathcal{E}_\Lambda^2(\infty,1)$). Toutes les démonstrations sont d'ailleurs identiques à celles du premier cas si $r = s$ et du deuxième si $r \neq s$ (quand elles ne sont pas les mêmes pour tous r et s).

1. 2-microfonctions holomorphes

Dans ce premier chapitre, nous définissons les 2-microfonctions holomorphes. Ce sont des objets qui généralisent les microfonctions holomorphes de [24] et qui nous donneront au chapitre 2 les opérateurs 2-microdifférentiels.

Pour une variété analytique complexe X et une sous-variété Y de X, Sato, Kashiwara et Kawaï [24] ont défini les faisceaux $\mathcal{C}^{\mathbb{R}}_{Y|X}$ et $\mathcal{C}^{\infty}_{Y|X}$ sur $T^*_Y X$ le fibré conormal à Y dans X. Les sections de $\mathcal{C}^{\infty}_{Y|X}$ sont appelées microfonctions holomorphes. $\mathcal{C}^{\mathbb{R}}_{Y|X}$ et $\mathcal{C}^{\infty}_{Y|X}$ sont définis par voie cohomologique à partir du faisceau $\mathcal{O}_X$ des fonctions holomorphes sur X (cf. §.1.1).

Nous voulons faire la même construction en remplaçant X par $\Lambda = T^*_Y X$, Y par une sous-variété Σ de Λ et $\mathcal{O}_X$ par le faisceau $\mathcal{C}^{\mathbb{R}}_{Y|X}$ (ou par $\mathcal{C}^{\infty}_{Y|X}$).

Pour cela nous devons, au §.1.1, montrer que les microfonctions holomorphes vérifient un certain nombre des propriétés cohomologiques des fonctions holomorphes.

Nous pouvons alors définir au §.1.2 les 2-microfonctions holomorphes et définir sur celles-ci au §.1.3 les opérations d'image directe, d'image inverse et de produit.

Le paragraphe 1.4 est important pour la suite. En effet c'est dans ce paragraphe que nous établissons une bijection entre les 2-microfonctions holomorphes et certaines séries doubles $\sum_{(i,j)\in\mathbb{Z}^2} f_{ij}$ de fonctions holomorphes. (Le résultat précis est donné dans le théorème 1.4.8). C'est grâce à cette bijection que l'on peut écrire de manière explicite les 2-microfonctions holomorphes et, au chapitre 2, étudier les propriétés algébriques des opérateurs 2-microdifférentiels.

Nous terminons ce chapitre par le §.1.5, qui généralise les constructions précédentes à des 2-microfonctions de type (r,s) (r et s rationnels tels que $1 \leqslant s \leqslant r \leqslant +\infty$) dont les symboles ont des croissances différentes de celles que nous avons étudiées précédemment. Les applications du chapitre 3 montreront l'importance de cette généralisation.

1.1 Théorèmes d'annulations pour les microfonctions holomorphes

Rappelons tout d'abord la définition des microfonctions holomorphes (cf. [24] et [16]) :

Considérons une variété analytique complexe X, de dimension n et une sous-variété complexe Y de X de codimension d. On note $T^*_Y X$ le fibré conormal à Y dans X, $S^*_Y X = (T^*_Y X \setminus Y)/\mathbb{R}^*_+$ le fibré conormal en sphères et $\widehat{S^*_Y X} = T^*_Y X/\mathbb{R}^*_+ \approx S^*_Y X \cup Y$, $\mathbb{P}^*_Y X = (T^*_Y X \setminus Y)/\mathbb{C}^*$ le fibré conormal projectif et $\widehat{\mathbb{P}^*_Y X} = T^*_Y X/\mathbb{C}^* \approx \mathbb{P}^*_Y X \cup Y$ (nous avons identifié X et $T^*_X X$, Y et $Y \times_X T^*_X X$).

$$\gamma_0 : T^*_Y X \to \widehat{S^*_Y X}\ ,\ \gamma_1 : T^*_Y X \to \widehat{\mathbb{P}^*_Y X} \text{ et } \gamma : T^*_Y X \setminus Y \to \mathbb{P}^*_Y X$$

sont les projections canoniques.

On note $\widetilde{Y_X^*} = (X \setminus Y) \cup T^*_Y X$, $\widetilde{Y_{X_{\mathbb{P}}}^*} = (X \setminus Y) \cup \mathbb{P}^*_Y X$ et $\widehat{Y_X^*} = (X \setminus Y) \cup \widehat{S^*_Y X}$.

La topologie de coéclaté de $\widehat{Y_X^*}$ est définie dans [24] ch. I §.4, de même que la topologie de $\widetilde{Y_{X_{\mathbb{P}}}^*}$.

On munit $\widetilde{Y_X^*}$ de la topologie inverse de celle de $\widehat{Y_X^*}$ par $\gamma_0 : \widetilde{Y_X^*} \to \widehat{Y_X^*}$. (pour cette topologie, les ouverts de $T^*_Y X$ sont donc les ouverts côniques de la topologie usuelle).

Soit $\pi : \widetilde{Y_X^*} \to X$ la projection canonique et a l'application antipodale de $T^*_Y X$. Si $\mathcal{F}$ est un faisceau sur $T^*_Y X$ on note $\mathcal{F}^a = a^{-1}\mathcal{F}$. Suivant [24] et [16] on définit le faisceau $\mathcal{C}^{\infty}_{Y|X}$ des microfonctions holomorphes de la manière suivante :

$$\underline{\mathcal{C}^{\mathbb{R}}_{Y|X} = \mathcal{H}^{d}_{T^*_Y X}(\pi^{-1}\mathcal{O}_X)^a}$$

$$\underline{\mathcal{C}^{\infty}_{Y|X} = \gamma_1^{-1}\gamma_{1*}(\mathcal{C}^{\mathbb{R}}_{Y|X})}$$

si $\gamma_1 : T^*_Y X \to T^*_Y X/\mathbb{C}^* \approx \mathbb{P}^*_Y X \cup Y$.

On pose également $\mathcal{B}^{\infty}_{Y|X} = \mathcal{H}^{d}_{Y}(\mathcal{O}_X) = \mathcal{C}^{\mathbb{R}}_{Y|X}\big|_Y$

On a
$$\begin{cases} \mathcal{C}^{\infty}_{Y|X}\big|_{T^*_YX\setminus Y} = \gamma^{-1}\gamma_*(\mathcal{C}^{\mathbb{R}}_{Y|X}\big|_{T^*_YX\setminus Y}) & \text{si } \gamma : T^*_YX\setminus Y \to \mathbb{P}^*_YX \\ \mathcal{C}^{\infty}_{Y|X}\big|_Y = \mathcal{C}^{\mathbb{R}}_{Y|X}\big|_Y = \mathcal{B}^{\infty}_{Y|X}. \end{cases}$$

Rappelons le théorème 1.4.5 ch. II de [24] :

Théorème 1.1.0 : Soit Y une sous-variété de codimension d d'une variété X de dimension n. On fixe des coordonnées locales $(x_1,\dots,x_d,\ y_1,\dots,y_{n-d})$ *de X telles que Y soit définie par* $x_1 = \dots = x_d = 0$. *Soit U un ouvert cônique de* T^*_YX, *muni des coordonnées* $(y_1,\dots,y_{n-d},\ \xi_1,\dots,\xi_d)$.

Alors $\Gamma(U, \mathcal{C}^{\infty}_{Y|X})$ *est en bijection avec l'ensemble des séries* $\sum_{j\in\mathbb{Z}} a_j(y,\xi)$ *de fonctions holomorphes sur U vérifiant :*

1) $a_j(y,\xi)$ *est homogène de degré j en* ξ.

2) $j(a_j(y,\xi))^{1/j}$ *tend vers 0 si* $j \to +\infty$ *uniformément sur tout compact de U.*

3) $\frac{1}{-j}(a_j(y,\xi))^{-1/j}$ *est uniformément borné si* $j < 0$ *sur tout compact de U.*

On pourrait également définir $\mathcal{C}^{\infty}_{Y|X}$ par la donnée sur tout ouvert U comme ci-dessus d'une série $\sum_{j\in\mathbb{Z}} a_j(y,\xi)$ vérifiant les conditions 1), 2), 3), les séries se transformant dans les changements de cartes suivant les formules convenables (cf. [4] et [17]).

C'est par cette méthode que nous allons définir une résolution de $\mathcal{C}^{\infty}_{Y|X}$ par des faisceaux mous :

Définition 1.1.1 : Soit Y une sous-variété de X. On fixe des coordonnées locales $(x_1,\dots,x_d,\ y_1,\dots,y_{n-d})$ *de X telles que Y soit définie par* $x_1 = \dots = x_d = 0$. *Alors* $T^*_YX = \{(x,y,\xi,\eta) \in T^*X / x=0\ \ \eta=0\}$.

Soit U un ouvert de T^*_YX, *on définit les sections de* $\mathcal{F}_{Y|X}$ *sur U comme les séries* $\sum_{j\in\mathbb{Z}} a_j(y,\xi)$ *de fonctions indéfiniment différentiables sur U (U considéré* *comme variété réelle) qui vérifient :*

1) $a_j(y,\xi)$ *est homogène de degré* j *en* ξ *(pour la multiplication complexe).*

2) *Pour tout* $(\alpha,\beta) \in \mathbb{N}^{n-d} \times \mathbb{N}^d$, *tout compact* K *de* U *on a :*

$$\lim_{j\to+\infty} \sup_{(y,\xi)\in K} \left[j(D_y^\alpha D_\xi^\beta a_j(y,\xi))^{1/j} \right] = 0$$

$$\sup_{j<0} \sup_{(y,\xi)\in K} \left[\frac{1}{-j} (D_y^\alpha D_\xi^\beta a_j(y,\xi))^{-1/j} \right] < +\infty .$$

Proposition 1.1.2 : *Soit* γ *la projection* $T_Y^*X\setminus Y \to \mathbb{P}_Y^*X$, $\widetilde{\mathcal{F}}_{Y|X} = \gamma_* \mathcal{F}_{Y|X}$ $\widetilde{\mathcal{F}}^{(o,p)}_{Y|X} = \widetilde{\mathcal{F}}_{Y|X} \otimes \mathcal{O}_{\mathbb{P}_Y^*X} \Omega^{(o,p)}_{\mathbb{P}_Y^*X}$ *où* $\Omega^{(o,p)}_{\mathbb{P}_Y^*X}$ *désigne le faisceau des formes différentielles sur* $\mathbb{P}_Y^*X$ *de type* (o,p).

La suite

$$0 \to \gamma_* \mathcal{C}^\infty_{Y|X} \to \widetilde{\mathcal{F}}^{(o,o)}_{Y|X} \xrightarrow{\bar\partial} \widetilde{\mathcal{F}}^{(o,1)}_{Y|X} \to \cdots \xrightarrow{\bar\partial} \widetilde{\mathcal{F}}^{(o,n-1)}_{Y|X} \to 0$$

est une résolution de $\gamma_* \mathcal{C}^\infty_{Y|X}$ *par des faisceaux mous.*

Démonstration : D'après Hörmander [29], si U est un ouvert de Stein la suite

$$0 \to \Gamma(U, \gamma_* \mathcal{C}^\infty_{Y|X}) \to \Gamma(U, \widetilde{\mathcal{F}}^{(o,o)}_{Y|X}) \xrightarrow{\bar\partial} \cdots \to \Gamma(U, \widetilde{\mathcal{F}}^{(o,n-1)}_{Y|X}) \to 0$$

est une suite exacte.

Théorème 1.1.3 : *Si* U *est un ouvert de* $T_Y^*X\setminus Y$, *tel que* $\gamma(U)$ *soit un ouvert de Stein de* $\mathbb{P}_Y^*X$ *et que les fibres de* $\gamma : U \to \gamma(U)$ *soient contractiles on a :*

$$H^p(U, \mathcal{C}^\infty_{Y|X}) = 0 \qquad si\ p \geqslant 1.$$

Démonstration : On a $H^p(\gamma(U), \gamma_* \mathcal{C}^\infty_{Y|X}) = 0$ si $p \geqslant 1$, d'après la proposition 1.1.2, d'où puisque les fibres de U sont contractiles $H^p(U, \gamma^{-1} \gamma_* \mathcal{C}^\infty_{Y|X}) = 0$ si $p \geqslant 1$ ce qui montre le théorème puisque $\mathcal{C}^\infty_{Y|X} = \gamma^{-1} \gamma_* \mathcal{C}^\infty_{Y|X}$.

Théorème 1.1.4 : (Edge of the Wedge pour $\mathcal{C}^{\infty}_{Y|X}$).

Soit $X = \mathbb{C}^n$ et $Y = \{(x_1,\ldots,x_n) \in X \,/\, x_1 = 0\}$, soit $x_o \in Y$. Soit G_o un sous-ensemble fermé convexe de $S = \{x \in X \,/\, x_1 = \ldots = x_p = 0\}$. On suppose qu'il n'existe pas de sous-variété $\mathbb{C}$-linéaire L de S qui passe par x_o telle que $L \cap G_o$ soit un voisinage de x_o dans L.

Soit $G = \{(x_2,\ldots,x_n,\ \xi_1) \in T^*_Y X \,/\, (x_{p+1},\ldots,x_n) \in G_o\}$ et $x = (x_o, 1) \in T^*_Y X$. Alors on a $\mathcal{H}^k_G(\mathcal{C}^{\infty}_{Y|X})_x = 0$ si $k \neq n-p$.

Démonstration : ① Si $k < n-p$. D'après [13] (ou d'après [8]) il suffit de vérifier les trois lemmes suivants :

Lemme 1.1.5 : Soient U et V deux ouverts de $T^*_Y X$, $\emptyset \neq V \subset U$, alors

$$\Gamma_{U \setminus V}(U, \mathcal{C}^{\infty}_{Y|X}) = 0$$

(c'est une conséquence immédiate du théorème 1.1.0).

Lemme 1.1.6 : Soit $f(x_2,\ldots,x_n)$ une fonction holomorphe sur Y telle que $df \neq 0$ et $Z = \{(x_1,\ldots,x_n) \in X \,/\, f(x_2,\ldots,x_n) = 0\}$ supposé non vide. On a une suite exacte:

$$0 \to \mathcal{C}^{\infty}_{Y|X} \to \mathcal{C}^{\infty}_{Y|X} \to \mathcal{C}^{\infty}_{Z\cap Y|Z} \to 0$$

Démonstration : Le premier morphisme est défini par :

$$\sum_{j\in\mathbb{Z}} a_j(x_2,\ldots,x_n,\ \xi_1) \to \sum_{j\in\mathbb{Z}} f(x_2,\ldots,x_n)\ a_j(x_2,\ldots,x_n,\xi_1)$$

et le second par $\sum_{j\in\mathbb{Z}} a_j(x_2,\ldots,x_n,\ \xi_1) \to \sum_{j\in\mathbb{Z}} (a_j(x_2,\ldots,x_n,\xi_1)\Big|_{(Z\cap Y)\times\mathbb{C}}$

Lemme 1.1.7. Soit Z une variété complexe compacte et f la projection canonique $f : Z \times_Y (T^*_Y X \setminus Y) \to T^*_Y X \setminus Y$. Alors $\forall q \geqslant 0$ $R^q f_* \mathcal{C}^{\infty}_{Z\times Y|Z\times X} \xrightarrow{\sim} \mathcal{C}^{\infty}_{Y|X} \otimes_{\mathbb{C}} H^q(Z, \mathcal{O}_Z)$.

Démonstration : Notons $\mathcal{F}_Z$ le faisceau des fonctions indéfiniment dérivables sur Z et $\mathcal{F}^{(o,p)}_Z$ le faisceau des formes différentielles de type (o,p) à coefficients dans $\mathcal{F}_Z$.

On a la résolution de Dolbeault :

$$0 \to \mathcal{O}_Z \to \mathcal{F}_Z^{(0,0)} \xrightarrow{\bar\partial} \mathcal{F}_Z^{(0,1)} \to \dots \to \mathcal{F}_Z^{(0,\dim Z)} \to 0$$

Z étant compacte $H^q(Z, \mathcal{O}_Z) = H^q(Z, \mathcal{F}_Z^{(0,\cdot)})$ est un $\mathbb{C}$-espace vectoriel de dimension finie.

Si U est un ouvert de $\mathbb{P}_Y^* X$, $\Gamma(U, \widetilde{\mathcal{F}}_{Y|X})$ est la somme directe d'un espace de Fréchet-Schwartz et du dual d'un Fréchet-Schwartz et $\Gamma(Z, \mathcal{F}_Z)$ est un espace de Fréchet nucléaire ; si $\hat{\otimes}$ désigne le produit tensoriel topologique complété on a :

$$\Gamma(U, \widetilde{\mathcal{F}}_{Y|X}) \hat{\otimes} \Gamma(Z, \mathcal{F}_Z) \approx \Gamma(U \times Z, \mathcal{F}_{Y\times Z|X\times Z})$$

Donc d'après le théorème de Künneth topologique on a :

$$H^k(U\times Z, \widetilde{\mathcal{F}}^{(0,\cdot)}_{Y\times Z|X\times Z}) = \sum_{p+q=k} H^p(U, \mathcal{F}^{(0,\cdot)}_{Y|X}) \otimes_{\mathbb{C}} H^q(Z, \mathcal{F}_Z^{(0,\cdot)})$$

soit si U est un ouvert de Stein :

$$H^q(U\times Z, \gamma'_* \mathcal{C}^\infty_{Y\times Z|X\times Z}) = \Gamma(U, \gamma_* \mathcal{C}^\infty_{Y|X}) \otimes_{\mathbb{C}} H^q(Z, \mathcal{O}_Z)$$

avec $\gamma : T_Y^* X \smallsetminus Y \to \mathbb{P}_Y^* X \qquad \gamma' = \gamma \otimes id_Z$

donc si V est un ouvert de $T_Y^* X \smallsetminus Y$ tel que $\gamma(V)$ soit de Stein et V à fibres contractiles on a :

$$H^q(V\times Z, \mathcal{C}^\infty_{Y\times Z|X\times Z}) = \Gamma(V, \mathcal{C}^\infty_{Y|X}) \otimes_{\mathbb{C}} H^q(Z, \mathcal{O}_Z)$$

ce qui démontre le lemme.

Pour démontrer le théorème il reste à montrer que :

$$\mathcal{H}^k_G(\mathcal{C}^\infty_{Y|X})_x = 0 \qquad \text{si } k > n - p .$$

Il suffit de montrer que si U est un ouvert de $Z = \{x \in X \ / \ x_1 = \dots = x_p = 0\}$, si $Y = Y_0 \times Z$, $X = X_0 \times Z$, si V est un ouvert de $T^*_{Y_0} X_0 \smallsetminus Y_0$ à fibres contractiles (pour $\gamma_0 : T^*_{Y_0} X_0 \smallsetminus Y_0 \to \mathbb{P}^*_{Y_0} X_0$) tel que $\gamma_0(V)$ soit de Stein (de tels ouverts V forment un système fondamental de voisinage de x dans $T^*_{Y_0} X_0$) on a :

$$H^k(U\times V, \mathscr{C}^{\infty}_{Y|X}) = 0 \qquad \text{si } k \geqslant n-p$$

Or $H^k(U, \mathcal{O}_Z) = 0$ si $k \geqslant n-p$ et $H^k(V, \mathscr{C}^{\infty}_{Y_0|X_0}) = 0$ si $k > 0$ (théorème 1.1.3) donc en appliquant à nouveau le théorème de Künneth topologique (cf. démonstration du lemme 1.1.7) on obtient $H^k(U\times V, \mathscr{C}^{\infty}_{Y|X}) = 0$ si $k \geqslant n-p$ q.e.d.

<u>Remarque</u> <u>1.1.8</u> : Les théorèmes 1.1.3 et 1.1.4 sont encore vrais pour $\mathscr{C}^{\mathbb{R}}_{Y|X}$ [13].

1.2 <u>Définition des 2 microfonctions holomorphes</u>

Soit X une variété analytique complexe et Λ une sous-variété lagrangienne homogène <u>lisse</u> de T^*X.

Soit $\mathcal{M}$ un $\mathcal{E}_X$-module holonôme simple de support Λ. Nous noterons $\mathcal{M}^{\infty} = \mathcal{E}^{\infty}_X \otimes_{\mathcal{E}_X} \mathcal{M}$ et $\mathcal{M}^{\mathbb{R}} = \mathcal{E}^{\mathbb{R}}_X \otimes_{\mathcal{E}_X} \mathcal{M}$.

Soit Σ une sous-variété homogène de Λ ; comme au §.1.1 on peut définir les espaces topologiques suivants :

$$\widetilde{\Sigma_{\Lambda}^*} = (\Lambda \smallsetminus \Sigma) \cup T^*_{\Sigma}\Lambda \qquad \text{et} \qquad \pi : \widetilde{\Sigma_{\Lambda}^*} \to \Lambda$$

$$\widetilde{\Sigma_{\Lambda}^*}_{\mathbb{P}} = (\Lambda \smallsetminus \Sigma) \cup \mathbb{P}^*_{\Sigma}\Lambda \qquad \text{et} \qquad \pi_{\mathbb{P}} : \widetilde{\Sigma_{\Lambda}^*}_{\mathbb{P}} \to \Lambda$$

<u>Théorème</u> <u>1.2.1</u> : <u>Si</u> $d = \dim \Lambda - \dim \Sigma$ <u>on</u> <u>a</u> :

1) $\mathcal{H}^k_{T^*_{\Sigma}\Lambda}(\pi^{-1}\mathcal{M}^{\infty}) = 0$ *et* $\mathcal{H}^k_{T^*_{\Sigma}\Lambda}(\pi^{-1}\mathcal{M}^{\mathbb{R}}) = 0$ *<u>si</u>* $k \neq d$

2) $\mathcal{H}^k_{\mathbb{P}^*_{\Sigma}\Lambda}(\pi_{\mathbb{P}}^{-1}\mathcal{M}^{\infty}) = 0$ *et* $\mathcal{H}^k_{\mathbb{P}^*_{\Sigma}\Lambda}(\pi_{\mathbb{P}}^{-1}\mathcal{M}^{\mathbb{R}}) = 0$ *<u>si</u>* $k \neq d-1$ *<u>et</u>* $d \neq 1$.

<u>Démonstration</u> : Nous ferons la démonstration pour $\mathcal{M}^{\infty}$, compte tenu de la remarque 1.1.8 on peut faire la même démonstration pour $\mathcal{M}^{\mathbb{R}}$.

Le théorème étant local, plaçons nous tout d'abord au-dessus d'un point $\sigma \in \Sigma$ qui n'est pas dans la section nulle de T^*X. Dans ce cas, par une transformation canonique homogène nous pouvons nous ramener à :

$$\Lambda = \{(x_1,\dots,x_n,\ \xi_1,\dots,\xi_n) \in T^*X \ /\ x_1 = 0,\ \xi_2 = \dots = \xi_n = 0\}$$

et $\quad \Sigma = \{(x,\xi) \in \Lambda \ /\ x_{n-d+1} = \dots = x_n = 0\}\ ,\ \sigma = (0;1,0,\dots,0)$

On peut quantifier la transformation canonique pour transformer $\mathcal{M}$ en $\mathcal{C}_{Y|X}$ avec $Y = \{(x_1,\dots,x_n) \in X \ /\ x_1 = 0\}$.

a) $\mathcal{H}^k_{T^*_\Sigma\Lambda}(\pi^{-1}\mathcal{C}^\infty_{Y|X})\Big|_\Sigma = \mathcal{H}^k_\Sigma(\mathcal{C}^\infty_{Y|X}) = 0 \quad$ si $k \neq d$

d'après le théorème 1.1.4.

b) Soit α un point de $T^*_\Sigma\Lambda\smallsetminus\Sigma$ avec $\pi(\alpha) = \sigma$. On peut supposer que $\alpha = (\sigma;dx_n)$.

D'après la proposition 1.2.3 ch. I de [24] on a :

$$\mathcal{H}^k_{T^*_\Sigma\Lambda}(\pi^{-1}\mathcal{C}^\infty_{Y|X})_\alpha = \varinjlim_{G_\varepsilon} \mathcal{H}^k_{G_\varepsilon}(\mathcal{C}^\infty_{Y|X})_\sigma$$

avec $G_\varepsilon = \{(x',\xi_1) \in \Lambda \ /\ \mathrm{Re}\ x_n \leqslant -\varepsilon(|\mathrm{Im}\ x_n|+|x_{n-1}|+\dots+|x_{n-d+1}|)\}$ et donc d'après le théorème 1.1.4 :

$$\mathcal{H}^k_{T^*_\Sigma\Lambda}(\pi^{-1}\mathcal{C}^\infty_{Y|X})_\alpha = 0 \quad \text{si } k \neq d.$$

c) Soit $\tilde{\alpha}$ l'image de α dans $\mathbb{P}^*_\Sigma\Lambda$. D'après la démonstration de la proposition 1.1.3 ch. II de [24], si $d \neq 1$ on a :

$$\mathcal{H}^k_{\mathbb{P}^*_\Sigma\Lambda}(\pi_{\mathbb{P}}^{-1}\mathcal{C}^\infty_{Y|X})_{\tilde{\alpha}} = \varinjlim_{Z_\varepsilon} \mathcal{H}^k_{Z_\varepsilon}(\mathcal{C}^\infty_{Y|X})_\sigma$$

avec

$$Z_\varepsilon = \{(x_2,\dots,x_n,\ \xi_1) \in \Lambda \ /\ |x_n| \geqslant \varepsilon|x_j| \quad j = n-d+1,\dots,n-1\}$$

et donc d'après le théorème 1.1.4 :

$$\mathcal{H}^k_{\mathbb{P}^*_\Sigma\Lambda}(\pi_{\mathbb{P}}^{-1}\mathcal{C}^\infty_{Y|X})_{\tilde{\alpha}} = 0 \quad \text{si } k \neq d-1$$

Considérons maintenant un point σ de la section nulle de T^*X. On pose alors

$$\tilde{X} = X \times \mathbb{C} \times \mathbb{C} \qquad \tilde{\Lambda} = \Lambda \times T^*_{\mathbb{C}}(\mathbb{C}\times\mathbb{C}) \subset T^*\tilde{X}$$

et

$$\tilde{\Sigma} = \Sigma \times T^*_{\mathbb{C}}(\mathbb{C}\times\mathbb{C}) \subset \tilde{\Lambda}\ ,\ \tilde{\sigma} = (\sigma;(0,1)) \in \tilde{\Sigma}\ .$$

On considère également le $\mathcal{E}_{\tilde{X}}$-module holonôme de support $\tilde{\Lambda}$:

$$\tilde{\mathcal{M}} = \mathcal{M} \hat{\otimes} \mathcal{C}_{\mathbb{C}|\mathbb{C}\times\mathbb{C}}$$

Soit $\tilde{\pi} : \widetilde{\Sigma_{\tilde{\Lambda}}^*} \longrightarrow \tilde{\Lambda}$

$\tilde{\sigma}$ n'est pas sur la section nulle de T^*X donc d'après ce qui précède on a au voisinage de $\tilde{\pi}^{-1}(\tilde{\sigma})$:

$$\mathcal{H}^k_{T^*_{\tilde{\Sigma}}\tilde{\Lambda}} (\tilde{\pi}^{-1} \check{\mathcal{M}}^\infty) = 0 \qquad \text{si } k \neq d.$$

Par ailleurs $T^*_{\mathbb{C}}(\mathbb{C}\times\mathbb{C}) \approx T^*\mathbb{C}$ et donc $\check{\mathcal{M}}^\infty$ peut être considéré comme un faisceau sur $\Lambda \times T^*\mathbb{C}$ et si p est la projection $\Lambda \times T^*\mathbb{C} \to \Lambda$ on a :

$$\tilde{\mathcal{M}}^\infty \approx \mathcal{M}^\infty \hat{\otimes} \mathcal{E}^\infty_{\mathbb{C}} \approx \mathcal{E}^\infty_{X\times\mathbb{C}} \otimes_{p^{-1}\mathcal{E}^\infty_X} p^{-1}\mathcal{M}^\infty$$

(localement nous identifions $\mathcal{C}^\infty_{\mathbb{C}|\mathbb{C}\times\mathbb{C}}$ et $\mathcal{E}^\infty_{\mathbb{C}} = \mathcal{C}^\infty_{\mathbb{C}|\mathbb{C}\times\mathbb{C}} \otimes_{\mathcal{O}_{\mathbb{C}\times\mathbb{C}}} \Omega^{(0,1)}_{\mathbb{C}\times\mathbb{C}}$)

Considérons les applications suivantes :

$$\begin{array}{ccc}
T^*_{\tilde{\Sigma}}\tilde{\Lambda} \approx T^*_{\Sigma}\Lambda \times T^*\mathbb{C} & \xrightarrow{\tilde{p}} & T^*_{\Sigma}\Lambda \\
\downarrow \tilde{\pi} & & \downarrow \pi \\
\tilde{\Lambda} \approx \Lambda \times T^*\mathbb{C} & \xrightarrow{p} & \Lambda
\end{array}$$

$$\mathcal{H}^k_{T^*_{\tilde{\Sigma}}\tilde{\Lambda}} (\tilde{\pi}^{-1} \tilde{\mathcal{M}}^\infty) \approx \mathcal{H}^k_{T^*_{\Sigma}\Lambda\times T^*\mathbb{C}} (\tilde{\pi}^{-1} \mathcal{E}^\infty_{X\times\mathbb{C}} \otimes_{\tilde{\pi}^{-1}p^{-1}\mathcal{E}^\infty_X} \tilde{\pi}^{-1} p^{-1} \mathcal{M}^\infty)$$

$$\approx \tilde{\pi}^{-1} \mathcal{E}^\infty_{X\times\mathbb{C}} \otimes_{\tilde{\pi}^{-1}p^{-1}\mathcal{E}^\infty_X} \mathcal{H}^k_{T^*_{\Sigma}\Lambda\times T^*\mathbb{C}} (\tilde{p}^{-1} \pi^{-1} \mathcal{M}^\infty)$$

car $\mathcal{E}^\infty_{X\times\mathbb{C}}$ est fidèlement plat sur $p^{-1} \mathcal{E}^\infty_X$.

Par ailleurs d'après le lemme 2.2.4 ch. I de [24] on a :

$$\mathcal{H}^k_{T^*_{\Sigma}\Lambda\times T^*\mathbb{C}} (\tilde{p}^{-1} \pi^{-1} \mathcal{M}^\infty) = \tilde{p}^{-1} \mathcal{H}^k_{T^*_{\Sigma}\Lambda} (\pi^{-1} \mathcal{M}^\infty)$$

donc

$$\tilde{\pi}^{-1} \mathcal{E}^\infty_{X\times\mathbb{C}} \otimes_{\tilde{\pi}^{-1}p^{-1}\mathcal{E}^\infty_X} \tilde{p}^{-1} \mathcal{H}^k_{T^*_{\Sigma}\Lambda} (\pi^{-1} \mathcal{M}^\infty) = \mathcal{H}^k_{T^*_{\tilde{\Sigma}}\tilde{\Lambda}} (\tilde{\pi}^{-1} \tilde{\mathcal{M}}^\infty)$$

est nul si $k \neq d$ au voisinage de $\tilde{\pi}^{-1}(\tilde{\sigma})$; donc, puisque $\mathcal{E}^{\infty}_{X\times\mathbb{C}}$ est fidèlement plat sur $p^{-1}\ \mathcal{E}^{\infty}_{X}$, $\mathcal{H}^{k}_{T^*_\Sigma\Lambda}(\pi^{-1}\ \mathcal{M}^{\infty}) = 0$ si $k \neq d$ au voisinage de $\pi^{-1}(\sigma)$. La même démonstration s'applique à $\mathcal{H}^{k}_{\mathbb{P}^*_\Sigma\Lambda}(\pi^{-1}_{\mathbb{P}}\ \mathcal{M}^{\infty})$ ce qui termine la démonstration du théorème.

Définition 1.2.2 : *Sous les hypothèses du théorème 1.2.1 on pose :*

$$\boxed{\mathcal{C}^{2\mathbb{R}}_{\Sigma,\mathcal{M}} = \mathcal{H}^{d}_{T^*_\Sigma\Lambda}(\pi^{-1}\ \mathcal{M}^{\infty})^{a}} \qquad (d = \mathrm{codim}_{\Lambda}\ \Sigma)$$

avec $a : T^*_\Sigma\Lambda \to T^*_\Sigma\Lambda$ *application antipodale.*

et $\mathcal{B}^{2\infty}_{\Sigma,\mathcal{M}} = \mathcal{H}^{d}_{\Sigma}(\mathcal{M}^{\infty}) = \mathcal{C}^{2\mathbb{R}}_{\Sigma,\mathcal{M}}\Big|_{\Sigma}$

Remarque 1.2.3 : On peut également définir le faisceau

$$\mathcal{C}^{2,\mathbb{R},\mathbb{R}}_{\Sigma,\mathcal{M}} = \mathcal{H}^{d}_{T^*_\Sigma\Lambda}(\pi^{-1}\ \mathcal{M}^{\mathbb{R}})^{a}$$

Notons $\dot{T}^*X = T^*X \setminus X$, $\dot{\Lambda} = \Lambda \cap \dot{T}^*X$ et $\dot{\Sigma} = \Sigma \cap \dot{T}^*X$, alors si Λ_0 est l'image de Λ par $\gamma_0 : \dot{T}^*X \to \mathbb{P}^*X$ et $\Sigma_0 = \gamma_0(\dot{\Sigma})$, si $\gamma' : T^*_{\dot{\Sigma}}\dot{\Lambda} \approx (T^*_{\Sigma_0}\Lambda_0) \times_{\Sigma_0} \dot{\Sigma} \to T^*_{\Sigma_0}\Lambda_0$ est l'application canonique on a par définition :

$$\gamma_0^{-1}\ \gamma_{0*}\left(\mathcal{M}^{\mathbb{R}}\Big|_{\dot{T}^*X}\right) = \mathcal{M}^{\infty}\Big|_{\dot{T}^*X}$$

et il est facile de voir que :

$$\gamma'^{-1}\ \gamma'_{*}\ \mathcal{C}^{2,\mathbb{R},\mathbb{R}}_{\Sigma,\mathcal{M}} = \mathcal{C}^{2,\mathbb{R}}_{\Sigma,\mathcal{M}}\ .$$

Proposition 1.2.4 :

$$R^{k}\ \pi_{*}\left(\mathcal{C}^{2,\mathbb{R}}_{\Sigma,\mathcal{M}}\Big|_{T^*_\Sigma\Lambda\setminus\Sigma}\right) = \mathcal{B}^{2,\infty}_{\Sigma,\mathcal{M}} \qquad \text{si } k = 0 \text{ et } d \neq 1$$

$$= \mathcal{M}^{\infty}\Big|_{\Sigma} \qquad \text{si } k = d-1 \text{ et } d \neq 1$$

$$= 0 \qquad \text{si } k \neq 0 \text{ et } k \neq d-1$$

Si $d = 1$ *on a la suite exacte :*

$$0 \to \mathcal{B}^{2\infty}_{\Sigma,\mathcal{M}} \to \pi_{*}\left(\mathcal{C}^{2\mathbb{R}}_{\Sigma,\mathcal{M}}\Big|_{T^*_\Sigma\Lambda\setminus\Sigma}\right) \to \mathcal{M}^{\infty}\Big|_{\Sigma} \to 0\ .$$

Démonstration : D'après [24] Proposition 1.2.5 ch. I on a un triangle :

$$\begin{array}{ccc} & \mathcal{M}^{\infty}\big|_{\Sigma} & \\ \swarrow & & \nwarrow {\scriptstyle (+1)} \\ \mathbb{R}\Gamma_{\Sigma}(\mathcal{M}^{\infty})[2d] & \longrightarrow & \mathbb{R}\pi_*(\mathbb{R}\Gamma_{T^*_{\Sigma}\Lambda}(\pi^{-1}\mathcal{M}^{\infty})\big|_{T^*_{\Sigma}\Lambda\setminus\Sigma})[2d] \end{array}$$

qui donne immédiatement la proposition vu le théorème 1.2.1.

Théorème 1.2.5 : Soient $\gamma_1 : T^*_{\Sigma}\Lambda \to T^*_{\Sigma}\Lambda/_{\mathbb{C}^*} \approx \mathbb{P}^*_{\Sigma}\Lambda \cup \Sigma$, $\gamma : T^*_{\Sigma}\Lambda \setminus \Sigma \to \mathbb{P}^*_{\Sigma}\Lambda$ *et* $\pi_{\mathbb{P}} : \mathbb{P}^*_{\Sigma}\Lambda \to \Sigma$ *les projections canoniques.*

Alors si $k \neq 0$ *on a :*

$$R^k\gamma_*(\mathcal{C}^{2\mathbb{R}}_{\Sigma,\mathcal{M}}\big|_{T^*_{\Sigma}\Lambda\setminus\Sigma}) = R^k\gamma_{1*}(\mathcal{C}^{2\mathbb{R}}_{\Sigma,\mathcal{M}}) = 0$$

Si $d \neq 1$ *on a une suite exacte :*

$$0 \to \pi_{\mathbb{P}}^{-1}\mathcal{B}^{2\infty}_{\Sigma,\mathcal{M}} \to \gamma_*(\mathcal{C}^{2\mathbb{R}}_{\Sigma,\mathcal{M}}\big|_{T^*_{\Sigma}\Lambda\setminus\Sigma}) \to \mathcal{H}^{d-1}_{\mathbb{P}^*_{\Sigma}\Lambda}(\pi_{\mathbb{P}}^{-1}\mathcal{M}^{\infty}) \to 0$$

Démonstration : Il suffit de reprendre pas à pas la démonstration du théorème 1.1.6. ch. II de [24] en remplaçant la proposition 1.1.1. ch. II de [24] par le lemme suivant :

Lemme 1.2.6 : On définit les éclatés réels et complexes de Λ *de centre* Σ *(avec leurs structures de variétés à bord) comme dans* [24] *ch. I §.1 :*

$$\widetilde{\Sigma_{\Lambda_{\mathbb{R}}}} = (\Lambda\setminus\Sigma) \cup \mathbb{S}_{\Sigma}\Lambda \quad \text{et} \quad \tau_{\mathbb{R}} : \widetilde{\Sigma_{\Lambda_{\mathbb{R}}}} \to \Lambda$$

$$\widetilde{\Sigma_{\Lambda}} = (\Lambda\setminus\Sigma) \cup \mathbb{P}_{\Sigma}\Lambda \quad \text{et} \quad \tau : \widetilde{\Sigma_{\Lambda}} \to \Lambda$$

Alors si $k \neq 1$ $\mathcal{H}^k_{\mathbb{S}_{\Sigma}\Lambda}(\tau_{\mathbb{R}}^{-1}\mathcal{M}^{\infty}) = 0$ *et* $\mathcal{H}^k_{\mathbb{P}_{\Sigma}\Lambda}(\tau^{-1}\mathcal{M}^{\infty}) = 0$.

Démonstration du lemme : On remarque que la démonstration du théorème 1.1.6. ch. II de [24] utilise seulement le théorème B de Cartan.

Si $\Lambda = T^*_Y X$ et $\mathcal{M} = \mathcal{C}_{Y|X}$ on démontre donc le lemme 1.2.6. en remplaçant le théorème B de Cartan par le théorème 1.1.3.

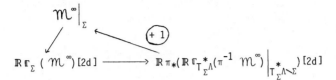

Dans le cas général on se ramène à $\mathcal{C}_{Y|X}$ par une transformation canonique en dehors de la section nulle et on plonge Λ dans $\tilde{\mathcal{X}} = \Lambda \times T^*_{\mathbb{C}}(\mathbb{C}\times\mathbb{C})$ au voisinage de la section nulle (cf. démonstration du théorème 1.2.1).

Définition 1.2.7 : Le faisceau des 2-microfonctions holomorphes (d'ordre infini) sur $T^*_\Sigma\Lambda$ est le faisceau :

$$\mathcal{C}^{2\infty}_{\Sigma,\mathcal{M}} = \gamma_1^{-1}\gamma_{1*}(\mathcal{C}^{2\mathbb{R}}_{\Sigma,\mathcal{M}})$$

On a :

$$\mathcal{C}^{2\infty}_{\Sigma,\mathcal{M}}\Big|_{T^*_\Sigma\Lambda\setminus\Sigma} = \gamma^{-1}\gamma_*(\mathcal{C}^{2\mathbb{R}}_{\Sigma,\mathcal{M}}\Big|_{T^*_\Sigma\Lambda\setminus\Sigma})$$

et

$$\mathcal{C}^{2\infty}_{\Sigma,\mathcal{M}}\Big|_\Sigma = \mathcal{C}^{2\mathbb{R}}_{\Sigma,\mathcal{M}}\Big|_\Sigma = \mathcal{B}^{2\infty}_{\Sigma,\mathcal{M}}$$

Exemple 1.2.8 : Si X est une variété complexe, Y une sous-variété de X, si $\Lambda = T^*_Y X$ et $\mathcal{M} = \mathcal{C}_{Y|X}$ nous noterons :

$$\mathcal{C}^{2\infty}_{\Sigma||Y|X} = \mathcal{C}^{2\infty}_{\Sigma,\mathcal{M}}$$

Si Z est une sous-variété complexe de Y et $\Sigma = Z\times_Y T^*_Y X$ nous noterons :

$$\mathcal{C}^{2\infty}_{Z|Y|X} = \mathcal{C}^{2\infty}_{\Sigma||Y|X}$$

(et de même $\mathcal{B}^{2\infty}_{\Sigma||Y|X} = \mathcal{C}^{2\infty}_{\Sigma||Y|X}\big|_\Sigma$, $\mathcal{B}^{2\infty}_{Z|Y|X} = \mathcal{C}^{2\infty}_{Z|Y|X}\big|_\Sigma$).

Proposition 1.2.9 : Soient Y et Z deux sous-variétés de X. On suppose qu'il existe des coordonnées (x,y,z,t) de X telles que $Y = \{y = t = 0\}$ et $Z = \{z = t = 0\}$. Si $\Sigma = T^*_Y X \cap T^*_Z X$ il existe un morphisme canonique :

$$\mathcal{C}^{\infty}_{Z|X}\Big|_\Sigma \longrightarrow \mathcal{B}^{2\infty}_{\Sigma||Y|X}$$

Remarque : Nous montrerons (Corollaire 1.4.10) que ce morphisme est injectif.

Démonstration : Soient $\pi_Z : \widetilde{Z_X^*} \to X$, $\pi_Y : \widetilde{Y_X^*} \to X$, $\pi_{Z\cap Y} : \widetilde{Y\cap Z_X^*} \to X$ et $p : \widetilde{Y_X^*} \to \widetilde{Y\cap Z_X^*}$.

D'après [24] ch. III Proposition 1.2.1, si d = dim Z - dim Y∩Z on a un morphisme canonique :

$$\mathbb{R}\Gamma_{T_Z^*X}(\pi_Z^{-1}\mathcal{O}_X)\big|_{Y\times_X T_Z^*X} \longrightarrow \mathbb{R}\Gamma_{Y\times_X T_Z^*X}(\pi_{Y\cap Z}^{-1}\mathcal{O}_X)\,[2d]$$

$p^{-1}(T_Z^*X\times_X Y) = T_Y^*X\cap T_Z^*X = \Sigma$ et $\pi_{Y\cap Z}\circ p = \pi_Y$ donc on a un morphisme canonique:

$$\mathbb{R}\Gamma_{Y\times_X T_Z^*X}(\pi_{Y\cap Z}^{-1}\mathcal{O}_X)\big|_{T_Y^*X\cap T_Z^*X} \longrightarrow \mathbb{R}\Gamma_{\Sigma}(\pi_Y^{-1}\mathcal{O}_X)$$

d'où en composant ces deux morphismes :

$$\mathcal{C}^{\mathbb{R}}_{Z|X}\big|_{\Sigma}[-\operatorname{codim}_X Z] = \mathbb{R}\Gamma_{T_Z^*X}(\pi_Z^{-1}\mathcal{O}_X)\big|_{\Sigma} \longrightarrow \mathbb{R}\Gamma_{\Sigma}(\mathbb{R}\Gamma_{T_Y^*X}(\pi_Y^{-1}\mathcal{O}_X))[2d]$$

Soient $\gamma_1 : T_Z^*X \longrightarrow T_Z^*X/\mathbb{C}^*$ et $\gamma_1' : T_Y^*X \longrightarrow T_Y^*X/\mathbb{C}^*$ les projections canoniques.

$$\mathcal{C}^{\infty}_{Z|X}\big|_{\Sigma} = (\gamma_1^{-1}\,\mathbb{R}\gamma_{1_*}\,\mathcal{C}^{\mathbb{R}}_{Z|X})\big|_{\Sigma} = \gamma_1'^{-1}\,\mathbb{R}\gamma'_{1_*}\,(\mathcal{C}^{\mathbb{R}}_{Z|X}\big|_{\Sigma})$$

γ_1' est ouverte et propre donc ([24] lemme 2.2.4. ch. I)

$$\gamma_1'^{-1}\,\mathbb{R}\gamma'_{1_*}\,\mathbb{R}\Gamma_{\Sigma} = \mathbb{R}\Gamma_{\Sigma}\,\gamma_1'^{-1}\,\mathbb{R}\gamma'_{1_*}\,\mathbb{R}\Gamma_{T_Y^*X}$$

donc on a le morphisme :

$$\mathcal{C}^{\infty}_{Z|X}\big|_{\Sigma} \longrightarrow \mathbb{R}\Gamma_{\Sigma}\,\gamma_1'^{-1}\,\mathbb{R}\gamma'_{1_*}\,\mathcal{C}^{\mathbb{R}}_{Y|X}\,[\operatorname{codim}_{T_Y^*X}\Sigma] = \mathcal{B}^{2\infty}_{\Sigma||Y|X}$$

car $\dim\Sigma = \dim X + \dim Y\cap Z - \dim Y - \dim Z$. q.e.d.

1.3 Opérations sur les 2-microfonctions holomorphes

A. Produit tensoriel

Pour $\nu = 1,2$, soient X_ν une variété complexe, Λ_ν une sous-variété lagrangienne homogène de T^*X_ν, $\mathcal{M}_\nu$ un $\mathcal{E}_{X_\nu}$-module holonôme simple de support Λ_ν et Σ_ν une sous-variété de Λ_ν.

Soient $q_\nu : \Lambda_1\times\Lambda_2 \longrightarrow \Lambda_\nu$ et $p_\nu : T^*_{\Sigma_1\times\Sigma_2}\Lambda_1\times\Lambda_2 \longrightarrow T^*_{\Sigma_\nu}\Lambda_\nu$ les projections canoniques.

Par définition $\mathcal{M}_1 \ \hat{\otimes}\ \mathcal{M}_2$ est le $\mathcal{E}_{X_1 \times X_2}$-module holonôme de support $\Lambda_1 \times \Lambda_2$ défini par :

$$\mathcal{M}_1 \ \hat{\otimes}\ \mathcal{M}_2 = \mathcal{E}_{X_1 \times X_2} \otimes_{q_1^{-1} \mathcal{E}_{X_1} \otimes_{\mathbb{C}} q_2^{-1} \mathcal{E}_{X_2}} (q_1^{-1} \mathcal{M}_1 \otimes_{\mathbb{C}} q_2^{-1} \mathcal{M}_2)$$

donc on a un morphisme canonique.

$$q_1^{-1} \mathcal{M}_1 \otimes_{\mathbb{C}} q_2^{-1} \mathcal{M}_2 \longrightarrow \mathcal{M}_1 \ \hat{\otimes}\ \mathcal{M}_2$$

On en déduit la proposition suivante :

Proposition 1.3.1 : *On peut définir un morphisme bilinéaire canonique de produit tensoriel* :

$$p_1^{-1} \ \mathcal{C}^{2\mathbb{R}}_{\Sigma_1, \mathcal{M}_1} \times p_2^{-1} \ \mathcal{C}^{2\mathbb{R}}_{\Sigma_2, \mathcal{M}_2} \longrightarrow \mathcal{C}^{2\mathbb{R}}_{\Sigma_1 \times \Sigma_2, \mathcal{M}_1 \hat{\otimes} \mathcal{M}_2}$$

et de même

$$p_1^{-1} \ \mathcal{C}^{2\infty}_{\Sigma_1, \mathcal{M}_1} \times p_2^{-1} \ \mathcal{C}^{2\infty}_{\Sigma_2, \mathcal{M}_2} \longrightarrow \mathcal{C}^{2\infty}_{\Sigma_1 \times \Sigma_2, \mathcal{M}_1 \otimes \mathcal{M}_2}$$

B. Image directe et image inverse

Lemme 1.3.2 : *Soient* Λ, Λ', Λ'' *trois variétés analytiques réelles,* Σ, Σ', Σ'' *trois sous-variétés respectivement de* Λ, Λ' *et* Λ''.

Soient $f : \Lambda'' \to \Lambda$ *et* $g : \Lambda'' \to \Lambda'$ *deux applications analytiques telles que* $f(\Sigma'') \subset \Sigma$ *et* $g(\Sigma'') \subset \Sigma'$.

On a le diagramme suivant :

$$\begin{array}{ccccccccc}
T^*_{\Sigma'}\Lambda' & \xleftarrow{\bar{\omega}'} & (T^*_{\Sigma'}\Lambda') \times_{\Sigma'} \Sigma'' & \xrightarrow{\rho'} & T^*_{\Sigma''}\Lambda'' & \xleftarrow{\rho} & (T^*_{\Sigma}\Lambda) \times_{\Sigma} \Sigma'' & \xrightarrow{\bar{\omega}} & T^*_{\Sigma}\Lambda \\
\downarrow{\scriptstyle \pi'} & & \downarrow{\scriptstyle \pi'_1} & & \downarrow{\scriptstyle \pi''} & & \downarrow{\scriptstyle \pi_1} & & \downarrow{\scriptstyle \pi} \\
\Sigma' & \xleftarrow{g} & \Sigma'' & = & \Sigma'' & = & \Sigma'' & \xrightarrow{f} & \Sigma
\end{array}$$

Si $\mathcal{F}$ *est un faisceau sur* Λ', *on a un morphisme canonique* :

$$\mathbb{R}\,\bar{\omega}_{!}\,\rho^{-1}\,\mathbb{R}\,\rho'_{!}\,\bar{\omega}'^{-1}\,\mathbb{R}\Gamma_{T^*_{\Sigma'}\Lambda'}(\pi'^{-1}\mathcal{F})\,[\mathrm{codim}_{\Lambda'}\Sigma'] \longrightarrow$$

$$\mathbb{R}\Gamma_{T^*_{\Sigma}\Lambda}(\pi^{-1}\,\mathbb{R}f_{!}\,g^{-1}\mathcal{F})\,[\mathrm{codim}_{\Lambda''}\Sigma'']$$

(π' et π sont les applications $\pi' : \widetilde{\Sigma'_{\Lambda'}{}^*} \to \Lambda'$ et $\pi : \widetilde{\Sigma_{\Lambda}{}^*} \to \Lambda$; $f_!$ désigne le foncteur "image directe à support propre").

Démonstration : D'après [24] ch. I Lemme 2.2.5 (cf. aussi [10] Proposition 1.3.1) on a un morphisme :

$$\mathbb{R}\rho'_{!}\,\bar{\omega}'^{-1}\,\mathbb{R}\Gamma_{T^*_{\Sigma'}\Lambda'}(\pi'^{-1}\mathcal{F})[\mathrm{codim}_{\Lambda'}\Sigma'] \longrightarrow \mathbb{R}\Gamma_{T^*_{\Sigma''}\Lambda''}(\pi''^{-1}\,g^{-1}\,\mathcal{F})[\mathrm{codim}_{\Lambda''}\Sigma'']$$

d'où

$$\mathbb{R}\bar{\omega}_{!}\,\rho^{-1}\,\mathbb{R}\rho'_{!}\,\bar{\omega}'^{-1}\,\mathbb{R}\Gamma_{T^*_{\Sigma'}\Lambda'}(\pi'^{-1}\,\mathcal{F})\,[\mathrm{codim}_{\Lambda'}\Sigma'] \longrightarrow$$

$$\mathbb{R}\bar{\omega}_{!}\,\rho^{-1}\,\mathbb{R}\Gamma_{T^*_{\Sigma''}\Lambda''}(\pi''^{-1}\,g^{-1}\,\mathcal{F})\,[\mathrm{codim}_{\Lambda''}\Sigma''] \longrightarrow$$

$$\mathbb{R}\bar{\omega}_{!}\,\mathbb{R}\Gamma_{(T^*_{\Sigma}\Lambda)\times_{\Sigma}\Sigma''}(\rho^{-1}\,\pi''^{-1}\,g^{-1}\,\mathcal{F})\,[\mathrm{codim}_{\Lambda''}\Sigma''] \xrightarrow{\sim}$$

$$\mathbb{R}\Gamma_{T^*_{\Sigma}\Lambda}(\pi^{-1}\,\mathbb{R}f_{!}\,g^{-1}\,\mathcal{F})\,[\mathrm{codim}_{\Lambda''}\Sigma'']$$

(le dernier isomorphisme provient du lemme 1.4.2 ch. I de [24]).

Nous pouvons appliquer le lemme 1.3.2 a de nombreuses situations, en particulier si Λ et Λ' sont des sous-variétés lagrangiennes de T^*X et T^*X' respectivement (X et X' variétés complexes), si $\mathcal{M}$ et $\mathcal{M}'$ sont des modules holonômes sur Λ et Λ' et si on a un morphisme $\mathbb{R}f_!\,g^{-1}\,\mathcal{M}' \longrightarrow \mathcal{M}$, si $\mathrm{codim}_{\Lambda''}\Sigma'' = \mathrm{codim}_{\Sigma}\Lambda$ on aura un morphisme :

$$\bar{\omega}_{!}\,\rho^{-1}\,\rho'_{!}\,\bar{\omega}'^{-1}\,\mathcal{E}^{2\infty}_{\Sigma',\mathcal{M}'} \longrightarrow \mathcal{E}^{2\infty}_{\Sigma,\mathcal{M}}$$

En fait (nous le verrons quand nous aurons défini les symboles) les sections de $\mathcal{E}^{2\infty}_{\Sigma',\mathcal{M}'}$ vérifient le principe du prolongement analytique donc $\bar{\omega}_{!}\,\rho^{-1}\,\rho'_{!}\,\bar{\omega}'^{-1}\,\mathcal{E}^{2\infty}_{\Sigma',\mathcal{M}'}$, n'est pas vide seulement si ρ' et $\bar{\omega}$ sont propres.

Par exemple si Σ' est transverse à g $((T^*_{\Sigma'}\Lambda')\times_{\Lambda'}\Lambda''\cap T^*_{\Lambda''}\Lambda$ est contenu dans la section nulle de $T^*\Lambda''$) ρ' est un isomorphisme et si $f|_{\Sigma''}$ est un isomorphisme $\Sigma'' \to \Sigma$

$\overline{\omega}$ est un isomorphisme.

Donnons deux exemples de théorèmes que l'on peut déduire de ce qui précède :

Théorème 1.3.3 : (image inverse)

Soit $g : \Lambda \to \Lambda'$ une application analytique homogène et supposons qu'il existe un morphisme

$$g^* : g^{-1} \mathcal{M}'^{\infty} \longrightarrow \mathcal{M}^{\infty}$$

Soit Σ' une sous-variété de Λ' transverse à g et $\Sigma = \Sigma' \times_{\Lambda'} \Lambda$. Soit $\overline{\omega}' : T^*_{\Sigma}\Lambda \approx (T^*_{\Sigma'}\Lambda') \times_{\Sigma'} \Sigma \longrightarrow T^*_{\Sigma'}\Lambda'$. Alors on a un morphisme canonique d'image inverse :

$$g^* : \overline{\omega}'^{-1} \mathcal{C}^{2\mathbb{R}}_{\Sigma', \mathcal{M}'} \longrightarrow \mathcal{C}^{2\mathbb{R}}_{\Sigma, \mathcal{M}}$$

et de même $$g^* : \overline{\omega}'^{-1} \mathcal{C}^{2\infty}_{\Sigma', \mathcal{M}'} \longrightarrow \mathcal{C}^{2\infty}_{\Sigma, \mathcal{M}}.$$

Exemple 1.3.4 : Soit $\varphi : X \to X'$ une application holomorphe et Y' une sous-variété de X' transverse à φ. Soit $Y = Y' \times_{X'} X$. On a alors une application $g : T^*_Y X \approx (T^*_{Y'}X') \times_{Y'} Y \to T^*_{Y'}X'$ et d'après [24] proposition 1.2.2 ch. II un morphisme d'image inverse $\varphi^* : g^{-1} \mathcal{E}^{\infty}_{Y'|X'} \to \mathcal{E}^{\infty}_{Y|X}$ et donc on a un morphisme :

$$\varphi^* : \overline{\omega}^{-1} \mathcal{E}^{2\infty}_{\Sigma' || Y'|X'} \longrightarrow \mathcal{E}^{2\infty}_{\Sigma || Y|X}$$

En particulier si Z' est une sous-variété de Y' transverse à $\varphi|_Y : Y \to Y'$, si $Z = Z' \times_{Y'} Z$, $\Lambda = T^*_Y X$, $\Lambda' = T^*_{Y'}X'$, $\Sigma' = Z' \times_{Y'} T^*_{Y'}X'$ et $\Sigma = Z \times_Y T^*_Y X$ on a le morphisme:

$$\varphi^* : \overline{\omega}^{-1} \mathcal{E}^{2\infty}_{Z'|Y'|X'} \longrightarrow \mathcal{E}^{2\infty}_{Z|Y|X}$$

Théorème 1.3.5 : (Image directe)

Soit $\varphi : X' \to X$ une application holomorphe, Y' et Y des sous-variétés de X' et X respectivement telles que $\varphi'(Y') \subset Y$. On a alors les applications : $T^*_{Y'}X' \xleftarrow{\;g\;} (T^*_Y X) \times_Y Y' \xrightarrow{\;f\;} T^*_Y X$.

Soient Σ et Σ' deux sous-variétés de $T^*_Y X$ et $T^*_{Y'}X'$ respectivement telles que

$f : g^{-1}(\Sigma') \to \Sigma$ soit un isomorphisme et que Σ' soit transverse à g. (Donc ρ' et $\overline{\omega}$ sont des isomorphismes).

On a alors un morphisme d'image directe :

$$\varphi^* : p^{-1}\left(\mathscr{C}^{2\infty}_{\Sigma'||Y'|X'} \otimes \Omega^{(n')}_{X'}\right) \longrightarrow \mathscr{C}^{2\infty}_{\Sigma||Y|X} \otimes \Omega^{(n)}_X$$

p est l'application $T^*_{\Sigma'}\Lambda' \longrightarrow T^*_{\Sigma}\Lambda$, $n = \dim X$, $n' = \dim X'$ et $\Omega^{(n)}_X$ désigne le faisceau des formes différentielles holomorphes de degré n sur X.

Démonstration : D'après [24] Proposition 1.2.4 ch. II (cf. aussi [10]) on a un morphisme d'image directe :

$$\mathbb{R} f_! \, g^{-1}(\mathscr{C}^{\infty}_{Y'|X'} \otimes \Omega^{(n')}_{X'})[\dim Y'] \longrightarrow \mathscr{C}^{\infty}_{Y|X} \otimes \Omega^{(n)}_X \; [\dim Y]$$

d'où le résultat en appliquant ce qui précède.

1.4. Symbole des 2-microfonctions holomorphes

Suivant la méthode de [24] nous allons définir un symbole pour les 2-microfonctions holomorphes lorsque des coordonnées convenables de Λ et Σ ont été choisies.

1.4.1. Cas de la codimension 1

Soient X une variété complexe, Y une sous-variété complexe de X de codimension 1 et Z une sous-variété complexe de Y de codimension 1 dans Y.

Posons $\Lambda = T^*_Y X$ et $\Sigma = Z \times_Y T^*_Y X$. Les projections $\mathbb{P}^*_Y X \to Y$ et $\mathbb{P}^*_\Sigma \Lambda \to \Sigma$ sont des isomorphismes et nous pourrons identifier $\mathbb{P}^*_Y X$ et Y, $\mathbb{P}^*_\Sigma \Lambda$ et Σ .

Choisissons des coordonnées $(x,y,z_1,\dots,z_p)$ de X telles que $Y = \{(x,y,z) \in X / x=0\}$ et $Z = \{(x,y,z) \in X/x=y=0\}$, alors $\Lambda = \{(x,y,z,\xi,\eta,\zeta) \in T^*X / x=0, \eta=0, \zeta=0\}$ et $\Sigma = \{(y,z,\xi) \in \Lambda / y=0\}$.

Soit U un ouvert de Σ et pour $\lambda \in \mathbb{C}$, $|\lambda| = 1$, $\varepsilon > 0$, soient :

$$U_{\lambda,\varepsilon} = \{(y,z,\xi) \in \Lambda \;/\; (z,\xi) \in U,\ \mathrm{Re}(\lambda y) > -\varepsilon\,|\mathrm{Im}(\lambda y)|,\ |y| < \varepsilon\}$$

$$V_{\lambda,\varepsilon} = \{(z,\xi,y^*) \in T^*_\Sigma \Lambda \;/\; (z,\xi) \in U,\ \mathrm{Re}(\lambda y^*) < \frac{1}{\varepsilon}\,|\mathrm{Im}(\lambda y^*)|\}$$

$\tilde{U}_{\lambda,\varepsilon} = U_{\lambda,\varepsilon} \cup V_{\lambda,\varepsilon}$ est un ouvert de $\tilde{\Sigma}_\Lambda^*$ et $\tilde{U}_{\lambda,\varepsilon} \setminus T^*_\Sigma\Lambda = U_{\lambda,\varepsilon}$ donc on a une suite exacte :

$$0 \to \Gamma\left(\tilde{U}_{\lambda,\varepsilon}, \pi^{-1}\, \mathscr{C}^\infty_{Y|X}\right) \longrightarrow \Gamma(U_{\lambda,\varepsilon}, \mathscr{C}^\infty_{Y|X}) \longrightarrow H^1_{T^*_\Sigma\Lambda}(\tilde{U}_{\lambda,\varepsilon}, \pi^{-1}\, \mathscr{C}^\infty_{Y|X})$$

$$= \Gamma(V_{\lambda,\varepsilon}, \mathscr{C}^{2\mathbb{R}}_{Z|Y|X})$$

Si u est une section multiforme de $\mathscr{C}^\infty_{Y|X}$ sur $U_\varepsilon = \{(y,z,\xi) \in \Lambda \;/\; (z,\xi) \in U,\ 0 < |y| < \varepsilon\}$ telle que $u(ye^{2i\pi},z,\xi) - u(y,z,\xi)$ se prolonge à $U'_\varepsilon = \{(y,z,\xi) \in \Lambda \;/\; (z,\xi) \in U,\ |y| < \varepsilon\}$ elle définit une section de $\mathscr{C}^{2\mathbb{R}}_{Z|Y|X}$ sur $V = \{(z,\xi,y^*) \in T^*_\Sigma\Lambda \;/\; (z,\xi) \in U\}$ donc une section de $\mathscr{C}^{2\infty}_{Z|Y|X}$ sur V.

En particulier si $\{\varphi(x) = 0\}$ est une équation de Z dans Y, si u est une section $\mathscr{C}^\infty_{Y|X}\big|_\Sigma$, $\frac{1}{2i\pi}\,[\mathrm{Log}\,\varphi(x)]\,u(x)$ définit une section de $\mathscr{C}^{2\infty}_{Z|Y|X}\big|_{T^*_\Sigma\Lambda\setminus\Sigma}$ qui ne dépend pas du choix de φ et que nous noterons $u(x)\ Y(\varphi(x))$.

D'après la proposition 1.2.4, on a une suite exacte :

$$0 \longrightarrow \mathscr{B}^{2\infty}_{Z|Y|X} \xrightarrow{\alpha} \pi_*(\mathscr{C}^{2\infty}_{Z|Y|X}\big|_{T^*_\Sigma\Lambda\setminus\Sigma}) \xrightarrow{\beta} \mathscr{C}^\infty_{Y|X}\big|_\Sigma \longrightarrow 0$$

avec $\pi : T^*_\Sigma\Lambda \longrightarrow \Sigma$.

Si u est une section de $\mathscr{C}^\infty_{Y|X}\big|_\Sigma$ définissons λ par $\lambda(u) = u\ Y(\varphi(x))$. Alors $\beta_0\,\lambda = \mathrm{id}$ donc :

$$\underline{\pi_*(\mathscr{C}^{2\infty}_{Z|Y|X}\big|_{T^*_\Sigma\Lambda\setminus\Sigma}) \approx \mathscr{B}^{2\infty}_{Z|Y|X} \oplus \lambda(\mathscr{C}^\infty_{Y|X}\big|_\Sigma)\ .}$$

Si V est un ouvert cônique de $T^*_\Sigma\Lambda\setminus\Sigma$, à fibre connexes pour la projection π on a donc :

$$\Gamma(V, \mathscr{C}^{2\infty}_{Z|Y|X}) = \Gamma(\pi(V), \mathscr{B}^{2\infty}_{Z|Y|X}) \oplus \lambda(\Gamma(\pi(V), \mathscr{C}^\infty_{Y|X}\big|_\Sigma))\ .$$

Soient V un ouvert cônique connexe de $T^*_\Sigma\Lambda$ qui rencontre la section nulle Σ de $T^*_\Sigma\Lambda$ et u une section de $\mathscr{C}^{2\infty}_{Z|Y|X}$ sur V, alors, si $\tilde{u}$ est la restriction de u à

$V\smallsetminus\Sigma$, $\beta(\tilde{u})$ est nul sur $V\cap\Sigma$ et donc (Lemme 1.1.5), $\beta(\tilde{u})$ est nul sur $\pi(V)$ donc $u\in\Gamma(\pi(V),\mathcal{B}^{2\infty}_{Z|Y|X})$:

$$\text{si } V\cap\Sigma\neq\phi \qquad \Gamma(V,\mathcal{C}^{2\infty}_{Z|Y|X})=\Gamma(\pi(V),\mathcal{B}^{2\infty}_{Z|Y|X})$$

Nous avons donc montré que si V est ouvert connexe cônique de $T^*_\Sigma\Lambda$ à fibres connexes on a :

$$\underline{\Gamma(V,\mathcal{C}^{2\infty}_{Z|Y|X})=\Gamma(\pi(V),\mathcal{B}^{2\infty}_{Z|Y|X})\oplus\lambda(\Gamma_{\pi(V)\smallsetminus V\cap\Sigma}(\pi(V),\mathcal{C}^{\infty}_{Y|X}|_\Sigma))}$$

$(\Gamma_{\pi(V)\smallsetminus V\cap\Sigma}(\pi(V),\mathcal{C}^{\infty}_{Y|X}|_\Sigma)$ est égal à $\Gamma(\pi(V),\mathcal{C}^{\infty}_{Y|X}|_\Sigma)$ si $V\cap\Sigma=\phi$

et est nul si $V\cap\Sigma\neq\phi)$.

Reprenons des coordonnées locales $(x,y,z_1,\ldots,z_p)$ de X telles que $Y=\{(x,y,z)\in X\ /\ x=0\}$ et $Z=\{(x,y,z)\in X\ /\ x=y=0\}$.

Soit U un ouvert homogène (réel) de $\dot{\Sigma}=Z\times_Y\dot{T}^*X=\{(y,z,\xi)\in T^*_YX\ /y=0,\ \xi\neq0\}$ tel que $\pi(U)$ soit un ouvert d'holomorphie de Z et $U\to\pi(U)$ à fibres contractiles, soit $\tilde{U}=\{(y,z,\xi)\in T^*_YX\ /\ (z,\xi)\in U,\ |y|<\varepsilon\}\cdot\mathcal{B}^{2\infty}_{Z|Y|X}=\mathbb{R}\Gamma_Z(\mathcal{C}^{\infty}_{Y|X})$ [1] donc on a la suite exacte :

$$0\longrightarrow\Gamma(\tilde{U},\mathcal{C}^{\infty}_{Y|X})\longrightarrow\Gamma(\tilde{U}\smallsetminus U,\mathcal{C}^{\infty}_{Y|X})\longrightarrow\Gamma(U,\mathcal{B}^{2\infty}_{Z|Y|X})\longrightarrow H^1(\tilde{U},\mathcal{C}^{\infty}_{Y|X})$$

$H^1(\tilde{U},\mathcal{C}^{\infty}_{Y|X})$ est nul d'après le théorème 1.1.3 donc :

$$\underline{\Gamma(U,\mathcal{B}^{2\infty}_{Z|Y|X})\approx\Gamma(\tilde{U}\smallsetminus U,\mathcal{C}^{\infty}_{Y|X})/\Gamma(\tilde{U},\mathcal{C}^{\infty}_{Y|X})}$$

En fait les faisceaux $\mathcal{B}^{2\infty}_{Z|Y|X}$ et $\mathcal{C}^{\infty}_{Y|X}$ sont constants sur les fibres de $\pi: T^*_YX\smallsetminus Y\to Y$ donc cette égalité est vraie pour tout ouvert homogène U.

Par ailleurs d'après [24] :

→ si V est un ouvert cônique de T^*_YX à fibres connexes pour $\pi_0 : T^*_YX\to Y$:

$$\Gamma(V,\mathcal{C}^{\infty}_{Y|X})\approx\Gamma(\pi_0(V),\mathcal{B}^{\infty}_{Y|X})\oplus\Gamma_{\pi_0(V)\smallsetminus V\cap Y}(\pi_0(V),\mathcal{O}_X|_Y)\quad(\log x)$$

→ si U est un ouvert d'holomorphie de Y et si $\tilde{U}=\{(x,y,z)\in X\ /\ (y,z)\in U\ |x|<\varepsilon\}$ alors :

$$\Gamma(U,\mathcal{B}^{\infty}_{Y|X})\approx\Gamma(\tilde{U}\smallsetminus U,\mathcal{O}_X)/\Gamma(\tilde{U},\mathcal{O}_X)$$

Nous avons donc montré la proposition suivante :

Proposition 1.4.1 : Soient $Z \subset Y \subset X$ *trois variétés complexes avec* $\mathrm{codim}_X Y = \mathrm{codim}_Y Z = 1$. X *est muni des coordonnées locales* $(x,y,z_1,\ldots,z_p)$ *telles que* $Y = \{x=0\}$ *et* $Z = \{x=y=0\}$. $\Lambda = T^*_Y X = \{(x,y,z,\xi,\eta,\zeta) \in T^*X \;/\; x=\eta=0 \;\; \zeta=0\}$ $\Sigma = Z \times_Y T^*_Y X = \{(y,z,\xi) \in \Lambda \;/\; y=0\}$.

$T^*_\Sigma \Lambda \approx (T^*_Z Y) \times_Y (T^*_Y X)$ *a les coordonnées* (z,ξ,y^*).

Soient $\pi : T^*_\Sigma \Lambda \longrightarrow \Sigma$ *et* $\pi_o : T^*_Y X \longrightarrow Y$ *les projections. Soit* V *un ouvert connexe de* $T^*_\Sigma \Lambda$, *conique en* ξ *et en* y^*. *Soit* $U = \pi_o(\pi(V))$. *On suppose que* U *est un ouvert d'holomorphie de* Z.

Posons $\Omega = \{(x,y,z) \in X \;/\; z \in U,\; 0 < |y| < \varepsilon_o,\; 0 < |x| < \varepsilon_o\}$

$$\Omega_1 = \{(x,y,z) \in X \;/\; z \in U,\; |y| < \varepsilon_o,\; 0 < |x| < \varepsilon_o\}$$

$$\Omega_2 = \{(x,y,z) \in X \;/\; z \in U,\; 0 < |y| < \varepsilon_o,\; |x| < \varepsilon_o\}$$

$$\tilde{U} = \{(y,z) \in Y \;/\; z \in U,\; |y| < \varepsilon_o\} \qquad \text{pour } \varepsilon_o > 0 \text{ fixé.}$$

On définit encore :

$$A_1(U,\mathcal{O}_X) = \Gamma(\Omega,\mathcal{O}_X) \Big/ \Gamma(\Omega_1,\mathcal{O}_X) \oplus \Gamma(\Omega_2,\mathcal{O}_X)$$

$$A_2(U,\mathcal{O}_X) = \Big[\varinjlim_{X \supset W \supset \tilde{U} \setminus U} \Gamma(W,\mathcal{O}_X)\Big] \Big/ \Big[\varinjlim_{X \supset W' \supset \tilde{U}} \Gamma(W',\mathcal{O}_X)\Big]$$

$$A_3(U,\mathcal{O}_X) = \varinjlim_{Y \supset W_1 \supset U} \Big(\Gamma(W_1 \times \{x / 0 < |x| < \varepsilon_o\},\mathcal{O}_X) \Big/ \Gamma(W_1 \times \{|x| < \varepsilon_o\},\mathcal{O}_X)\Big)$$

$$A_4(U,\mathcal{O}_X) = \varinjlim_{X \supset W_2 \supset U} \Gamma(W_2,\mathcal{O}_X)$$

Alors on a les isomorphismes suivants :

① *Si* $V \subset \{(z,\xi,y^*) \in T^*_\Sigma \Lambda \;/\; \xi \neq 0\;,\; y^* \neq 0\}$

$\Gamma(V,\mathcal{C}^{2\infty}_{Z|Y|X}) \approx A_1(U,\mathcal{O}_X) \oplus A_2(U,\mathcal{O}_X)\log x \oplus A_3(U,\mathcal{O}_X)\log y \oplus A_4(U,\mathcal{O}_X)\log x \log y.$

(2) *<u>si</u>* $V \subset \{(z,\xi,y^*) \in T^*_\Sigma\Lambda / \xi \neq 0\}$ *<u>et</u>* V *<u>rencontre</u>* $\{y^* = 0\}$

$\Gamma(V,\mathcal{C}^{2\infty}_{Z|Y|X}) \approx A_1(U,\mathcal{O}_X) \oplus A_2(U,\mathcal{O}_X)\log x \;(\approx \Gamma(\pi(V),\mathcal{B}^{2\infty}_{Z|Y|X})$.

(3) *<u>si</u>* $V \subset \{(z,\xi,y^*) \in T^*_\Sigma\Lambda / y^* \neq 0\}$ *<u>et</u>* V *<u>rencontre</u>* $\{\xi = 0\}$

$\Gamma(V,\mathcal{C}^{2\infty}_{Z|Y|X}) \approx A_1(U,\mathcal{O}_X) \oplus A_3(U,\mathcal{O}_X)\log y$.

(4) *<u>si</u>* V *<u>rencontre</u>* $\xi = \eta = 0$

$\Gamma(V,\mathcal{C}^{2\infty}_{Z|Y|X}) \approx A_1(U,\mathcal{O}_X) \;(\approx \Gamma(U,\mathcal{B}^{\infty}_{Z|X}))$.

Développons en série de Laurent les fonctions holomorphes de A_1, A_2, A_3, A_4 :

1) $f \in \Gamma(\Omega, \mathcal{O}_X)$ admet un développement :

$$f(x,y,z) = \sum_{(i,j)\in\mathbb{Z}^2} a_{ij}(z)\, x^j\, y^i$$

Les éléments de $A_1(U, \mathcal{O}_X)$ sont donc en bijection avec les séries

$$f(x,y,z) = \sum_{\substack{i<0\\ j<0}} a_{ij}(z)\, x^j\, y^i \quad \text{qui vérifient :}$$

$\forall K$ compact de U, $\forall \varepsilon > 0$, $\exists C_\varepsilon > 0$ $\forall z \in K$ $\forall (i,j)$ $i < 0$, $j < 0$
$|a_{ij}(z)| \leqslant C_\varepsilon\, \varepsilon^{-i-j}$.

2) Soient W un voisinage de $\tilde{U} - U = U \times \{0 < |y| < \varepsilon_0\}$ dans X. Pour tout compact K de U, W contient un ensemble de la forme $\overline{W} = \{(x,y,z) \in X \;/\; z \in K \;(|x|,|y|) \in \Gamma\}$ où Γ est un voisinage de $\{(x,y) \in \mathbb{R}^2 \;/\; x = 0,\; y > 0\}$ dans $\mathbb{R}^2$. Donc $\forall K \subset\subset U$, $\forall \lambda > 0$ $\exists \mu > 0$, $W \supset \{(x,y,z) \in X \;/\; z \in K,\; |x| < \mu,\; \lambda < |y| < \lambda_0\}$.

On a donc une bijection entre les éléments de $A_2(U, \mathcal{O}_X)$ et les séries $f(x,y,z) = \sum_{\substack{j\geqslant 0\\ i<0}} a_{ij}(z)\, x^j\, y^i$ qui vérifient :

$$\forall K \subset\subset U \quad \forall \varepsilon > 0 \quad \exists C_\varepsilon > 0 \quad \forall j \geqslant 0 \quad \forall i < 0 \quad \forall z \in K \quad |a_{ij}(z)| \leqslant C_\varepsilon^j \, \varepsilon^{-i}$$

3) Les éléments de $A_3(U,\mathcal{O}_X)$ sont en bijections avec les séries $f(x,y,z) = \sum_{\substack{j<0 \\ i\geqslant 0}} a_{ij}(z)\, x^j\, y^i$ qui vérifient :

$$\forall K \subset\subset U \quad \exists C > 0 \quad \forall \varepsilon > 0 \quad \exists C_\varepsilon > 0 \quad \forall j < 0 \quad \forall i \geqslant 0 \quad \forall z \in K \; |a_{ij}(z)| \leqslant C_\varepsilon \, C^i \, \varepsilon^{-j}$$

4) Les éléments de $A_4(U, \mathcal{O}_X)$ sont en bijection avec les séries :

$$f(x,y,z) = \sum_{\substack{i\geqslant 0 \\ j\geqslant 0}} a_{ij}(z)\, x^j\, y^i$$

qui vérifient $\forall K \subset\subset U \quad \exists C > 0 \quad \forall i \geqslant 0 \quad \forall j \geqslant 0 \quad \forall z \in K \; |a_{ij}(z)| \leqslant C^{i+j}$.

Comme dans [24], nous posons pour $j \in \mathbb{Z}$ et $x \in \mathbb{C}$:

(1.4.1)
$$\begin{cases} \phi_j(x) = \dfrac{(-1)^{j+1}}{2i\pi} \, \dfrac{j!}{x^{j+1}} & \text{si } j \geqslant 0 \\[2ex] \phi_j(x) = \dfrac{-1}{2i\pi} \, \dfrac{1}{(-j-1)!} \, x^{-j-1} \log x & \text{si } j < 0 . \end{cases}$$

Les calculs précédents donnent la proposition suivante :

Proposition 1.4.2 : Les notations sont celles de la proposition 1.4.1. Toute section de $\mathcal{E}^{2\infty}_{Z|Y|X}$ sur V est la classe de cohomologie d'une fonction holomorphe unique de la forme :

$$f(x,y,z) = \sum_{(i,j)\in\mathbb{Z}^2} a_{ij}(z)\ \phi_{j-i}(x)\ \phi_i(y)$$

où les $a_{ij}(z)$ sont des fonctions holomorphes sur $U = \pi_o(\pi(V))$ qui vérifient :

$\forall K$ compact de U , $\exists C_K > 0$, $\forall \varepsilon > 0$ $\exists C_{\varepsilon,K} > 0$ tels que :

1) $\forall (i,j) \in \mathbb{Z}^2 \quad j \geqslant i \geqslant 0 \quad \forall z \in K \quad |a_{ij}(z)| \leqslant C_{\varepsilon,K}\, \varepsilon^j \, \frac{1}{j!}$

2) $\forall (i,j) \in \mathbb{Z}^2 \quad i \geqslant 0, \quad j < i \quad \forall z \in K \quad |a_{ij}(z)| \leqslant C_{\varepsilon,K}^{-j+i} \, \varepsilon^i \, \frac{(i-j)!}{i!}$

3) $\forall (i,j) \in \mathbb{Z}^2 \quad i < 0, \quad j \geqslant i \quad \forall z \in K \quad |a_{ij}(z)| \leqslant C_{\varepsilon,K} \, C_K^{-i} \, \varepsilon^{j-i} \, \frac{(-i)!}{(j-i)!}$

4) $\forall (i,j) \in \mathbb{Z}^2 \quad j < i < 0 \quad \forall z \in K \quad |a_{ij}(z)| \leqslant C_K^{-j} \, (-j)!$

$\phi_0(x)\,\phi_0(y)$ définit une section de $\mathscr{E}^{2\infty}_{Z|Y|X}$ sur $T^*_\Sigma\Lambda$ tout entier, or $\Gamma(T^*_\Sigma\Lambda, \mathscr{E}^{2\infty}_{Z|Y|X}) \approx \Gamma(\Sigma, \mathscr{B}^{2\infty}_{Z|Y|X}) \approx \Gamma(Z, \mathscr{B}^{\infty}_{Z|X})$.

D'après [24], la section de $\mathscr{B}^{\infty}_{Z|X}$ définie par $\phi_0(x)\,\phi_0(y)$ est notée $\delta(x)\,\delta(y)$.

La section de $\mathscr{E}^{2\infty}_{Z|Y|X}$ définie par $\phi_0(x)\,\phi_0(y)$ est donc l'image de $\delta(x)\delta(y)$ par le morphisme :

$$\mathscr{B}^{\infty}_{Z|X} \hookrightarrow \mathscr{E}^{\infty}_{Z|X}\big|_{Z\times_Y T^*_Y X} \longrightarrow \mathscr{B}^{2\infty}_{Z|Y|X} \hookrightarrow \mathscr{E}^{2\infty}_{Z|Y|X}$$

De même si $j \geqslant 0$, $\phi_i(x)\,\phi_j(y)$ définit une section de $\mathscr{E}^{2\infty}_{Z|Y|X}$ qui n'est autre que l'image de $\delta^{(i)}(x)\,\delta^{(j)}(y)$ car le morphisme $\mathscr{E}^{\infty}_{Z|X}\big|_{Z\times_Y T^*_Y X} \to \mathscr{E}^{2\infty}_{Z|Y|X}$ est un morphisme de $\mathscr{E}_X$-modules.

<u>*Définition 1.4.3*</u> : <u>*On note*</u> $\sum_{(i,j)\in\mathbb{Z}^2} a_{ij}(z)\,\delta^{(j-i)}(x)\,\delta^{(i)}(y)$ <u>*la section de*</u> $\mathscr{E}^{2\infty}_{Z|Y|X}$ <u>*correspondant à la fonction*</u> $\sum_{(i,j)\in\mathbb{Z}^2} a_{ij}(z)\,\phi_{j-i}(x)\,\phi_i(y)$.

Toute section de $\mathscr{E}^{2\infty}_{Z|Y|X}$ s'écrit donc de manière unique sous la forme $\sum_{(i,j)\in\mathbb{Z}^2} a_{ij}(z)\,\delta^{(j-i)}(x)\,\delta^{(i)}(y)$ où les (a_{ij}) vérifient les majorations de la proposition 1.4.2.

Si V rencontre $\{y^* = 0\}$, alors $a_{ij}(z) \equiv 0$ pour $i < 0$ tandis que si V rencontre $\{\xi = 0\}$, alors $a_{ij}(z) \equiv 0$ pour $j - i < 0$.

1.4.2. Cas général

Dans tout ce paragraphe nous supposerons que nous sommes dans la situation suivante :

X est une variété analytique complexe, Y une sous-variété de X et $\Lambda = T^*_Y X$. X est muni de coordonnées locales $(x_1,\dots,x_{n_1}, y_1,\dots,y_{n_2}, z_1,\dots,z_{n_3}, t_1,\dots,t_{n_4})$ avec $n_1 + n_2 + n_3 + n_4 = n$, $n_1 + n_2 = m$, $n_3 + n_2 = d$. $Y = \{(x,y,z,t) \in X / x = y = 0\}$ $\Lambda = \{(x,y,z,t;\xi,\eta,\zeta,\tau) / x = y = 0,\ \zeta = \tau = 0\}$ et enfin $\Sigma = \{(z,t,\xi,\eta) \in \Lambda / z = 0,\ \eta = 0\}$.

Le module holonôme $\mathcal{M}$ est $\mathcal{C}_{Y|X}$.
(Dans le cas général on peut se ramener à cette situation en dehors de la section nulle par une transformation canonique quantifiée).

Les coordonnées de $T^*_\Sigma \Lambda$ seront $(t,\xi;z^*,\eta^*)$.

Fixons $\xi_0 \in \mathbb{C}^{n_1}$ et posons :

si $\xi_0 \neq 0$ $U_\varepsilon = \{(z,t,\xi,\eta) \in \Lambda / |z| < \varepsilon,\ |t| < \varepsilon, \left| \dfrac{\xi}{|\xi|} - \dfrac{\xi_0}{|\xi_0|} \right| < \varepsilon,\ |\eta| < \varepsilon|\xi| \}$

si $\xi_0 = 0$ $U_\varepsilon = \{(z,t,\xi,\eta) \in \Lambda / |z| < \varepsilon,\ |t| < \varepsilon,\ |\eta| < \varepsilon\}$

et pour $\lambda \in \mathbb{C}$, $|\lambda| = 1$,

$$Z_{\lambda,\varepsilon} = \{(z,t,\xi,\eta) \in U_\varepsilon \ / \ \mathrm{Re}\, \lambda z_1 \geqslant |\mathrm{Im}(\lambda z_1)|,\ |z_1| \geqslant \varepsilon\, |z_j| \text{ pour } j = 2,..,n_3$$
$$|\xi|\,|z_1| \geqslant \varepsilon\, |\eta_k| \text{ pour } k = 1,\dots,n_2\}$$

$$G_\lambda = \{(t,\xi;z^*,\eta^*) \in T^*_\Sigma \Lambda \ / \ t = 0 \ ; \ \xi = \xi_0,\ \eta^* = 0,\ \mathrm{Re}(\lambda^{-1} z_1^*) > |\mathrm{Im}(\lambda^{-1} z_1^*)|,$$
$$z_2^* = \dots = z_{n_3}^* = 0\}$$

D'après la proposition 1.2.4 chapitre I de [24] on a un homomorphisme :

$$H^d_{Z_{\lambda,\varepsilon}}(U_\varepsilon, \mathscr{C}^\infty_{Y|X}) \xrightarrow{b_{\lambda,\varepsilon}} \Gamma(G_\lambda, \mathscr{C}^{2\mathbb{R}}_{\Sigma\|Y|X})$$

Soient $V^{(1)}_{\lambda,\varepsilon} = \{(z,t,\xi,\eta) \in U_\varepsilon / (\mathrm{Re}\,\lambda\, z_1) < |\mathrm{Im}(\lambda\, z_1)|\}$, pour $\nu = 2,\dots,n_3$ $V^{(\nu)}_{\lambda,\varepsilon} = V^{(\nu)}_\varepsilon = \{(z,t,\xi,\eta) \in U_\varepsilon / |z_1| < \varepsilon\, |z_\nu|\}$ et pour $\nu = n_3+1,\dots,d$ $V^{(\nu)}_{\lambda,\varepsilon} = V^{(\nu)}_\varepsilon =$ $\{(z,t,\xi,\eta) \in U_\varepsilon / |\xi||z_1| < \varepsilon\, |\eta_{\nu-n_3}|\}$

$$V_{\lambda,\varepsilon} = \bigcap_{\nu=1}^{d} V^{(\nu)}_{\lambda,\varepsilon} \qquad \text{et} \qquad \hat{V}^{(\nu)}_{\lambda,\varepsilon} = \Big(\bigcap_{\mu\neq\nu} V^{(\mu)}_{\lambda,\varepsilon}\Big) \cap U_\varepsilon$$

$U_\varepsilon - Z_{\lambda,\varepsilon}$ est recouvert par les ouverts $V^{(\nu)}_{\lambda,\varepsilon}$ ($\nu=1,\dots,d$) qui sont des ouverts de $T^*_Y X$ dont l'image dans $\mathbb{P}^*_Y X$ est de Stein et les fibres contractiles donc, vu le théorème 1.1.3 on a une suite exacte de cohomologie de Čech :

$$\bigoplus_{\nu=1}^{d} \Gamma(\hat{V}^{(\nu)}_{\lambda,\varepsilon}, \mathscr{C}^\infty_{Y|X}) \longrightarrow \Gamma(V_{\lambda,\varepsilon}, \mathscr{C}^\infty_{Y|X}) \xrightarrow{\gamma_{\lambda,\varepsilon}} H^d_{Z_{\lambda,\varepsilon}}(U_\varepsilon, \mathscr{C}^\infty_{Y|X}) \longrightarrow 0$$

Soient $V_\varepsilon = \{(z,t,\xi,\eta) \in U_\varepsilon / z_j \neq 0 \;\; j = 1,\dots,n_3 \text{ et } \eta_k \neq 0 \;\; k = 1,\dots,n_2\}$

$\tilde{V}_\varepsilon = \{(z,t,\xi,\eta) \in U_\varepsilon / |z_1| < \varepsilon\, |z_j| \;\; j = 2,\dots,n_3 \text{ et } |\xi||z_1| < \varepsilon|\eta_k|$ $k = 1,\dots,n_2\}$

(Toutes ces notations sont reprises de [24]).

Soit f une section (multiforme) de $\mathscr{C}^\infty_{Y|X}$ définie par

$$f = \varphi + \frac{1}{2i\pi}(\log z_1)\,\psi$$

avec $\varphi \in \Gamma(V_\varepsilon, \mathscr{C}^\infty_{Y|X})$ et $\psi \in \Gamma(\tilde{V}_\varepsilon, \mathscr{C}^\infty_{Y|X})$; $\gamma_{\lambda,\varepsilon}(\psi) = 0$ donc l'image u_λ de f par $b_{\lambda,\varepsilon} \circ \gamma_{\lambda,\varepsilon}$ est indépendante du choix de la branche de log z_1.

Si $G_\lambda \cap G_\mu \neq \phi$ on a le diagramme commutatif :

$$\begin{array}{ccc}
\Gamma(V_{\lambda,\varepsilon} \cup V_{\mu,\varepsilon}, \mathscr{C}^{\infty}_{Y|X}) & \xrightarrow{\gamma_{\lambda,\varepsilon}} & H^{d}_{Z_{\lambda,\varepsilon}}(U_{\varepsilon}, \mathscr{C}^{\infty}_{Y|X}) \\
\Big\downarrow \gamma_{\mu,\varepsilon} & & \Big\downarrow \\
H^{d}_{Z_{\mu,\varepsilon}}(U_{\varepsilon}, \mathscr{C}^{\infty}_{Y|X}) & \longrightarrow & H^{d}_{Z_{\lambda,\varepsilon} \cup Z_{\mu,\varepsilon}}(U_{\varepsilon}, \mathscr{C}^{\infty}_{Y|X})
\end{array}$$

donc
$$u_{\lambda}\Big|_{G_{\lambda} \cap G_{\mu}} = u_{\mu}\Big|_{G_{\lambda} \cap G_{\mu}}$$

donc il existe une section $u \in \Gamma(\bigcup_{|\lambda|=1} G_{\lambda}, \mathscr{C}^{2\mathbb{R}}_{\Sigma||Y|X})$ telle que $u|_{G_{\lambda}} = u_{\lambda}$ pour tout λ.

Si α est le point $t = 0$, $\xi = \xi_0$, $z^* = (1,0,\dots,0)$, $\eta^* = 0$ de $T^*_{\Sigma}\Lambda$, $u \in \mathscr{C}^{2\infty}_{\Sigma||Y|X,\alpha}$. On dit que <u>f est une microfonction de définition de u</u>.

Appliquons le théorème 1.4.5 chapitre II de [24] à $\varphi \in \Gamma(V_{\varepsilon}, \mathscr{C}^{\infty}_{Y|X})$ et à $\psi \in \Gamma(\tilde{V}_{\varepsilon}, \mathscr{C}^{\infty}_{Y|X})$:

Il existe (de manière unique) des suites $(\varphi_k(z,t,\xi,\eta))_{k\in\mathbb{Z}}$ et $(\psi_k(z,t,\xi,\eta))_{k\in\mathbb{Z}}$ de fonctions holomorphes qui vérifient :

(1.4.2) φ_k (resp. ψ_k) est une fonction holomorphe sur V_{ε} (resp. $\tilde{V}_{\varepsilon}$) homogène de degré k en (ξ,η).

(1.4.3) $k\sqrt[k]{|\varphi_k|}$ (resp. $k\sqrt[k]{|\psi_k|}$) est une suite de fonctions qui converge vers 0 quand $k \to +\infty$ uniformément sur tout compact de V_{ε} (resp. $\tilde{V}_{\varepsilon}$).

$\frac{1}{(-k)}\sqrt[(-k)]{|\varphi_k|}$ (resp. $\frac{1}{(-k)}\sqrt[-k]{|\psi_k|}$) est uniformément bornée si $k < 0$ sur tout compact de V_{ε} (resp. $\tilde{V}_{\varepsilon}$).

(1.4.4) $\int \delta(p-\langle x,\xi\rangle-\langle y,\eta\rangle)\,\varphi(x,y,z,t)dxdy = \sum_{k\in\mathbb{Z}} \varphi_k(z,t,\xi,\eta)\,\delta^{(k)}(p)$

$$\int \delta(p-<x,\xi>-<y,\eta>)\ \psi(x,y,z,t)dxdy = \sum_{k\in\mathbb{Z}} \psi_k(z,t,\xi,\eta)\delta^{(k)}(p)$$

$\varphi_k(z,t,\xi,\eta)$ est une fonction holomorphe sur V_ε donc admet un développement en série de Laurent :

$$\varphi_k(z,t,\xi,\eta) = \sum_{(\alpha,\beta)\in\mathbb{Z}^d} \varphi_k^{\alpha\beta}(t,\xi)\ z^\alpha\ \eta^\beta$$

Pour $\nu = 1,\ldots,n_3$ la microfonction définie par

$$\int\delta(p-<x,\xi>-<y,\eta>)\varphi^\nu(z,t,\xi,\eta)dxdy = \sum_{k\in\mathbb{Z}} \sum_{\substack{(\alpha,\beta)\in\mathbb{Z}^d \\ \alpha_\nu\geq 0}} \varphi_k^{\alpha\beta}(t,\xi)\ z^\alpha\ \eta^\beta\ \delta^{(k)}(p)$$

appartient à $\Gamma(\hat{V}^{(\nu)}_{\lambda,\varepsilon}\ ,\ \mathscr{C}^\infty_{Y|X})$ pour tout λ donc son image dans $\mathscr{C}^{2\infty}_{\Sigma||Y|X}$ est nulle, on peut donc supposer que $\varphi_k^{\alpha\beta}$ est nulle si l'un des α_i (ou, pour la même raison, l'un des β_i) est positif ou nul :

$$\varphi_k(z,t,\xi,\eta) = \sum_{\substack{(\alpha,\beta)\in\mathbb{Z}^d \\ \alpha_1<0,\ldots,\alpha_{n_3}<0 \\ \beta_1<0,\ldots,\beta_{n_2}<0}} \varphi_k^{\alpha\beta}(t,\xi)\ z^\alpha\ \eta^\beta\ .$$

De même ψ_k a un développement de Laurent sur $\widetilde{V}_\varepsilon$:

$$\psi_k(z,t,\xi,\eta) = \sum_{\substack{(\alpha,\beta)\in\mathbb{Z}^d \\ \alpha_1\geq 0}} \psi_k^{\alpha\beta}(t,\xi)\ z^\alpha\ \eta^\beta$$

et l'on peut supposer que $\psi_k^{\alpha\beta}$ est nulle si l'un des $\alpha_\nu(\nu=2,\ldots,n_3)$ ou l'un des $\beta_\nu(\nu=1,\ldots,n_2)$ est positif ou nul.

Posons $\phi_\alpha(z) = \phi_{\alpha_1}(z_1)\ldots\phi_{\alpha_{n_3}}(z_{n_3})$ pour $\alpha \in \mathbb{Z}^{n_3}$ et $z \in (\mathbb{C}^*)^{n_3}$ et de même

$\phi_\beta(\eta) = \phi_{\beta_1}(\eta_1)\ldots\phi_{\beta_{n_2}}(\eta_{n_2})$ pour $\beta \in \mathbb{Z}^{n_2}$ et $\eta \in (\mathbb{C}^*)^{n_2}$ (cf. 1.4.1 pour la définition de $\phi_{\alpha_i}(z_i)$).

Nous avons montré que l'on peut écrire :

$$\varphi_j(z,t,\xi,\eta) + \frac{1}{2i\pi}\psi_j(z,t,\xi,\eta)\log z_1 = \sum_{\substack{(\alpha,\beta)\in\mathbb{Z}^d \\ \alpha_2\geq 0,\ldots,\alpha_{n_3}\geq 0 \\ \beta_1\geq 0,\ldots,\beta_{n_2}\geq 0}} a_k^{\alpha\beta}(t,\xi)\,\phi_\alpha(z)\,\phi_\beta(\eta)$$

où les $a_k^{\alpha\beta}(t,\xi)$ sont des fonctions holomorphes homogènes de degré $k+|\beta|$ en ξ sur l'ouvert U'_ε de Σ défini par :

$$U'_\varepsilon = \{(t,\xi)\in\Sigma \;/\; |t| < \varepsilon \; \left|\frac{\xi}{|\xi|} - \frac{\xi_0}{|\xi_0|}\right| < \varepsilon\} \qquad \text{si } \xi_0 \neq 0$$

$$U'_\varepsilon = \{(t,\xi)\in\Sigma \;/\; |t| < \varepsilon\} \qquad \text{si } \xi_0 = 0 .$$

En appliquant les inégalités de Cauchy aux fonctions φ_j et ψ_j on déduit de (1.4.3) les majorations suivantes :

Il existe $r > 0$ et $(C_{ik})_{(i,k)\in\mathbb{Z}^2}$, $C_{ij} > 0$, il existe un voisinage conique U de $t = 0$, $\xi = \xi_0$ dans Σ tels que :

(1.4.5) $$\sup_{(t,\xi)\in U} |a_k^{\alpha\beta}(t,\xi)| \leq C_{|\alpha|+|\beta|,k}\, r^{\alpha_1}$$

(1.4.6) $\exists C > 0 \quad \forall\varepsilon > 0 \quad \exists C_\varepsilon > 0$ t.q.

(i) $C_{ik} \leq C_\varepsilon\, \varepsilon^{i+k} \dfrac{1}{i!k!}$ si $i \geq 0 \quad k \geq 0$

(ii) $C_{ik} \leqslant C_\varepsilon^{-k} \varepsilon^i \frac{(-k)!}{i!}$ si $i \geqslant 0 \quad k < 0$

(iii) $C_{ik} \leqslant C_\varepsilon C^{-i} \varepsilon^k \frac{(-i)!}{k!}$ si $i < 0 \quad k \geqslant 0$

(iv) $C_{ik} \leqslant C^{-i-k} (-i)! (-k)!$ si $i < 0 \quad k < 0$

Si ξ_0 est le point $(1,0,\ldots,0)$ on peut développer en série entière les fonctions $a_k^{\alpha\beta}$ au voisinage de $(0,\xi_0)$ sous la forme :

$$a_k^{\alpha\beta}(t,\xi) = \sum_{\substack{\gamma \in \mathbb{Z}^{n_1} \\ \gamma_2,\ldots,\gamma_{n_1} \geqslant 0 \\ |\gamma| = k + |\beta|}} a_\gamma^{\alpha\beta}(t)\, \xi^\gamma$$

(si $\xi_0 = 0$ on peut développer sous la même forme avec $\gamma_1 \geqslant 0$). D'après les inégalités (1.4.5) (1.4.6) la série :

$$F(x,y,z,t) = \sum_{\alpha,\beta,\gamma} a_\gamma^{\alpha\beta}(t)\, \phi_\alpha(z)\, \phi_\gamma(x)\, y^\beta$$

converge localement uniformément sur un ouvert du type

$$\begin{aligned} W_{\varepsilon,\Gamma} = \{(x,y,z,t) \in X \;/\; & |x| < \varepsilon,\ |y| < \varepsilon,\ |z| < \varepsilon,\ |t| < \varepsilon,\ (|x_1|,|z_1|) \in \Gamma\ ; \\ & 0 < |z_1| < r|z_j| \quad j = 2,\ldots,n_3\,;\ 0 < |x_1| < r|x_k| \quad k = 2,\ldots,n_1\,; \\ & |z_1|\ |y_i| < |x_1| \quad i = 1,\ldots,n_2 \ \} \end{aligned}$$

où Γ est un voisinage $\{(s,t) \in \mathbb{R}^2 \;/\; s = 0,\ t > 0\}$ dans $\mathbb{R}^2$. On dira que <u>F est une fonction holomorphe de définition u</u>.

Proposition 1.4.4 : Soit σ *le point* $t = 0$, $\xi = (1,0,\dots,0)$, $z^* = (1,0,\dots,0)$, $n^* = 0$ *de* $T^*_\Sigma\Lambda$. *A tout germe* u *de* $\mathcal{C}^{2\infty}_{\Sigma\|\,Y|X}$ *en* σ *est associé une fonction holomorphe de définition de la forme :*

$$F(x,y,z,t) = \sum_{\substack{\alpha\in\mathbb{Z}^{n_3}\\ \alpha_2\geq 0,\dots,\alpha_{n_3}\geq 0}} \; \sum_{\beta\in\mathbb{N}^{n_2}} \; \sum_{\substack{\gamma\in\mathbb{Z}^{n_1}\\ \gamma_2\geq 0,\dots,\gamma_{n_1}\geq 0}} a^{\alpha\beta}_{\gamma}(t)\ \phi_\alpha(z)\ \phi_\gamma(x)\ y^\beta$$

qui converge uniformément sur tout compact de

$$W_{\varepsilon,\Gamma} = \{(x,y,z,t) \in X \ / \ |x| < \varepsilon,\ |y| < \varepsilon,\ |z| < \varepsilon,\ |t| < \varepsilon,\ (|x_1|, |z_1|) \in \Gamma$$
$$0 < |z_1| < r|z_j| \quad j = 2,\dots,n_3 \quad 0 < |x_1| < r|x_k| \quad k = 2,\dots,n_1$$
$$|z_1|\ |y_i| < |x_1| \quad i = 1,\dots,n_2 \ \}$$

pour ε *assez petit et* Γ *voisinage de* $\{(s,t) \in \mathbb{R}^2 \ / \ s = 0,\ t > 0\}$ *dans* $\mathbb{R}^2$.

Pour que F *converge uniformément sur tout compact de* $W_{\varepsilon,\Gamma}$ *pour* ε *et* Γ *assez petits, il faut et il suffit qu'il existe* $r > 0$ *et des* $C_{ik} > 0$ $((i,k) \in \mathbb{Z}^2)$ *vérifiant les conditions (1.4.6), un voisinage* U *de* $t = 0$ *dans* $\mathbb{C}^{n_4}$ *tels que :*

$$\sup_{t\in U} |a^{\alpha\beta}_{\gamma}(t)| \leq C_{|\alpha|+|\beta|,\,|\gamma|-|\beta|}\ r^{\alpha_1+\gamma_1} \qquad (1.4.7)$$

Remarque 1.4.5 : Si σ' est le point $t = 0$, $\xi = (1,0,\dots,0)$, $z^* = 0$, $n^* = (1,0,\dots,0)$ de $T^*_\Sigma\Lambda$, la proposition précédente s'applique aux germes de $\mathcal{C}^{2\infty}_{\Sigma\|\,Y|X}$ en σ' à condition de supposer dans le développement de F que $\beta_1 \in \mathbb{Z}$ et $\gamma_1 \geq 0$ et de remplacer $W_{\varepsilon,\Gamma}$ par :

$$W'_{\varepsilon,\Gamma} = \{(x,y,z,t) \in X \ / \ |x| < \varepsilon,\ |y| < \varepsilon,\ |z| < \varepsilon,\ |t| < \varepsilon,\ (|x_1|,|y_1|)\in\Gamma,$$
$$0 < |y_1| < r|y_i| \quad i = 2,\dots,n_2,\ 0 < |x_1| < r|x_k| \quad k = 2,\dots,n_1,$$
$$|y_1|\ |z_j| < |x_1| \quad j = 1,\dots,n_3 \ \}$$

<u>Démonstration</u> : Si $u \in \mathcal{C}^{2\infty}_{\Sigma||Y|X,\sigma}$ est une 2-microfonction à laquelle est associée une microfonction de définition $f = \varphi + \frac{1}{2i\pi}(\log z_1)\psi$ avec $\varphi \in \Gamma(V_\varepsilon, \mathcal{C}^\infty_{Y|X})$ et $\psi \in \Gamma(\tilde{V}_\varepsilon, \mathcal{C}^\infty_{Y|X})$, les calculs précédents montrent que l'on peut associer à u une fonction holomorphe de définition définie sur un ouvert $W_{\varepsilon,\Gamma}$.

Si $E \subset \mathcal{C}^{2\infty}_{\Sigma||Y|X,\sigma}$ est le sous-espace des éléments qui sont définis par une microfonction du type précédent, il suffit donc de montrer que $E = \mathcal{C}^{2\infty}_{\Sigma||Y|X,\sigma}$.

$\mathcal{B}^{2\infty}_{\Sigma||Y|X} = \mathcal{H}^d_\Sigma(\mathcal{C}^\infty_{Y|X})$ donc par cohomologie de Čech on a un morphisme surjectif :

$$\Gamma(V_\varepsilon, \mathcal{C}^\infty_{Y|X}) \longrightarrow H^d_\Sigma(U_\varepsilon, \mathcal{C}^\infty_{Y|X}) \longrightarrow \mathcal{B}^{2\infty}_{\Sigma||Y|X,\pi(\sigma)}$$

D'après le Théorème 1.2.5 on a une suite exacte :

$$0 \longrightarrow \mathcal{B}^{2\infty}_{\Sigma||Y|X,\pi(\sigma)} \xrightarrow{\alpha} \mathcal{C}^{2\infty}_{\Sigma||Y|X,\sigma} \xrightarrow{\beta} \mathcal{H}^{d-1}_{\mathbb{P}^*_\Sigma\Lambda}(\pi^{-1}_{\mathbb{P}}\mathcal{C}^\infty_{Y|X})_{\gamma(\sigma)} \longrightarrow 0$$

avec $\pi : T^*_\Sigma\Lambda \longrightarrow \Sigma$ et $\gamma : T^*_\Sigma\Lambda \setminus \Sigma \longrightarrow \mathbb{P}^*_\Sigma\Lambda$

E contient $\alpha(\mathcal{B}^{2\infty}_{\Sigma||Y|X,\pi(\sigma)})$ donc il suffit de montrer que $\beta(E) = \mathcal{H}^{d-1}_{\mathbb{P}^*_\Sigma\Lambda}(\pi^{-1}_{\mathbb{P}}\mathcal{C}^\infty_{Y|X})_{\gamma(\sigma)}$.

Considérons le morphisme $\delta_{\lambda,\varepsilon} : \Gamma(\tilde{V}_\varepsilon, \mathcal{C}^\infty_{Y|X}) \to \Gamma(V_{\lambda,\varepsilon}, \mathcal{C}^\infty_{Y|X})$ qui a u associe la restriction à $V_{\lambda,\varepsilon}$ de $\frac{1}{2i\pi}(\log z_1)u$.

$b_{\lambda,\varepsilon} \circ \gamma_{\lambda,\varepsilon} \circ \delta_{\lambda,\varepsilon}$ est un morphisme $\Gamma(\tilde{V}_\varepsilon, \mathcal{C}^\infty_{Y|X}) \to \Gamma(G_\lambda, \mathcal{C}^{2\mathbb{R}}_{\Sigma||Y|X})$ et en faisant varier λ on obtient le morphisme :

$$\mu_\varepsilon : \Gamma(\tilde{V}_\varepsilon, \mathcal{C}^\infty_{Y|X}) \longrightarrow \mathcal{C}^{2\infty}_{\Sigma||Y|X,\sigma}$$

dont l'image est contenue dans E.

Par ailleurs si $Z_\varepsilon = \{(z,t,\xi,\eta) \in U_\varepsilon \; / \; |z_1| \geqslant \varepsilon |z_\nu| \;\; \nu = 2,\ldots,n_3 \; ;$ $|\xi|\,|z_1| \geqslant \varepsilon |\eta_\nu| \; \nu = 1,\ldots,n_2\}$, les $(V_\varepsilon^{(\nu)})_{\nu=2,\ldots,d}$ recouvrent $U_\varepsilon \smallsetminus Z_\varepsilon$ donc on a une suite exacte :

$$\bigoplus_{\nu=2}^{d} \Gamma(\hat{V}_\varepsilon^{(\nu)}, \mathscr{C}^\infty_{Y|X}) \longrightarrow \Gamma(\tilde{V}_\varepsilon, \mathscr{C}^\infty_{Y|X}) \xrightarrow{\tilde{\gamma}_\varepsilon} H^{d-1}_{Z_\varepsilon}(U_\varepsilon, \mathscr{C}^\infty_{Y|X}) \longrightarrow 0$$

(avec $\hat{V}_\varepsilon^{(\nu)} = \bigcap\limits_{\substack{\mu=2,\ldots,d \\ \mu \neq \nu}} V_\varepsilon^{(\nu)}$).

Une démonstration analogue à celle de la proposition 1.1.3 chapitre I de [24] montre que $\varinjlim\limits_{\varepsilon} H^{d-1}_{Z_\varepsilon}(U_\varepsilon, \mathscr{C}^\infty_{Y|X}) \simeq \mathscr{H}^{d-1}_{\mathbb{P}^*_\Sigma\Lambda}(\pi_{\mathbb{P}}^{-1} \mathscr{C}^\infty_{Y|X})_{\gamma(\sigma)}$. On a donc un morphisme <u>surjectif</u> :

$$\nu : \varinjlim_{\varepsilon} \Gamma(\tilde{V}_\varepsilon, \mathscr{C}^\infty_{Y|X}) \longrightarrow \mathscr{H}^{d-1}_{\mathbb{P}^*_\Sigma\Lambda}(\pi_{\mathbb{P}}^{-1} \mathscr{C}^\infty_{Y|X})_{\gamma(\sigma)}$$

et si $\psi \in \Gamma(\tilde{V}_\varepsilon, \mathscr{C}^\infty_{Y|X})$ on a $\nu(\psi) = \beta(\mu_\varepsilon(\psi))$ donc :

$$\beta : E \longrightarrow \mathscr{H}^{d-1}_{\mathbb{P}^*_\Sigma\Lambda}(\pi_{\mathbb{P}}^{-1} \mathscr{C}^\infty_{Y|X})_{\gamma(\sigma)} \text{ est \underline{surjectif} q.e.d.}$$

Nous allons maintenant relier les fonctions de définition aux symboles que nous avons écrit dans le cas de la codimension 1, ce qui assurera l'unicité des fonctions de définition et permettra de définir un symbole globalement sur un ouvert de $T^*_\Sigma\Lambda$ sur lequel ont été choisie des coordonnées locales.

On fixe des coordonnées locales $(x_1,\ldots,x_{n_1}, y_1,\ldots,y_{n_2}, z_1,\ldots,z_{n_3}, t_{n_1},\ldots,t_{n_4})$ de X dans lesquelles $Y = \{(x,y,z,t) \in X \,/\, x = y = 0\}$, $\Lambda = T^*_Y X = \{(x,y,z,t;\xi,\eta,\zeta,\tau) \in T^*X \,/\, x = y = 0,\ \zeta = \tau = 0\}$ et enfin $\Sigma = \{(z,t,\xi,\eta) \in \Lambda \,/\, z = 0,\ \eta = 0\}$.

$T^*_\Sigma\Lambda$ est muni des coordonnées (t,ξ,z^*,η^*). On pose :

$$W = \{ (t,\xi,z^*,\eta^*,p,q) \ / \ (t,\xi,z^*,\eta^*) \in T^*_\Sigma\Lambda \ \ (p,q) \in \mathbb{C}^2 \}$$
$$V = \{ (t,\xi,z^*,\eta^*,p,q) \in W \ / \ p = 0 \}$$
$$U = \{ (t,\xi,z^*,\eta^*,p,q) \in W \ / \ p = q = 0 \}$$

Nous voulons définir un élément de $\mathscr{C}^{2\infty}_{U|V|W}$ par la formule :

$$\int u(x,y,z,t) \ \delta(p-\langle x,\xi\rangle) \ \delta(q-\langle z,z^*\rangle-\tilde{p}^{-1}\langle\tilde{y},\eta^*\rangle)dx \ dz \ d\tilde{y}$$

($\tilde{p}$,$\tilde{y}$ sont les variables duales de p et y) quand u est une section de $\mathscr{C}^{2\infty}_{\Sigma|| Y|X}$.
Dans le cas où $n_2 = 0$ (pas de variable y), on peut définir :

$$\int u(x,z,t) \ \delta(p-\langle x,\xi\rangle) \ \delta(q-\langle z,z^*\rangle)dx \ dz$$

en utilisant successivement l'exemple 1.3.4 et le théorème 1.3.5 (cf. [24] Proposition 1.4.4 chapitre II).

Nous allons détailler le cas général qui est un peu plus délicat. Soient $\tilde{X} = \{(x,y,z,t,\xi,z^*,\eta^*,p,q)\}$, $\tilde{Y} = \{(x,y,z,t,\xi,z^*,\eta^*,p,q) \in \tilde{X} \ / \ p=\langle x,\xi\rangle, \ y = 0\}$, $\tilde{\Lambda} = T^*_{\tilde{Y}}\tilde{X}$ et $\tilde{\Sigma} = \{(x,z,t,\xi,z^*,\eta^*,q;\tilde{y},\tilde{p}) \in \tilde{\Lambda} \ / \ q=\langle z,z^*\rangle+\tilde{p}^{-1}\langle\tilde{y},\eta^*\rangle\}$. Soit $\delta(p-\langle x,\xi\rangle)$ $\delta(q-\langle z,z^*\rangle-\tilde{p}^{-1}\langle\tilde{y},\eta^*\rangle)$ l'élément de $\mathscr{C}^{2\infty}_{\tilde{\Sigma}||\tilde{Y}|\tilde{X}}$ qui a pour microfonction de définition l'élément de $\mathscr{C}^{\infty}_{\tilde{Y}|\tilde{X}}$ de symbole $\Phi_0(q-\langle z,z^*\rangle-\tilde{p}^{-1}\langle\tilde{y},\eta^*\rangle)$ (on peut aussi le définir par substitution à l'aide du Théorème 1.3.3).

La proposition 1.3.1 permet de définir

$$u(x',y',z',t') \ \delta(p-\langle x,\xi\rangle) \ \delta(q-\langle z,z^*\rangle-\tilde{p}^{-1}\langle\tilde{y},\eta^*\rangle) \in \mathscr{C}^{2\infty}_{\sigma\times\tilde{\Sigma}|| \ V\times\tilde{Y}|W\times\tilde{X}} \text{ avec } \sigma = U\times_V T^*_V W.$$

Soit $X' = \{ (x',y',z',t';x,y,z,t,\xi,z^*,\eta^*,p,q) \in W\times\tilde{X} \ / \ x = x', \ z = z', \ t = t'\}$
par l'exemple 1.3.4 on peut définir un morphisme de restriction :

$$\mathscr{C}^{2^\infty}_{\sigma\times\tilde\Sigma||V\times\tilde Y|W\times\tilde X} \longrightarrow \mathscr{C}^{2}_{\tilde\Sigma'||\tilde Y'|\tilde X'}$$

avec $\tilde Y' = \tilde X' \times_{W\times\tilde X}(V\times\tilde Y)$ et $\tilde\Sigma' = (T^*_{\tilde Y}, \tilde X') \times_{(T^*_V W\times T^*_{\tilde Y}\tilde X)}(\sigma\times\tilde\Sigma)$. On définit ainsi

$u(x,y',z,t)\ \delta(p-<x,\xi>)\ \delta(q-<z,z^*>-\tilde p^{-1}<\tilde y,\eta^*>) \in \mathscr{C}^2_{\tilde\Sigma'||\tilde Y'|\tilde X'}$. Soit λ la projection $\tilde X' \to \tilde X$ définie par :

$$(x,y,y',z,t,\xi,z^*,\eta^*,p,q) \longrightarrow (x,y+y',z,t,\xi,z^*,\eta^*,p,q)$$

Le théorème 1.3.5 permet de définir le morphisme d'intégration :

$$\lambda_* : \mathscr{C}^{2\infty}_{\tilde\Sigma'||\tilde Y'|\tilde X'} \longrightarrow \mathscr{C}^{2}_{\tilde{\tilde\Sigma}||\tilde{\tilde Y}|\tilde X}$$

avec $\tilde{\tilde Y} = \{(x,y,z,t,\xi,z^*,\eta^*,p,q) \in \tilde X \ / \ x = 0,\ y = 0,\ p = 0\} \approx \tilde Y'$ et $\tilde{\tilde\Sigma} = \tilde\Sigma' \times_{(T^*_{\tilde Y}, \tilde X')}(T^*_{\tilde{\tilde Y}}\tilde X)$.

λ_* est un morphisme d'intégration en y, donc correspond à un morphisme de substitution en la variable duale de y dans $T^*_Y X$, nous noterons $u(x,y,z,t)\ \delta(p-<x,\xi>)$ $\delta(q-<z,z^*>-\tilde p^{-1}<\tilde y,\eta^*>)$ l'élément de $\mathscr{C}^2_{\tilde{\tilde\Sigma}||\tilde{\tilde Y}|\tilde X}$ image par λ_* de $u(x,y',z,t)\ \delta(p-<x,\xi>)$ $\delta(q-<z,z^*>-\tilde p^{-1}<\tilde y,\eta^*>)$. (Cette notation est quelque peu abusive mais fait jouer le même rôle aux variables z et $\tilde y$).

Soient $W' = \{(y,t,\xi,z^*,\eta^*,p,q)\}$

$V' = \{(y,t,\xi,z^*,\eta^*,p,q) \in W' \ / \ y = 0,\ p = 0\}$

$\sigma' = \{(t,\xi,z^*,\eta^*,q;\tilde y,\tilde p) \in T^*_{V'}W' \ / \ q = 0,\ \tilde y = 0\}$

et μ la projection $\tilde X \to W'$ définie par $(x,y,z,t,\xi,z^*,\eta^*,p,q) \to (y,t,\xi,z^*,\eta^*,p-<x,\xi>,$ $q-<z,z^*>)$.

Le théorème 1.3.5 permet de définir le morphisme d'intégration

$$\mu_*: \mathscr{C}^{2\infty}_{\Sigma||\tilde{Y}|\tilde{X}} \longrightarrow \mathscr{C}^{2\infty}_{\sigma'||V'|W'}$$

et donc l'élément

$$\int u(x,y,z,t)\,\delta(p-<x,\xi>)\,\delta(q-<z,z^*>-\tilde{p}^{-1}<\tilde{y},\eta^*>)dxdz \text{ de } \mathscr{C}^{2\infty}_{\sigma'||V'|W'} .$$

Il reste à définir $\int d\tilde{y}$. Pour cela considérons la transformation de Legendre partielle φ définie sur T^*W' par la fonction génératrice $\Omega = p - p' + \sum_{j=1}^{n_2} y_j y'_j$ (cf. [24] chapitre II exemple 3.3.4).

Si $\alpha = (t,\xi,z^*,\eta^*,q)$ et $\beta = (y,p)$, les coordonnées $(\alpha,\beta,\tilde{\alpha},\tilde{\beta})$ et $(\alpha',\beta',\tilde{\alpha}',\tilde{\beta}')$ de T^*W' sont liées par :

$$\varphi(\alpha,\beta,\tilde{\alpha},\tilde{\beta}) = (\alpha',\beta',\tilde{\alpha}',\tilde{\beta}') \Longleftrightarrow \begin{cases} \alpha = \alpha' , & \tilde{\alpha} = \tilde{\alpha}' \\ p' = p + <y,\tilde{y}>\tilde{p}^{-1} & \tilde{p}' = \tilde{p} \\ y' = \tilde{y}\,\tilde{p}^{-1} & \tilde{y}' = y\tilde{p} \end{cases}$$

L'image de $T^*_{V'}W'$ par φ est $T^*_{\tilde{V}'}W'$ avec $\tilde{V}' = \{(y,t,\xi,z^*,\eta^*,p,q) \in W' \;/\; p = 0\}$.

Le choix d'une section non nulle de $\mathscr{C}_{\{\Omega=0\}|X\times X'}$, à savoir $\delta(\Omega)$, détermine un isomorphisme $\Phi : \mathscr{C}^{\infty}_{V'|W'} \xrightarrow{\sim} \mathscr{C}^{\infty}_{\tilde{V}'|W'}$ ([24] Théorème 3.3.3 chapitre II).

Soit $\nu : W' \to W$ la projection définie par

$$(y',t,\xi,z^*,\eta^*,p',q) \longrightarrow (t,\xi,z^*,\eta^*,p',q-<y',\eta^*>) .$$

ν définit un morphisme $f : T^*_{\tilde{V}'}W' \to T^*_V W : (y',t,\xi,z^*,\eta^*,q;\tilde{p}') \longmapsto (t,\xi,z^*,\eta^*,q-<y',\eta^*>;\tilde{p}')$

D'après [24] chapitre II Proposition 1.2.4 on a un morphisme d'image directe

$$\nu_* : \mathbb{R} f_! \, \mathcal{C}^{\infty}_{\tilde{V}'|W'} \longrightarrow \mathcal{C}^{\infty}_{V|W}$$

En composant avec Φ on obtient un morphisme :

$$\nu_* \circ \Phi : \mathbb{R} g_! \, \mathcal{C}^{\infty}_{V'|W'} \longrightarrow \mathcal{C}^{\infty}_{V|W}$$

avec $$g : T^*_{V'}W' \longrightarrow T^*_V W$$

$$(t,\xi,z^*,\eta^*,q,\tilde{y},\tilde{p}) \longrightarrow (t,\xi,z^*,\eta^*,q-\tilde{p}^{-1}<\tilde{y},\eta^*>;\tilde{p})$$

<u>Remarque</u> <u>1.4.6</u> : Si $\eta^* = 0$, le morphisme $\nu_* \circ \Phi$ n'est autre que la substitution $\mathbb{R} g_! \, \mathcal{C}_{V'|W'} \longrightarrow \mathcal{C}_{V|W}$ définie par l'injection

$$W \hookrightarrow W'$$

$$(t,\xi,z^*,\eta^*,p,q) \longrightarrow (y = 0, \; t,\xi,z^*,\eta^*,p,q)$$

D'après le Lemme 1.3.2 on déduit de $\nu_* \circ \Phi$ un morphisme

$$\psi : \mathcal{C}^{2\infty}_{\sigma'||V'|W'} \longrightarrow \mathcal{C}^{2\infty}_{U|V|W}$$

et l'image de $\int u(x,y,z,t)\, \delta(p-<x,\xi>)\, \delta(q-<z,z^*>-\tilde{p}^{-1}<\tilde{y},\eta^*>)dxdz$ est un élément de $\mathcal{C}^{2\infty}_{U|V|W}$ que nous noterons :

$$v(t,\xi,z^*,\eta^*,p,q) = \int u(x,y,z,t)\, \delta(p-<x,\xi>)\, \delta(q-<z,z^*>-\tilde{p}^{-1}<\tilde{y},\eta^*>)\, dx\, dz\, d\tilde{y}$$

Si u est une section de $\mathcal{C}^{2\infty}_{\Sigma||Y|X}$ sur un ouvert Ω de $T^*_\Sigma \Lambda$, $v(t,\xi,z^*,\eta^*,p,q)$ est une section de $\mathcal{E}^{2\infty}_{U|V|W}$ sur l'ouvert $\Omega' = \{(t,\xi,z^*,\eta^*;\tilde{p},\tilde{q}) \in T^*_{(U\times_V T^*_V W}(T^*_V W) / (t,\xi,z^*,\eta^*) \in \Omega\}$.

D'après la Proposition 1.4.2, v s'écrit de manière unique :

$$v(t,\xi,z^*,\eta^*,p,q) = \sum_{(i,j)\in\mathbb{Z}^2} a_{ij}(t,\xi,z^*,\eta^*)\ \delta^{(j-i)}(p)\ \delta^{(i)}(q)$$

où les $a_{ij}(t,\xi,z^*,\eta^*)$ sont des fonctions holomorphes qui vérifient les majorations de la Proposition 1.4.2.

Proposition 1.4.7 : *Soit* $u(x,y,z,t)$ *une section de* $\mathcal{E}^{2\infty}_{\Sigma||Y|X}$ *définie au voisinage du point* $\sigma = (t = 0,\ \xi = (1,0,\ldots,0),\ z^* = (1,0,\ldots,0),\ \eta^* = 0)$ *de* $T^*_\Sigma\Lambda$ *qui a une fonction holomorphe de définition :*

$$F(x,y,z,t) = \sum_{\alpha,\beta,\gamma} a^{\alpha\beta}_{\gamma}(t)\ \phi_\alpha(z)\ \phi_\gamma(x)\ y^\beta .$$

Alors si

$$v(t,\xi,z^*,\eta^*,p,q) = \int u(x,y,z,t)\ \delta(p-\langle x,\xi\rangle)\ \delta(q-\langle z,z^*\rangle-\tilde{p}^{-1}\langle\tilde{y},\eta^*\rangle)\,dx\,dz\,d\tilde{y}$$

on a

$$v(t,\xi,z^*,\eta^*,p,q) = \sum_{(i,j)\in\mathbb{Z}^2} a_{ij}(t,\xi,z^*,\eta^*)\ \delta^{(j-i)}(p)\ \delta^{(i)}(q)$$

avec :

$$(1.4.8)\qquad a_{ij}(t,\xi,z^*,\eta^*) = \sum_{\substack{|\alpha|+|\beta|=i\\ |\alpha|+|\gamma|=j}} a^{\alpha\beta}_{\gamma}(t)\ z^{*\alpha}\ \xi^\gamma\ (-\eta^*)^\beta$$

<u>Remarque</u> : Il est facile de vérifier que les majorations (1.4.6) (1.4.7) sur les

$(a_\gamma^{\alpha\beta}(t))$ sont équivalentes à la convergence des séries (1.4.8) et aux majorations de la Proposition 1.4.2 sur les $a_{ij}(t,\xi,z^*,\eta^*)$.

Démonstration de la Proposition 1.4.7

Soient $\xi_0 = (1,0,\dots,0)$, $z_0^* = (1,0,\dots,0)$ et $\eta_0^* = 0$. ξ_0 et (z_0^*, η_0^*) sont non nuls donc (exemple 1.3.4) on peut définir la trace de v sur ($\xi = \xi_0$, $z^* = z_0^*$, $\eta^* = \eta_0^*$).

D'après la remarque 1.4.6 on a :

$$v(t,\xi_0,z_0^*,\eta_0^*,p,q) = \int u(x,y,z,t)\ \delta(p-x_1)\ \delta(q-z_1)dx\ dz\ d\tilde{y} =$$

$$= \int u(p,x';0;q,z';t)dx'\ dz' \quad \text{avec} \quad \begin{cases} x' = (x_2,\dots,x_{n_1}) \\ z' = (z_2,\dots,z_{n_3}) \end{cases}$$

Si γ est le$(n_1-1) + (n_3-1)$ cycle défini par

$$\gamma = \{(p,x',0,q,z',t)\ /\ |x_i| = \tfrac{\varepsilon}{2}\ \ i = 2,\dots,n_1,\ \ |z_j| = \tfrac{\varepsilon}{2}\ \ j = 2,\dots,n_3\}$$

la fonction

$$G(t,p,q) = (-1)^{n_1+n_3} \int_\gamma F(p,x',0,q,z',t)dx'\ dz'$$

est une fonction holomorphe de définition de $v(t,\xi_0,z_0^*,\eta_0^*,p,q)$ (cf. Dém. Proposition 1.4.4 chapitre II de [24]) car l'application qui a F associe u est définie par cohomologie de Čech et l'intégration dans $\mathcal{C}^{2\infty}_{\Sigma||Y|X}$ a été définie par voie cohomologique.

F est définie par une série qui converge uniformément au voisinage de γ donc :

$$G(t,p,q) = (-1)^{n_1+n_3} \int_\gamma \sum_{\substack{\alpha,\beta,\gamma \\ \beta=0}} a_\gamma^{\alpha\beta}(t)\, \phi_\alpha(q,z')\, \phi_\gamma(p,x')dx'\, dz'$$

$$= (-1)^{n_1+n_3} \sum_{\substack{\alpha,\gamma \\ \beta=0}} a_\gamma^{\alpha\beta}(t)\, \phi_{\alpha_1}(q)\, \phi_{\gamma_1}(p) \int_{|x_j| = \varepsilon/2} \phi_{\gamma'}(x')dx' \int_{|z_j|=\varepsilon/2} \phi_{\alpha'}(z')dz'$$

$$= \sum_{\substack{\alpha'=0,\beta=0 \\ \gamma'=0}} a_\gamma^{\alpha\beta}(t)\, \phi_{\alpha_1}(q)\, \phi_{\gamma_1}(p)$$

donc $v(t,\xi_0,z_0^*,\eta_0^*,p,q) = \sum_{\substack{\alpha'=0,\beta=0 \\ \gamma'=0}} a_\gamma^{\alpha\beta}(t)\, \delta^{(\gamma_1)}(p)\, \delta^{(\alpha_1)}(q)$.

Pour $(\tilde{\alpha},\tilde{\beta},\tilde{\gamma}) \in \mathbb{N}^{n_3} \times \mathbb{N}^{n_2} \times \mathbb{N}^{n_1}$ on a :

$D_\xi^{\tilde{\gamma}}\, D_{z^*}^{\tilde{\alpha}}\, D_{\eta^*}^{\tilde{\beta}}\, v(t,\xi,z^*,\eta^*,p,q) =$

$$\int u(x,y,z,t)\, D_\xi^{\tilde{\gamma}}\, D_{z^*}^{\tilde{\alpha}}\, D_{\eta^*}^{\tilde{\beta}}\, \delta(p-<x,\xi>)\, \delta(q-<z,z^*>-\tilde{p}^{-1}<\tilde{y},\eta^*>)dx\, dz\, d\tilde{y} .$$

$D_{z^*}^{\tilde{\alpha}}\, D_{\eta^*}^{\tilde{\beta}}\, \delta(p-<x,\xi>)\, \delta(q-<z,z^*>-\tilde{p}^{-1}<\tilde{y},\eta^*>)$ a pour microfonction de définition l'élément de $\mathcal{E}^\infty_{\tilde{Y}|\tilde{X}}$ de symbole :

$$D_{z^*}^{\tilde{\alpha}}\, D_{\eta^*}^{\tilde{\beta}}\, \phi_0(q-<z,z^*>-\tilde{p}^{-1}<\tilde{y},\eta^*>) = \tilde{p}^{-|\tilde{\beta}|}(-\tilde{y})^{\tilde{\beta}}(-z)^{\tilde{\alpha}}\, \phi_{|\tilde{\alpha}|+|\tilde{\beta}|}(q-<z,z^*>-\tilde{p}^{-1}<\tilde{y},\eta^*>)$$

donc $D_\xi^{\tilde{\gamma}}\, D_{z^*}^{\tilde{\alpha}}\, D_{\eta^*}^{\tilde{\beta}}\, v(t,\xi,z^*,\eta^*,p,q) =$

$$\int (-x)^{\tilde{\gamma}}(-z)^{\tilde{\alpha}}(-D_y)^{\tilde{\beta}} u(x,y,z,t)\, \delta^{(|\tilde{\gamma}|-|\tilde{\beta}|)}(p-<x,\xi>)\, \delta^{(|\tilde{\alpha}|+|\tilde{\beta}|)}(q-<z,z^*>-\tilde{p}^{-1}<\tilde{y},\eta^*>)dx\, dz\, d\tilde{y}$$

$(-x)^{\tilde{\gamma}}\ (-z)^{\tilde{\alpha}}\ (-D_y)^{\tilde{\beta}}\ u(x,y,z,t)$ a pour fonction holomorphe de définition :

$$\sum_{\alpha,\beta,\gamma} a_{\gamma}^{\alpha\beta}(t)(-z)^{\tilde{\alpha}}\ \phi_{\alpha}(z)(-x)^{\tilde{\gamma}}\ \phi_{\gamma}(x)(-D_y)^{\tilde{\beta}}\ y^{\beta} = \sum_{\alpha,\beta,\gamma} a_{\gamma+\tilde{\gamma}}^{\alpha+\tilde{\alpha},\beta+\tilde{\beta}}(t) \times$$

$$(-1)^{|\tilde{\beta}|}\ \frac{\Gamma(\alpha+\tilde{\alpha}+1)}{\Gamma(\alpha+1)}\ \frac{\Gamma(\gamma+\tilde{\gamma}+1)}{\Gamma(\gamma+1)}\ \Gamma(\beta+\tilde{\beta}+1)\ \phi_{\alpha}(z)\ \phi_{\gamma}(x)\ y^{\beta}$$

(avec $\Gamma(\alpha+1) = \Gamma(\alpha_1+1)\ \Gamma(\alpha_2+1)\ \dots\ \Gamma(\alpha_{n_1}+1)$).

On a donc :

$$\left[D_{\xi}^{\tilde{\gamma}}\ D_{z^*}^{\tilde{\alpha}}\ D_{\eta^*}^{\tilde{\beta}}\ v(t,\xi,z^*,\eta^*,p,q)\right]\Bigg|_{\xi=\xi_0\ ,\ z^*=z_0^*\ ,\ \eta^*=\eta_0^*} =$$

$$\left(\frac{\partial}{\partial p}\right)^{(|\tilde{\gamma}|-|\tilde{\beta}|)} \left(\frac{\partial}{\partial q}\right)^{|\tilde{\alpha}|+|\tilde{\beta}|} \sum_{\substack{\alpha'=0\ \beta=0\\ \gamma'=0}} a_{\gamma+\tilde{\gamma}}^{\alpha+\tilde{\alpha},\beta+\tilde{\beta}}(t)\ M\ \delta^{(\gamma_1)}(p)\ \delta^{(\alpha_1)}(q)$$

(avec $M = \frac{\Gamma(\alpha+\tilde{\alpha}+1)}{\Gamma(\alpha+1)}\ \frac{\Gamma(\gamma+\tilde{\gamma}+1)}{\Gamma(\gamma+1)}\ \Gamma(\beta+\tilde{\beta}+1)(-1)^{|\tilde{\beta}|}$)

$$= \sum_{\alpha'=0,\gamma'=0} a_{\gamma+\tilde{\gamma}}^{\alpha+\tilde{\alpha},\tilde{\beta}}(t)\ \ M\ \delta^{(\gamma_1+|\tilde{\gamma}|-|\tilde{\beta}|)}(p)\ \delta^{(\alpha_1+|\tilde{\alpha}|+|\tilde{\beta}|)}(q)\ .$$

Si $v(t,\xi,z^*,\eta^*,p,q) = \sum_{(i,j)\in\mathbb{Z}^2} a_{ij}(t,\xi,z^*,\eta^*)\ \delta^{(j-i)}(p)\ \delta^{(i)}(q)$ on a donc :

$$\left[D_{\xi}^{\tilde{\gamma}}\ D_{z^*}^{\tilde{\alpha}}\ D_{\eta^*}^{\tilde{\beta}}\ a_{ij}(t,\xi,z^*,\eta^*)\right]\Bigg|_{\substack{\xi=\xi_0\ ,\ \eta^*=\eta_0^*\\ z^*=z_0^*}} = \frac{\Gamma(\alpha_1+\tilde{\alpha}+1)\ \Gamma(\gamma_1+\tilde{\gamma}+1)\ \Gamma(\tilde{\beta}+1)}{\Gamma(\alpha_1+1)\ \Gamma(\gamma_1+1)}\ (-1)^{|\tilde{\beta}|}\ a_{\gamma_1+\tilde{\gamma}}^{\alpha_1+\tilde{\alpha},\tilde{\beta}}(t)$$

avec $\alpha_1+|\tilde{\alpha}|+|\tilde{\beta}|=i,\ \gamma_1+|\tilde{\gamma}|-|\tilde{\beta}|=j-i$.

On a donc $a_{ij}(t,\xi,z^*,\eta^*) = \sum_{\substack{|\alpha|+|\beta|=i \\ |\alpha|+|\gamma|=j}} a_\gamma^{\alpha\beta}(t)\, z^{*\alpha}\, \xi^\gamma\, (-\eta^*)^\beta$ q.e.d.

Remarque : On peut démontrer l'analogue de la proposition 1.4.7 au point $\sigma' = (t=0,\ \xi=(1,0,\ldots,0),\ z^* = 0,\ \eta^*(1,\ldots,0))$ de $T^*_\Sigma\Lambda$ soit en reprenant la méthode, soit en se ramenant au cas de la proposition 1.4.7 par une transformation canonique sur Λ.

De la proposition 1.4.7 on déduit immédiatement le théorème suivant.

Théorème 1.4.8 : Soient X une variété analytique complexe de dimension n, Y une sous-variété de X et $\Lambda = T^*_Y X$. X est muni de coordonnées locales $(x_1,\ldots,x_{n_1}, y_1,\ldots, y_{n_2}, z_1,\ldots,z_{n_3}, t_1,\ldots,t_{n_4})$ avec $n_1 + n_2 + n_3 + n_4 = n$, $n_1 + n_2 = m$, $n_3 + n_2 = d$, dans lesquelles $Y = \{(x,y,z,t) \in X \,/\, x = y = 0\}$.

Alors $\Lambda = \{(x,y,z,t;\xi,\eta,\zeta,\tau) \in T^*X \,/\, x = 0,\ y = 0,\ \zeta = 0,\ \tau = 0\}$, soit $\Sigma = \{(z,t,\xi,\eta) \in \Lambda \,/\, z = 0,\ \eta = 0\}$.

$T^*_\Sigma\Lambda$ est muni des coordonnées (t,ξ,z^*,η^*).

Soit U un ouvert de $T^*_\Sigma\Lambda$, cônique en (z^*,η^*) et en (ξ,z^*). L'ensemble des suites $(a_{ij}(t,\xi,z^*,\eta^*))_{(i,j)\in Z^2}$ de fonctions holomorphes qui vérifient :

1) $a_{ij}(t,\xi,z^*,\eta^*)$ est une fonction holomorphe sur U, homogène de degré i en (z^*,η^*) et de degré j en (ξ,z^*).

2) Pour tout compact K de U, il existe $C > 0$ et pour tout $\varepsilon > 0$ il existe $C_\varepsilon > 0$ tels que (si $k = j - i$) :

(i) $\forall(t,\xi,z^*,\eta^*) \in K \quad \forall i \geqslant 0 \quad \forall k \geqslant 0 \quad |a_{i,i+k}(t,\xi,z^*,\eta^*)| \leqslant C_\varepsilon\, \varepsilon^{i+k} \frac{1}{i!k!}$

(ii) $\forall(t,\xi,z^*,\eta^*) \in K \quad \forall i \geqslant 0 \quad \forall k < 0 \quad |a_{i,i+k}(t,\xi,z^*,\eta^*)| \leqslant C_\varepsilon^{-k}\, \varepsilon^{i} \frac{(-k)!}{i!}$

(iii) $\forall(t,\xi,z^*,\eta^*) \in K \quad \forall i < 0 \quad \forall k \geqslant 0 \quad |a_{i,i+k}(t,\xi,z^*,\eta^*)| \leqslant C_\varepsilon\, C^{-i}\, \varepsilon^{k} \frac{(-i)!}{k!}$

(iv) $\forall(t,\xi,z^*,\eta^*) \in K \quad \forall i < 0 \quad \forall k < 0 \quad |a_{i,i+k}(t,\xi,z^*,\eta^*)| \leqslant C^{-i-k}(-i)!(-k)!$

est bijection avec $\Gamma(U, \mathcal{C}^{2\infty}_{\Sigma||Y|X})$ *par la correspondance :*

$$\int u(x,y,z,t)\ \delta(p-\langle x,\xi\rangle)\ \delta(q-\langle z,z^*\rangle-\tilde{p}^{-1}\langle\tilde{y},\eta^*\rangle)dx\ dz\ d\tilde{y} =$$

$$= \sum_{(i,j)\in\mathbb{Z}^2} a_{ij}(t,\xi,z^*,\eta^*)\ \delta^{(j-i)}(p)\ \delta^{(i)}(q)$$

Proposition 1.4.9 : Les notations sont celles du théorème 1.4.8.

Soit $Z = \{(x,y,z,t) \in X \ /\ x = z = 0\}$. $T^*_Z X = \{(x,y,z,t;\xi,\eta,\zeta,\tau) \in T^*X \ /\ x = z = 0\ \ \eta = \tau = 0\}$.

Soit U *un ouvert de* Σ *et* $\mathcal{V}$ *un voisinage de* U *dans* $T^*_Z X$. *Soit* u *une section de* $\mathcal{C}^\infty_{Z|X}$ *sur* $\mathcal{V}$ *de symbole* $(f_j(y,t,\xi,\zeta))_{j\in\mathbb{Z}}$ *i.e.*

$$\int\delta(p-\langle x,\xi\rangle-\langle z,\zeta\rangle)\ u(x,y,z,t)dx\ dz = \sum_{j\in\mathbb{Z}} f_j(y,t,\xi,\zeta)\ \delta^{(j)}(p)$$

Les fonctions $f_j(y,t,\xi,\zeta)$ *sont des fonctions holomorphes homogènes de degré* j *en* (ξ,ζ) *définies au voisinage de* $(y = 0,\ \zeta = 0)$ *donc elles admettent un développement unique :*

$$f_j(y,t,\xi,\zeta) = \sum_{i\geqslant 0} f_{ij}(y,t,\xi,\zeta)$$

où f_{ij} est homogène de degré i en (y,ζ) et de degré j en (ξ,ζ).

Alors l'image v de u dans $\Gamma(U, \mathcal{B}^{2\infty}_{\Sigma||Y|X})$ par le morphisme de la proposition 1.2.9 a pour symbole $(f_{ij}(-\eta^*,t,\xi,z^*))_{\substack{(i,j)\in\mathbb{Z}^2\\ i\geq 0}}$ c'est-à-dire :

$$\int \delta(p-\langle x,\xi\rangle)\ \delta(q-\langle z,z^*\rangle-\tilde{p}^{-1}\langle\tilde{y},\eta^*\rangle)\ u(x,y,z,t)dx\ dz\ d\tilde{y} =$$

$$= \sum_{\substack{j\in\mathbb{Z}\\ i\in\mathbb{N}}} f_{ij}(-\eta^*,t,\xi,z^*)\ \delta^{(j-i)}(p)\ {}^{(i)}(q)$$

Corollaire 1.4.10 : Le morphisme canonique de la proposition 1.2.9

$$\mathcal{C}^{\infty}_{Z|X}\big|_{\Sigma} \longrightarrow \mathcal{B}^{2\infty}_{\Sigma||Y|X}$$

est injectif (mais non surjectif).

Démonstration de la proposition 1.4.9 :

$$\sum_{\substack{j\in\mathbb{Z}\\ i\in\mathbb{N}}} D^{\alpha}_{z^*}\ D^{\beta}_{\eta^*}\ f_{ij}(-\eta^*,t,\xi,z^*)\ \delta^{(j-i)}(p)\ \delta^{(i)}(q)\Big|_{\substack{z^*=0\\ \eta^*=0}} =$$

$$\int \delta(p-\langle x,\xi\rangle)\left(D^{\alpha}_{z^*}\ D^{\beta}_{\eta^*}\ \delta(q-\langle z,z^*\rangle\ \tilde{p}^{-1}\langle\tilde{y},\eta^*\rangle)\right)\Big|_{\substack{z^*=0\\ \eta^*=0}} v(x,y,z,t)dx\ dz\ d\tilde{y}$$

$$= \int \delta^{(-|\beta|)}(p-\langle x,\xi\rangle)\ \delta^{(|\alpha|+|\beta|)}(q)\ (-z)^{\alpha}\ D^{\beta}_{y}\ v(x,y,z,t)\ dx\ dz\ d\tilde{y}$$

$$= \int D^{\alpha}_{\zeta}\ \delta^{(-|\beta|-|\alpha|)}(p-\langle x,\xi\rangle-\langle z,\zeta\rangle)\Big|_{\zeta=0}\ D^{\beta}_{y}\ v(x,y,z,t)\Big|_{y=0}\ \delta^{(|\alpha|+|\beta|)}(q)\ dx\ dz$$

$$= \left[D^{\alpha}_{\zeta}\, D^{\beta}_{y}\, \left(\frac{\partial}{\partial p}\right)^{(-|\beta|-|\alpha|)} \int \delta(p-<x,\xi>-<z,\zeta>)\; v(x,y,z,t)dx\, dz \right] \Bigg|_{\substack{\zeta=0\\ y=0}} \delta^{(|\alpha|+|\beta|)}\;(q)$$

Le morphisme $\mathcal{E}^{\infty}_{Z|X}\big|_{\Sigma} \longrightarrow \mathcal{B}^{2\infty}_{\Sigma||Y|X}$ est compatible avec l'image directe $\int dx\, dz$ donc si v est l'image de u on a :

$$\int \delta(p-<x,\xi>-<z,\zeta>)\; v(x,y,z,t)dx\, dz = \int \delta(p-<x,\xi>-<z,\zeta>)\; u(x,y,z,t)\; dx\, dz$$

$$= \sum_{j\in\mathbb{Z}} f_j(y,z,\xi,\zeta)\; \delta^{(j)}\;(p)$$

donc

$$\sum_{j\in\mathbb{Z},\, i\in\mathbb{N}} D^{\alpha}_{z^*}\, D^{\beta}_{\eta^*}\, f_{ij}(-\eta^*,t,\xi,z^*)\; \delta^{(j-i)}\;(p)\; \delta^{(i)}\;(q) \Bigg|_{\substack{z^*=0\\ \eta^*=0}} =$$

$$\sum_{j\in\mathbb{Z}} D^{\alpha}_{\zeta}\, D^{\beta}_{y}\, f_j(y,z,\xi,\zeta) \Bigg|_{\substack{\zeta=0\\ y=0}} \delta^{(j-|\beta|-|\alpha|)}\;(p)\; \delta^{(|\alpha|+|\beta|)}\;(q)$$

donc $D^{\alpha}_{z^*}\, D^{\beta}_{\eta^*}\, f_{ij}(-\eta^*,t,\xi,z^*)\Big|_{\substack{z^*=0\\ \eta^*=0}} = D^{\alpha}_{\zeta}\, D^{\beta}_{y}\, f_j(y,z,\xi,\zeta)\Big|_{\substack{\zeta=0\\ y=0}}$ si $|\alpha| + |\beta| = i$ et puisque f_{ij} est homogène de degré i en (η^*, z^*) on obtient :

$$f_j(y,z,\xi,\zeta) = \sum_{i\geqslant 0} f_{ij}(y,t,\xi,\zeta) \qquad \text{q.e.d.}$$

1.5 2-microfonctions holomorphes à croissance de type Gevrey

Dans ce paragraphe nous allons reprendre ce qui précède en remplaçant les opérateurs microdifférentiels de $\mathcal{E}^{\infty}_{X}$ par des opérateurs à croissance de type Gevrey.

Le faisceau $\mathcal{E}^{\infty}_{X}$ est défini dans [24] par voie cohomologique mais on peut aussi ([4] ou [17]) le définir par les symboles en se donnant les formules de transformation du symbole dans un changement de carte. C'est par cette méthode que nous allons définir les opérateurs de type Gevrey.

Soient r et s deux nombres rationnels tels que $1 \leqslant s \leqslant r \leqslant +\infty$, si U est un ouvert cônique de $T^*\mathbb{C}^n = \mathbb{C}^n \times \mathbb{C}^n$, par définition un symbole de classe (r,s) sur U est une série formelle $P(x,\xi) = \sum_{j\in\mathbb{Z}} P_j(x,\xi)$, où $P_j(x,\xi)$ est une fonction holomorphe sur U, homogène de degré j en ξ telle que :

(1.5.1) si $\underline{1 \leqslant r = s < +\infty}$

$\forall K$ compact de U, $\exists C > 0$, $\forall \varepsilon > 0$, $\exists C_\varepsilon > 0$ t.q.

(i) $\forall j \geqslant 0 \quad \sup_K |P_j(x,\xi)| \leqslant C_\varepsilon\, \varepsilon^j \frac{1}{(j!)^r}$

(ii) $\forall j < 0 \quad \sup_K |P_j(x,\xi)| \leqslant C^{-j}[(-j)!]^r$

(1.5.2) si $\underline{1 \leqslant s < r < +\infty}$

$\forall K$ compact de U, $\exists C > 0$ t.q.

(i) $\forall j \geqslant 0 \quad \sup_K |P_j(x,\xi)| \leqslant C^j \frac{1}{(j!)^r}$

(ii) $\forall j < 0 \quad \sup_K |P_j(x,\xi)| \leqslant C^{-j}((-j)!)^s$

Si $r = +\infty$ on remplace la condition (i) par :

$$\exists j_0 \quad \forall j > j_0 \quad P_j(x,\xi) \equiv 0$$

Si $s = +\infty$ la condition (ii) est vide.

Si $y = \chi(x)$ est un difféomorphisme de $\mathbb{C}^n$ on pose :

$$\overline{P}(y,\eta) = e^{d_{x'}\, d_{\xi'}} P(x,\xi + {}^tM(x,x')\xi')\Big|_{\substack{x=x' \\ \xi'=0}} \tag{1.5.3}$$

avec $y = \chi(x)$, $d_{x'}\, d_{\xi'} = \sum \frac{\partial}{\partial x'_i} \frac{\partial}{\partial \xi'_i}$ et $M(x,x')$ est la matrice définie par $\chi(x) - \chi(x') = M(x,x')\,(x-x')$.

On voit facilement que si $P(x,\xi)$ est un symbole de classe (r,s) sur U, $\overline{P}(y,\eta)$ est un symbole de classe (r,s) sur l'image de U par $(x,\xi) \to (y = \chi(x),\ \eta = {}^tM(x,x)^{-1}\,\xi)$.

Si X est une variété analytique complexe et U un ouvert de T^*X, un opérateur microdifférentiel de classe (r,s) est la donnée dans chaque carte locale de X d'un symbole de classe (r,s) sur U, tous ces symboles se transformant suivant la formule (1.5.3) dans les changements de carte.

Les opérateurs microdifférentiels de classe (r,s) sur T^*X forment un faisceau sur T^*X que nous noterons <u>$\mathcal{E}_X(r,s)$.</u>

<u>Remarque</u> : $\mathcal{E}_X(\infty,\infty)$ est le faisceau $\widehat{\mathcal{E}}_X$ des opérateurs microdifférentiels formels, $\mathcal{E}_X(\infty,1)$ est le faisceau des opérateurs microdifférentiels d'ordre fini et enfin $\mathcal{E}_X(1,1)$ est le faisceau $\mathcal{E}^\infty_X$ des opérateurs microdifférentiels d'ordre infini (suivant les définitions de [24], [10], [16]).

La formule (1.5.4) $P \circ Q\,(x,\xi) = \sum_{\alpha \in \mathbb{N}^n} \frac{1}{\alpha!} D^\alpha_\xi P(x,\xi)\, D^\alpha_x Q(x,\xi)$ permet de munir $\mathcal{E}_X(r,s)$ d'une structure de <u>faisceau d'anneaux unitaires</u>.

Pour $r = +\infty$ et P opérateur de classe (∞,s), le symbole principal de P, noté $\sigma(P)$ est le terme non nul de plus haut degré de P. La formule (1.5.3) montre que $\sigma(P)$ est une fonction holomorphe homogène sur T^*X (elle se transforme comme une fonction holomorphe sur T^*X dans les changements de cartes).

On peut réécrire pour ces faisceaux le chapitre II de [24], $\mathcal{E}_X(\infty,s)$ jouant le rôle des opérateurs d'ordre fini et $\mathcal{E}_X(r,s)$ pour $1 \leqslant s \leqslant r$ celui des opérateurs d'ordre infini.

En particulier, si $P \in \mathcal{E}_X(\infty,s)$, il est inversible dans $\mathcal{E}_X(\infty,s)$ si et seulement si $\sigma(P)$ est une fonction holomorphe inversible. On a également un théorème de division dans $\mathcal{E}_X(\infty,s)$ ([24] théorème 2.2.1 et théorème 2.2.2 chapitre II) d'où l'on peut déduire que $\mathcal{E}_X(r,s)$ est fidèlement plat sur $\mathcal{E}_X(r',s')$ si $1 \leqslant s' \leqslant s \leqslant r \leqslant r' \leqslant \infty$.

Les transformations canoniques quantifiées définies sur les opérateurs d'ordre fini se prolongent de manière unique aux opérateurs de classe (r,s).

Si $\mathcal{M}$ est un $\mathcal{E}_X$-module (à gauche) cohérent nous noterons $\mathcal{M}(r,s) = \mathcal{E}_X(r,s) \otimes_{\mathcal{E}_X} \mathcal{M}$.

En particulier si Y est une sous-variété de X, $Y = \{(x,y) \in X / x = 0\}$, si $T_Y^*X = \{(x,y,\xi,\eta) \in T^*X \ / \ x = 0, \ \eta = 0\}$, si U est un ouvert de T_Y^*X, $\Gamma(U, \mathcal{C}_{Y|X}(r,s))$ est en bijection avec les séries $\sum_{j\in\mathbb{Z}} a_j(y,\xi)$ où $a_j(y,\xi)$ est une fonction holomorphe sur U, homogène de degré j en ξ et où les $(a_j(y,\xi))$ vérifient les majorations (1.5.1) (1.5.2).

La méthode de démonstration des théorèmes 1.1.3 et 1.1.4 s'étend immédiatement aux faisceaux $\mathcal{C}_{Y|X}(r,s)$. On peut donc généraliser le théorème 1.2.1 en remçant $\mathcal{M}^{\infty}$ par $\mathcal{M}(r,s)$ pour $1 \leq r \leq s \leq +\infty$, (r,s) rationnels, ce qui permet de poser les définitions suivantes.

Définition 1.5.1 : Soient Λ une sous-variété lagrangienne lisse homogène de T^*X et Σ une sous-variété homogène de Λ.

Soit $\mathcal{M}$ un $\mathcal{E}_X$-module holonôme simple de support Λ, on note $\mathcal{M}(r,s) = \mathcal{E}_X(r,s) \otimes_{\mathcal{E}_X} \mathcal{M}$. On pose :

$$\mathcal{C}^{2\mathbb{R}}_{\Sigma,\mathcal{M}}(r,s) = \mathcal{H}^{d}_{T^*_\Sigma\Lambda}(\pi^{-1}\mathcal{M}(r,s))^{a}$$

avec $d = \operatorname{codim}_\Lambda \Sigma$, $\pi : \tilde{\Sigma}\Lambda^* \to \Lambda$, $a : T^*_\Sigma\Lambda \circlearrowleft$ application antipodale.

Si γ_1 est la projection canonique $T^*_\Sigma\Lambda \to T^*_\Sigma\Lambda / \mathbb{C}^* \approx \mathbb{P}^*_\Sigma\Lambda \cup \Sigma$ on pose encore:

$$\mathcal{C}^{2\infty}_{\Sigma,\mathcal{M}}(r,s) = \gamma_1^{-1}\gamma_{1*}(\mathcal{C}^{2\mathbb{R}}_{\Sigma,\mathcal{M}}(r,s))$$

et $\mathcal{B}^{2\infty}_{\Sigma,\mathcal{M}}(r,s) = \mathcal{C}^{2\mathbb{R}}_{\Sigma,\mathcal{M}}(r,s)\big|_\Sigma = \mathcal{C}^{2\infty}_{\Sigma,\mathcal{M}}(r,s)\big|_\Sigma = \mathcal{H}^{d}_{\Sigma}(\mathcal{M}(r,s))$

(pour $r = s = 1$ on retrouve $\mathcal{C}^{2\infty}_{\Sigma,\mathcal{M}}(1,1) = \mathcal{C}^{2\infty}_{\Sigma,\mathcal{M}}$).

On a l'analogue de la proposition 1.2.9 c'est-à-dire un morphisme (injectif) $\mathcal{C}_{Z|X}(r,s)\big|_\Sigma \hookrightarrow \mathcal{B}^{2\infty}_{\Sigma||Y|X}(r,s)$ si $\Sigma = T^*_ZX \cap T^*_YX$.

On peut également étendre les résultats du paragraphe 1.3. Tout d'abord il est clair que la proposition 1.3.1 est encore vraie pour les faisceaux $\mathcal{C}^{2\infty}_{\Sigma||Y|X}(r,s)$.

Considérons maintenant l'exemple 1.3.4. Si $\varphi : X \to X'$ est transverse à $Y' \subset X'$ et si $Y = Y' \times_{X'} X$, il existe des coordonnées locales (x,y) sur X et (x,y') sur X' telles que $Y=\{(x,y)\in X\ /\ x=0\}$, $Y'=\{(x,y')\in X'\ /\ x=0\}$ et une application $\psi : Y'\to Y$ telle que $\varphi(x,y)=(x,\psi(y))$.

Dans ce cas $g : T^*_Y X\to T^*_{Y'}X'$ est donnée par $g(y,\xi)=(\psi(y),\xi)$ et le morphisme $\varphi^* : g^{-1}\,\mathcal{C}^{\infty}_{Y'|X'}\to \mathcal{C}^{\infty}_{Y|X}$ se traduit au niveau des symboles par la formule :

(1.5.5) $$\varphi^*\Big(\sum_{j\in\mathbb{Z}} u_j(y',\xi)\Big)=\sum_{j\in\mathbb{Z}} u_j(\psi(y),\xi).$$

On peut donc définir le morphisme d'image inverse $\varphi^* : g^{-1}\,\mathcal{C}_{Y'|X'}(r,s)\to \mathcal{C}_{Y|X}(r,s)$ par la formule (1.5.5) d'où un morphisme $\varphi^* : \tilde{\omega}^{-1}\,\mathcal{C}^{2\infty}_{\Sigma'||Y'|X'}\to \mathcal{C}^{2\infty}_{\Sigma||Y|X}$ par le lemme 1.3.2.

Il reste à définir le morphisme d'image directe. Nous nous contenterons de le faire dans deux cas particuliers qui nous suffirons dans les applications.

<u>1er cas</u> : φ est une application $X'\to X$ qui induit un isomorphisme d'une sous-variété Y' de X' sur une sous-variété Y de X.

Dans ce cas il existe des coordonnées locales (x',y) de X' et (x,y) de X telles que $Y'=\{(x',y)\in X'\ /\ x'=0\}$, $Y=\{(x,y)\in X'\ /\ x=0\}$ et que $\varphi : X'\to X$ s'écrive $\varphi(x',y)=(\psi(x'),y)$. Soit g l'application $T^*_Y X\approx (T^*_Y X)\times_Y Y'\to T^*_{Y'}X'$, elle est donnée par $g(y,\xi)=(y,\varphi^*(\xi))$ et le morphisme d'image directe $\varphi_* : g^{-1}\mathcal{C}^{\infty}_{Y'|X'}\otimes_{\mathcal{O}_{X'}}\Omega_{X'}\to \mathcal{C}^{\infty}_{Y|X}\otimes_{\mathcal{O}_X}\Omega_X$ est donnée sur les symboles par la formule :

(1.5.6) $$\varphi_*\Big(\sum_{j\in\mathbb{Z}} u_j(y,\xi')\Big)=\sum_{j\in\mathbb{Z}} u_j(y,\varphi^*(\xi)) .$$

On définit le morphisme d'image directe $\varphi_* : g^{-1}\,\mathcal{C}_{Y'|X'}(r,s)\otimes_{\mathcal{O}_{X'}}\Omega_{X'}\to \mathcal{C}_{Y|X}(r,s)\otimes_{\mathcal{O}_X}\Omega_X$ par la formule (1.5.6).

<u>2ème cas</u> : φ est une application $X'\to X$ transverse à une sous-variété Y de X et on pose $Y'=Y\times_X X'$. Localement on peut écrire (comme ci-dessus pour l'image inverse)

$X = Y \times Z$ et $X' = Y' \times Z$ et alors il existe une application $\psi : Y' \to Y$ telle que $\varphi = \psi \otimes \mathrm{id}_Z$. On a alors $\mathscr{C}_{Y|X}(r,s) = \mathscr{O}_Y \hat{\otimes} \mathscr{C}_{\{0\}|Z}(r,s)$ et $\mathscr{C}_{Y'|X'}(r,s) = \mathscr{O}_{Y'} \hat{\otimes} \mathscr{C}_{\{0\}|Z}(r,s)$.

On a un morphisme d'intégration le long des fibres de ψ (cf. [24])

$$\psi_* : \mathbb{R}\psi_! \ \Omega_{Y'} \to \Omega_Y \ [\dim Y - \dim Y']$$

qui donne donc un morphisme d'image directe :

$$\varphi_* : \mathbb{R} f_! \ \mathscr{C}_{Y'|X'}(r,s) \otimes_{\mathscr{O}_{X'}} \Omega_{X'} \ [\dim X'] \longrightarrow \mathscr{C}_{Y|X}(r,s) \otimes_{\mathscr{O}_X} \Omega_X \ [\dim X] \ .$$

Dans ces deux cas on en déduit un morphisme d'image directe sur les faisceaux $\mathscr{C}^2_{\Sigma'||Y'|X'}(r,s) \otimes_{\mathscr{O}_{X'}} \Omega_{X'}$ et $\mathscr{C}^2_{\Sigma||Y|X}(r,s) \otimes_{\mathscr{O}_X} \Omega_X$ analogue au Théorème 1.3.5.

On montrerait facilement que ces morphismes ne dépendent pas des choix divers de coordonnées locales qui ont été faits, de toute manière nous n'utiliserons pas ce fait.

Théorème 1.5.2 : Soit Y la sous-variété de X d'équations $Y = \{(x,y,z,t) \in X \,/\, x = y = 0\}$ et Σ la sous-variété de $T^*_Y X$ d'équations $\Sigma = \{(z,t,\xi,\eta) \in \Lambda \,/\, z = 0,\ \eta = 0\}$.

$T^*_\Sigma \Lambda$ est muni des coordonnées (t,ξ,z^*,η^*).

Soient r et s deux nombres rationnels tels que $1 \leqslant s \leqslant r \leqslant +\infty$. Soit U un ouvert de $T^*_\Sigma \Lambda$, cônique en (z^*,η^*) et en (ξ,z^*). La formule

$$\int u(x,y,z,t)\ \delta(p - \langle x,\xi\rangle)\ \delta(q - \langle z,z^*\rangle - \tilde{p}^{-1}\langle \tilde{y},\eta^*\rangle)\,dx\ dz\ d\tilde{y} =$$

$$\sum_{(i,j)\in\mathbb{Z}^2} a_{ij}(t,\xi,z^*,\eta^*)\ \delta^{(j-i)}(p)\ \delta^{(i)}(q)$$

définit une bijection entre $\Gamma(U,\mathcal{C}^{2\infty}_{\Sigma\|Y|X}(r,s))$ *et l'ensemble de suites* $(a_{ij}(t,\xi,z^*,\eta^*))_{(i,j)\in\mathbb{Z}^2}$ *de fonctions holomorphes qui vérifient :*

1) $a_{ij}(t,\xi,z^*,\eta^*)$ *est une fonction holomorphe sur* U, *homogène de degré* i *en* (z^*,η^*) *et de degré* j *en* (ξ,z^*).

2) *Pour tout compact* K *de* U, *il existe* $C > 0$, *pour tout* $\varepsilon > 0$, *il existe* $C_\varepsilon > 0$ *tels que (si* $k = i - j$*) :*

a) *si* $+\infty > r > s \geqslant 1$.

(i) $\forall(t,\xi,z^*,\eta^*) \in K\ \forall i \geqslant 0\ \forall k \geqslant 0\ |a_{i,i+k}(t,\xi,z^*,\eta^*)| \leqslant C_\varepsilon^k\, \varepsilon^i \dfrac{1}{(k!)^r i!}$

(ii) $\forall(t,\xi,z^*,\eta^*) \in K\ \forall i \geqslant 0\ \forall k < 0\ |a_{i,i+k}(t,\xi,z^*,\eta^*)| \leqslant C_\varepsilon^{-k}\, \varepsilon^i \dfrac{((-k)!)^s}{i!}$

(iii) $\forall(t,\xi,z^*,\eta^*) \in K\ \forall i < 0\ \forall k \geqslant 0\ |a_{i,i+k}(t,\xi,z^*,\eta^*)| \leqslant C^{k-i} \dfrac{(-i)!}{(k!)^r}$

(iv) $\forall(t,\xi,z^*,\eta^*) \in K\ \forall i < 0\ \forall k > 0\ |a_{i,i+k}(t,\xi,z^*,\eta^*)| \leqslant C^{-k-i}\, ((-k)!)^s(-i)!$

b) *si* $\infty > r = s \geqslant 1$ *il faut remplacer (i) et (iii) par :*

(i)' $\forall(t,\xi,z^*,\eta^*) \in K\ \forall i \geqslant 0\ \forall k \geqslant 0\ |a_{i,i+k}(t,\xi,z^*,\eta^*)| \leqslant C_\varepsilon\, \varepsilon^{i+k} \dfrac{1}{(k!)^r i!}$

(iii)' $\forall(t,\xi,z^*,\eta^*) \in K\ \forall i < 0\ \forall k \geqslant 0\ |a_{i,i+k}(t,\xi,z^*,\eta^*)| \leqslant C_\varepsilon\, \varepsilon^k \dfrac{C^{-i}(-i)!}{(k!)^r}$

c) *si* $r = \infty$ *il faut remplacer (i) et (iii) par :*

$$\exists k_o\quad \forall k > k_o\quad a_{i,i+k}(t,\xi,z^*,\eta^*) \equiv 0 .$$

si $s = r = \infty$ *il faut de plus remplacer les conditions* (ii) *et* (iv) *par* :

$$\forall k < 0 \quad \exists C(k) > 0 \quad \forall \varepsilon > 0 \quad \exists C_\varepsilon(k) > 0 \qquad t.q.$$

$$(ii)^\infty \quad \forall(t,\xi,z^*,\eta^*) \in K \ \forall i \geq 0 \ |a_{i,i+k}(t,\xi,z^*,\eta^*)| \leq C_\varepsilon(k) \frac{\varepsilon^i}{i!}$$

$$(iv)^\infty \quad \forall(t,\xi,z^*,\eta^*) \in K \ \forall i < 0 \ |a_{i,i+k}(t,\xi,z^*,\eta^*)| \leq C(k)^{-i}(-i)!$$

2. Opérateurs 2-microdifférentiels

Soient X une variété analytique complexe et Λ une sous variété lisse involutive homogène de T^*X.

X étant identifié à la diagonale $X\times_X X$ de $X\times X$, on a une injection canonique $T^*X \approx T^*_X(X\times X) \hookrightarrow T^*(X\times X)$ qui définit une injection $\Lambda \hookrightarrow \Lambda\times\Lambda$.

$\Lambda\times\Lambda$ est une sous variété involutive homogène de $T^*(X\times X)$ donc est munie d'un feuilletage canonique. Nous noterons $\tilde{\Lambda}$ la réunion des feuilles bicaractéristiques de $\Lambda\times\Lambda$ qui passent par Λ. Au voisinage de Λ c'est une sous variété lagrangienne homogène de $T^*(X\times X)$.

Dans ce chapitre nous allons définir sur $\tilde{\Lambda}$ un module holonôme simple, que nous noterons $\mathcal{M}_\Lambda$ qui ne dépend que de Λ considérée comme sous-variété de T^*X. Le faisceau $\mathcal{E}^{2\infty}_\Lambda$ des opérateurs 2-microdifférentiels sera alors défini suivant les notations du chapitre 1 par $\mathcal{C}^{2\infty}_{\Lambda,\mathcal{M}_\Lambda}$. $\mathcal{E}^{2\infty}_\Lambda$ est donc un faisceau sur $T^*_\Lambda\tilde{\Lambda}$.

Nous faisons cette construction au §.2.1 dans le cas où Λ est involutive régulière et dans le paragraphe suivant nous généralisons au cas où Λ est quelconque (tout en restant involutive homogène).

Les résultats du chapitre 1, nous donnent un calcul symbolique pour les opérateurs 2-microdifférentiels. Dans le cas où Λ est donnée par des équations linéaires, nous avons ainsi une écriture très concrète des opérateurs microdifférentiels (théorème 2.3.1) et on peut calculer le symbole du composé de deux opérateurs. Nous terminons le §.2.3 en explicitant le symbole de l'image d'un opérateur différentiel ou microdifférentiel dans $\mathcal{E}^{2\infty}_\Lambda$.

Ce calcul symbolique (qui n'est valable rappelons-le que pour les variétés Λ définies par des équations linéaires) va nous permettre de définir le faisceau d'anneaux

$\mathcal{E}^2_\Lambda$ des opérateurs d'ordre fini et d'étudier les propriétés algébriques de ce faisceau d'anneaux. (§. 2.4, 2.5, 2.6 et 2.7).

Dans le paragraphe 2.8, nous étudions le comportement des opérateurs 2-microdifférentiels sous l'action d'une transformation canonique quantifiée. Nous montrons que les objets que nous avons définis au §.2.4 sont invariants ce qui permet de généraliser les résultats des §.2.5, 2.6 et 2.7 au cas d'une variété Λ involutive homogène quelconque. Ces résultats sont rassemblés dans le théorème 2.8.5.

Le paragraphe 2.9 est consacré à l'étude géométrique de la variété $T^*_\Lambda\tilde{\Lambda}$ en relation avec le faisceau $\mathcal{E}^2_\Lambda$ défini sur cette variété. Nous définissons ainsi la notion de variété bisymplectique homogène qui joue pour les opérateurs 2-microdifférentiels le rôle de la notion de variété symplectique homogène pour les opérateurs microdifférentiels. Le cas le plus simple est celui où Λ est une sous-variété lagrangienne de T^*X, dans ce cas $T^*_\Lambda\tilde{\Lambda}$ est égal à $T^*\Lambda$ et la structure de $T^*\Lambda$ est simplement la structure de variété symplectique homogène de $T^*\Lambda$ considéré comme fibré cotangent à Λ auquel il faut ajouter une action de $\mathbb{C}$ qui provient de l'action de $\mathbb{C}$ sur $\Lambda\subset T^*X$. Etant données deux sous-variétés involutives Λ et Λ' de deux fibrés cotangents T^*X et T^*X', une application analytique Φ d'un ouvert U de $T^*_\Lambda\tilde{\Lambda}$ sur un ouvert U' de $T^*_{\Lambda'}\tilde{\Lambda}'$ sera dite bicanonique si elle conserve les structures de variétés bisymplectiques homogènes de $T^*_\Lambda\tilde{\Lambda}$ et $T^*_{\Lambda'}\tilde{\Lambda}$. Dans ce cas nous définissons au dessus de Φ un isomorphisme de faisceaux d'anneaux $\mathcal{E}^{2\infty}_\Lambda \to \Phi^{-1}\mathcal{E}^{2\infty}_{\Lambda'}$ généralisant ainsi la notion de transformation canonique quantifiée de [24].

Nous terminons ce chapitre en définissant les opérations d'image directe et inverse sur les $\mathcal{E}^2_\Lambda$-modules.

Parallèlement à l'étude de $\mathcal{E}^2_\Lambda$ et $\mathcal{E}^{2\infty}_\Lambda$ nous considérerons également les faisceaux $\mathcal{E}^2_\Lambda(r,s)$ et $\mathcal{E}^{2\infty}_\Lambda(r,s)$ construits de manière analogue à partir des faisceaux $\mathcal{E}_X(r,s)$ du §.1.5.

2.1 Construction du faisceau des opérateurs 2-microdifférentiels dans le cas où Λ est involutive régulière

Soit Λ une sous-variété involutive régulière de T^*X de codimension d et $\mathcal{N}$ un $\mathcal{E}_X$-module à un générateur à caractéristiques simples de support Λ.

Par une transformation canonique homogène on peut transformer Λ en $\Lambda_0 = \{(x,\xi) \in T^*X \ / \ \xi_1 = \dots = \xi_d = 0\}$.

D'après le théorème 5.1.2 chapitre II de [24], on peut transformer $\mathcal{N}$ en un $\mathcal{E}_X$-module à un générateur à caractéristiques simples sur Λ_0 par une transformation canonique quantifiée et tous les $\mathcal{E}_X$-modules à un générateur à caractéristiques simples sur Λ_0 sont localement isomorphes comme $\mathcal{E}_X$-modules à

$$\mathcal{N}_0 = \mathcal{E}_X / \mathcal{E}_X D_{x_1} + \dots + \mathcal{E}_X D_{x_d} .$$

Soit $\pi : T^*\mathbb{C}^n \to T^*\mathbb{C}^{n-d}$ la projection canonique $(x,\xi) \to (x_{d+1},\dots,x_n,\xi_{d+1},\dots,\xi_n)$.

Il est facile de voir que :

1) $\mathcal{E}nd_{\mathcal{E}_X}(\mathcal{N}_0) = \pi^{-1}\mathcal{E}_{\mathbb{C}^{n-d}}$ et $\mathcal{E}xt^j_{\mathcal{E}_X}(\mathcal{N}_0, \mathcal{N}_0) = 0$ si $j > 0$.

2) $\mathcal{E}xt^j_{\mathcal{E}_X}(\mathcal{N}_0, \mathcal{E}_X) = 0$ si $j \neq d$.

3) $\mathcal{N}_0^* = \mathcal{E}xt^d_{\mathcal{E}_X}(\mathcal{N}_0, \mathcal{E}_X) \approx \mathcal{E}_X / D_{x_1}\mathcal{E}_X + \dots + D_{x_d}\mathcal{E}_X$.

Nous avons donc montré le lemme suivant :

Lemme 2.1.1 : Soit Λ *une sous-variété involutive régulière de* T^*X.

1) Les $\mathcal{E}_X$*-modules cohérents à un générateur et à caractéristiques simples sur* Λ *sont localement isomorphes comme* $\mathcal{E}_X$*-modules.*

2) Au voisinage de tout point de Λ *il existe un* $\mathcal{E}_X$*-module du type précédent.*

3) Si $\mathcal{N}$ *est un* $\mathcal{E}_X$*-module cohérent à un générateur et à caractéristiques simples sur* Λ *on a :*

a) $\mathcal{E}nd_{\mathcal{E}_X}(\mathcal{N})$ *est un faisceau constant le long des bicaractéristiques de* Λ.

b) $\mathcal{E}xt^j_{\mathcal{E}_X}(\mathcal{N},\mathcal{N}) = 0$ *si* $j > 0$.

c) $\mathcal{E}xt^j_{\mathcal{E}_X}(\mathcal{N},\mathcal{E}_X) = 0$ *si* $j \neq d$.

d) $\mathcal{N}^* = \mathcal{E}xt^d_{\mathcal{E}_X}(\mathcal{N},\mathcal{E}_X)$ *est un* $\mathcal{E}_X$*-module à droite cohérent, à un générateur et à caractéristiques simples sur* Λ.

e) $\mathcal{E}nd_{\mathcal{E}_X}\mathcal{N}^*$ *est canoniquement isomorphe à* $\mathcal{E}nd_{\mathcal{E}_X}\mathcal{N}$ *avec la structure d'anneau opposée.*

Comme dans l'introduction du §.2, nous considérons la variété $\tilde{\Lambda}$ réunion des bicaractéristiques de $\Lambda\times\Lambda$ qui passent par $\Lambda \approx \Lambda\times_\Lambda\Lambda$.

Soient p_1 et p_2 les deux projections canoniques $\Lambda\times\Lambda \to \Lambda$ et $\tilde{p}_1$ et $\tilde{p}_2$ les projections $\tilde{\Lambda} \to \Lambda$ induites par p_1 et p_2, soit i l'injection canonique $\tilde{\Lambda} \hookrightarrow T^*X\times X$:

$$\begin{array}{ccccc} & & \tilde{\Lambda} & \overset{i}{\hookrightarrow} & T^*X\times X \\ & \tilde{p}_1 \swarrow & & \searrow \tilde{p}_2 & \\ \Lambda & & & & \Lambda \end{array}$$

D'après le a) du lemme 2.1.1 on a $\tilde{p}_1^{-1} \mathcal{E}nd_{\mathcal{E}_X} \mathcal{N} \approx \tilde{p}_2^{-1} \mathcal{E}nd_{\mathcal{E}_X} \mathcal{N}$ et $\tilde{p}_1^{-1} \mathcal{E}nd_{\mathcal{E}_X} \mathcal{N}^* \approx$ $\tilde{p}_2^{-1} \mathcal{E}nd_{\mathcal{E}_X} \mathcal{N}^*$

Donc $\tilde{p}_1^{-1} \mathcal{N}$ est un $(\tilde{p}_1^{-1} \mathcal{E}_X , \tilde{p}_1^{-1} \mathcal{E}nd\, \mathcal{N}^*)$-bimodule tandis que $\tilde{p}_2^{-1} \mathcal{N}^*$ est un $(\tilde{p}_1^{-1} \mathcal{E}nd\, \mathcal{N}^*, \tilde{p}_2^{-1} \mathcal{E}_X)$-bimodule. On peut donc définir sur $\tilde{\Lambda}$ le $(\tilde{p}_1^{-1} \mathcal{E}_X ,$ $\tilde{p}_2^{-1} \mathcal{E}_X)$ bimodule suivant :

$$\tilde{p}_1^{-1} \mathcal{N} \underset{\tilde{p}_1^{-1} \mathcal{E}nd\, \mathcal{N}^*}{\otimes} \tilde{p}_2^{-1} \mathcal{N}^*$$

<u>Notations</u> : Les faisceaux $\mathcal{E}_{Y \to X} = \mathcal{E}_{Y|Y\times X} \otimes_{\mathcal{O}_X} \Omega_X^{\dim X}$ et $\mathcal{E}_{X \leftarrow Y} = \mathcal{E}_{Y|Y\times X} \otimes_{\mathcal{O}_X} \Omega_Y^{\dim Y}$ sont définis dans [24] chapitre II §.1.3.

Le faisceau des opérateurs microdifférentiels $\mathcal{E}_X$ n'est autre que $\mathcal{E}_{X \to X}$. Nous noterons $\mathcal{E}_X^a$ le faisceau $\mathcal{E}_{X \leftarrow X}$. Il est isomorphe à $\mathcal{E}_X$ muni de la structure d'anneau opposée. Donc les $\mathcal{E}_X$-modules à gauche sont les $\mathcal{E}_X^a$-module à droite et inversement.

De même nous noterons $\mathcal{E}_{X\times Y}^{(0,a)}$ le faisceau $\mathcal{E}_{X\times Y|X\times X\times Y\times Y} \otimes_{\mathcal{O}_{X^2\times Y^2}} \Omega_{X\times X\times Y\times Y}^{(0,n,m,0)}$,

où n est la dimension de X, m la dimension de Y et $\Omega_{X\times X\times Y\times Y}^{(0,n,m,0)}$ désigne le faisceau des formes différentielles holomorphes de degré 0 en les 1ères et 4èmes variables et de degré maximum en les 2èmes et 3èmes variables.

($\mathcal{E}_{X\times Y}^{(0,a)}$ est isomorphe à $\mathcal{E}_{X\times Y}$, l'isomorphisme étant donné par la transposition par rapport à la deuxième variable).

La théorie des modules cohérents sur $\mathcal{E}^{(0,a)}_{X\times Y}$ est évidemment la même que celle des $\mathcal{E}_{X\times Y}$-modules cohérents et nous parlerons de $\mathcal{E}^{(0,a)}_{X\times Y}$modules simples, holômes etc...

On passe des $\mathcal{E}_{X\times Y}$-modules cohérents à gauche aux $\mathcal{E}^{(0,a)}_{X\times Y}$-modules cohérents à gauche par $\mathcal{N} \to \mathcal{N} \otimes_{\mathcal{O}_{X\times Y}} \Omega^{(0,\dim Y)}_{X\times Y}$ et inversement par $\mathcal{N} \to \mathcal{N} \otimes_{\mathcal{O}_{X\times Y}} \Omega^{(0,\dim Y)\otimes -1}_{X\times Y}$.

(Dans la suite nous aurons surtout X = Y).

Théorème 2.1.2 :

Soit $\mathcal{M} = i_* \left[\mathcal{E}^{(0,a)}_{X\times X} \Big|_{\tilde{\Lambda}} \underset{\tilde{p}_1^{-1}\mathcal{E}_X \otimes_{\mathbb{C}} \tilde{p}_2^{-1}\mathcal{E}^a_X}{\otimes} (\tilde{p}_1^{-1}\mathcal{N} \underset{\tilde{p}_1^{-1}\mathcal{E}nd\,\mathcal{N}^*}{\otimes} \tilde{p}_2^{-1}\mathcal{N}^*) \right]$

1) $\mathcal{M}$ *est un* $\mathcal{E}^{(0,a)}_{X\times X}$*-module à gauche holonôme simple de support* $\tilde{\Lambda}$.

2) $\mathcal{M}$ *est indépendant du choix de* $\mathcal{N}$ *et ne dépend que de* Λ.

Démonstration : Démontrons tout d'abord le point 1). Par une transformation canonique quantifiée on peut se ramener à $\Lambda_0 = \{(x,\xi) \in T^*X \ / \ \xi_1 = \ldots = \xi_d = 0\}$ et à $\mathcal{N}_0 = \mathcal{E}_X \ / \ \mathcal{E}_X D_{x_1} + \ldots + \mathcal{E}_X D_{x_d}$.

Il est facile de voir que dans ce cas $\mathcal{M}_0 \approx \mathcal{E}^{(0,a)}_{X\times X} / \mathcal{J}$ où $\mathcal{J}$ est l'idéal à gauche de $\mathcal{E}^{(0,a)}_{X\times X}$ engendré par :

$$D_{x_1},\ldots,D_{x_d} , D_{x'_1},\ldots,D_{x'_d} , x_{d+1} - x'_{d+1},\ldots,x_n - x'_n, D_{x_{d+1}} + D_{x'_{d+1}},\ldots,D_{x_n} + D_{x'_n}$$

(X×X étant muni des coordonnées $(x_1,\ldots,x_n, x'_1,\ldots,x'_n)$) et donc que $\mathcal{M}_0$ est holonôme simple de support :

$$\tilde{\Lambda}_0 = \{ (x,x',\xi,\xi') \in T^*X{\times}X \ / \ \xi_1 = \dots = \xi_d = \xi'_1 = \dots = \xi'_d = 0$$
$$x_{d+1} = x'_{d+1}, \dots, x_n = x'_n$$
$$\xi_{d+1} + \xi'_{d+1} = \dots = \xi_n + \xi'_n = 0 \}$$

Montrons que $\mathcal{M}$ est indépendant du choix de $\mathcal{N}$:

Soient $\mathcal{N}_1$ et $\mathcal{N}_2$ deux $\mathcal{E}_X$-modules cohérents à un générateur et à caractéristiques simples sur Λ. D'après le lemme 2.1.1 il existe un isomorphisme (localement) de $\mathcal{E}_X$-modules $u : \mathcal{N}_1 \longrightarrow \mathcal{N}_2$.

Soit ${}^t u : \mathcal{N}_2^* \to \mathcal{N}_1^*$ l'isomorphisme transposé alors $u \otimes ({}^t u)^{-1}$ définit localement un isomorphisme de $\mathcal{E}_{X\times X}^{(0,a)}$-modules de $\mathcal{M}_1$ dans $\mathcal{M}_2$. ($\mathcal{M}_1$ et $\mathcal{M}_2$ construits à partir de $\mathcal{N}_1$ et $\mathcal{N}_2$ comme dans l'énoncé du théorème).

Soit u un automorphisme de $\mathcal{N}_1$, alors $u \otimes ({}^t u)^{-1} : \tilde{p}_1^{-1}\mathcal{N}_1 \underset{\tilde{p}_1^{-1}\mathcal{E}nd\,\mathcal{N}_1^*}{\otimes} \tilde{p}_2^{-1}\mathcal{N}_1^* \longrightarrow$ $\tilde{p}_1^{-1}\mathcal{N}_1 \underset{\tilde{p}_1^{-1}\mathcal{E}nd\,\mathcal{N}_1^*}{\otimes} \tilde{p}_2^{-1}\mathcal{N}_1^*$ est l'identité car $u \otimes ({}^t u)^{-1} (\alpha \otimes \beta) = u(\alpha) \otimes ({}^t u)^{-1}(\beta) =$ $u^{-1}(u(\alpha)) \otimes \beta = \alpha \otimes \beta$ pour $\alpha \in \mathcal{N}_1$ et $\beta \in \mathcal{N}_1^*$.

Donc l'isomorphisme $u \otimes ({}^t u)^{-1}$ est indépendant de u. $\mathcal{M}_1$ et $\mathcal{M}_2$ sont donc isomorphes comme $\mathcal{E}_{X\times X}^{(0,a)}$-modules par un isomorphisme unique sur $\tilde{\Lambda}$. q.e.d.

<u>*Corollaire 2.1.3 :*</u> <u>*Etant donnée une variété involutive régulière*</u> Λ, <u>*on peut construire au voisinage de*</u> Λ <u>*un*</u> $\mathcal{E}_{X\times X}^{(0,a)}$<u>*-module holonôme simple de support*</u> $\tilde{\Lambda}$, <u>*unique sur*</u> Λ, <u>*que l'on notera*</u> $\mathcal{M}_\Lambda$.

<u>Démonstration</u> : D'après le 2) du lemme 2.1.1 on peut construire un faisceau $\mathcal{M}$ au voisinage de tout point de Λ et d'après l'unicité de $\mathcal{M}$ ces faisceaux se recollent au voisinage de Λ.

Proposition 2.1.4 :

Soit $\tilde{\Lambda} \underset{T^*X}{\times} \tilde{\Lambda} = \{(x,\xi,x',\xi';x'',\xi'',x''',\xi''') \in \tilde{\Lambda}\times\tilde{\Lambda} \,/\, x' = x'',\ \xi' + \xi'' = 0\}$

$\left(\tilde{\Lambda} \underset{T^*X}{\times} \tilde{\Lambda} = (\tilde{\Lambda}\times\tilde{\Lambda}) \cap [T^*X \times (T^*_X X\times X)\times T^*X]\right.$ *et peut être considéré comme un sous-ensemble de* $\left. T^*(X\times X\times X)\right)$.

Soient i *l'injection canonique* $\tilde{\Lambda} \underset{T^*X}{\times} \tilde{\Lambda} \to \tilde{\Lambda}\times\tilde{\Lambda}$ *et* p *la projection* $\tilde{\Lambda} \underset{T^*X}{\times} \tilde{\Lambda} \to \tilde{\Lambda}$ *définie par* $p(x,\xi,x',\xi',x',-\xi',x'',\xi'') = (x,\xi,x'',\xi'')$.

Soit d *la codimension de* Λ *dans* T^*X *, on a un morphisme canonique :*

$$\mathbb{R}p_!\, i^{-1}\,(\mathcal{M}_\Lambda \hat{\otimes} \mathcal{M}_\Lambda)\ [d] \longrightarrow \mathcal{M}_\Lambda$$

Démonstration : Soit $p_{12} : T^*(X\times X\times X) \to T^*(X\times X)$ la projection sur les deux premières variables et définissons de même p_{13} et p_{23}.

Notons encore p_{12}, p_{13} et p_{23} les projections induites de $\tilde{\Lambda} \underset{T^*X}{\times} \tilde{\Lambda}$ dans $\tilde{\Lambda}$. (de sorte que p n'est autre que p_{13}).

Notons p_1, p_2 et p_3 les trois projections $T^*(X\times X\times X) \to T^*X$ respectivement sur la première, la deuxième et la troisième variable et notons encore p_1, p_2, p_3 les projections induites $\tilde{\Lambda} \underset{T^*X}{\times} \tilde{\Lambda} \to \Lambda$.

Notons enfin $\tilde{p}_1$, $\tilde{p}_2$ les deux projections $\tilde{\Lambda} \to \Lambda$. Localement on peut écrire :

$$\mathcal{M}_\Lambda = \mathcal{E}^{(0,a)}_{X\times X}\Big|_{\tilde{\Lambda}} \underset{\tilde{p}_1^{-1}\mathcal{E}_X \underset{\mathbb{C}}{\otimes} \tilde{p}_2^{-1}\mathcal{E}^a_X}{\otimes} (\tilde{p}_1^{-1}\mathcal{N} \underset{\tilde{p}_1^{-1}\mathcal{E}nd\,\mathcal{N}^*}{\otimes} \tilde{p}_2^{-1}\mathcal{N}^*)$$

pour un $\mathcal{E}_X$-module $\mathcal{N}$ à caractéristiques simples sur Λ.

$\mathcal{E}^{(0,a)}_{X\times X}\big|_{\tilde\Lambda}$ est plat sur $\tilde p_1^{-1}\,\mathcal{E}_X \underset{\mathbb{C}}{\otimes} \tilde p_2^{-1}\,\mathcal{E}^a_X$ et $\mathcal{N}$ est plat sur $\mathcal{E}nd\ \mathcal{N}^*$ (pour le voir il suffit de se ramener à $\mathcal{N}_o$ et $\mathcal{E}nd\ \mathcal{N}_o^*$) donc on peut écrire :

$$\mathcal{M}_\Lambda = \mathcal{E}^{(0,a)}_{X\times X}\big|_{\tilde\Lambda} \overset{\mathbb{L}}{\underset{\tilde p_1^{-1}\mathcal{E}_X \underset{\mathbb{C}}{\otimes} \tilde p_2^{-1}\mathcal{E}^a_X}{\otimes}} (\tilde p_1^{-1}\,\mathcal{N} \overset{\mathbb{L}}{\underset{\tilde p_1^{-1}\mathcal{E}nd\ \mathcal{N}^*}{\otimes}} \tilde p_2^{-1}\,\mathcal{N}^*)$$

(c'est-à-dire remplacer le produit tensoriel $\otimes$ par son foncteur dérivé à gauche $\overset{\mathbb{L}}{\otimes}$)

On a un morphisme canonique :

$$i^{-1}(\mathcal{M}_\Lambda \hat\otimes \mathcal{M}_\Lambda) \longrightarrow p_{12}^{-1}\,\mathcal{M}_\Lambda \overset{\mathbb{L}}{\underset{p_2^{-1}\mathcal{E}_X}{\otimes}} p_{23}^{-1}\,\mathcal{M}_\Lambda$$

Par ailleurs il est clair qu'on a un morphisme :

$$p_{13}^{-1}\,\mathcal{E}^{(0,a)}_{X\times X} \overset{\mathbb{L}}{\underset{p_1^{-1}\mathcal{E}_X \underset{\mathbb{C}}{\otimes} p_3^{-1}\mathcal{E}^a_X}{\otimes}} \Big[(p_1^{-1}\,\mathcal{N} \overset{\mathbb{L}}{\underset{p_2^{-1}\mathcal{E}nd\ \mathcal{N}^*}{\otimes}} p_2^{-1}\,\mathcal{N}^*) \overset{\mathbb{L}}{\underset{p_2^{-1}\mathcal{E}_X}{\otimes}}$$

$$(p_2^{-1}\,\mathcal{N} \overset{\mathbb{L}}{\underset{p_2^{-1}\mathcal{E}nd\ \mathcal{N}^*}{\otimes}} p_3^{-1}\,\mathcal{N}^*)\Big] \xrightarrow{(*)}$$

$$p_{13}^{-1}\,\mathcal{E}^{(0,a)}_{X\times X} \overset{\mathbb{L}}{\underset{p_1^{-1}\mathcal{E}_X \underset{\mathbb{C}}{\otimes} p_3^{-1}\mathcal{E}^a_X}{\otimes}} (p_{12}^{-1}\,\mathcal{M}_\Lambda \overset{\mathbb{L}}{\underset{p_2^{-1}\mathcal{E}_X}{\otimes}} p_{23}^{-1}\,\mathcal{M}_\Lambda)\ .$$

Par une transformation canonique quantifiée on peut transformer $\mathcal{N}$ en $\mathcal{N}_o = \mathcal{E}_X/\mathcal{E}_X D_{x_1}+\ldots+\mathcal{E}_X D_{x_d}$ et on voit alors que le morphisme (*) ci-dessus est un isomorphisme et que de plus $p_{12}^{-1}\,\mathcal{M}_\Lambda \overset{\mathbb{L}}{\otimes} p_{23}^{-1}\,\mathcal{M}_\Lambda$ est un $p_{13}^{-1}\,\mathcal{E}^{(0,a)}_{X\times X}$-module donc que :

$$p_{13}^{-1}\mathcal{E}_{X\times X}^{(0,a)} \overset{\mathbb{L}}{\underset{p_1^{-1}\mathcal{E}_X \underset{\mathbb{C}}{\otimes} p_3^{-1}\mathcal{E}_X^a}{\otimes}} (p_{12}^{-1}\mathcal{M}_\Lambda \overset{\mathbb{L}}{\underset{p_2^{-1}\mathcal{E}_X}{\otimes}} p_{23}^{-1}\mathcal{M}_\Lambda) \approx p_{12}^{-1}\mathcal{M}_\Lambda \overset{\mathbb{L}}{\underset{p_2^{-1}\mathcal{E}_X}{\otimes}} p_{23}^{-1}\mathcal{M}_\Lambda$$

On a donc un morphisme :

$$i^{-1}(\mathcal{M}_\Lambda \hat{\otimes} \mathcal{M}_\Lambda) \longrightarrow p_{12}^{-1}\mathcal{M}_\Lambda \overset{\mathbb{L}}{\underset{p_2^{-1}\mathcal{E}_X}{\otimes}} p_{23}^{-1}\mathcal{M}_\Lambda \xrightarrow{\sim} p_{13}^{-1}\mathcal{E}_{X\times X}^{(0,a)} \overset{\mathbb{L}}{\underset{p_1^{-1}\mathcal{E}_X \underset{\mathbb{C}}{\otimes} p_3^{-1}\mathcal{E}_X^a}{\otimes}}$$

$$\left[p_1^{-1}\mathcal{N} \overset{\mathbb{L}}{\underset{p_2^{-1}\mathcal{E}nd\,\mathcal{N}^*}{\otimes}} p_2^{-1}\mathcal{N}^* \overset{\mathbb{L}}{\underset{p_2^{-1}\mathcal{E}_X}{\otimes}} p_2^{-1}\mathcal{N} \overset{\mathbb{L}}{\underset{p_2^{-1}\mathcal{E}nd\,\mathcal{N}^*}{\otimes}} p_3^{-1}\mathcal{N}^*\right]$$

Or $\mathcal{N}^* \overset{\mathbb{L}}{\underset{\mathcal{E}_X}{\otimes}} \mathcal{N} = \mathbb{R}\mathcal{H}om_{\mathcal{E}_X}(\mathcal{N},\mathcal{E}_X) \overset{\mathbb{L}}{\underset{\mathcal{E}_X}{\otimes}} \mathcal{N}[d] = \mathbb{R}\mathcal{H}om_{\mathcal{E}_X}(\mathcal{N},\mathcal{N})[d] =$

$$= \mathcal{E}nd_{\mathcal{E}_X}(\mathcal{N})\,[d] \approx \mathcal{E}nd_{\mathcal{E}_X}(\mathcal{N}^*)\,[d]$$

car $\mathcal{E}xt^j_{\mathcal{E}_X}(\mathcal{N},\mathcal{N}) = 0$ si $j > 0$ d'après le lemme 2.1.1.

Le dernier isomorphisme échange les structures de $\mathcal{E}nd\,\mathcal{N}^*$ module à droite sur $\mathcal{E}nd\,\mathcal{N}$ et de $\mathcal{E}nd\,\mathcal{N}^*$ module à gauche sur $\mathcal{E}nd\,\mathcal{N}^*$, donc l'opération à gauche de $\mathcal{E}nd\,\mathcal{N}^*$ sur $\mathcal{N}^* \overset{\mathbb{L}}{\underset{\mathcal{E}_X}{\otimes}} \mathcal{N}$ devient sur $\mathcal{E}nd\,\mathcal{N}^*$ la structure usuelle de module à gauche de $\mathcal{E}nd\,\mathcal{N}^*$ sur lui-même. Donc :

$$p_1^{-1}\mathcal{N} \overset{\mathbb{L}}{\underset{p_2^{-1}\mathcal{E}nd\,\mathcal{N}^*}{\otimes}} p_2^{-1}\mathcal{N}^* \overset{\mathbb{L}}{\underset{p_2^{-1}\mathcal{E}_X}{\otimes}} p_2^{-1}\mathcal{N} \overset{\mathbb{L}}{\underset{p_2^{-1}\mathcal{E}nd\,\mathcal{N}^*}{\otimes}} p_3^{-1}\mathcal{N}^* \approx$$

$$\left(p_1^{-1}\mathcal{N} \overset{\mathbb{L}}{\underset{p_2^{-1}\mathcal{E}nd\,\mathcal{N}^*}{\otimes}} p_2^{-1}\mathcal{E}nd\,\mathcal{N}^*\right) \overset{\mathbb{L}}{\underset{p_2^{-1}\mathcal{E}nd\,\mathcal{N}^*}{\otimes}} p_3^{-1}\mathcal{N}^*\,[d] =$$

$$p_1^{-1}\mathcal{N} \overset{\mathbb{L}}{\underset{p_2^{-1}\mathcal{E}nd\,\mathcal{N}^*}{\otimes}} p_3^{-1}\mathcal{N}^*[d] = p_1^{-1}\mathcal{N} \overset{\mathbb{L}}{\underset{p_3^{-1}\mathcal{E}nd\,\mathcal{N}^*}{\otimes}} p_3^{-1}\mathcal{N}^*[d]\ .$$

($p_1^{-1}\,\mathcal{E}nd\,\mathcal{N}^* = p_2^{-1}\,\mathcal{E}nd\,\mathcal{N}^* = p_3^{-1}\,\mathcal{E}nd\,\mathcal{N}^*$ d'après le lemme 2.1.1 a)).

Nous avons donc défini localement un morphisme :

$$i^{-1}(\mathcal{M}_\Lambda \hat{\otimes} \mathcal{M}_\Lambda) \longrightarrow p_{13}^{-1}\,\mathcal{M}_\Lambda\,[d]\ .$$

En fait ce morphisme est indépendant du choix de $\mathcal{N}$, en effet si u est un isomorphisme $\mathcal{N} \to \mathcal{N}$, en composant par u on ne change pas l'isomorphisme

$$p_1^{-1}\mathcal{N} \overset{\mathbb{L}}{\underset{p_2^{-1}\mathcal{E}nd\,\mathcal{N}^*}{\otimes}} p_2^{-1}\mathcal{N}^* \overset{\mathbb{L}}{\underset{p_2^{-1}\mathcal{E}_X}{\otimes}} p_2^{-1}\mathcal{N} \overset{\mathbb{L}}{\underset{p_2^{-1}\mathcal{E}nd\,\mathcal{N}^*}{\otimes}} p_3^{-1}\mathcal{N}^* \xrightarrow{\sim}$$

$$p_1^{-1}\mathcal{N} \overset{\mathbb{L}}{\underset{p_2^{-1}\mathcal{E}nd\,\mathcal{N}^*}{\otimes}} p_3^{-1}\mathcal{N}^*[d]\ .$$

Donc le morphisme ci-dessus est unique et est défini globalement, c'est-à-dire, puisque $p = p_{13}$, qu'on a un morphisme canonique :

$$i^{-1}(\mathcal{M}_\Lambda \hat{\otimes} \mathcal{M}_\Lambda) \longrightarrow p^{-1}\mathcal{M}_\Lambda\ [d]$$

Rappelons [28] que si Y est une variété analytique complexe de dimension d on a un morphisme d'intégration :

$$\mathbb{R}q_!\,\mathbb{C}_Y\,[2d] \longrightarrow \mathbb{C} \quad \text{avec } q : Y \to \{0\}\ .$$

Ici les fibres de p sont des variétés de dimension d donc on a un morphisme d'intégration :

$$\mathbb{R}p_! \, p^{-1} \mathcal{M}_\Lambda \, [2d] \longrightarrow \mathcal{M}_\Lambda$$

et donc finalement le morphisme canonique :

$$\mathbb{R}p_! \, i^{-1}(\mathcal{M}_\Lambda \hat{\otimes} \mathcal{M}_\Lambda) \, [d] \longrightarrow \mathcal{M}_\Lambda \qquad \text{q.e.d.}$$

Définition et théorème 2.1.5 :

Soit X une variété analytique complexe, Λ une sous-variété involutive régulière de T^*X. Le faisceau des opérateurs 2-microdifférentiels d'ordre infini est le faisceau :

$$\mathcal{E}_\Lambda^{2\infty} = \mathcal{C}^{2\infty}_{\Lambda, \mathcal{M}_\Lambda}$$

où $\mathcal{M}_\Lambda$ est le $\mathcal{E}^{(0,a)}_{X\times X}$-module holonôme défini dans le corollaire 2.1.3 et $\mathcal{C}^{2\infty}_{\Lambda, \mathcal{M}_\Lambda}$ est le faisceau défini dans la définition 1.2.7 (à ceci près que l'on a remplacé les $\mathcal{E}_{X\times X}$-modules holonômes par les $\mathcal{E}^{(0,a)}_{X\times X}$-modules holonômes).

D'après le corollaire 2.1.3 $\mathcal{E}^{2\infty}_\Lambda$ ne dépend que de Λ et d'après la proposition 2.1.4 $\mathcal{E}^{2\infty}_\Lambda$ est muni d'une structure canonique de faisceau d'anneaux.
(Il suffit d'appliquer le lemme 1.3.2 au morphisme de la proposition 2.1.4).

On peut définir de même $\mathcal{E}^{2\mathbb{R}}_\Lambda = \mathcal{C}^{2\mathbb{R}}_{\Lambda, \mathcal{M}_\Lambda}$ et pour tout couple (r,s) de rationnels tels que $1 \leq r \leq s \leq +\infty$ $\mathcal{E}^{2\infty}_\Lambda(r,s) = \mathcal{E}^{2\infty}_{\Lambda, \mathcal{M}_\Lambda}(r,s)$ (suivant la définition 1.5.1) $\mathcal{E}^{2\mathbb{R}}_\Lambda$ et $\mathcal{E}^{2\infty}_\Lambda(r,s)$ sont munis de structures canoniques de faisceaux d'anneaux.

(On a donc $\mathcal{E}^{2\mathbb{R}}_\Lambda = \mathcal{H}^d_{T^*_\Lambda\tilde{\Lambda}}(\pi^{-1}\mathcal{M}^\infty_\Lambda)^a$ avec $d = \operatorname{codim}_{T^*X}\Lambda$, $\pi : \widetilde{\Lambda\tilde{\Lambda}^*} \to \tilde{\Lambda}$, $a : T^*_\Lambda\tilde{\Lambda} \to T^*_\Lambda\tilde{\Lambda}$ application antipodale, $\mathcal{M}^\infty_\Lambda = \mathcal{E}^{(0,a)\infty}_{X\times X} \otimes \mathcal{M}_\Lambda$ et $\mathcal{E}^{2\infty}_\Lambda = \gamma^{-1}\gamma_* \mathcal{C}^{2\mathbb{R}}_\Lambda$ avec $\gamma : T^*_\Lambda\tilde{\Lambda} \to \mathbb{P}^*_\Lambda\tilde{\Lambda}$).

On pose encore $\mathcal{D}^{2\infty}_{\Lambda} = \mathcal{E}^{2\infty}_{\Lambda}\big|_{T^*_{\tilde\Lambda}\tilde\Lambda}$ où $T^*_{\tilde\Lambda}\tilde\Lambda$ est la section nulle de $T^*_{\Lambda}\tilde\Lambda$.

Remarque : Nous montrerons ultérieurement (Théorème 2.3.4) que $\mathcal{E}^{2\infty}_{\Lambda}$, $\mathcal{E}^{2\mathbb{R}}_{\Lambda}$, $\mathcal{E}^{2\infty}_{\Lambda}(r,s)$ sont des faisceaux d'anneaux unitaires et qu'on a des morphismes injectifs d'anneaux :

$$\pi^{-1}\ \mathcal{E}^{\infty}_{X} \longrightarrow \mathcal{E}^{2\infty}_{\Lambda} \quad \text{et} \quad \pi^{-1}\ \mathcal{E}_{X}(r,s) \longrightarrow \mathcal{E}^{2\infty}_{\Lambda}(r,s) \text{ avec } \pi : T^*_{\Lambda}\tilde\Lambda \to \Lambda .$$

2.2 Construction du faisceau des opérateurs 2-microdifférentiels dans le cas où Λ est une variété involutive homogène quelconque

Soit X une variété analytique complexe et Λ une sous-variété involutive homogène de T^*X.

Soit $\hat\Lambda = \Lambda \times T^*\mathbb{C}$. Au voisinage de $\Lambda \times \{(t,\tau) \in T^*\mathbb{C} \ / \ t = t_0, \ \tau = 1\}$ $\hat\Lambda$ est une sous-variété involutive régulière de $T^*(X\times\mathbb{C})$.

Soit $\tilde\Lambda$ la sous-variété lagrangienne de $T^*(X\times X)$ associée à Λ (réunion des bicaractéristiques de Λ×Λ qui passent par Λ) et $\tilde{\hat\Lambda}$ la sous-variété lagrangienne de $T^*(X\times\mathbb{C}\times X\times\mathbb{C})$ associée à $\hat\Lambda$, on a $\tilde{\hat\Lambda} \approx \tilde\Lambda \times T^*_{\mathbb{C}}\mathbb{C}\times\mathbb{C}$.

D'après le paragraphe précédent, on peut définir au voisinage de $\hat\Lambda$ (considéré comme sous-ensemble de $\tilde{\hat\Lambda}$) un $\mathcal{E}^{(0,a)}_{X\times\mathbb{C}\times X\times\mathbb{C}}$-module holonôme simple $\mathcal{M}_{\hat\Lambda}$ de support $\tilde{\hat\Lambda}$ qui ne dépend que de $\hat\Lambda$.

Soit $\pi : T^*(X\times\mathbb{C}\times X\times\mathbb{C}) \to T^*(\mathbb{C}\times\mathbb{C})$ la projection canonique, l'injection canonique $\pi^{-1}\ \mathcal{E}^{(0,a)}_{\mathbb{C}\times\mathbb{C}} \hookrightarrow \mathcal{E}^{(0,a)}_{X\times\mathbb{C}\times X\times\mathbb{C}}$ muni $\mathcal{M}_{\hat\Lambda}$ d'une structure de $\mathcal{E}^{(0,a)}_{\mathbb{C}\times\mathbb{C}}$-module à gauche et donc d'une structure canonique de ($\mathcal{E}_{\mathbb{C}}$, $\mathcal{E}_{\mathbb{C}}$)-bimodule.

Lemme 2.2.1 : Soit $\pi' : T^*(X\times\mathbb{C}\times X\times\mathbb{C}) \to T^*(X\times X)$ la projection canonique. $\mathcal{F} = \{u \in \mathcal{M}_{\hat\Lambda} \ / \ \forall\theta \in \mathcal{E}_{\mathbb{C}}, \theta.u = u.\theta\}$ est constant sur les fibres de π' et $\pi'_*\mathcal{F}$

est un $\mathcal{E}^{(0,a)}_{X\times X}$-module holonôme simple de support $\tilde{\Lambda}$ qui ne dépend que de Λ.

Nous noterons $\mathcal{M}_\Lambda$ le $\mathcal{E}^{(0,a)}_{X\times X}$-module holonôme $\pi'_* \mathcal{F}$.

Démonstration : Puisque $\mathcal{M}_{\hat{\Lambda}}$ ne dépend que de $\hat{\Lambda}$, $\mathcal{M}_\Lambda$ ne dépend que de Λ. $\tilde{\Lambda}$ est une sous-variété lagrangienne de $T^*(X\times X)$ donc par une transformation canonique on peut transformer $\tilde{\Lambda}$ en $\tilde{\Lambda}_0 = \{(y,\eta) \in T^*(X\times X) \ / \ y_1 = 0 \ \eta_2 = \ldots = \eta_{2n} = 0\}$ $(n = \dim X)$.

Par une transformation canonique quantifiée indépendante des variables de $T^*(\mathbb{C}\times\mathbb{C})$ (donc qui respecte la structure de $(\mathcal{E}_\mathbb{C}, \mathcal{E}_\mathbb{C})$-bimodule) on peut transformer $\mathcal{M}_{\hat{\Lambda}}$ en un $\mathcal{E}^{(0,a)}_{X\times\mathbb{C}\times X\times\mathbb{C}}$-module holonôme simple $\hat{\mathcal{M}}_0$ sur $\tilde{\Lambda}_0 \times T^*_\mathbb{C}\mathbb{C}\times\mathbb{C}$ et il suffit de montrer que $\mathcal{M}_0 = \pi'_* \mathcal{F}_0$ avec $\mathcal{F}_0 = \{u \in \hat{\mathcal{M}}_0 \ / \ \forall\theta \in \mathcal{E}_\mathbb{C} \ \theta u = u\theta\}$ est un $\mathcal{E}^{(0,a)}_{X\times X}$-module holonôme simple de support $\tilde{\Lambda}_0$.

D'après [24] chapitre II théorème 4.2.5 on peut écrire $\hat{\mathcal{M}}_0 = \mathcal{E}^{(0,a)}_{X\times\mathbb{C}\times X\times\mathbb{C}}\, u$ où u est une section de $\hat{\mathcal{M}}_0$ dont l'annulateur est l'idéal de $\mathcal{E}^{(0,a)}_{X\times\mathbb{C}\times X\times\mathbb{C}}$ engendré par y_1, $D_{y_2},\ldots,D_{y_{2n}}$, $t-t'$, $D_t+D_{t'}$ $(y_1,\ldots,y_{2n}$ sont des coordonnées de $X\times X$, (t,t') des coordonnées de $\mathbb{C}\times\mathbb{C})$.

Il est clair que $\mathcal{M}_0$ est alors isomorphe à $\mathcal{E}^{(0,a)}_{X\times X} / \mathcal{J}$ où $\mathcal{J}$ est l'idéal de $\mathcal{E}^{(0,a)}_{X\times X}$ engendré par y_1, $Dy_2,\ldots,Dy_n$.

Définition 2.2.2 : Le faisceau des opérateurs 2-microdifférentiels d'ordre infini sur Λ *est le faisceau :*

$$\mathcal{E}^{2\infty}_\Lambda = \mathcal{E}^{2,\infty}_{\Lambda,\mathcal{M}_\Lambda}$$

où $\mathcal{M}_\Lambda$ est le $\mathcal{E}^{(0,a)}_{X\times X}$-module holonôme défini dans le lemme 2.2.1 $\mathcal{E}^{2\infty}_\Lambda$ ne dépend que de $\mathcal{M}_\Lambda$ et donc d'après le lemme 2.2.1 $\mathcal{E}^{2\infty}_\Lambda$ ne dépend que de Λ.

On peut définir de même les faisceaux :

$$\mathcal{E}^{2\mathbb{R}}_{\Lambda} = \mathcal{E}^{2\mathbb{R}}_{\Lambda,\mathcal{M}_\Lambda}$$

$$\mathcal{E}^{2\infty}_{\Lambda}(r,s) = \mathcal{E}^{2\infty}_{\Lambda,\mathcal{M}_\Lambda}(r,s) \quad \textit{pour } r \textit{ et } s \textit{ rationnels tels que } 1\leqslant r\leqslant s\leqslant +\infty \,.$$

(On a donc $\mathcal{E}^{2\mathbb{R}}_{\Lambda} = \mathcal{H}^{d}_{T^*_\Lambda\tilde{X}}(\pi^{-1}\mathcal{M}^{\infty}_{\Lambda})^{a}$ *avec* $d = \operatorname{codim}_{T^*X}\Lambda$, $\pi : {}^{\Lambda}\widetilde{\tilde{X}}{}^{*} \to \tilde{X}$ *projection canonique,* $a : T^*_\Lambda\tilde{X} \to T^*_\Lambda\tilde{X}$ *application antipodale et* $\mathcal{M}^{\infty}_{\Lambda} = \mathcal{E}^{(0,a)\infty}_{X\times X} \otimes_{\mathcal{E}^{(0,a)}_{X\times X}} \mathcal{M}_\Lambda$

$$\mathcal{E}^{2\infty}_{\Lambda} = \gamma^{-1}\gamma_* \mathcal{E}^{2\mathbb{R}}_{\Lambda} \quad \textit{avec } \gamma : T^*_\Lambda\tilde{X} \to T^*_\Lambda\tilde{X}/\mathbb{C}^*)$$

Théorème 2.2.3 : $\mathcal{E}^{2\infty}_{\Lambda}$ *(et de même* $\mathcal{E}^{2\mathbb{R}}_{\Lambda}$, $\mathcal{E}^{2\infty}_{\Lambda}(r,s)$ *pour* $(r,s)\in\mathbb{Q}^2$, $1\leqslant r\leqslant s\leqslant+\infty$*) est muni d'une structure canonique de faisceau d'anneaux.*

Démonstration : Par définition de $\mathcal{M}_\Lambda$ on a $\mathcal{M}_{\hat{\Lambda}} = \mathcal{M}_\Lambda \hat{\otimes} \mathcal{E}_{\mathbb{C}}$ (Ici $\mathcal{E}_{\mathbb{C}}$ est considéré comme faisceau sur $T^*_{\mathbb{C}}\mathbb{C}\times\mathbb{C}$).

Si nous notons $\mathcal{E}^{(0,a,0)}_{X\times X\times\mathbb{C}}$ le faisceau d'anneaux $\mathcal{E}^{(0,a)}_{X'\times Y'}$ dans lequel $X' = X\times\mathbb{C}$ et $Y' = X$ (suivant les notations du §.2.1) on a donc $\mathcal{M}_{\hat{\Lambda}} \approx \mathcal{E}^{(0,a,0)}_{X\times X\times\mathbb{C}} \otimes_{\pi^{-1}\mathcal{E}^{(0,a)}_{X\times X}} \pi^{-1}\mathcal{M}_\Lambda$ avec $\pi : T^*(X\times X\times\mathbb{C}) \to T^*(X\times X)$.

En reprenant la démonstration du théorème 1.2.1 on voit que

$$\mathcal{E}^{2\infty}_{\hat{\Lambda}} \approx \mathcal{E}^{(0,a,0)\infty}_{X\times X\times\mathbb{C}} \otimes_{\pi^{-1}\mathcal{E}^{(0,a)\infty}_{X\times X}} \pi^{-1}\mathcal{E}^{2\infty}_{\Lambda}$$

et cet isomorphisme est compatible avec la structure de $(\mathcal{E}_{\mathbb{C}},\mathcal{E}_{\mathbb{C}})$ bimodule de $\mathcal{E}^{2\infty}_{\hat{\Lambda}}$ induite par celle de $\mathcal{M}_{\hat{\Lambda}}$:

$$\pi^{-1}\mathcal{E}^{2\infty}_{\Lambda} = \{u \in \mathcal{E}^{2\infty}_{\hat{\Lambda}} \;/\; \forall\theta \in \mathcal{E}_{\mathbb{C}} \quad \theta u = u\theta\} \,.$$

Or la structure d'anneau de $\mathcal{E}^{2\infty}_{\hat{\Lambda}}$ est compatible avec sa structure de $\mathcal{E}^{(0,a)}_{X\times\mathbb{C}\times X\times\mathbb{C}}$-module à gauche donc avec sa structure de $(\mathcal{E}_{\mathbb{C}}, \mathcal{E}_{\mathbb{C}})$-bimodule.

Donc si deux éléments de $\mathcal{E}^{2\infty}_{\hat{\Lambda}}$ sont dans $\pi^{-1}\mathcal{E}^{2\infty}_{\Lambda}$, leur produit dans $\mathcal{E}^{2\infty}_{\hat{\Lambda}}$ est encore dans $\pi^{-1}\mathcal{E}^{2\infty}_{\Lambda}$. q.e.d.

Remarque 2.2.4 : Supposons que Λ soit lagrangienne et soit $\mathcal{N}$ un module holonôme simple sur Λ.

Dans ce cas $\tilde{\Lambda} = \Lambda\times\Lambda$ et il est facile de voir que le module $\mathcal{M}_{\Lambda}$ n'est autre que $\mathcal{N} \hat{\otimes} \mathcal{N}^* = \mathcal{E}^{(0,a)}_{X\times X} \underset{p^{-1}\mathcal{E}_X \underset{\mathbb{C}}{\otimes} q^{-1}\mathcal{E}^a_X}{\otimes} (p^{-1}\mathcal{N} \underset{\mathbb{C}}{\otimes} q^{-1}\mathcal{N}^*)$ avec p,q projections canoniques $\Lambda\times\Lambda \to \Lambda$, $\mathcal{N}^*$ dual de $\mathcal{N}$ ($\mathcal{N}^* = \mathcal{E}xt^n_{\mathcal{E}_X}(\mathcal{N}, \mathcal{E}_X)$ si $n = \dim X$). C'est-à-dire que l'on peut construire $\mathcal{M}_{\Lambda}$ directement comme dans le cas involutif régulier. (Si $\mathcal{N}$ est holonôme $\mathcal{E}nd_{\mathcal{E}_X}(\mathcal{N}) \approx \mathbb{C}$). Dans ce cas $\mathcal{E}^{2\infty}_{\Lambda}$ est un faisceau sur $T^*_{\Lambda}\Lambda\times\Lambda \approx T^*\Lambda$.

Si Σ est une sous-variété homogène de Λ, une démonstration analogue à celle de la proposition 2.1.4 montre que $\mathcal{E}^{2\infty}_{\Sigma,\mathcal{N}}$ est muni d'une structure canonique de $\mathcal{E}^{2\infty}_{\Lambda}$-module à gauche (et de même $\mathcal{E}^{2\infty}_{\Sigma,\mathcal{N}}(r,s)$ est un $\mathcal{E}^{2\infty}_{\Lambda}(r,s)$-module à gauche).

Remarque 2.2.5 : Si Λ est la section nulle de T^*X, $\mathcal{M}_{\Lambda}$ est le faisceau $\Omega^{(0,n)}_{X\times X}$ des formes différentielles holomorphes de degré 0 par rapport à la 1ère variable et de degré n par rapport à la seconde et $\mathcal{E}^{2\infty}_{\Lambda}$ n'est autre que le faisceau $\mathcal{E}^{\infty}_X$ des opérateurs microdifférentiels d'ordre infini de [24].

2.3 Symbole des opérateurs 2-microdifférentiels

Rappels

Soit X une variété analytique complexe et Λ une sous-variété involutive homogène de T^*X.

Si Λ est régulière on sait que Λ peut être transformée par une transformation canonique (homogène) en $\Lambda_0 = \{(x,\xi) \in T^*X \ / \ \xi_1 = \ldots = \xi_d = 0\}$ ($d = \mathrm{codim}_{T^*X}\Lambda$).

Si Λ est lagrangienne, elle peut être transformée par une transformation canonique en $\Lambda_0 = \{(x,\xi) \in T^*X \ / \ x_1 = 0 \quad \xi_2 = \ldots = \xi_n = 0\}$ ($n = \dim X$).

Plus généralement si Λ est maximalement dégénérée c'est-à-dire si l'ensemble des points de Λ où la 1-forme canonique de T^*X s'annule est une sous-variété lagrangienne de T^*X, on sait d'après [23] que Λ peut être transformée par une transformation canonique homogène en $\Lambda_0 = \{(x,\xi) \in T^*X \ / \ x_1 = 0 \quad \xi_2 = \ldots = \xi_d = 0\}$.

Nous allons définir le symbole (complet) d'un opérateur 2-microdifférentiel dans le cas où il existe des coordonnées locales (x,y,z) de X pour lesquelles Λ s'écrit :

$$\Lambda = \{(x_1,\ldots,x_p,\ y_1,\ldots,y_q,\ z_1,\ldots,z_r\ ;\ \xi_1,\ldots,\xi_p,\ \eta_1,\ldots,\eta_q,\ \zeta_1,\ldots,\zeta_r) \in T^*X / \xi=0\ \ z=0\}$$

Dans ce cas :

$$\tilde{\Lambda} = \{(x,y,z,x',y',z'\ ;\ \xi,\eta,\zeta,\xi',\eta',\zeta') \in T^*(X\times X) / \xi=\xi'=0\ \ z=z'=0\ \ y-y'=0\ \ \eta+\eta'=0\}$$

donc si $Z = \{(x,y,z,x',y',z') \in X\times X \ / \ z=z'=0\ \ y=y'\}$ on a $\tilde{\Lambda} = T^*_Z(X\times X)$ et il est facile de voir que $\mathcal{M}_\Lambda = \mathcal{C}_{Z|X\times X} \otimes_{\mathcal{O}_{X\times X}} \Omega^{(0,n)}_{X\times X}$

Le théorème 1.4.8 se traduit immédiatement de la manière suivante :

Théorème 2.3.1 : Soit $\Lambda = \{(x,y,z,\xi,\eta,\zeta) \in T^*X \,/\, \xi = 0,\ z = 0\}$, $T^*_\Lambda\tilde{\Lambda}$ *est muni des coordonnées* $(x,y,\eta,\zeta\,;\,x^*,\zeta^*)$.

Soit U *un ouvert de* $T^*_\Lambda\tilde{\Lambda}$, *il y a une bijection entre les sections de* $\mathcal{E}^{2\infty}_\Lambda$ *sur* U *et les suites* $(P_{ij}(x,y,\eta,\zeta;x^*,\zeta^*))_{(i,j)\in\mathbb{Z}^2}$ *de fonctions holomorphes sur* U, *homogènes de degré* i *en* (x^*,ζ^*) *et de degré* j *en* (η,ζ,x^*) *qui vérifient :*

Pour tout compact K *de* U, *il existe* $C > 0$ *et pour tout* $\varepsilon > 0$ *il existe* $C_\varepsilon > 0$ *tels que : (si* $k = j - i$*)*

(i) $\forall(x,y,\eta,\zeta,x^*,\zeta^*) \in K \quad \forall i \geqslant 0 \quad \forall k \geqslant 0 \quad |P_{i,i+k}(x,y,\eta,\zeta,x^*,\zeta^*)| \leqslant C_\varepsilon \dfrac{\varepsilon^{i+k}}{i!k!}$

(ii) $\forall(x,y,\eta,\zeta,x^*,\zeta^*) \in K \quad \forall i \geqslant 0 \quad \forall k < 0 \quad |P_{i,i+k}(x,y,\eta,\zeta,x^*,\zeta^*)| \leqslant C_\varepsilon^{-k}\, \varepsilon^i \dfrac{(-k)!}{i!}$

(iii) $\forall(x,y,\eta,\zeta,x^*,\zeta^*) \in K \quad \forall i < 0 \quad \forall k \geqslant 0 \quad |P_{i,i+k}(x,y,\eta,\zeta,x^*,\zeta^*)| \leqslant C_\varepsilon\, \varepsilon^k C^{-i} \dfrac{(-i)!}{k!}$

(iv) $\forall(x,y,\eta,\zeta,x^*,\zeta^*) \in K \quad \forall i < 0 \quad \forall k < 0 \quad |P_{i,i+k}(x,y,\eta,\zeta,x^*,\zeta^*)| \leqslant C^{-i-k}(-i)!(-k)!$

Nous noterons $P(x,y,z,D_x,D_y,D_z) = \sum_{(i,j)\in\mathbb{Z}^2} P_{ij}(x,y,\eta,\zeta;x^*,\zeta^*)$ *l'opérateur de* $\mathcal{E}^{2\infty}_\Lambda$ *en bijection avec la suite* $(P_{ij}(x,y,\eta,\zeta,x^*,\zeta^*))$.

Le théorème 1.5.2 donne un résultat analogue pour $\mathcal{E}^{2\infty}_\Lambda(r,s)$.

Par définition $\delta(y-y',z,z')\ \delta(x-x',\zeta+\zeta')$ est l'élément de $\mathcal{C}^{2\infty}_{\Lambda||Z|X\times X}$ $(Z = \{(x,y,z,x',y',z') \in X\times X \,/\, z=z'=0\ y=y'\})$ de symbole 1.

L'adjoint formel P^* d'un opérateur P de $\mathcal{E}^{2\infty}_{\Lambda}$ est défini par :

$$(2.3.1)\quad P(x,y,z,D_x,D_y,D_z)\ \delta(y-y',z,z')\ \delta(x-x',\zeta+\zeta') =$$
$$P^*(x',y',z',D_{x'},D_{y'},D_{z'})\ \delta(y-y',z,z')\ \delta(x-x',\zeta+\zeta')\ .$$

Théorème 2.3.2 : L'adjoint formel $P^*(x,y,z,D_x,D_y,D_z) = \sum_{(i,j)\in\mathbb{Z}^2} P^*_{ij}(x,y,\eta,\zeta,x^*,\zeta^*)$ *de l'opérateur* $P(x,y,z,D_x,D_y,D_z)$ *est donné par :*

$$P^*_{k\ell}(x,y,\eta,\zeta,x^*,\zeta^*) = \sum_{\substack{\ell=j-|\lambda|-|\mu|-|\nu| \\ k=i-|\lambda|-|\nu|}} \frac{(-1)^{j+|\nu|}}{\lambda!\,\mu!\,\nu!} \left(\frac{\partial}{\partial x}\right)^{\lambda} \left(\frac{\partial}{\partial y}\right)^{\mu} \left(\frac{\partial}{\partial \zeta^*}\right)^{\nu} \left(\frac{\partial}{\partial x^*}\right)^{\lambda} \left(\frac{\partial}{\partial \eta}\right)^{\mu} \left(\frac{\partial}{\partial \zeta}\right)^{\nu} \left[P_{ij}(x,y,\eta,\zeta,x^*,\zeta^*)\right].$$

Démonstration : Plaçons-nous au point $(x;y;\eta;\zeta;x^*;\zeta^*)$ défini par $x=y=0$ $\eta=(1,0\ldots0)$ $\zeta=0$ $x^*=(1,0\ldots0)$ $\zeta^*=0$. Alors on a :

$$P(x,y,z,D_x,D_y,D_z) = \sum_{\substack{\alpha_1\in\mathbb{Z}\ \ \gamma_1\in\mathbb{Z} \\ \alpha_2,\ldots,\alpha_q\ ,\ \gamma_2,\ldots,\gamma_p\in\mathbb{N} \\ \beta\in\mathbb{N}^r\qquad \delta\in\mathbb{N}^r}} a_{\alpha\beta\gamma\delta}(x,y)\,\eta^{\alpha}\,\zeta^{\beta}\,x^{*\gamma}\,\zeta^{*\delta}$$

Le premier membre de l'égalité (2.3.1) a pour fonction holomorphe de définition :

$$(2.3.2)\quad \sum a_{\alpha\beta\gamma\delta}(x,y)\ \phi_\alpha(y-y')\ \phi_\beta(z-z')\ \phi_\gamma(x-x')(-z)^{\delta} =$$

$$\sum \frac{\delta!(-1)^{|\nu|}}{\lambda!\mu!\nu!(\delta-\nu)!} \left(\frac{\partial}{\partial x}\right)^{\lambda} \left(\frac{\partial}{\partial y}\right)^{\mu} a_{\alpha\beta\gamma\delta}(x',y')\ (x-x')^{\lambda}\ (y-y')^{\mu}\ \phi_\alpha(y-y')$$

$$\phi_\beta(z-z')\ \phi_\gamma(x-x')\ (z-z')^{\nu}\ (-z)^{\delta-\nu}$$

Or $(x-x')^{\lambda}\ \phi_{\gamma}(x-x') = (-1)^{|\lambda|} \frac{\gamma!}{(\gamma-\lambda)!}\ \phi_{\gamma-\lambda}(x-x')$ (en convenant que si $\gamma_1 < 0$ on remplace $\frac{\gamma_1!}{(\gamma_1-\lambda)!}$ par le résidu de $\frac{\Gamma(\gamma_1+1)}{\Gamma(\gamma_1-\lambda+1)}$ c'est-à-dire $\frac{(\lambda-\gamma_1-1)!}{(-\gamma_1-1)!}$) donc (2.3.2) est égal à :

$$\sum (-1)^{|\lambda|+|\mu|} \frac{\alpha!\beta!\gamma!\delta!}{(\alpha-\mu)!(\gamma-\lambda)!(\delta-\nu)!\ \lambda!\mu!\nu!} \left(\frac{\partial}{\partial x}\right)^{\lambda} \left(\frac{\partial}{\partial y}\right)^{\mu} a_{\alpha\beta\gamma\delta}(x',y')\ \phi_{\alpha-\mu}(y-y')$$

$$\phi_{\beta-\nu}(z-z')\ \phi_{\gamma-\lambda}(x-x')(-z)^{\delta-\nu}$$

Si $P^*(x,y,z,D_x,D_y,D_z) = \sum_{\alpha_1\in\mathbb{Z}\ \gamma_1\in\mathbb{Z}} b_{\alpha\beta\gamma\delta}(x,y)\,\eta^{\alpha}\ \zeta^{\beta}\ x^{*\gamma}\ \zeta^{*\delta}$ le deuxième membre de (2.3.1) a pour fonction de définition :

$$\sum (-1)^{|\alpha|+|\beta|+|\gamma|}\quad b_{\alpha\beta\gamma\delta}(x',y')\ \phi_{\alpha}(y-y')\ \phi_{\beta}(z-z')\ \phi_{\gamma}(x-x')(-z)^{\delta}$$

et donc en identifiant les deux membres :

$$b_{\alpha'\beta'\gamma'\delta'}(x,y) = \sum_{\substack{\alpha'=\alpha-\mu,\ \beta'=\beta-\nu \\ \gamma'=\gamma-\lambda,\ \delta'=\delta-\nu}} (-1)^{|\alpha|+|\beta|+|\gamma|+|\nu|} \frac{\alpha!\beta!\gamma!\delta!}{(\alpha-\mu)!(\beta-\nu)!(\gamma-\lambda)!(\delta-\nu)!\ \lambda!\mu!\nu!}$$

$$\left(\frac{\partial}{\partial x}\right)^{\lambda} \left(\frac{\partial}{\partial y}\right)^{\mu} a_{\alpha\beta\gamma\delta}(x,y)$$

donc

$$P^*_{k\ell}(x,y,\eta,\zeta,x^*,\zeta^*) = \sum_{\substack{|\alpha'|+|\beta'|+|\gamma'|=\ell \\ |\gamma'|+|\delta'|=k}} b_{\alpha'\beta'\gamma'\delta'}(x',y')\,\eta^{\alpha'}\ \zeta^{\beta'}\ x^{*\gamma'}\ \zeta^{*\delta'} =$$

$$= \sum_{\substack{\ell=|\alpha|+|\beta|+|\gamma|-|\lambda|-|\mu|-|\nu| \\ k=|\gamma|+|\delta|-|\lambda|-|\nu|}} (-1)^{|\alpha|+|\beta|+|\gamma|+|\nu|} \frac{\alpha!\beta!\gamma!\delta!}{(\alpha-\mu)!(\beta-\nu)!(\gamma-\lambda)!(\delta-\nu)!\lambda!\mu!\nu!} \left(\frac{\partial}{\partial x}\right)^{\lambda} \left(\frac{\partial}{\partial y}\right)^{\mu}$$

$$a_{\alpha\beta\gamma\delta}(x,y)\,\eta^{\alpha-\mu}\ \zeta^{\beta-\nu}\ x^{*\gamma-\lambda}\ \zeta^{*\delta-\nu}$$

$$P^*_{k\ell}(x,y,\eta,\zeta,x^*,\zeta^*) =$$

$$\sum_{\substack{\ell=j-|\lambda|-|\mu|-|\nu| \\ k=i-|\lambda|-|\nu|}} \frac{(-1)^{j+|\nu|}}{\lambda!\mu!\nu!} \left(\frac{\partial}{\partial x}\right)^{\lambda} \left(\frac{\partial}{\partial y}\right)^{\mu} \left(\frac{\partial}{\partial \zeta^*}\right)^{\nu} \left(\frac{\partial}{\partial \eta}\right)^{\mu} \left(\frac{\partial}{\partial x^*}\right)^{\lambda} \left(\frac{\partial}{\partial \zeta}\right)^{\nu} P_{ij}(x,y,\eta,\zeta,x^*,\zeta^*) .$$

q.e.d.

A l'aide de ce théorème et en suivant la démonstration du théorème 1.5.2 chapitre II de [24] on obtient le symbole du composé de deux opérateurs :

Théorème 2.3.3 : *Soient* $P(x,y,z,D_x,D_y,D_z) = \sum_{(i,j)\in\mathbb{Z}^2} P_{ij}(x,y,\eta,\zeta,x^*,\zeta^*)$ *et* $Q(x,y,z,D_x,D_y,D_z) = \sum_{(i,j)\in\mathbb{Z}^2} Q_{ij}(x,y,\eta,\zeta,x^*,\zeta^*)$ *deux opérateurs de* $\mathcal{E}^{2\infty}_{\Lambda}$. *Le symbole* $R(x,y,z,D_x,D_y,D_z) = \sum_{(i,j)\in\mathbb{Z}^2} R_{ij}(x,y,\eta,\zeta,x^*,\zeta^*)$ *du composé* $R = P_o Q$ *de* P *et* Q *dans l'anneau* $\mathcal{E}^{2\infty}_{\Lambda}$ *est donné par :*

$$R_{\lambda,\mu}(x,y,\eta,\zeta,x^*,\zeta^*) = \sum_{\substack{\lambda=i+k-|\alpha|-|\gamma| \\ \mu=j+\ell-|\alpha|-|\beta|-|\gamma|}} \frac{(-1)^{|\gamma|}}{\alpha!\beta!\gamma!} D^{\alpha}_{x^*} D^{\beta}_{\eta} D^{\gamma}_{\zeta} P_{ij}(x,y,\eta,\zeta,x^*,\zeta^*) \times$$

$$D^{\alpha}_{x} D^{\beta}_{y} D^{\gamma}_{\zeta^*} Q_{k\ell}(x,y,\eta,\zeta,x^*,\zeta^*) .$$

Les formules sont naturellement les mêmes pour $\mathcal{E}^{2\infty}_{\Lambda}(r,s)$ *avec* $1 \leqslant s \leqslant r \leqslant +\infty$.

Théorème 2.3.4 : *Soit* Λ *une sous-variété involutive homogène de* T^*X. $\mathcal{E}^{2\infty}_{\Lambda}$ *est un anneau unitaire et on a un morphisme canonique injectif d'anneaux unitaires :*

$$\mathcal{E}^{\infty}_{X}\big|_{\Lambda} \hookrightarrow \left(\mathcal{E}^{2\infty}_{\Lambda}\big|_{\Lambda}\right) \overset{def}{=} \mathcal{D}^{2\infty}_{\Lambda}$$

(Λ est identifié à la section nulle de $T^*_{\Lambda}\tilde{\Lambda}$) .

Démonstration :

1) Si Λ est de la forme $\{(x,y,z,\xi,\eta,\zeta) \in T^*X \;/\; \xi = 0 \; z = 0\}$, la formule du théorème 2.3.3 montre que l'opérateur de symbole 1 est une unité pour $\mathcal{E}_\Lambda^{2\infty}$.

Le morphisme injectif $\mathcal{E}_X^\infty\big|_\Lambda \hookrightarrow \mathcal{E}_\Lambda^{2\infty}\big|_{T_\Lambda^*\Lambda}$ est celui de la proposition 1.2.9 qui est injectif d'après le corollaire 1.4.10.

Si $P = \sum_{j\in\mathbb{Z}} P_j(x,y,z,\xi,\eta,\zeta)$ est un opérateur de $\mathcal{E}_X^\infty$ définit au voisinage de Λ, le symbole de l'image de P dans $\mathcal{E}_\Lambda^{2\infty}$ est $\sum_{(i,j)\in\mathbb{Z}^2} P_{ij}(x,y,\eta,\zeta,x^*,-\zeta^*)$ où $P_j(x,y,z,\xi,\eta,\zeta) = \sum_{i\geq 0} P_{ij}(x,y,\eta,\zeta;\xi,z)$ est le développement de P_j en série de Taylor au voisinage de Λ. (P_{ij} homogène de degré i en (ξ,z)). On a donc bien un morphisme injectif d'anneaux.

2) Si Λ est une variété involutive régulière, on peut par une transformation canonique transformer Λ en une variété du type précédent : $\Lambda_0 = \{(x,y,\xi,\eta) \;/\; \xi = 0\}$.

Par une transformation canonique quantifiée on transforme $\mathcal{M}_\Lambda$ en $\mathcal{M}_{\Lambda_0}$ et on a donc un isomorphisme (non unique) d'anneaux $\mathcal{E}_\Lambda^{2\infty} \xrightarrow{\sim} \mathcal{E}_{\Lambda_0}^{2\infty}$ et l'image de l'élément unité de $\mathcal{E}_{\Lambda_0}^{2\infty}$ dans $\mathcal{E}_\Lambda^{2\infty}$ définit localement un élément unité de $\mathcal{E}_\Lambda^{2\infty}$. $\mathcal{E}_\Lambda^{2\infty}$ étant un anneau son élément unité est unique donc est défini globalement.

Par ailleurs $\mathcal{E}_\Lambda^{2\infty}$ est un $\mathcal{E}_X^\infty\big|_\Lambda$-module et le morphisme $\mathcal{E}_X^\infty\big|_\Lambda \longrightarrow \mathcal{E}_\Lambda^{2\infty}$ est défini par $P \longmapsto P.1$ pour $P \in \mathcal{E}_X$ et 1 unité de $\mathcal{E}_\Lambda^{2\infty}$.

Ce morphisme est injectif car, par l'isomorphisme $\mathcal{E}_\Lambda^{2\infty} \longrightarrow \mathcal{E}_{\Lambda_0}^{2\infty}$ on est ramené au cas précédent.

3) Dans le cas général on démontre le théorème en ajoutant une variable suivant la méthode du §.2.2.

2.4 Opérateurs d'ordre fini. Normes formelles. Inversion des opérateurs micro-elliptiques.

Dans les paragraphes 2.4, 2.5, 2.6 et 2.7 nous supposerons que des coordonnées locales ont été choisies et que la variété involutive Λ est de la forme $\Lambda = \{(x,y,z,\xi,\eta,\zeta) \in T^*X \ / \ \xi = 0 \ z = 0\}$. $T^*_\Lambda \tilde{\Lambda}$ est munie des coordonnées $(x,y,\eta,\zeta;x^*,\zeta^*)$.

Les définitions que nous allons donner dépendent donc a priori des coordonnées choisies. Nous montrerons au §.2.8 qu'il n'en est rien et que les objets que nous définissons ci-dessous ne dépendent que de Λ.

Rappelons que les faisceaux $\mathscr{E}^{2\infty}_\Lambda(r,s)$ pour $1 \leqslant s \leqslant r \leqslant \infty$, ont été défini au §.1.5.

Définition 2.4.1 : Soient (r,s) rationnels tels que $1 \leqslant s \leqslant r \leqslant +\infty$, (r',s') rationnels tels que $1 \leqslant s' \leqslant s \leqslant r \leqslant r' \leqslant +\infty$, et soit $(i_0,j_0) \in \mathbb{Z}^2$. Le faisceau $\mathscr{E}^{2(r',s')}_{\Lambda(r,s)}[i_0,j_0]$ est le sous-faisceau de $\mathscr{E}^{2\infty}_\Lambda(r,s)$ des opérateurs $P(x,y,z,D_x,D_y,D_z) = \sum_{(i,j)\in\mathbb{Z}^2} P_{ij}(x,y,\eta,\zeta,x^*,\zeta^*)$ qui vérifient :

A) Si $s' < r' \leqslant +\infty$

$$(2.4.1)\quad P_{ij}(x,y,\eta,\zeta,x^*,\zeta^*) \equiv 0 \quad \text{si } \frac{1}{r'}i + (j-i) > \frac{1}{r'}i_0 + (j_0-i_0)$$

$$\text{ou si } \frac{1}{s'}i + (j-i) > \frac{1}{s'}i_0 + (j_0-i_0)$$

(*Si* $r' = +\infty$ *on convient que* $\frac{1}{r'} = 0$).

B) *Si* $s' = r' < +\infty$

(2.4.2) $P_{ij}(x,y,\eta,\zeta,x^*,\zeta^*) \equiv 0$ *si* $\frac{1}{s'}i + (j-i) > \frac{1}{s'}i_o + (j_o - i_o)$

(2.4.3) $\forall k \in \mathbb{Z}\ \exists \lambda(k) \in \mathbb{Z}$ *tel que* $P_{ij} \equiv 0$ *si* $\frac{1}{s'}i + (j-i) = k$ *et* $i < \lambda(k)$

et pour $k_o = \frac{1}{s'}i_o + (j_o - i_o)$ *on a* $\lambda(k_o) = i_o$.

C) *Si* $r' = s' = +\infty$

(2.4.4) $P_{ij}(x,y,\eta,x^*,\zeta^*) \equiv 0$ *si* $j - i > j_o - i_o$

(2.4.5) $\forall k \in \mathbb{Z}\ \exists \lambda(k) \in \mathbb{Z}$ *tel que* $P_{ij} \equiv 0$ *si* $j - i = k$ *et* $i > i(k)$

et pour $k_o = j_o - i_o$ *on a* $\lambda(k_o) = i_o$.

On pose $\mathscr{E}^{2(r',s')}_{\Lambda(r,s)} = \bigcup_{(i,j)\in\mathbb{Z}^2} \mathscr{E}^{2(r',s')}_{\Lambda(r,s)}[i,j]$.

Si P est une section de $\mathscr{E}^{2\ (r's')}_{\Lambda\ (r,s)}[i_o,j_o]$ *et n'est section d'aucun sous-faisceau* $\mathscr{E}^{2\ (r's')}_{\Lambda\ (r,s)}[i,j]$ *strictement plus petit (à (r,s) et (r',s') fixés) on pose:*

$\sigma_\Lambda^{(r',s')}(P) = P_{i_o,j_o}$ *"symbole principal de type (r',s')" de P.*

Nous nous intéresserons plus particulièrement au cas où $r = r'$, $s = s'$ et nous noterons $\mathscr{E}^2_\Lambda(r,s) = \mathscr{E}^{2\ (r,s)}_{\Lambda\ (r,s)}$.

En particulier si $r = s = 1$ on note $\mathscr{E}^2_\Lambda = \mathscr{E}^2_\Lambda(1,1)$ et $\sigma_\Lambda(P) = \sigma_\Lambda^{(1,1)}(P)$.

Donc $\mathscr{E}^2_\Lambda$ est défini par $\mathscr{E}^2_\Lambda = \bigcup_{(i,j)\in\mathbb{Z}^2} \mathscr{E}^2_\Lambda[i,j]$ avec $\mathscr{E}^2_\Lambda[i_o,j_o]$ ensemble des opérateurs P de $\mathscr{E}^{2\infty}_\Lambda$ tels que $P = \sum P_{ij}(x,y,\eta,\zeta,x^*,\zeta^*)$ avec :

a) $P_{ij} \equiv 0$ si $j > j_o$ ou $j = j_o$ et $i < i_o$

b) $\forall j \in \mathbb{Z}\ \exists\lambda(j)$ t.q. $P_{ij} \equiv 0$ si $i < \lambda(j)$.

Si P est un opérateur de $\mathcal{E}_\Lambda^2$, $\sigma_\Lambda(P) = P_{i_1,j_1}$ avec $j_1 = \sup\{j \in \mathbb{Z} / \exists i \in \mathbb{Z} / P_{ij} \neq 0\}$ et $i_1 = \inf\{i \in \mathbb{Z} / P_{i,j_1} \neq 0\}$.

Si $P = \sum P_{ij}$ est un opérateur de $\mathcal{E}_\Lambda^2$ on peut représenter dans le plan de coordonnées i et $j - i = k$ l'ensemble S(P) des points (i,j-i) tels que $P_{ij} \neq 0$ puis $N_\Lambda(P)$ l'intersection des demi-plans qui contiennent S(P) et dont les bords sont des droites de pente comprise entre - 1 et 0.

$N_\Lambda(P)$ est encore l'enveloppe convexe de la réunion des ensembles $S_{i_0 k_0} = \{(i,k) \in \mathbb{Z}^2 / k \leqslant k_0, i + k \leqslant i_0 + k_0\}$ pour $(i_0,k_0) \in S(P)$.

Le bord de $N_\Lambda(P)$ est le <u>polygône de Newton de P le long de Λ</u>.

Si P est un opérateur différentiel ou microdifférentiel sur X on définit le polygône de Newton de P le long de Λ, $N_\Lambda(P)$ comme le polygône de Newton de l'image de P dans $\mathcal{E}_\Lambda^2$.

Si $X = \mathbb{C}$ et $\Lambda = T^*_{\{0\}} \mathbb{C}$ on retrouve la définition usuelle du polygône de Newton d'un opérateur différentiel ordinaire (cf. Ramis [21]) (au changement de variable $i' = i + k, j' = - k$ près).

[Nous reprendrons cette étude plus en détail au § 3.1.2].

Dessinons quelques exemples :

1) P opérateur de $\mathscr{E}^2_\Lambda(\infty,1)$

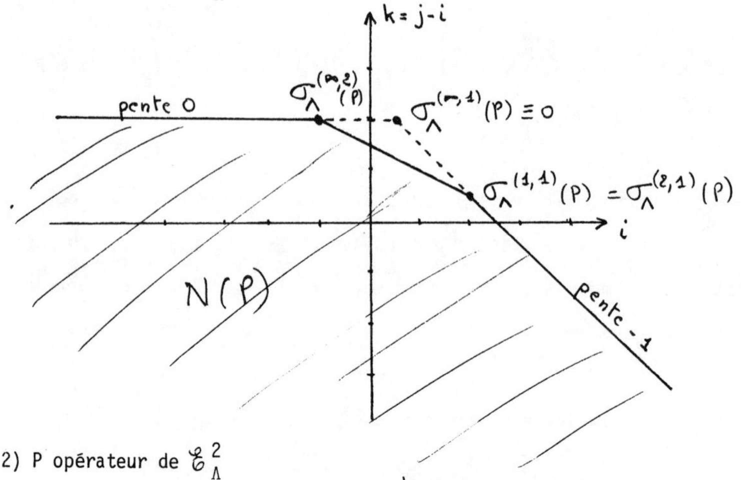

2) P opérateur de $\mathscr{E}^2_\Lambda$

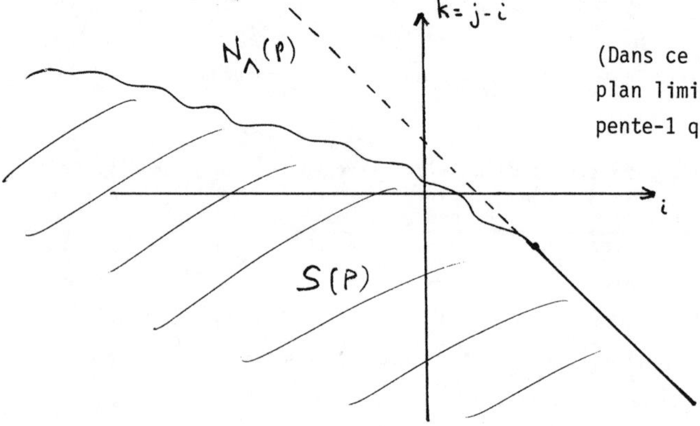

(Dans ce cas N(P) est le demi-plan limité par la droite de pente-1 qui passe par $\sigma_\Lambda(P)$)

3) P opérateur de $\mathscr{E}_X|_\Lambda$ ($P_{ij} \equiv 0$ si $i < 0$)

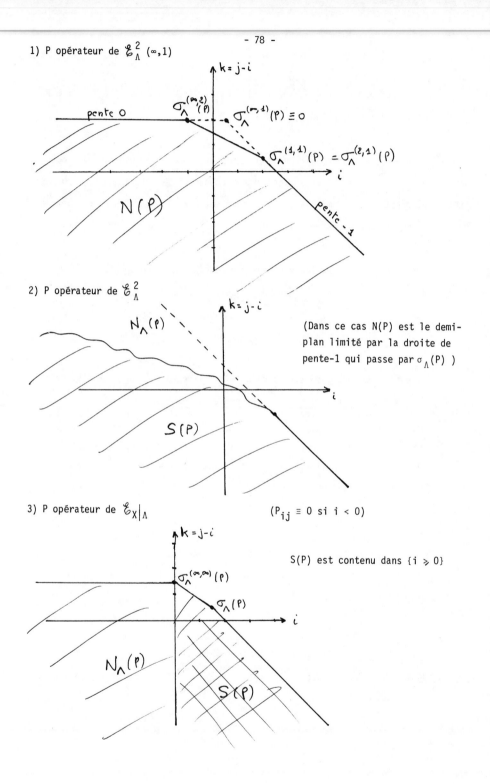

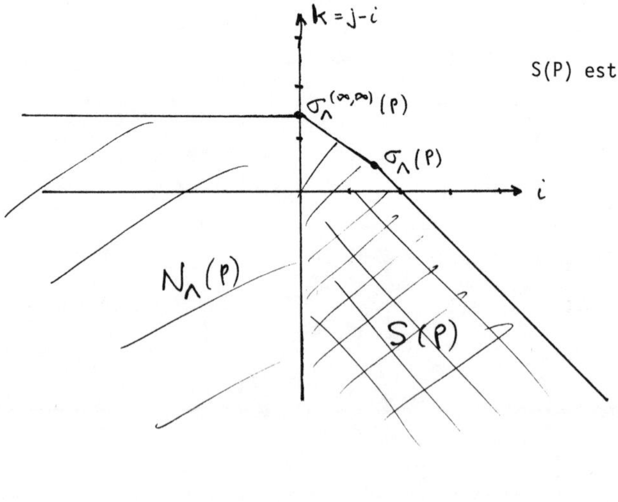

S(P) est contenu dans $\{i \geqslant 0\}$

Remarque : Si r = s $\sigma_\Lambda^{(r,r)}(P)$ n'est jamais identiquement nul (par définition) tandis que si s < r on a :

$$\sigma_\Lambda^{(r,s)}(P) \equiv 0 \quad \text{ou} \quad \sigma_\Lambda^{(r,s)}(P) = \sigma_\Lambda^{(s,s)}(P) .$$

Remarque : Nous avons vu (corollaire 1.4.10) que le morphisme canonique $\mathcal{E}_X^\infty|_\Lambda \longrightarrow \mathcal{E}_\Lambda^{2\infty}|_\Lambda$ est injectif mais non sujectif par contre sa restriction aux opérateurs d'ordre fini est un isomorphisme

$$\mathcal{E}_X|_\Lambda \longrightarrow \mathcal{E}_\Lambda^2|_\Lambda$$

(Λ identifié à la section nulle de $T_\Lambda^*\tilde{\Lambda}$).

De même $\mathcal{E}_{\Lambda(r,s)}^{2(r',1)}\Big|_\Lambda \approx \mathcal{E}_X(\infty,s)\Big|_\Lambda$.

Proposition 2.4.1 : $\mathcal{E}_\Lambda^2$ est un sous-anneau unitaire de $\mathcal{E}_\Lambda^{2\infty}$ et $\mathcal{E}_{\Lambda\,(r,s)}^{2\,(r',s')}$ est un sous-anneau unitaire de $\mathcal{E}_\Lambda^{2\infty}(r,s)$.

Si P et Q sont dans $\mathcal{E}_\Lambda^2$ (respt. dans $\mathcal{E}_{\Lambda\,(r,s)}^{2\,(r',s')}$) on a :

$$\sigma_\Lambda(P \circ Q) = \sigma_\Lambda(P)\ \sigma_\Lambda(Q)$$

(respt. $\sigma_\Lambda^{(r',s')}(P \circ Q) = \sigma_\Lambda^{(r',s')}(P)\ \sigma_\Lambda^{(r',s')}(Q)$ *).*

Définition 2.4.2 : (Opérateurs formels)

Λ étant toujours de la forme $\Lambda = \{(x,y,z,\xi,\eta,\zeta) \in T^*X \ / \ \xi = 0,\ z = 0\}$ et les coordonnées de $T_\Lambda^*\tilde{\Lambda}$ $(x,y,\eta,\zeta,x^*,\zeta^*)$ nous noterons $\widehat{\mathcal{E}}_\Lambda^{2\,(r,s)}[i_o,j_o]$ le faisceau des séries formelles $\sum_{(i,j)\in\mathbb{Z}^2} P_{ij}(x,y,\eta,\zeta,x^*,\zeta^*)$ avec

1) $P_{ij}(x,y,\eta,\zeta,x^*,\zeta^*)$ *fonction holomorphe homogène de degré* i *en* (x^*,ζ^*) *et de degré* j *en* (η,ζ,x^*).

2) *Les* (P_{ij}) *vérifient* (2.4.1) *si* $s'<r'$, (2.4.2) *et* (2.4.3) *si* $s'=r'$ *et* (2.4.4), (2.4.5) *si* $s'=r'=+\infty$.

On pose $\hat{\mathcal{E}}^{2\,(r,s)}_{\Lambda} = \bigcup_{(i,j)\in\mathbb{Z}^2} \mathcal{E}^{2\,(r,s)}_{\Lambda}[i,j]$, *faisceau des opérateurs formels de type* (r,s).

La formule du théorème 2.3.3 muni $\hat{\mathcal{E}}^{2\,(r,s)}_{\Lambda}$ d'une structure d'anneau.

Définition 2.4.3 : Si K *est un compact de* $T^*_{\Lambda}\tilde{\Lambda}$ *et* P *une section de* $\hat{\mathcal{E}}^{2\,(r,s)}_{\Lambda}[0,0]$ (*avec* $s<+\infty$) *au voisinage de* K, *la norme formelle de* P *sur* K *est la série formelle en* (S,T) *définie par :*

$$N^K_{(r,s)}(P;S,T) = \sum_{i,j,\alpha,\beta} C^{\beta}_{ij\alpha}(r,s)\ \sup_K |P^{\beta}_{ij\alpha}|\ S^{-2i+|\alpha_1|+|\alpha_3|+|\beta_1|+|\beta_3|}\ T^{-2(j-i)+|\alpha_2|+|\beta_2|}$$

avec :

a) $\alpha\in\mathbb{N}^{n+p+q}$, $\beta\in\mathbb{N}^{n+p+q}$, $(i,j)\in\mathbb{Z}^2$, $-i-s(j-i)\geq 0$, $-i-r(j-i)\geq 0$, *ou* n (*respt* p,q) *est le nombre de variables* x (*respt* y,z) *dans les coordonnées* (x,y,z) *de* X *pour lesquelles* $\Lambda=\{(x,y,z,\xi,\eta,\zeta)\in T^*X \ /\ \xi=0,\ z=0\}$.

b) $$P^{\beta}_{ij\alpha} = \left(\frac{\partial}{\partial x^*}\right)^{\alpha_1}\left(\frac{\partial}{\partial \eta}\right)^{\alpha_2}\left(\frac{\partial}{\partial \zeta}\right)^{\alpha_3}\left(\frac{\partial}{\partial x}\right)^{\beta_1}\left(\frac{\partial}{\partial y}\right)^{\beta_2}\left(-\frac{\partial}{\partial \zeta^*}\right)^{\beta_3} P_{ij}(x,y,\eta,\zeta,x^*,\zeta^*)\ .$$

c) $C^{\beta}_{ij\alpha}(r,s) = C^{\beta}_{ij\alpha}(r)$ *si* $(j-i)\geq 0$

$= C^{\beta}_{ij\alpha}(s)$ *si* $j-i<0$ *avec*

$$C^{\beta}_{ij\alpha}(t) = 2(2(n+p+q))^j\ \frac{(-i-t(j-i))!}{(-i-t(j-i)+|\alpha|)!\ (-i-t(j-i)+|\beta|)!}$$

si l'on pose $x! = \Gamma(x+1)$ pour x réel positif.

Remarques :

1) Ces normes formelles sont directement inspirées de celles de Boutet de Monvel - Kree [5] et nous permettrons de manipuler facilement les opérateurs 2-microdifférentiels (même si elles paraissent un peu compliquées).

2) Dans le cas le plus usuel ou r = s = 1 le coefficient $C^{\beta}_{ij\alpha}(r,s)$ prend la forme plus simple :

$$C^{\beta}_{ij\alpha}(1,1) = 2(2(n+p+q))^{j} \frac{(-j)!}{(-j+|\alpha|)!\,(-j+|\beta|)!}$$

Notations : Nous notons pour $a \in \mathbb{R}_+$ $a! = \Gamma(a+1)$ et nous notons également $\binom{a}{b} = \frac{a!}{b!(a-b)!}$ pour $a \geqslant b$; si $\alpha = (\alpha_1,\ldots,\alpha_n)$ et $\beta = (\beta_1,\ldots,\beta_n)$ $\alpha! = \alpha_1!\ldots\alpha_n!$ et $\binom{\alpha}{\beta} = \frac{\alpha_1!\ldots\alpha_n!}{\beta_1!\ldots\beta_n!\,(\alpha_1-\beta_1)!\ldots(\alpha_n-\beta_n)!}$.

Lemme 2.4.4 : Si (a,b,c,d) sont quatre réels positifs on a :

$$\binom{a}{b}\binom{c}{d} \leqslant \binom{a+c}{b+d}$$

Démonstration : Ce lemme est bien connu si a,b,c,d sont des entiers, nous laissons la démonstration du cas général au lecteur.

Corollaire 2.4.5 : Si $(x,y,z) \in \mathbb{R}^3_+$ on a :

$$(x+y)!\,(x+z)! \leqslant x!\,(x+y+z)!$$

(Il suffit d'appliquer le lemme précédent avec a = x+y, b = y, c = z, d = 0).

Corollaire 2.4.6 : Si n et m sont deux réels positifs, la fonction définie sur $\mathbb{R}_+$ *par* $x \to \frac{x!}{(x+n)!(x+m)!}$ *est décroissante.*

Corollaire 2.4.7 :

$$C^{\beta}_{ij\alpha}(r,s) = \sup\,[C^{\beta}_{ij\alpha}(r)\ ,\ C^{\beta}_{ij\alpha}(s)]\quad .$$

Lemme 2.4.8 :

1) *Si a et b sont deux réels positifs :*

$$1 \leqslant \frac{(a+b)!}{a!\ b!} \leqslant 2^{a+b}$$

2) *Si a est un réel positif et s un rationnel positif :*

$$1 \leqslant \frac{(sa)!}{(a!)^s} \leqslant 2^{sa}$$

Théorème 2.4.9 : Soient P et Q deux sections de $\hat{\mathcal{E}}^{2\ (r,s)}_{\Lambda}\,[0,0]$.

1) $N^K_{(r,s)}\,(P+Q;S,T) \ll N^K_{(r,s)}\,(P;S,T) + N^K_{(r,s)}\,(Q;S,T)$ *(le signe* $\ll$ *signifie que le coefficient de* $S^k\ T^\ell$ *du membre de gauche est majoré par le terme correspondant du membre de droite).*

2) $N^K_{(r,s)}\,(P_\circ\, Q;S,T) \ll N^K_{(r,s)}\,(P;S,T).\ N^K_{(r,s)}\,(Q;S,T)$ *(*$P_\circ\, Q$ *est le produit de P et Q dans l'anneau* $\hat{\mathcal{E}}^{2\ (r,s)}_{\Lambda}$ *et dans le membre de droite le produit est le produit ordinaire des séries formelles).*

3) *Si de plus* $P \in \mathcal{E}^{2\ (r,s)}_{\Lambda}\,[i,j]$ *et* $Q \in \mathcal{E}^{2\ (r,s)}_{\Lambda}\,[k,\ell]$

avec $\begin{cases} -i-s(j-i) \geqslant A & -k-s(\ell-k) \geqslant B \\ -i-r(j-i) \geqslant A & -k-r(\ell-k) \geqslant B \end{cases}$ *et* $A > 0\quad B > 0$

si q est un entier positif strictement tel que qr et qs soient entiers

$$N^K_{(r,s)}\ (P\circ Q\ ;\ S,T) \ll C\left(\frac{1}{A+B}\right)^{\frac{1}{q}}\ N^K_{(r,s)}\ (P;S,T)\ N^K_{(r,s)}\ (Q;S,T)$$

Démonstration : Le point 1) est évident. Dans le cas particulier ou r = s = 1, les coefficients de $C^{\beta}_{ij\alpha}$ (1,1) sont entiers et la démonstration du point 2) serait identique à celle de Boutet de Monvel - Kree [5].

Nous allons détailler la démonstration dans le cas général.

Suivant les notations de la définition 2.4.3 et d'après la formule du théorème 2.3.3 on a :

$$(P\circ Q)_{\lambda\mu} = \sum_{\substack{\lambda=i+k-|\gamma_1|-|\gamma_3| \\ \mu=j+\ell-|\gamma|}} \frac{1}{\gamma!}\ P_{ij\gamma}\ Q^{\gamma}_{k\ell} \qquad (\gamma \in \mathbb{N}^{n+p+q})$$

$$(PQ)^{\beta}_{\lambda\mu\alpha} = \sum_{\substack{\lambda=i+k-|\gamma_1|-|\gamma_3| \\ \mu=j+\ell-|\gamma| \\ \alpha=\alpha'+\alpha'',\beta=\beta'+\beta''}} \frac{1}{\gamma!}\ \binom{\alpha}{\alpha'}\binom{\beta}{\beta'}\ P^{\beta'}_{ij,\alpha'+\gamma}\ Q^{\beta''+\gamma}_{k\ell,\alpha''}$$

$$= \sum_{\substack{\lambda=i+k-|\gamma_1|-|\gamma_3| \\ \mu=j+\ell-|\gamma| \\ \alpha=\alpha'+\alpha''-\gamma,\alpha'\geqslant\gamma \\ \beta=\beta'+\beta''-\gamma,\beta''\geqslant\gamma}} \frac{1}{\gamma!}\ \binom{\alpha}{\alpha''}\binom{\beta}{\beta'}\ P^{\beta'}_{ij\alpha'}\ Q^{\beta''}_{k\ell\alpha''}$$

$$(2.4.4)\quad N^K_{(r,s)}(P\circ Q;S,T) \ll \sum_{\substack{i,j,k,\ell\\ \alpha',\alpha'',\beta',\beta''}} C^{\beta''}_{ij\alpha'}(r,s)\, C^{\beta'}_{k\ell\alpha''}(r,s) \sup_K \left|P^{\beta'}_{ij\alpha'}\right|$$

$$\sup_K \left|Q^{\beta''}_{k\ell\alpha''}\right| \times S^{-2i+|\alpha_1'|+|\alpha_3'|+|\beta_1'|+|\beta_3'|}\; S^{-2k+|\alpha_1''|+|\alpha_3''|+|\beta_1''|+|\beta_3''|}\; T^{-2(j-i)+|\alpha_2'|+|\beta_2'|}$$

$$\times\, T^{-2(\ell-k)+|\alpha_2''|+|\beta_2''|} \times \Phi$$

$$\text{avec } \Phi = \sum_{\substack{\alpha=\alpha'+\alpha''-\gamma\\ \beta=\beta'+\beta''-\gamma\\ \lambda=i+k-|\gamma_1|-|\gamma_3|\\ \mu=j+\ell-|\gamma|}} \frac{1}{\gamma!}\binom{\alpha}{\alpha''}\binom{\beta}{\beta'} \frac{C^{\beta}_{\lambda\mu\alpha}(r,s)}{C^{\beta'}_{ij\alpha'}(r,s)\; C^{\beta''}_{k\ell\alpha''}(r,s)}$$

(Φ dépend de i, j, k, ℓ, α', α'', β', β'' ; γ est l'indice de sommation et α, β, λ, μ sont fonctions des précédents).

D'après le corollaire 2.4.7 $\dfrac{1}{C^{\beta'}_{ij\alpha'}(r,s)} \leqslant \dfrac{1}{C^{\beta'}_{ij\alpha'}(r)}$ et $\leqslant \dfrac{1}{C^{\beta'}_{ij\alpha'}(s)}$ et de même pour $\dfrac{1}{C^{\beta''}_{k\ell\alpha''}(r,s)}$ donc on peut majorer Φ en remplaçant $C^{\beta'}_{ij\alpha'}(r,s)$ par $C^{\beta'}_{ij\alpha'}(r)$ ou $C^{\beta'}_{ij\alpha'}(s)$ suivant que $C^{\beta}_{ij\alpha}(r,s)$ soit égal à $C^{\beta}_{ij\alpha}(r)$ ou à $C^{\beta}_{ij\alpha}(s)$ et de même pour $C^{\beta''}_{ij\alpha''}(r,s)$:

$$\Phi \leqslant \sum_{\gamma} \frac{1}{\gamma!}\binom{\alpha}{\alpha''}\binom{\beta}{\beta'} \frac{C^{\beta}_{\lambda\mu\alpha}(t)}{C^{\beta'}_{ij\alpha'}(t)\; C^{\beta''}_{k\ell\alpha''}(t)}$$

avec t = r ou s suivant γ mais t est le même au numérateur et au dénominateur.

Posons $\underline{a = -i - t(j-i)}$ $\quad\underline{b = -k - t(\ell-k)}$ $\quad\underline{c = a + b + |\gamma|}$

donc $c + (t-1)|\gamma_2| = -\lambda - t(\mu-\lambda)$

$c + |\beta| = a + b + |\beta'| + |\beta''|$, $c + |\alpha| = a + b + |\alpha'| + |\alpha''|$

$$\Phi \leqslant \sum_{\gamma} \frac{1}{2} [2(n+p+q)]^{-|\gamma|} \binom{\alpha}{\alpha''} \binom{\beta}{\beta'} \binom{c+|\beta|}{a+|\beta'|}^{-1} \binom{c+|\alpha|}{b+|\alpha''|}^{-1} \frac{(c+(t-1)|\gamma_2|)!}{a!\ b!\ \gamma!} \times$$

$$\frac{(c+|\beta|)!\ (c+|\alpha|)!}{(c+|\beta|+(t-1)|\gamma_2|)!\ (c+|\alpha|+(t-1)|\gamma_2|)!}$$

D'après le lemme 2.4.4 :

$$\binom{\alpha}{\alpha''} \binom{c+|\alpha|}{b+|\alpha''|}^{-1} \leqslant \binom{c}{b}^{-1} \quad \text{et} \quad \binom{\beta}{\beta'} \binom{c+|\beta|}{a+|\beta'|}^{-1} \leqslant \binom{c}{a}^{-1}$$

et d'après le corollaire 2.4.5 :

$$\frac{(c+(t-1)|\gamma_2|)!\ (c+|\beta|)!}{(c+|\beta|+(t-1)|\gamma_2|)!\ c!} \leqslant 1 \quad \text{et} \quad \frac{(c+|\alpha|)!}{(c+|\alpha|+(t-1)|\gamma_2|)!} \leqslant 1$$

donc : $\displaystyle \Phi \leqslant \sum_{\gamma} \frac{1}{2} [2(n+p+q)]^{-|\gamma|} \binom{c}{b}^{-1} \binom{c}{a}^{-1} \frac{c!}{a!b!\gamma!}$

$$= \sum \frac{1}{2} [2(n+p+q)]^{-|\gamma|} \frac{(a+|\gamma|)!\ (b+|\gamma|)!}{(a+b+|\gamma|)!\ \gamma!}$$

$$= \frac{1}{2} \sum_{m=0}^{+\infty} \frac{(a+m)!\ (b+m)!}{(a+b+m)!\ m!} \sum_{|\gamma|=m} \frac{|\gamma|!}{\gamma!} \left(\frac{1}{2(n+p+q)}\right)^{|\gamma|}$$

γ varie dans $\mathbb{N}^{n+p+q}$ donc $\displaystyle \sum_{|\gamma|=m} \frac{|\gamma|!}{\gamma!} \left(\frac{1}{2(n+p+q)}\right)^{|\gamma|} = 2^{-m}$

donc $$\boxed{\Phi \leqslant \Phi(a,b) \quad \text{avec } \Phi(a,b) = \frac{1}{2} \sum_{m=0}^{\infty} \frac{(a+m)!(b+m)!}{(a+b+m)!\ m!} 2^{-m}}$$

On reconnait une fonction hypergéométrique :

$$\phi(a,b) = \frac{1}{2}\ \frac{a!\ b!}{(a+b)!}\ {}_2F_1\ (a+1,\ b+1,\ a+b+1,\ \frac{1}{2})$$

$$= \frac{b}{2}\int_0^1 t^a(1-t)^{b-1}\ (1-\frac{t}{2})^{-b-1}\ dt \qquad \text{si } b > 0$$

sur $[0,1]$ $1 \geqslant 1 - \frac{t}{2} \geqslant \frac{1}{2}$ $\qquad 1 \leqslant (1-\frac{t}{2})^{-b-1} \leqslant 2^{b+1}$

donc $\qquad \frac{a!\ b!}{(a+b)!} \leqslant \phi(a,b) \leqslant 2^b\ b\int_0^1 t^a(1-t)^{b-1}\ dt = 2^b\ \frac{a!\ b!}{(a+b)!}$

si $b = 0$ ces inégalités sont encore vérifiées donc

$$\boxed{\frac{a!\ b!}{(a+b)!} \leqslant \phi(a,b) \leqslant 2^a\ \frac{a!\ b!}{(a+b)!}}$$

Soit $\varepsilon > 0$ et supposons $a \geqslant \varepsilon$ et $b \geqslant \varepsilon$, d'après le corollaire 2.4.5 on a $(a+m)!\ (b+m)! = (a-\varepsilon+m+\varepsilon)!\ (b-\varepsilon+m+\varepsilon)! \leqslant (m+\varepsilon)!\ (a+b+m-\varepsilon)!$ donc :

$$\phi(a,b) \leqslant \phi(\varepsilon,a+b-\varepsilon)$$

1) Si $a \geqslant 0$ et $b \geqslant 0$ on a $\phi(a,b) \leqslant 1$; en remplaçant ϕ par 1 dans la formule (2.4.4) on obtient le point 2) du théorème.

2) Si $a > 0$ et $b > 0$. Supposons qu'il existe $\varepsilon > 0$ tel que $a \geqslant \varepsilon$ et $b \geqslant \varepsilon$, on aura $\phi(a,b) \leqslant 2^\varepsilon\ \frac{\varepsilon!(a+b-\varepsilon)!}{(a+b)!}$.

Or d'après la formule de Stirling : $1 \leqslant \frac{a!}{a^a\ e^{-a}\ \sqrt{2\pi a}} \leqslant e^{\frac{1}{12a}}$

donc $\qquad \phi(a,b) \leqslant (\frac{1}{a+b})^\varepsilon\ \sqrt{2\pi}\ \varepsilon^{\frac{1}{\varepsilon}+\frac{1}{2}}\ e^{\frac{1}{6\varepsilon}}\ 2^\varepsilon$

soit $\qquad \phi(a,b) \leqslant C_\varepsilon\ (\frac{1}{a+b})^\varepsilon$

Or a = - i - t(j-i) avec t = r ou s donc, par définition de q, qt est entier donc qa est entier donc $a > 0 \Rightarrow a \geqslant \frac{1}{q}$.

Donc si a > 0 et b > 0 on a $\phi(a,b) \leqslant C(\frac{1}{a+b})^{\frac{1}{q}}$. En reportant cette inégalité dans la formule (2.4.4) on obtient le point 3) du théorème.

Théorème 2.4.10 : Soit U un ouvert de $T^*_\Lambda \tilde{X}$ sur lequel on a des coordonnées $(x, y, \eta, \zeta, x^*, \zeta^*)$ comme précédemment.

Soit P une section de $\widehat{\mathcal{E}}^{2(r,s)}_\Lambda$ [0,0] sur U.

1) Si $1 \leqslant s < r \leqslant +\infty$.

P est dans $\mathcal{E}^{2}_\Lambda(r,s)$ [0,0] (on dira que P est "convergent") si et seulement si pour tout compact K de U il existe C > 0 tel que la série $N^K_{(r,s)}(P;S,T)$ converge sur le domaine :

$$|S|^r < \frac{1}{C}\,|T| < \frac{1}{C^2}\,|S|^s$$

De plus $N^K_{(r,s)}(P;S,T)$ est une série entière en (U,V) avec $U = S^{\frac{r}{r-s}}\, T^{\frac{-1}{r-s}}$ et $V = S^{-\frac{s}{r-s}}\, T^{\frac{1}{r-s}}$, dont le terme constant est $\sup_K |P_{oo}|$ donc si $P_{oo} \equiv 0$, $N^K_{(r,s)}(P;S,T) < \frac{1}{2}$ sur $|S|^r < \frac{1}{C}\,|T| < \frac{1}{C^2}\,|S|^s$ pour C assez grand.

2) Si $1 \leqslant s = r < +\infty$.

P est dans $\mathcal{E}^{2}_\Lambda(r,s)$ [0,0] si et seulement si pour tout compact K de U il existe C > 0 tel que la série $N^K_{(r,r)}(P;S,T)$ converge sur le domaine :

$$0 < |T| < \frac{1}{C}\,|S|^r < \frac{1}{C^2}$$

Remarque 2.4.11 : Si $1 \leqslant s' \leqslant s \leqslant r \leqslant r' \leqslant +\infty$, $\widehat{\mathscr{E}}_\Lambda^{2(r',s')} \subset \widehat{\mathscr{E}}_\Lambda^{2(r,s)}$ et si P est une section de $\widehat{\mathscr{E}}_\Lambda^{2(r',s')}[0,0]$, P est dans $\mathscr{E}_{\Lambda(r,s)}^{2(r',s')}[0,0]$ si et seulement si $N_{(r,s)}^K(P;S,T)$ vérifie les conditions de convergence du théorème 2.4.10.

Démonstration : Pour démontrer le théorème 2.4.10, il suffit de vérifier que la convergence de $N_{(r,s)}^K(P;S,T)$ sur les domaines du type $|S|^r < \frac{1}{C}|T| < \frac{1}{C^2}|S|^s$ si $r < s$ ou $0 < |T| < \frac{1}{C}|S|^r < \frac{1}{C^2}$ si $r = 0$ est équivalente aux conditions de majorations du théorème 1.5.2, ce qui est très facile en remarquant que d'après la formule de Cauchy :

$$\sup_K |P_{ij\alpha}^\beta| \leqslant C^{|\alpha|+|\beta|}\,\alpha!\,\beta!\,\sup_{K'}|P_{ij}|$$

pour $K \subset\subset \mathring{K}'$ et en utilisant le lemme 2.4.8 pour éliminer les factorielles.

Théorème 2.4.12 : (Inversion des opérateurs micro-elliptiques).

Soit U un ouvert de $T_\Lambda^*\tilde{X}$ sur lequel $T_\Lambda^*\tilde{X}$ a des coordonnées $(x,y,\eta,\zeta;x^*,\zeta^*)$ $(\Lambda = \{(x,y,z,\xi,\eta,\zeta) \,/\, \xi = 0,\ z = 0\})$.

Soient r et s rationnels tels que $1 \leqslant s \leqslant r \leqslant +\infty$.

Soit P une section de $\mathscr{E}_\Lambda^2(r,s)$, P est inversible sur U dans l'anneau $\mathscr{E}_\Lambda^2(r,s)$ si et seulement si $\sigma_\Lambda^{(r,s)}(P)$ ne s'annule pas sur U.

Remarque : On a de plus que si P est une section de $\mathscr{E}_{\Lambda\,(r,s)}^{2(r',s')}$, P est inversible dans $\mathscr{E}_{\Lambda(r,s)}^{2(r',s')}$ sur U si et seulement si $\sigma_\Lambda^{(r',s')}(P)$ ne s'annule pas sur U.

Démonstration : Soit $P_{io,jo}(x,y,\eta,\zeta,x^*,\zeta^*) = \sigma_\Lambda^{(r,s)}(P)$ le symbole principal de P. P_{iojo} ne s'annule pas sur U donc on peut définir un opérateur inversible Q de symbole total $Q_{-io,-jo} = \frac{1}{P_{iojo}}$. Il suffit de montrer le théorème pour QP et on peut donc supposer que $P \in \mathscr{E}_\Lambda^2(r,s)[0,0]$ et que $\sigma_\Lambda^{(r,s)}(P) = P_{oo} = 1$. Posons $R = 1 - P$.

Il est clair que la série $\sum_{n\geq 0} R^n$ définit un inverse de P dans $\widehat{\mathcal{E}}_\Lambda^{2(r,s)}$ et il suffit donc pour montrer le théorème de démontrer que $N^K_{(r,s)}(\sum R^n;S,T)$ vérifie les conditions de convergence du théorème 2.4.10. (Sauf dans le cas $r=s=+\infty$ où nous n'avons pas défini de norme formelle).

1) Si $\underline{s<r}$.

Soit K un compact de U. D'après le théorème 2.4.10, il existe $C>0$ tel que si $|S|^r < \frac{1}{C}|T| < \frac{1}{C^2}|S|^s$ on ait $N^K_{(r,s)}(R;S,T) < \frac{1}{2}$.

Or d'après le théorème 2.4.9 on a :

$$N^K_{(r,s)}(\sum_{n\geq 0} R^n;S,T) \leqslant \sum_{n\geq 0}(N^K_{(r,s)}(R;S,T))^n < \sum_{n\geq 0} 2^{-n} = 1$$

donc $N^K_{(r,s)}(\sum_{n\geq 0} R^n;S,T)$ converge si $|S|^r < \frac{1}{C}|T| < \frac{1}{C^2}|S|^s$ q.e.d.

2) Si $\underline{s=r<+\infty}$.

Soit $R(x,y,z,D_x,D_y,D_z) = \sum R_{ij}(x,y,\eta,\zeta,x^*,\zeta^*)$ le symbole de R et posons :

$$R_1(x,y,z,D_x,D_y,D_z) = \sum_{i+r(j-i)<0} R_{ij}(x,y,\eta,\zeta,x^*,\zeta^*)$$

et $$R_2 = R - R_1 = \sum_{i+r(j-i)=0} R_{ij}(x,y,\eta,\zeta,x^*,\zeta^*) .$$

Lemme 2.4.13 : Soient $Q = \prod_{\ell=1}^{m} R_1^{g_\ell} R_2^{h_\ell}$, $g = g_1+\ldots+g_m$, $h = h_1+\ldots+h_m$ *et* $Q = \sum Q_{ij}$ *le symbole de* Q. *Soient* p *et* q *les deux entiers tels que* $r = \frac{p}{q}$, $(p,q) = 1$.

Alors si $qi + p(j-i) > -g$, $Q_{ij} \equiv 0$ *et pour tout* K, *il existe* $C > 0$ *tels que:*

$$N^K_{(r,r)}\ (Q;S,T) \ll \frac{C^g}{(g!)^{1/q}}\ N^K_{(r,r)}\ (R_1;S,T)^g\ N^K_{(r,r)}\ (R_2;S,T)^h$$

Démonstration : Notons $\mathscr{E}^2_\Lambda(r,r)\ [a] = \bigcup_{qi+p(j-i)\leqslant a} \mathscr{E}^2_\Lambda(r,r)\ [i,j]$.

Si $P_1 \in \mathscr{E}^2_\Lambda(r,r)\ [a_1]$ et $P_2 \in \mathscr{E}^2_\Lambda(r,r)\ [a_2]$, le produit $P_1\ P_2$ est dans $\mathscr{E}^2_\Lambda(r,r)\ [a_1+a_2]$. R_2 est dans $\mathscr{E}^2_\Lambda(r,r)\ [0]$ et R_1 dans $\mathscr{E}^2_\Lambda(r,r)\ [-1]$ donc Q est dans $\mathscr{E}^2_\Lambda(r,r)\ [-g]$.

Montrons la majoration par récurrence sur g+h : supposons le lemme vrai pour $g + h \leqslant n$ et soit :

$$Q = \prod_{\ell=1}^{m} R_1^{g_\ell}\ R_2^{h_\ell} \text{ avec } g + h = n + 1\ (g = g_1 + \ldots + g_m,\ h = h_1 + \ldots + h_m).$$

A) Supposons $h_m = 0$ et $g_m \neq 0$.

Posons $Q' = \prod_{\ell=1}^{m-1} R_1^{g_\ell}\ R_2^{h_\ell}\ R_1^{g_m-1}$ (donc $Q = Q'R_1$). D'après l'hypothèse de récurrence :

$$N^K_{(r,r)}\ (Q';S,T) \ll \frac{C^{g-1}}{[(g-1)!]^{1/q}}\ N^K_{(r,r)}\ (R_1;S,T)^{g-1}\ N^K_{(r,r)}\ (R_2;S,T)^h$$

Q' est dans $\mathscr{E}^2_\Lambda(r,r)\ [-g+1]$ et R_1 dans $\mathscr{E}^2_\Lambda(r,r)\ [-1]$ donc, d'après le théorème 2.4.9:

$$N^K_{(r,r)}\ (Q;S,T) \ll C(\tfrac{1}{g})^{1/q}\ N^K_{(r,r)}\ (Q';S,T)\ N^K_{(r,r)}\ (R_1;S,T)$$

$$\ll \frac{C^g}{(g!)^{1/q}}\ N^K_{(r,r)}\ (R_1;S,T)^g\ N^K_{(r,r)}\ (R_2;S,T)^h$$

B) Supposons $h_m \neq 0$.

On pose $Q' = \left(\prod_{\ell=1}^{m-1} R_1^{g_\ell} R_2^{h_\ell}\right) R_1^{g_m} R_2^{h_m - 1}$

$$N^K_{(r,r)}(Q;S,T) \ll N^K_{(r,r)}(Q';S,T)\, N(R_2;S,T) \ll \frac{C^g}{(g!)^{1/q}} N(R_1;S,T)^g \times N(R_2;S,T)^h$$

q.e.d.

Fin de la démonstration du théorème 2.4.12 : D'après le lemme 2.4.13, on a donc :

$$N^K_{(r,r)}(R^n;S,T) = N^K_{(r,r)}((R_1+R_2)^n\,;\,S,T) \ll \sum_{a+b=n} \frac{n!}{a!b!} \frac{C^a}{(a!)^{1/q}} N(R_1;S,T)^a\, N(R_2;S,T)^b$$

$$N^K_{(r,r)}\left(\sum_{n\geq 0} R^n;S,T\right) \ll \sum_{(a,b)\in\mathbb{N}^2} \frac{(a+b)!}{a!b!} \frac{C^a}{(a!)^{1/q}} N(R_1;S,T)^a\, N(R_2;S,T)^b$$

Soit K un compact de U, d'après le théorème 2.4.10, il existe $C > 0$ tel que $N^K_{(r,r)}(R;S,T)$ converge si $0 < |T| \leqslant \frac{1}{C}|S|^r \leqslant \frac{1}{C^2}$.

Pour tout $\alpha > 0$, il existe C_α tel que $N^K_{(r,r)}(R_1;S,T) < C_\alpha$ si $\alpha|S|^r \leqslant |T| \leqslant \frac{1}{C}|S|^r \leqslant \frac{1}{C^2}$.

Parailleurs, $N^K_{(r,r)}(R_2;S,T)$ est une série entière sans termes constants en S et $\frac{T}{S^r}$ donc il existe $C' > 0$ tel que :

$$N^K_{(r,r)}(R_2;S,T) \leqslant \frac{1}{4} \quad \text{si} \quad |T| \leqslant \frac{1}{C'}|S|^r \leqslant \frac{1}{C'^2}$$

Donc si $\alpha|S|^r \leqslant |T| \leqslant \frac{1}{C'}|S|^r \leqslant \frac{1}{C'^2}$ on aura :

$$N\left(\sum_{n\geq 0} R^n;S,T\right) \leqslant \sum_{a,b} \frac{(a+b)!}{a!b!} \frac{C^a}{(a!)^{1/q}} C^a_\alpha \left(\frac{1}{4}\right)^b \leqslant C'_\alpha$$

Donc pour tout $\alpha \geqslant 0$, il existe C'_α tel que $N^K_{(r,r)}\left(\sum_{n\geq 0} R^n;S,T\right) \leqslant C'_\alpha$ pour

$\alpha|S|^r \leqslant |T| \leqslant \frac{1}{C} |S|^r \leqslant \frac{1}{C^r}$ ce qui montre que $\sum_{n \geqslant 0} R^n$ est un opérateur de $\mathcal{E}^2_\Lambda(r,s)$.

q.e.d.

3) Si $\underline{r = s = +\infty}$

Si P est un élément de $\hat{\mathcal{E}}^2_\Lambda(\infty,\infty)[0,0]$ de symbole $P = \sum_{(i,j)} P_{ij}(x,y,\eta,\zeta;x^*,\zeta^*)$, notons $\varphi_k(P)$ pour $k \leqslant 0$ l'opérateur de symbole $\varphi_k(P) = \sum_{j-i=k} P_{ij}$.

Pour chaque k il existe un entier $\mu(k)$ tel que $\varphi_k(P)$ soit dans $\hat{\mathcal{E}}^2_\Lambda(\infty,1)[\mu(k), \mu(k)+k]$ et par définition P est convergent, i.e. est un élément de $\mathcal{E}^2_\Lambda(\infty,\infty)[0,0]$, si et seulement si, pour chaque k, $\varphi_k(P)$ est convergent, i.e. est un élément de $\mathcal{E}^2_\Lambda(\infty,1)$.

On a $\sigma_\Lambda^{(\infty,1)}(\varphi_0(P)) = \sigma_\Lambda^{(\infty,\infty)}(P)$ donc si $\sigma_\Lambda^{(\infty,\infty)}(P) = 1$, $\varphi_0(P)$ est inversible dans $\mathcal{E}^2_\Lambda(\infty,1)[0,0]$ d'après ce qui précède, on peut donc supposer que $\varphi_0(P) = 1$.

Posons $R_1 = P - 1$, $\varphi_0(R_1) = 0$ donc $\varphi_k(R_1^n) = 0$ si $n > -k$ ce qui montre que $\varphi_k\Big(\sum_{n \geqslant 0} R_1^n\Big) = \varphi_k\Big(\sum_{k \geqslant n \geqslant 0} R_1^n\Big)$ est une somme finie donc est convergente dans $\mathcal{E}^2_\Lambda(\infty,1)$, $\sum_{n \geqslant 0} R_1^n$ définit donc bien un élément de $\mathcal{E}^2_\Lambda(\infty,\infty)$ et P est inversible.

q.e.d.

2.5 Théorème de finitude.

(Ce paragraphe est directement inspiré de Boutet de Monvel [4]).

Dans ce qui suit nous allons étudier les anneaux $\mathcal{E}^2_\Lambda(r,s)$ lorsque $1 \leqslant s \leqslant r \leqslant +\infty$ et $s < +\infty$. Le cas $r = s = +\infty$ qui est légèrement différent sera considéré à la fin du paragraphe.

Dans tout ce paragraphe nous considèrerons un ouvert Ω de $\mathbb{C}^N$ muni de coordonnées $(x,y,\eta,\zeta,x^*,\zeta^*)$ avec $x \in \mathbb{C}^{n_1}$, $y \in \mathbb{C}^{n_2}$, $\zeta^* \in \mathbb{C}^{n_3}$, $x^* \in \mathbb{C}^{n_1}$, $\eta \in \mathbb{C}^{n_2}$, $\zeta \in \mathbb{C}^{n_3}$, $N = 2(n_1+n_2+n_3)$, et nous supposerons que Ω est cônique pour les homothéties :

$$H_1(\lambda) : (x,y,\eta,\zeta,x^*,\zeta^*) \longmapsto (x,y,\eta,\zeta,\lambda x^*,\lambda\zeta^*)$$

$$H_2(\mu) : (x,y,\eta,\zeta,x^*,\zeta^*) \longmapsto (x,y,\mu\eta,\mu\zeta,\mu x^*,\zeta^*)$$

Dans la suite homogène signifiera homogène par rapport à H_1 et par rapport à H_2.

Si U est un ouvert de Ω, si $(r,s) \in \mathbb{Q}^2$ avec $1 \leqslant s \leqslant r \leqslant +\infty$, $s < +\infty$, si $(i,j) \in \mathbb{Z}^2$, $\hat{\mathcal{E}}^{2(r,s)}[i,j](U)$ est l'ensemble des séries formelles $f = \sum f_{pq}$ où f_{pq} est une fonction holomorphe sur U, homogène de degré p pour H_1 et de degré q pour H_2 telles que :

1) Si $1 \leqslant s < r \leqslant +\infty$

$$f_{pq} \equiv 0 \text{ si } \frac{1}{s}p + (q-p) > \frac{1}{s}i + (j-i) \text{ ou si } \frac{1}{r}p + (q-p) > \frac{1}{r}i + (j-i)$$

2) Si $1 \leqslant s = r < +\infty$

a) $f_{pq} \equiv 0$ si $\frac{1}{s}p + (q-p) > \frac{1}{s}i + (j-i)$ ou si $\frac{1}{s}p + (q-p) = \frac{1}{s}i + (j-i)$ et $p < i$

b) $\forall k\ \exists\lambda(k)$ tel que $f_{pq} \equiv 0$ si $k = \frac{1}{s}p + (q-p)$ et $p < \lambda(k)$.

$\hat{\mathcal{E}}^{2(r,s)} = \bigcup_{(i,j)\in\mathbb{Z}^2} \hat{\mathcal{E}}^{2(r,s)}[i,j]$ est le faisceau des symboles formels de type (r,s).

$\hat{\mathcal{E}}^{2(r,s)}$ est un anneau pour le produit usuel des séries doubles $(fg)_{\lambda\mu} = \sum_{\substack{\lambda=i+k\\ \mu=j+\ell}} f_{ij}\, g_{k\ell}$ (et aussi pour la composition des opérateurs suivant la formule du théorème 2.3.3, mais sauf mention expresse du contraire nous n'utiliserons dans ce paragraphe que la première structure).

Un opérateur différentiel formel de type (r,s) d'ordre (i_o,j_o) sur U est une série formelle

$$P = \sum p_{\alpha\beta\gamma}^{\alpha'\beta'\gamma'} \left(\frac{\partial}{\partial x}\right)^{\alpha} \left(\frac{\partial}{\partial y}\right)^{\beta} \left(\frac{\partial}{\partial \zeta^*}\right)^{\gamma} \left(\frac{\partial}{\partial x^*}\right)^{\alpha'} \left(\frac{\partial}{\partial \eta}\right)^{\beta'} \left(\frac{\partial}{\partial \zeta}\right)^{\gamma'}$$

où $p_{\alpha\beta\gamma}^{\alpha'\beta'\gamma'} \in \hat{\mathcal{E}}^{2(r,s)}[i_o - |\alpha| - |\gamma'|,\ j_o - |\alpha| - |\beta| - |\gamma|]$. Il est clair que P opère de $\hat{\mathcal{E}}^{2(r,s)}[i,j]$ dans $\hat{\mathcal{E}}^{2(r,s)}[i+i_o, j+j_o]$.

Pour simplifier les notations nous poserons :

$$u_1 = x_1,\dots,u_{n_1} = x_{n_1}\ ;\ u_{n_1+1} = x_1^*,\dots,u_{2n_1} = x_{n_1}^*\ ;$$

$$u_{2n_1+1} = \zeta_1,\dots,u_{2n_1+n_3} = \zeta_{n_3}\ ;\ u_{2n_1+n_3+1} = \zeta_1^*,\dots,u_{2n_1+2n_3} = \zeta_{n_3}^*$$

$$v_1 = y_1,\dots,v_{n_2} = y_{n_2}\ ;\ v_{n_2+1} = \eta_1,\dots,v_{2n_2} = \eta_{n_2}$$

puis $d_u = \left(\frac{\partial}{\partial u_1},\dots,\frac{\partial}{\partial u_{2n_1+2n_3}}\right)$ et $d_v = \left(\frac{\partial}{\partial v_1},\dots,\frac{\partial}{\partial v_{2n_2}}\right)$ donc pour les homothéties

(H_1,H_2) $\frac{\partial}{\partial u_1}, \dots, \frac{\partial}{\partial u_{n_1}}$ et $\frac{\partial}{\partial v_1}, \dots, \frac{\partial}{\partial v_{n_2}}$ sont homogènes de degré $(0,0)$,

$\frac{\partial}{\partial u_{n_1+1}}, \dots, \frac{\partial}{\partial u_{2n_1}}$ sont homogènes de degré $(-1,-1)$, $\frac{\partial}{\partial u_{2n_1+n_3+1}}, \dots, \frac{\partial}{\partial u_{2n_1+2n_3}}$

sont homogènes de degré $(-1,0)$ et enfin $\frac{\partial}{\partial u_{2n_1+1}}, \dots, \frac{\partial}{\partial u_{2n_1+n_3}}$ et $\frac{\partial}{\partial v_{n_2+1}}, \dots,$

$\frac{\partial}{\partial v_{2n_2}}$ sont homogènes de degré $(0,-1)$.

Avec ces notations tout opérateur différentiel formel de type (r,s) et d'ordre (i_o,j_o) sur U s'écrit comme une série formelle

$$P = \sum_{(i,j,\alpha,\beta)} p_{\alpha\beta}^{ij}\, d_u^{\alpha}\, d_v^{\beta}$$

où $p_{\alpha\beta}^{ij}$ est une fonction holomorphe sur U, $p_{\alpha\beta}^{ij}\, d_u^{\alpha}\, d_v^{\beta}$ étant homogène suivant (H_1,H_2) de degré $(j+i_o-|\alpha|,\ j+j_o-|\alpha|-|\beta|)$ avec de plus $\frac{1}{r}\, i + (j-i) \leqslant 0$ et $\frac{1}{s}\, i + (j-i) \leqslant 0$ si $r \neq s$ et $\frac{1}{r}\, i + (j-i) \leqslant 0$ et $i \geqslant 0$ si $\frac{1}{r}\, i + (j-i) = 0$, $i \geqslant \lambda(\frac{1}{r}\, i + (j-i))$ si $r = s$.

Si $f = \sum f_{ij}$ est un élément de $\hat{\mathcal{E}}^{2(r,s)}[i_o,j_o]$ soit $\delta_{i_o,j_o}(f)$ l'élément de $\hat{\mathcal{E}}^{2(r,s)}[0,0]$ dont le symbole est défini par $\delta_{i_oj_o}(f) = \sum g_{ij}$ avec $g_{ij} = f_{i+i_o,j+j_o}$.

On peut alors poser pour tout élément f de $\hat{\mathcal{E}}^{2(r,s)}[i_o,j_o](U)$ et tout compact K de U :

$$N_{(r,s)}^{K[i_o,j_o]}(f;S,T) = N_{(r,s)}^{K}(\delta_{i_oj_o}(f);S,T)$$

où $N_{(r,s)}^{K}(.,S,T)$ est la norme formelle de la définition 2.4.3.

Si f est une matrice de $\hat{\mathcal{E}}^{2(r,s)}[i_o,j_o](U)$ on peut définir $N_{(r,s)}^{K[i_o,j_o]}(f;S,T)$ en remplaçant $\sup_K |f_{ij}|$ dans la formule de la définition 2.4.3 par une norme matricielle telle que $\| a.b\| \leqslant \| a\| . \| b\|$.

Si $P = \sum p_{\alpha\beta}\, d_u^\alpha\, d_v^\beta$ est un opérateur différentiel formel de type (r,s) d'ordre (i_0,j_0) on note :

$$N_{(r,s)}^{K[i_0,j_0]}(P;S,T) = \sum_{\alpha,\beta} N_{(r,s)}^{K[i_0-|\alpha|,j_0-|\alpha|-|\beta|]}(p_{\alpha\beta})\, S^{|\alpha|}\, T^{|\beta|}$$

Des calculs analogues à ceux de la démonstration du théorème 2.4.9 montrent que :

$$(2.5.1)\qquad N_{(r,s)}^{K[i_0+i_1,j_0+j_1]}(Pf,S,T) \ll N_{(r,s)}^{K[i_0,j_0]}(P;S,T)\, N_{(r,s)}^{K[i_1,j_1]}(f;S,T)$$

D'après le théorème 2.4.10 un élément f de $\hat{\mathcal{E}}^{2(r,s)}[i_0,j_0](U)$ est dans $\mathcal{E}^2(r,s)[i_0,j_0]$ (Nous dirons que le symbole f est "convergent") si et seulement si pour tout compact K de U, il existe C > 0 tel que :

$$(2.5.2)\quad \text{Si } s < r \quad N_{(r,s)}^{K[i_0,j_0]}(f;S,T) \text{ converge si } |S|^r < \frac{1}{C}\,|T| < \frac{1}{C^2}\,|S|^r$$

$$(2.5.3)\quad \text{Si } s = r \quad N_{(r,r)}^{K[i_0,j_0]}(f;S,T) \text{ converge si } 0 < |T| < \frac{1}{C}\,|S|^r < \frac{1}{C^2}$$

Nous dirons de même qu'un opérateur différentiel formel de type (r,s) d'ordre (i_0,j_0) est "convergent" sur U si sa norme formelle vérifie la condition (2.5.2) ou (2.5.3).

La formule (2.5.1) montre qu'alors P opère de $\mathcal{E}^2(r,s)[i,j](U)$ dans $\mathcal{E}^2(r,s)[i+i_0,j+j_0](U)$.

<u>Exemple</u> : Si $f \in \hat{\mathcal{E}}^{2(r,s)}(U)$ on lui associe deux opérateurs différentiels formels de type (r,s) sur U :

$$L_f = \sum \frac{(-1)^{|\gamma|}}{\alpha!\beta!\gamma!} (D^{\alpha}_{x*} D^{\beta}_{\eta} D^{\gamma}_{\zeta} f_{ij}) (\frac{\partial}{\partial x})^{\alpha} (\frac{\partial}{\partial y})^{\beta} (\frac{\partial}{\partial \zeta *})^{\gamma}$$

$$R_f = \sum \frac{(-1)^{|\gamma|}}{\alpha!\beta!\gamma!} (D^{\alpha}_{x} D^{\beta}_{y} D^{\gamma}_{\zeta *} f_{ij}) (\frac{\partial}{x*})^{\alpha} (\frac{\partial}{\partial \eta})^{\beta} (\frac{\partial}{\partial \zeta})^{\gamma}$$

Si f est convergent, L_f et R_f le sont également.

Si g est un autre symbole et si $f_o g$ désigne le composé de f et g au sens des opérateurs 2-microdifférentiels on a :

$$f \circ g = L_f(g) = R_g(f) \; .$$

Cet exemple nous permettra de considérer le produit à droite ou à gauche par une matrice d'opérateurs 2-microdifférentiels comme des cas particuliers de l'opération d'un opérateur différentiel formel ou convergent sur un symbole.

Si P et Q sont deux opérateurs différentiels formels, on n'a pas en général $N(PQ;S,T) \ll N(P;S,T)\, N(Q;S,T)$ c'est pourquoi nous définissons la norme $\tilde{N}$ suivante :

Si $P = \sum p^{\beta}_{ij\alpha} (\frac{\partial}{\partial x})^{\alpha_1} (\frac{\partial}{\partial y})^{\alpha_2} (\frac{\partial}{\partial \zeta *})^{\alpha_3} (\frac{\partial}{\partial x*})^{\beta_1} (\frac{\partial}{\partial \eta})^{\beta_2} (\frac{\partial}{\partial \zeta})^{\beta_3}$ est un opérateur différen-rentiel formel de type (r,s) d'ordre (0,0) ou p^{β}_{ij} est une fonction holomorphe homogène de degré $(+i-|\alpha_1|-|\beta_3|,\ +j-|\alpha_1|-|\alpha_2|-|\alpha_3|)$ on pose :

$$\tilde{N}^K_{(r,s)} (P,S,T) = \sum C^{\beta\beta'}_{ij\alpha\alpha'} (r,s) \times$$

$$\times \sup_K \left| (\frac{\partial}{\partial x})^{\alpha'_1} (\frac{\partial}{\partial y})^{\alpha'_2} (\frac{\partial}{\partial \zeta *})^{\alpha'_3} (\frac{\partial}{\partial x*})^{\beta'_1} (\frac{\partial}{\partial \eta})^{\beta'_2} (\frac{\partial}{\partial \zeta})^{\beta'_3} \; p^{\beta}_{ij\alpha} \right| \times$$

$$S^{-2i+|\alpha_1|+|\alpha'_1|+|\alpha_3|+|\alpha'_3|+|\beta_1|+|\beta'_1|+|\beta_3|+|\beta'_3|} \; T^{-2(j-i)+|\alpha_2|+|\alpha'_2|+|\beta_2|+|\beta'_2|}$$

avec $C^{\beta\beta'}_{ij\alpha\alpha'} (r,s) = C^{\beta\beta'}_{ij\alpha\alpha'} (r) \quad$ si $j - i \geqslant 0$

$$= C^{\beta\beta'}_{ij\alpha\alpha'} (s) \quad \text{si } j - i < 0$$

et $C^{\beta\beta'}_{ij\alpha\alpha'}(t) = 2(2n)^j \dfrac{(-i-t(j-i))!}{(-i-t(j-i)+|\alpha|+|\alpha'|)!(-i-t(j-i)+|\beta|+|\beta'|)!}$

Avec la norme formelle $\tilde{N}$ on vérifie en recopiant les calculs du théorème 2.4.9 que l'on a :

1) $\tilde{N}^K_{(r,s)}(P_oQ,S,T) \ll \tilde{N}^K_{(r,s)}(P,S,T)\ \tilde{N}^K_{(r,s)}(Q,S,T)$

2) Si P est d'ordre (i_o,j_o), Q d'ordre (i_1,j_1) avec

$$-i_o - s(j_o-i_o) \geqslant A \qquad -i_1 - s(j_1-i_1) \geqslant B \qquad \text{et } A > 0,\ B > 0$$

$$-i_o - r(j_o-i_o) \geqslant A \qquad -i_1 - s(j_1-i_1) \geqslant B$$

$$\tilde{N}^K_{(r,s)}(P_oQ,S,T) \ll C\left(\frac{1}{A+B}\right)^{\frac{1}{q}}\ \tilde{N}^K_{(r,s)}(P,S,T)\ \tilde{N}^K_{(r,s)}(Q,S,T)$$

En reprenant la démonstration du théorème 2.4.12 on obtient facilement le lemme suivant :

Lemme 2.4.0 : Si P est un opérateur différentiel "convergent" de type (r,s) d'ordre (0,0), $P = \sum P^{ij}_{\alpha\beta}\, d^{\alpha}_u\, d^{\beta}_v$, *tel que* $P^{oo}_{oo} \equiv 0$, $\sum\limits_{n\geqslant o} P^n$ *est un opérateur différentiel "convergent" de type (r,s) et d'ordre (0,0) et on a :*

$$(I - P)\left(\sum P^n\right) = \left(\sum P^n\right)(I - P) = I$$

Nous pouvons maintenant énoncer le théorème de finitude :

Considérons tout d'abord le cas $r = s$. Soit θ un point de Ω et $\mathcal{E}^2_\theta(r,r)$ l'ensemble des germes en θ de symboles convergents de type (r,s).

Nous noterons $\tilde{\mathcal{E}}^2_\theta(r,s)$ l'ensemble des germes en θ de symboles de type (r,s) qui ne dépendent pas de certaines variables u_i et v_i que nous noterons $u_{i_1},\dots,u_{i_\varepsilon}$, $v_{j_1},\dots,v_{j_{\varepsilon'}}$.

Si $\mathcal{J} \subset ((\mathcal{E}^2_\theta(r,r))^N$ est un sous-espace vectoriel nous noterons

$$\mathcal{J}_{ij} = \mathcal{J} \cap (\mathcal{E}^2_\theta(r,r)[i,j])^N$$

Si $r = \frac{p}{q}$ est la représentation irréductible de r, le premier point sur la droite $\frac{1}{r}\, i + (j-i) = \frac{1}{r}\, i_0 + (j_0-i_0)$ dont la coordonnée i soit strictement supérieure à i_0 est $(i_0+p,\ j_0+p-q)$.

On pose $gr^{(i,j)}\, \mathcal{J} = \mathcal{J}_{ij}/\mathcal{J}_{i+p,j+p-q}$; $gr\, \mathcal{J} = \bigoplus_{(i,j)\in\mathbb{Z}^2} gr^{(i,j)}\, \mathcal{J}$.

(En particulier si $r = 1$ $gr^{(i,j)}\mathcal{J} = \mathcal{J}_{ij}/\mathcal{J}_{i+1,j}$).

On a $gr^{(i,j)}\, \mathcal{E}^2_\theta(r,r) = \mathcal{O}_\theta(i,j)$ ensemble des germes de fonctions holomorphes sur Ω en θ, homogènes de degré i en (x^*,ζ^*) et j en (η,ζ,x^*).

$gr\,\mathcal{J}$ s'identifie à un sous-espace de $(gr\, \mathcal{E}^2_\theta(r,r))^N$. Nous noterons $\widetilde{\mathcal{O}}_\theta(i,j) = gr^{(i,j)}\, \widetilde{\mathcal{E}}^2_\theta(r,r)$ le sous-espace de $\mathcal{O}_\theta(i,j)$ des fonctions qui ne dépendent pas de $u_{i_1},\dots,u_{i_\varepsilon}$, $v_{j_1},\dots,v_{j_{\varepsilon'}}$.

Soit $P = \sum_{\substack{\frac{1}{r} i+(j-i)\leqslant 0 \\ i\geqslant 0 \text{ si } \frac{1}{r} i+(j-i)=0}} p^{ij}_{\alpha\beta}\, d^\alpha_u\, d^\beta_v$ un opérateur différentiel <u>convergent</u>,

où $p^{ij}_{\alpha\beta}$ est une matrice $(p^{ij}_{\alpha\beta}(\mu,\nu))_{\substack{1<\mu<N \\ 1<\nu<M+M'}}$ à coefficients fonctions holomorphes homogènes.

Nous supposons que pour $\nu = 1,\dots,M + M'$, il existe $i(\nu)$ et $j(\nu)$ tels que pour $\mu = 1,\dots,N$ et tous $(\alpha,\beta) \in \mathbb{N}^{2n_1+2n_3} \times \mathbb{N}^{2n_2}$, tous (i,j), $p^{ij}_{\alpha\beta}(\mu,\nu)\, d^{\alpha}_{u}\, d^{\beta}_{v}$ soit homogène de degré $(i(\nu)+i-|\alpha|,\ j(\nu)+j-|\alpha|-|\beta|)$.

P définit une application $(\mathcal{E}^2_\theta(r,r))^{M+M'} \longrightarrow (\mathcal{E}^2_\theta(r,r))^N$ et aussi des applications

$$P : \prod_{\nu=1}^{M+M'} \mathcal{E}^2_\theta(r,r)[i-i(\nu),j-j(\nu)] \longrightarrow (\mathcal{E}^2_\theta(r,r)[i,j])^N$$

donc induit par passage au quotient des applications

$$gr^{(i,j)}\, P : \prod_{\nu=1}^{M+M'} gr^{(i-i(\nu),j-j(\nu))}\, \mathcal{E}^2_\theta(r,r) \longrightarrow (gr^{(i,j)}\, \mathcal{E}^2_\theta(r,r))^N$$

qui sont en fait définies par la multiplication par la matrice

$$(p^{ij}_{\alpha\beta}\,(\mu,\nu))_{\substack{1\leq\mu\leq N\\ 1\leq\nu\leq M+M'}} \qquad \text{pour } i = j = 0 \text{ et } \alpha = 0\ \beta = 0 .$$

Notons φ la restriction de P à $(\mathcal{E}^2_\theta(r,r))^M \times (\widetilde{\mathcal{E}}^2_\theta(r,r))^{M'}$ et gr φ la restriction de gr P à $(gr\ \mathcal{E}^2_\theta(r,r))^M \times (gr\ \widetilde{\mathcal{E}}^2_\theta(r,r))^{M'}$.

Théorème 2.5.1 : Soit $\mathcal{J}$ un sous-espace vectoriel de $(\mathcal{E}^2_\theta(r,r))^N$ qui contient l'image de φ et tel que gr $\mathcal{J}$ soit un gr $\mathcal{E}^2_\theta(r,r)$-module.

Si gr φ : $(gr\ \mathcal{E}^2_\theta(r,r))^M \times (gr\ \check{\mathcal{E}}^2_\theta(r,r))^{M'} \longrightarrow gr\ \mathcal{J}$ est surjectif, l'image de φ est égale à $\mathcal{J}$.

Plus précisément si pour tout (i,j) tel que

$$\frac{1}{r}\, i + (j-i) \leq \frac{1}{r}\, i_o + (j_o - i_o) \quad \text{et} \quad i \geq i_o \quad \text{si} \quad \frac{1}{r}\, i + (j-i) = \frac{1}{r}\, i_o + (j_o - i_o)$$

l'application

$$gr^{(i,j)}(\varphi) : \prod_{\nu=1}^{M} gr^{(i-i(\nu),j-j(\nu))} \mathcal{E}^2_\theta(r,r) \times \prod_{\nu=M+1}^{M+M'} gr^{(i-i(\nu),j-j(\nu))} \tilde{\mathcal{E}}^2_\theta(r,r) \longrightarrow gr^{(i,j)}\mathcal{J}$$

est surjective alors :

$$\varphi : \prod_{\nu=1}^{M} \mathcal{E}^2_\theta(r,r)[i_o-i(\nu),j_o-j(\nu)] \times \prod_{\nu=M+1}^{M+M'} \tilde{\mathcal{E}}^2_\theta(r,r)[i_o-i(\nu),j_o-j(\nu)] \longrightarrow \mathcal{J}_{i_o,j_o}$$

est surjective.

Corollaire 2.5.2 : Sous les hypothèses du théorème 2.5.2 on a $Ker(gr\,\varphi) = gr(Ker\,\varphi)$ *en particulier si* $gr\,\varphi$ *est injective,* φ *est injective.*

Si $r \neq s$, le théorème 2.5.1 est faux sous cette forme, nous devons remplacer le faisceau $\mathcal{E}^2(r,s)$ par son sous-faisceau

$$\mathcal{E}^2(r,s)[0] = \bigcup_{\frac{1}{r}\, i+(j-i)\leqslant 0} \mathcal{E}^2(r,s)[i,j].$$

Pour être tout à fait général nous allons en fait considérer quatre rationnels r, s, r', s' tels que $1 \leqslant s' \leqslant s \leqslant r \leqslant r' \leqslant +\infty$, avec $s' < r'$ et définir le faisceau

$$\mathcal{E}^{2(r',s')}_{(r,s)}[0] = \bigcup_{\frac{1}{r'}\, i+(j-i)\leqslant 0} \mathcal{E}^{2(r',s')}_{(r,s)}[0]$$

$\mathcal{E}^{2(r',s')}_{(r,s)}[0]$ est un sous-espace vectoriel de $\mathcal{E}^2(s',s')$ et nous avons donc comme précédemment un gradué qui n'est autre que :

$$\mathrm{gr}^{(i,j)}\, \mathcal{E}_\theta^{2(r',s')}(r,s)\,[0] = \mathcal{O}_\theta(i,j) \qquad \text{si } \frac{1}{r'}\, i + (j-i) \leq 0$$

$$= 0 \qquad \text{si } \frac{1}{r'}\, i + (j-i) > 0 .$$

(θ étant un point fixé dans Ω).

Nous considérons comme précédemment un opérateur différentiel convergent de type (r,s) : $P = \sum\limits_{\substack{\frac{1}{r'} i+j-i \leq 0 \\ \frac{1}{s'} i+j-i \leq 0}} p_{\alpha\beta}^{ij}\, d_u^\alpha\, d_v^\beta$ où $p_{\alpha\beta}^{ij}$ est une matrice $(p_{\alpha\beta}^{ij}(\mu,\nu))_{\substack{1\leq\mu\leq N \\ 1\leq\nu\leq M+M'}}$,

$p_{\alpha\beta}^{ij}(\mu,\nu)\, d_u^\alpha\, d_v^\beta$ étant homogène de degré $(i(\nu)+i-|\alpha|, j(\nu)+j-|\alpha|-|\beta|)$ et nous supposons de plus que $\frac{1}{r'}\, i(\nu) + j(\nu) - i(\nu) \leq 0$ pour tout ν.

$\tilde{\mathcal{E}}_\theta^{2(r',s')}(r,s)\,[0]$ désigne le sous-ensemble de $\mathcal{E}^{2(r',s')}(r,s)\,[0]$ des symboles qui ne dépendent pas des variables $u_{i_1},\ldots,u_{i_\varepsilon}$, $v_{j_1},\ldots,v_{j_{\varepsilon'}}$ et P induit une application :

$$\varphi : \left(\mathcal{E}_\theta^{2(r',s')}(r,s)\,[0]\right)^M \times \left(\tilde{\mathcal{E}}_\theta^{2(r',s')}(r,s)\,[0]\right)^{M'} \longrightarrow \left(\mathcal{E}_\theta^{2(r',s')}(r,s)\,[0]\right)^N$$

Théorème 2.5.3 : Soit $\mathcal{J}$ un sous-espace vectoriel de $\left(\mathcal{E}_\theta^{2(r',s')}(r,s)\,[0]\right)^N$ qui contient l'image de φ et tel que gr $\mathcal{J}$ soit un gr $\mathcal{E}_\theta^{2(r',s')}(r,s)\,[0]$-module.

Si gr φ : $\left(\mathrm{gr}\, \mathcal{E}_\theta^{2(r',s')}(r,s)\,[0]\right)^M \times \left(\mathrm{gr}\, \tilde{\mathcal{E}}_\theta^{2(r',s')}(r,s)\,[0]\right)^{M'} \longrightarrow \mathrm{gr}\, \mathcal{J}$ est surjectif, l'image de φ est égale à $\mathcal{J}$.

On a de plus Ker(gr φ) = gr(Ker φ) donc si gr φ est injectif, φ est injectif. (La 2ème partie du théorème 2.5.1 est encore vraie ici, nous ne l'écrivons pas).

On munit l'espace des germes de fonctions holomorphes en un point θ de $\mathbb{C}^n$

des pseudo-normes suivantes : si $f(x) = \sum f_\alpha (x-\theta)^\alpha$ et si $\rho = (\rho_1, \ldots \rho_n) \in \mathbb{R}_+^n$ on pose :

$$\|f\|_\rho = \sum |f_\alpha| \rho^\alpha$$

(si f est une fonction à valeurs vectorielles, $|f_\alpha|$ désigne la norme du vecteur f_α et si A est une matrice on a $\|Af\|_\rho \leqslant \|A\|_\rho \|f\|_\rho$).

Si $t = (t_1, \ldots, t_n) \in \mathbb{C}^n$ on notera $\|f\|(t) = \sum |f_\alpha| t^\alpha$, de sorte que $\|f\|$ est une fonction holomorphe sur $\mathbb{C}^n$ au voisinage de 0 et $\|f\|_\rho = \|f\|(\rho)$.

D'après la formule de Cauchy on a pour $0 < s < u$ (s et u réels) :

$$\forall \alpha \in \mathbb{N}^n \quad \left\| \frac{d^\alpha f}{\alpha!} \right\|_{s\rho} \leqslant \left(\frac{C}{u-s} \right)^{|\alpha|} \|f\|_{u\rho}$$

avec $d^\alpha f = (\frac{\partial}{\partial x_1})^{\alpha_1} \ldots (\frac{\partial}{\partial x_n})^{\alpha_n} f$ et $C = \sup\limits_{1 \leqslant i \leqslant n} \frac{1}{\rho_i}$.

Pour démontrer le théorème 2.5.1, nous allons tout d'abord donner une variante pour les fonctions homogènes du théorème des voisinages privilégiés de Malgrange [17 bis].

Lemme 2.5.4 : Soient Ω un ouvert de $\mathbb{C}^n$ muni de coordonnées (x, ξ, η, ζ), θ un point de Ω et $\mathcal{O}_\theta(i,j)$ l'ensemble des germes de fonctions holomorphes en θ qui sont homogènes de degré (i,j) :

$$f(x, \lambda\xi, \lambda\eta, \zeta) = \lambda^i f(x, \xi, \eta, \zeta)$$

$$f(x, \xi, \mu\eta, \mu\zeta) = \mu^j f(x, \xi, \eta, \zeta) .$$

Soit $\psi : (\bigoplus_{(i,j)\in\mathbb{Z}^2} \mathcal{O}_\theta(i,j))^M \longrightarrow (\bigoplus_{(i,j)\in\mathbb{Z}^2} \mathcal{O}_\theta(i,j))^N$ une application linéaire *définie par une matrice* $M = (a_{\mu\nu})_{\substack{1\leq\mu\leq N \\ 1\leq\nu\leq M}}$ *de fonctions homogènes.*

On suppose que pour $\mu = 1,\dots,N$, $\nu = 1,\dots,M$ *il existe* $i(\mu)$, $i(\nu)$, $j(\mu)$, $j(\nu)$ *tels que* $a_{\mu\nu} \in \mathcal{O}_\theta(i(\mu)+i(\nu), j(\mu)+j(\nu))$.

Alors ψ *possède une scission* $\lambda : (\oplus \mathcal{O}_\theta(i,j))^N \longrightarrow (\oplus \mathcal{O}_\theta(i,j))^M$ *(i.e.* λ *est* $\mathbb{C}$*-linéaire et* $\psi = \psi\lambda\psi$*) telle que :*

(2.5.4) λ *est homogène, i.e. pour tout* $(i,j) \in \mathbb{Z}^2$ λ *envoie* $\prod_{\mu=1}^{N} \mathcal{O}_\theta(i+i(\mu),j+j(\mu))$ *dans* $\prod_{\nu=1}^{M} \mathcal{O}_\theta(i-i(\nu),j-j(\nu))$.

(2.5.5) Il existe une famille de polyrayons tendant vers 0 telle que pour tout ρ *de cette famille, il existe* $C_\rho > 0$ *tel que pour tout* $s \in [\frac{1}{2},1]$ *on ait :*

$$\| \lambda f\|_{s\rho} \leq C_\rho \|f\|_{s\rho}$$

Démonstration du lemme 2.5.4 : Il suffit de reprendre pas à pas la démonstration de Malgrange [17 bis]. Indiquons les étapes principales de cette démonstration :

1) Nous démontrons en fait le lemme pour une famille finie $(\psi_k)_{k\in I}$ d'applications linéaires homogènes vérifiant les hypothèses du lemme.

2) Le conoyau de ψ est un $\bigoplus_{(i,j)\in\mathbb{Z}^2} \mathcal{O}_\theta(i,j)$-module bigradué :

$$\operatorname{coker} \psi = M = \bigoplus_{(i,j)\in\mathbb{Z}^2} M_{ij}$$ avec M_{ij} $\mathcal{O}_\theta(0,0)$-module et $\mathcal{O}_\theta(k,\ell)M_{ij} \subset M_{i+k,j+\ell}$.

Réciproquement, si M est un $\oplus\ \mathcal{O}_\theta(i,j)$-module bigradué de type fini, il est le conoyau d'une application ψ homogène. (Il est facile en effet, comme nous le verrons dans le lemme 2.6.2 de montrer que $\bigoplus_{(i,j)\in Z^2} \mathcal{O}_\theta(i,j)$ est un anneau cohérent et noethérien).

Enfin, comme dans la démonstration de Malgrange, il est facile de voir que l'énoncé du lemme "ne dépend que des modules coker ψ_i", c'est-à-dire que si $\psi : (\oplus \mathcal{O}_\theta(i,j))^M \longrightarrow (\oplus \mathcal{O}_\theta(i,j))^N$ et $\psi' : (\oplus \mathcal{O}_\theta(i,j))^{M'} \longrightarrow (\oplus \mathcal{O}_\theta(i,j))^{N'}$ sont deux présentations d'un même module, et si ψ possède une scission λ qui vérifie (2.4.4) et (2.4.5) pour une famille de polyrayons , on construit μ scission de ψ' qui vérifie (2.4.4) et (2.4.5) pour la même famille de polyrayons.

Si $(M_i)_{i\in I}$ est une famille finie de $\oplus \mathcal{O}_\theta(i,j)$-modules bigradué de type fini, on dira que le lemme est vrai pour (M_i) si il est vrai pour un choix de présentations des (M_i) (donc pour tout choix).

3) Si pour tout $i \in I$, on a des suites exactes $0 \to M_i' \to M_i \to M_i'' \to 0$ et si le lemme est vrai pour $(M_i',M_i'')_{i\in I}$, il est vrai pour $(M_i)_{i\in I}$. La démonstration du lemme se fait par récurrence sur la dimension de l'espace. On prend pour M_i' le sous-module de x_n-torsion de M_i, c'est un $\oplus \mathcal{O}_\theta(i,j)$-module bigradué.

Comme $\oplus \mathcal{O}_\theta(i,j)$ est noethérien (Lemme 2.6.2), il existe k tel que $x_n^k M_i' = 0$. Les quotients successifs $x_n^j M_i'/_{x_n^{j+1}} M_i'$ sont des modules bigradués de même que le quotient $M/_{M_i'}$. Les premiers vérifient $x_n M = 0$ et le second est sans x_n-torsion.

Dans les deux cas, il suffit de reprendre la construction de Malgrange qui conserve les homogénéités.

Démonstration du théorème 2.5.1 : Tout d'abord, en reprenant la démonstration du lemme (3.8) de Boutet de Monvel [4] dans laquelle on remplace le théorème des voisinages privilégiés de Malgrange par le lemme 2.5.4 ci-dessus, on voit que le lemme 2.5.4 est encore vrai si on remplace $(\bigoplus_{(i,j)\in\mathbb{Z}^2} \mathcal{O}_\theta(i,j))^M$ par

$(\bigoplus_{(i,j)\in\mathbb{Z}^2} \mathcal{O}_\theta(i,j))^M \times (\bigoplus_{(i,j)\in\mathbb{Z}^2} \widetilde{\mathcal{O}}_\theta(i,j))^{M'}$.

Dans la suite, si $f \in (\mathcal{E}^2_\theta(r,r))^{M+M'}$, $f = (f_1,\dots,f_{M+M'})$ on écrira pour $\nu = 1,\dots,M+M'$ $f_\nu = \sum_{(k,\ell)\in\mathbb{Z}^2} f_\nu^{k\ell}$ où $f_\nu^{k\ell}$ est une fonction holomorphe homogène de degré $(k-i(\nu), \ell-j(\nu))$ et $f = \sum_{(k,\ell)\in\mathbb{Z}^2} f^{k\ell}$ avec $f^{k\ell} = (f_1^{k\ell},\dots,f_{M+M'}^{k\ell})$. (C'est-à-dire suivant des notations précédentes que l'on remplace en fait f_ν par $\delta_{i(\nu),j(\nu)} f_\nu$).

Si $g \in (\mathcal{E}^2_\theta(r,r)^N$, $g = (g_1,\dots,g_N)$ on écrira $g_\mu = \sum_{(k,\ell)} g_\mu^{k\ell}$ où $g_\mu^{k\ell}$ est homogène de degré (k,ℓ). Avec ces notations l'équation $Pf = g$ est équivalente à la suite d'équations :

$$\forall (i,j) \in \mathbb{Z}^2 \quad \sum_{\substack{i=k+p-|\alpha| \\ j=\ell+q-|\beta|-|\alpha|}} p_{\alpha\beta}^{k\ell}\, d_u^\alpha\, d_v^\beta\, f^{pq} = g^{ij}$$

ou encore :

$$(2.5.6) \qquad \forall (i,j) \in \mathbb{Z}^2 \qquad p_{oo}^{oo}\, f^{ij} = g^{ij} - \sum_{\substack{i=k+p-|\alpha| \\ j=\ell+q-|\beta|-|\alpha| \\ \frac{1}{r}p+(q-p)\geqslant\frac{1}{r}i+(j-i) \\ p<i \text{ si } \frac{1}{r}p+(q-p)=\frac{1}{r}i+(j-i)}} p_{\alpha\beta}^{k\ell}\, d_u^\alpha\, d_v^\beta\, f^{pq}$$

Soit $g \in \mathcal{Y}$, nous cherchons $f \in (\mathcal{E}^2_\theta(r,r)^M \times (\widetilde{\mathcal{E}}^2_\theta(r,r))^{M'}$ tel que $Pf = g$. Notons y_{ij} le deuxième membre de l'équation 2.5.6., y_{ij} ne dépend que des termes f^{pq} tels que $\frac{1}{r}p+(q-p) \geqslant \frac{1}{r}i+(j-i)$ et $p < i$ si $\frac{1}{r}p+(q-p) = \frac{1}{r}i+(j-i)$. De plus si f^{pq} est déterminé pour $\frac{1}{r}p+(q-p) > \frac{1}{r}i+(j-i)$, sur la droite $\frac{1}{r}i+(j-i)$ le terme $g^{ij} - \sum_{\frac{1}{r}p+(q-p)>\frac{1}{r}i+(j-i)} p_{\alpha\beta}^{k\ell}\, d_u^\alpha\, d_v^\beta\, f^{pq}$ est nul si p est assez petit.

Soit λ la scission associée à $\psi = gr\ \varphi$ par le lemme précédent, nous pouvons définir les f^{ij} par récurrence lexicographique sur $-(\frac{1}{r}\ i + j - i)$ et $(+i)$ en posant $f^{ij} = \lambda(y^{ij})$ (Pour (i,j) fixé on peut calculer f^{ij} en un nombre fini d'étapes).

$f = \sum_{(i,j)\in\mathbb{Z}^2} f^{ij}$ est un élément de $(\hat{\mathcal{E}}^2_\theta(r,r))^M \times (\tilde{\hat{\mathcal{E}}}^2_\theta(r,r))^{M'}$ et si $g \in (\mathcal{E}^2_\theta(r,r)[i_o,j_o])^N$

alors $f \in \prod_{\nu=1}^{M} \hat{\mathcal{E}}^2_\theta(r,r)[i_o-i(\nu),j_o-j(\nu)] \times \prod_{\nu=M+1}^{M+M'} \tilde{\hat{\mathcal{E}}}^2_\theta(r,r)[i_o-i(\nu),j_o-j(\nu)]$.

1) Montrons que $P\ f = g$.

Il suffit de montrer par récurrence sur $-\left(\frac{1}{r}\ i + (j-i)\right)$ et i que f^{ij} vérifie (2.5.6), or si l'équation (2.5.6) est vérifiée pour tous les (i',j') tels que $\frac{1}{r}\ i' + (j'-i') \geqslant \frac{1}{r}\ i + j - i$ et $i' < i$ si $\frac{1}{r}\ i' + j' - i' = \frac{1}{r}\ i + j - i$, y^{ij} est le symbole principal de $g - P(\sum_{\substack{\frac{1}{r} p+q-p \geqslant \frac{1}{r} i+j-i \\ p<i \text{ si } \frac{1}{r} p+q-p = \frac{1}{r} i+j-i}} f^{pq})$ qui est un élément de $\mathcal{Y}$

donc $y^{ij} \in gr^{(i,j)}\ \mathcal{Y}$ donc y^{ij} est dans l'image de $\psi = gr\ \varphi$ et donc $p^{oo}_{oo}\ f^{ij} = \psi(f^{ij}) = \psi\lambda(y^{ij}) = y^{ij}$.

q.e.d.

2) Il reste à montrer que f est un symbole convergent (de type (r,r)).

Pour ne pas alourdir les notations nous ferons la démonstration dans le cas $r = 1$, le cas général est absolument identique en remplaçant (i,j) par $(i, \frac{1}{r}\ i+j-i)$.

Nous supposerons que $g \in \mathcal{E}^2_\theta(r,r)[i_o,j_o]$ et nous posons :

$$i_1 = \sup\ \{i(\nu)\ /\ \nu = 1,\dots,M+M'\} \qquad j_1 = \sup\ \{j(\nu)\ /\ \nu = 1,\dots,M+M'\}\ .$$

Si P et g sont "convergents" on a :

$$\exists A \geqslant 0\quad \exists\rho_o > 0\quad \forall\rho\ |\rho| \leqslant \rho_o\quad \forall\varepsilon > 0\quad \exists C_\varepsilon > 0\quad \forall s \leqslant 1\quad \forall(k,\ell) \in \mathbb{Z}^2,\quad \ell \leqslant 0\ ,$$

$$(2.5.6.1)\quad \begin{cases} \| p_{\alpha\beta}^{i_1+k,j_1+\ell} \|_{s\rho} \leqslant A.\ A^{-\ell-|\alpha|-|\beta|}\ (-\ell)!\ C_\varepsilon^{(\ell-k)} \\ \| g^{i_o+k,j_o+\ell} \|_{s\rho} \leqslant A.\ A^{-\ell}\ (-\ell)!\ C_\varepsilon^{(\ell-k)} \end{cases}$$

avec $C_\varepsilon^{(\ell-k)} = C_\varepsilon\ \varepsilon^{\ell-k}$ si $\ell \geqslant k$ et $C_\varepsilon^{(\ell-k)} = A^{-\ell+k}$ si $\ell - k < 0$. Dans toute la suite nous fixons un polyrayon ρ de module $\leqslant \rho_o$ et pour lequel il existe C_ρ tel que $\| \lambda f \|_{s\rho} \leqslant C_\rho\ \| f \|_{s\rho}$ si $s \in [\frac{1}{2}, 1]$ (lemme 2.5.4).

Si A est assez grand on a :

$$\| d_u^\alpha\ d_v^\beta\ f^{pq} \|_{s\rho} \leqslant \alpha!\ \beta!\ \left(\frac{A/e}{u-s}\right)^{|\alpha|+|\beta|} \| f^{pq} \|_{u\rho} \text{ si } u > s\ .$$

Nous allons démontrer que pour tout $s \in]\frac{1}{2}, 1[$ on a :

$$(2.5.7)\quad \| f^{pq} \|_{s\rho} \leqslant D_{pq}\ \left(\frac{1}{1-s}\right)^{-q} \quad \text{où } D_{pq} \text{ ne dépend que de p et q.}$$

Alors $\| d_u^\alpha\ d_v^\beta\ f^{pq} \|_{s\rho} \leqslant \alpha!\ \beta!\ \left(\frac{A/e}{u-s}\right)^{|\alpha|+|\beta|} \left(\frac{1}{1-u}\right)^{-q} D_{pq}$ pour tout u tel que $\frac{1}{2}<s<u<1$.

Or $$\inf_{s<u<1} \left(\frac{1}{u-s}\right)^{|\alpha|+|\beta|} \left(\frac{1}{1-u}\right)^{-q} = \frac{(|\alpha|+|\beta|-q)^{|\alpha|+|\beta|-q}}{(|\alpha|+|\beta|)^{|\alpha|+|\beta|}(-q)^{-q}} \left(\frac{1}{1-s}\right)^{|\alpha|+|\beta|-q}$$

$$\leqslant e^{|\alpha|+|\beta|}\ \frac{(|\alpha|+|\beta|-q)!}{(|\alpha|+|\beta|)!(-q)!} \left(\frac{1}{1-s}\right)^{|\alpha|+|\beta|-q}$$

donc $\| d_u^\alpha\ d_v^\beta\ f^{pq} \|_{s\rho} \leqslant \alpha!\ \beta!\ A^{|\alpha|+|\beta|}\ \frac{(|\alpha|+|\beta|-q)!}{(|\alpha|+|\beta|)!(-q)!}\ D_{pq}\ \left(\frac{1}{1-s}\right)^{|\alpha|+|\beta|-q}$

Si (2.5.7) est vérifiée pour tous les (p,q) tels que $q \geqslant j$ et $p < i$ si $q = j$ on obtient :

$$(1-s)^{-j}\ \|y^{ij}\|_{s\rho} \leqslant \|g^{ij}\|_{s\rho} + \sum_{\substack{i=k+p-|\alpha| \\ j=\ell+q-|\alpha|-|\beta| \\ q\geqslant j,\, p<i \text{ si } q=j}} \|p^{k\ell}_{\alpha\beta}\|_{s\rho}\ \alpha!\,\beta!\ A^{|\alpha|+|\beta|} \times \frac{(|\alpha|+|\beta|-q)!}{(|\alpha|+|\beta|)!\,(-q)!}\ D_{pq}$$

Or si $s \in]\frac{1}{2}, 1[$, $\|f^{ij}\|_{s\rho} \leqslant C\rho\ \|y^{ij}\|_{s\rho}$ donc

$$\|f^{ij}\|_{s\rho} \leqslant D_{ij}\ (\frac{1}{1-s})^{-j} \qquad \text{avec}$$

$$(2.5.3)\quad D_{ij} = C_\rho\ \|g^{ij}\|_\rho + C_\rho \sum_{\substack{i=k+p-|\alpha| \\ j=\ell+q-|\alpha|-|\beta| \\ q\geqslant j,\ p<i \text{ si } q=j}} \|p^{k\ell}_{\alpha\beta}\|_\rho\ \alpha!\beta!\ \frac{(|\alpha|+|\beta|-q)!}{(|\alpha|+|\beta|)!\,(-q)!} \times A^{|\alpha|+|\beta|}\ D_{pq}$$

On voit donc par récurrence sur $-j$ et i que $\|f^{ij}\|_{s\rho} \leqslant D_{ij}\ (\frac{1}{1-s})^{-j}$ si $s \in]\frac{1}{2}, 1[$, où D_{ij} est défini par la formule (2.5.8).

Dans la suite nous allons considérer l'ouvert $\Omega' = \Omega \times \mathbb{C}$ de $\mathbb{C}^{N+1}$ muni des coordonnées $(x,y,t,\eta,\zeta,x^*,\zeta^*) = (u,v,t)$, les homothéties $H_1(\lambda)$ et $H_2(\lambda)$ de Ω' sont celles induites par celles de Ω et l'identité sur $\mathbb{C}$.

On peut donc définir sur Ω', les symboles formels et convergents et les opérateurs différentiels sur ces symboles.

Posons pour $\mu \leqslant 0$ et $\lambda > 0$ si $\mu = 0$:

$$A^a_{\lambda\mu}(u,v) = \sum_{\substack{\lambda=k-|\alpha| \\ |\alpha|+|\beta|=a}} \|p^{k\mu}_{\alpha\beta}\|\ (u,v)\ \frac{\alpha!\ \beta!}{(|\alpha|+|\beta|)!}\ A^{|\alpha|+|\beta|}$$

(Si f est une fonction nous avons défini la fonction $\|f\|\ (u,v)$ précédemment).

$$A = \sum_{\substack{\lambda,\mu,a \\ \mu<0 \\ \lambda<0 \text{ si } \mu=0}} A^a_{\lambda\mu}(u,v)\, t^{-\mu+a}\, d^a_t\, t^a$$ est un opérateur différentiel formel.

$$(d^a_t\, t^a = \sum_{n=o}^{a} \binom{a}{n} \frac{a!}{(a-n)!}\, t^{a-n}\, d^{a-n}_t)$$

$$\| A^a_{\lambda\mu}(u,v)\|_\rho \leqslant \sum_{|\alpha|+|\beta|=a} \| p^{\lambda+|\alpha|,\mu}_{\alpha\beta}\|_\rho \;\frac{\alpha!\beta!}{a!}\; A^a$$

$$\leqslant A.A^{-\mu+a}(-\mu)! \sum_{b+c=a} \frac{b!c!}{a!}\, C_\varepsilon^{(\mu-\lambda+b)} \sum_{\substack{|\alpha|=c \\ |\beta|=b}} \frac{\alpha!\beta!}{b!c!}$$

Il est facile de voir que si B est assez grand et si on pose $\tilde{C}^{(\ell)}_\varepsilon = C_\varepsilon\, \varepsilon^\ell$ si $\ell \geqslant 0$ et $\tilde{C}^{(\ell)}_\varepsilon = B^{-\ell}$ si $\ell < 0$ alors $\forall \ell \in \mathbb{Z}$ $\forall b \geqslant 0$ $C^{(\ell+b)}_\varepsilon \leqslant \tilde{C}^{(\ell)}_\varepsilon$.

D'autre part $\displaystyle\sum_{\substack{c=|\alpha| \\ b=|\beta|}} \frac{\alpha!\beta!}{b!c!} \leqslant 3^{\dim X-2}$ et $\displaystyle\sum_{b+c=a} \frac{b!c!}{a!} \leqslant 3^2$ donc

$$||A^a_{\lambda\mu}(u,v)||_\rho \leqslant A\, A^{-\mu+a}\, (-\mu)!\; 3^{\dim X}\; \tilde{C}^{(\mu-\lambda)}_\varepsilon$$

Ce qui montre que A est un opérateur différentiel convergent de type (1.1) d'ordre (0,0) avec $A_{oo} \equiv 0$.

Posons $G_{ij}(u,v) = \| g^{ij}\|(u,v)$, $G = \sum G_{ij}\, t^{-j}$ est un symbole convergent ; définissons par récurrence sur j et i, F_{ij} par

$$F_{ij}(u,v,t) = C_\rho\; G_{ij}(u,v)t^{-j} + \sum_{\substack{i=\lambda+p \\ j=\mu+q-a}} A^a_{\lambda,\mu}(u,v)t^{-\mu+a}\, d^a_t\; t^a\, F_{pq}(u,v,t)$$

$F = \sum F_{ij}$ est solution de l'équation $(1-C_\rho A)\, F = C_\rho G$.

Donc d'après le lemme 2.5.0, F est un symbole <u>convergent</u>. Par ailleurs on voit par récurrence sur $-j$ et i que $F_{ij}(u,v,t)$ est de la forme $\tilde{F}_{ij}(u,v)t^{-j}$. $\tilde{F} = \sum \tilde{F}_{ij}(u,v)$ est un symbole convergent et d'autre part les $\tilde{F}_{ij}(u,v)$ vérifient :

$$\tilde{F}_{ij}(u,v) = C_\rho \; G_{ij}(u,v) + \sum_{\substack{i=\lambda+p \\ j=\mu+q-a}} A^a_{\lambda,\mu}(u,v) \frac{(a-q)!}{(-q)!} \tilde{F}_{pq}(u,v)$$

donc
$$D_{ij} \leqslant \| \tilde{F}_{ij} \|_\rho \quad (= \tilde{F}_{ij}(\rho))$$

ce qui montre que les D_{ij} vérifient les inégalités des coefficients d'un symbole convergent et donc que f est un symbole <u>convergent</u>. q.e.d.

<u>Démonstration du Théorème 2.5.3.</u> : Elle est essentiellement la même que celle du théorème 2.5.1. Dans le lemme 2.5.4, on remplace $\bigoplus\limits_{(i,j)} \mathcal{O}_\theta(i,j)$ par $\bigoplus\limits_{\frac{1}{r'} i+j-i\leqslant 0} \mathcal{O}_\theta(i,j)$.

Une application linéaire $\psi_0 : \left(\bigoplus\limits_{\frac{1}{r'} i+j-i\leqslant 0} \mathcal{O}_\theta(i,j)\right)^M \longrightarrow \left(\bigoplus\limits_{\frac{1}{r'} i+j-i\leqslant 0} \mathcal{O}_\theta(i,j)\right)^N$ définie par une matrice $M = (a_{\mu\nu})$ de fonctions homogènes s'étend en une application $\psi : \left(\bigoplus\limits_{(i,j)\in\mathbb{Z}^2} \mathcal{O}_\theta(i,j)\right)^M \longrightarrow \left(\bigoplus\limits_{(i,j)\in\mathbb{Z}^2} \mathcal{O}_\theta(i,j)\right)^N$ et si λ est une scission de ψ qui vérifie (2.5.4) et (2.5.5) on obtient une scission de ψ_0 vérifiant (2.5.4) et (2.5.5) en composant λ et la projection canonique

$$\left(\bigoplus_{(i,j)\in\mathbb{Z}^2} \mathcal{O}_\theta(i,j)\right)^M \longrightarrow \left(\bigoplus_{\frac{1}{r'} i+j-i\leqslant 0} \mathcal{O}_\theta(i,j)\right)^M$$

La suite de la démonstration est identique à celle du théorème 2.5.1.

Remarque 2.5.5 : Conservons les notations des théorèmes 2.5.1 et 2.5.3. Soient $g = \sum_{(k,\ell)} g^{k\ell}$ un élément de $\mathfrak{J}$ et G le symbole défini par $G = \sum_{(k,\ell)} \| g^{k,\ell} \| (u,v)$ (rappelons que si $\varphi = \sum a_\alpha (x-\theta)^\alpha$ est une fonction holomorphe définie au voisinage de θ nous avons défini $\|\varphi\| (t) = \sum |a_\alpha| t^\alpha$).

La démonstration des théorèmes (2.5.1) et (2.5.3) montre que la solution f de Pf = g que nous avons trouvée vérifie

$$\| f_{ij} \|_\rho \leqslant \| F^{ij} \|_\rho$$

où $F = \sum F^{ij}$ est le symbole défini par BG pour un symbole B qui ne dépend que de P et de ρ.

En particulier il existe un voisinage ω de θ dans Ω qui ne dépend que de P tel que si $g \in \mathfrak{J}_\theta$ est défini sur ω (i.e. $g \in \Gamma(\omega, \mathcal{E}^2(r,r)^N)$) alors la solution f de Pf = g que nous avons construite est définie sur ω : $f \in \Gamma(\omega, \mathcal{E}^2(r,r)^M \times \check{\mathcal{E}}^2(r,r)^{M'})$.

Considérons maintenant le cas où $r = s = +\infty$.

On définit dans ce cas $\hat{\mathcal{E}}^{2(\infty,\infty)}[i,j](U)$ comme l'ensemble des séries formelles $f = \sum f_{pq}$ où f_{pq} est une fonction holomorphe sur U, homogène de degré p pour H_1 et de degré q pour H_2 telles que :

a) $f_{pq} \equiv 0$ si $q - p > j - i$

b) $\forall k$, $\exists \lambda(k)$ tel que $f_{pq} \equiv 0$ si $q - p = k$ et $p > \lambda(k)$.

Un opérateur différentiel formel de type (∞,∞) se définit exactement de la même manière que lorsque $s < +\infty$.

Si $f = \sum f_{pq}$ est un élément de $\hat{\mathcal{E}}^{2(\infty,\infty)}(U)$ on pose :

$$\varphi_k(f) = \sum_{q-p=k} f_{pq} .$$

Comme nous l'avons vu au paragraphe 2.4, f est convergent, i.e. définit un élément de $\mathcal{E}^{2(\infty,\infty)}$, si et seulement si, pour tout k, $\varphi_k(f)$ est convergent (comme élément de $\mathcal{E}^{2(\infty,1)}$.

Si $P = \sum_{(\alpha,\beta)} p_{\alpha\beta}\, d_u^{\alpha}\, d_v^{\beta}$ est un opérateur différentiel formel de type (∞,∞) on pose encore :

$$\varphi_k(P) = \sum_{(\alpha,\beta)} \varphi_{k-|\beta|}(p_{\alpha\beta}) d_u^{\alpha}\, d_v^{\beta}$$

et on dira que P est convergent si, pour tout k, $\varphi_k(P)$ est convergent comme opérateur de type $(\infty,1)$.

Le lemme 2.4.0. est encore vrai dans le cas $r = s = +\infty$.

Si $\mathcal{J}$ est un sous-espace vectoriel de $(\mathcal{E}_\theta^2(\infty,\infty))^N$, on pose encore

$$\mathcal{J}_{ij} = \mathcal{J} \cap (\mathcal{E}_\theta^2(\infty,\infty)[i,j])^N$$

$$gr^{(i,j)}\mathcal{J} = \mathcal{J}_{ij} \big/ \mathcal{J}_{i-1,j-1}$$

$$gr\,\mathcal{J} = \bigoplus_{(i,j)\in\mathbb{Z}^2} gr^{(i,j)}\mathcal{J}$$

Le théorème 2.5.1 est encore vrai sans changement lorsque $r = +\infty$ (sauf les inégalités sur i et j qui deviennent : $i - i \leq j_0 - i_0$ et $i \leq i_0$ si $j - i = j_0 - i_0$).

Dans la démonstration de ce théorème il faut construire les fonctions f_{ij} par récurrence lexicographique sur $i - j$ et $-i$, le reste est inchangé.

Pour terminer ce paragraphe, nous démontrons une généralisation du théorème 2.5.1 (la proposition 2.5.7) qui nous sera utile pour étudier le faisceau $\mathcal{E}^2_\Lambda$ dans le cas d'une variété involutive Λ quelconque, tandis que la proposition 2.5.6, qui sert à montrer la proposition 2.5.7, nous servira à montrer l'existence de transformation "bicanoniques" quantifiées (§.2.9.4).

Proposition 2.5.6 : Nous nous plaçons en un point θ *de* Ω. *Soit, pour* $\nu = 1,\ldots,N$, $T_\nu = \sum_{\substack{j-i\leq 0\\ j\leq 0}} t^{ij}_{\nu,\alpha,\beta}(u,v)\, d^\alpha_u\, d^\beta_v$ *un opérateur différentiel convergent, de type* $(\infty,1)$ *et d'ordre* (i_ν, j_ν), *où* $t^{ij}_{\nu,\alpha\beta}$ *est une fonction hololomorphe homogène ; on suppose que* $t^{ij}_{\nu,\alpha,\beta}\, d^\alpha_u\, d^\beta_v$ *est homogène de degré* $(i_\nu+i-|\alpha|,\ j_\nu+j-|\alpha|-|\beta|)$ *et que* $t^{ij}_{\nu,\alpha,\beta} \equiv 0$ *si* $\alpha = \beta = 0$.

Soit N_1, $0 \leq N_1 \leq N$, *on pose pour* $1 \leq \nu \leq N_1$

$$\sigma(T_\nu) = \sum_{\substack{i=j=0\\ |\alpha|=1,\ |\beta|=0}} t^{ij}_{\nu,\alpha\beta}\, d^\alpha_u\, d^\beta_v = \sum_{|\alpha|=1} t^{oo}_{\nu,\alpha o}\, d^\alpha_u$$

et on suppose que pour $N_1 < \nu \leq N$ *on a :*

$$t^{ij}_{\nu,\alpha\beta} \equiv 0 \quad \text{si} \quad i = j = 0 \quad \beta = 0\ |\alpha| = 1 .$$

et on pose $\sigma(T_\nu) = \sum_{\substack{i=j=0\\ |\alpha|=0,\ |\beta|=1}} t^{ij}_{\nu,\alpha\beta}\, d^\alpha_u\, d^\beta_v = \sum_{|\beta|=1} t^{oo}_{\nu,o\beta}\, d^\beta_v .$

Pour tout ν, $\sigma(T_\nu)$ *est un champ de vecteurs homogène.*

On suppose :

1) *Au point* θ, *les champs de vecteurs* $\sigma(T_1),\ldots,\sigma(T_N)$ *sont indépendants.*

2) *Pour tous* μ *et* ν, $[\sigma(T_\nu), \sigma(T_\mu)] = 0$

Alors il existe des constantes $C > 0$ *et* $\rho_o > 0$ *telles que pour toute fonction* φ *holomorphe au voisinage de* θ, *homogène de degré* i_o *en* (x^*, ζ^*) *et* j_o *en* (η, ζ, x^*), *solution de :*

$$\sigma(T_1)\varphi = \sigma(T_2)\varphi = \ldots = \sigma(T_N)\varphi = 0 \quad ,$$

il existe un symbole $u = \sum\limits_{\substack{j-i\leq 0\\ j\leq 0}} u_{i+i_o, j+j_o}$ *de* $\mathcal{E}^2_\theta(\infty,1)$ *que l'on peut déterminer de manière unique tel que :*

1) $T_1 u = \ldots = T_N u = 0$ *et* $\sigma(u) = \varphi$

2) *Pour tout multi-indice* ρ *tel que* $|\rho| \leq \rho_o$, *pour tout* $(i,j) \in \mathbb{Z}^2$ $(j\leq 0,\ j-i\leq 0)$
$\|u_{i+i_o, j+j_o}\|_\rho \leq \|\varphi\|_\rho\, C^{i-2j}(-j)!$.

Démonstration : Nous noterons $T = (T_1,\ldots,T_N)$ opérateur de $\mathcal{E}^2_\theta(\infty,1)$ dans $(\mathcal{E}^2_\theta(\infty,1))^N$ et $\sigma(T) = (\sigma(T_1),\ldots,\sigma(T_N))$. $\sigma(T)$ opère de $\mathcal{O}_\theta(i,j)$ dans :

$$\prod_{\nu=1}^{N_1} \mathcal{O}_\theta(i+i_\nu-1,\ j+j_\nu-1) \times \prod_{\nu=N_1+1}^{N} \mathcal{O}_\theta(i+i_\nu,\ j+j_\nu-1)$$

Montrons qu'il existe une application :

$$\lambda : \Big(\bigoplus_{(i,j)\in\mathbb{Z}^2} \mathcal{O}_\theta(i,j)\Big)^N \longrightarrow \bigoplus_{(i,j)\in\mathbb{Z}^2} \mathcal{O}_\theta(i,j)$$

telle que $\sigma(T) = \sigma(T)\lambda\sigma(T)$ et qu'il existe $\rho_o > 0$ et $A > 0$ tels que si $|\rho| \leq \rho_o$

$$\|\lambda\varphi\|_\rho \leq A\|\varphi\|_\rho$$

L'existence de l'application λ vérifiant les propriétés ci-dessus est invariante par changement de variables homogène sur Ω, donc puisque $\sigma(T_1),\ldots,\sigma(T_N)$ sont homogènes et indépendants au point θ et qu'ils commutent deux à deux, on peut supposer que $\sigma(T_\nu) = \frac{\partial}{\partial t_\nu}$ pour $\nu = 1,\ldots,N$ où $(t_1,\ldots,t_N)$ sont N des variables $(x,y,\eta,\zeta,x^*,\zeta^*)$.

a) Si aucun des champs $\sigma(T_\nu)$ n'est radial au point θ (i.e. n'est parallèle à $\sum \eta_i \frac{\partial}{\partial \eta_i} + \sum \zeta_j \frac{\partial}{\partial \zeta_j} + \sum x^*_k \frac{\partial}{\partial x^*_k}$ ou à $\sum x^*_k \frac{\partial}{\partial x^*_k} + \sum \zeta^*_j \frac{\partial}{\partial \zeta^*_j}$) il existe une surface <u>homogène</u> S de codimension N qui n'est pas caractéristique pour $\sigma(T_1),\ldots,\sigma(T_N)$.

Soit $(\varphi_1,\ldots,\varphi_N) \in (\oplus \mathcal{O}_\theta(i,j))^N$

$\longrightarrow$ si il existe $\nu \neq \mu$ tel que $\sigma(T_\nu)\varphi_\mu \neq \sigma(T_\mu)\varphi_\nu$ on pose $\lambda(\varphi_1,\ldots,\varphi_N) = 0$

$\longrightarrow$ si pour tous ν,μ on a $\sigma(T_\nu)\varphi_\mu = \sigma(T_\mu)\varphi_\nu$, $\lambda(\varphi_1,\ldots,\varphi_N)$ est l'unique solution du problème de Cauchy

$$\begin{cases} \sigma(T_\nu)\, u = \varphi_\nu & \nu = 1,\ldots,N \\ u|_S = 0 \end{cases}$$

b) Si l'un des champs $\sigma(T_\nu)$ est radial au point θ. On peut supposer par exemple que au point $\theta = (x_0,y_0,\eta_0,\zeta_0,x^*_0,\zeta^*_0)$ on a $\eta_0 = (1,0,\ldots,0)$ $\zeta_0 = 0$ $x^*_0 = 0$ avec $\sigma(T_1) = \frac{\partial}{\partial \eta_1}$.

Les champs $\sigma(T_2),\ldots,\sigma(T_N)$ n'étant pas radiaux, il existe une surface S homogène de $\{\eta_1 = 0\}$ de codimension N-1 qui n'est pas caractéristique pour $\sigma(T_2),\ldots,\sigma(T_N)$.

Toute fonction φ de $\mathcal{O}_\theta(i,j)$ s'écrit de manière unique :

$$\varphi(x,y,\eta,\zeta,x^*,\zeta^*) = \sum_{k\leq j} \varphi^k(x,y,\eta_2,\ldots,\eta_n,\zeta,x^*,\zeta^*)\,\eta_1^k$$

Soit $(\varphi_1,\ldots,\varphi_N)$ un élément de $(\oplus\, \mathcal{O}_\theta(i,j))^N$ on peut écrire de manière unique $\varphi_\nu = \sum_{k\leqslant j} \varphi_\nu^k\, \eta_1^k$.

Alors $\lambda(\varphi_1,\ldots,\varphi_N)$ est l'élément $u = \sum u^k\, \eta_1^k$ de $\oplus\,\mathcal{O}_\theta(i,j)$ définit par :

$$u^k = \frac{1}{k}\varphi^{k-1} \quad \text{si } k \neq 0$$

$\longrightarrow$ $u^0 = 0$ si il existe $\mu \neq \nu$ tel que $\sigma(T_\nu)\,\varphi_\mu^0 \neq \sigma(T_\mu)\,\varphi_\nu^0$

$\longrightarrow$ u^0 solution du problème de Cauchy

$\sigma(T_\nu)\, u^0 = \varphi_\nu^0$ si $\nu = 2,\ldots,N$ $\quad u^0\big|_S = 0$

si pour tout ν,μ on a $\sigma(T_\nu)\,\varphi_\mu^0 = \sigma(T_\mu)\,\varphi_\nu^0$.

c) Si deux champs sont radiaux on peut faire un développement en deux variables analogue au cas b).

Nous avons donc construit une application λ telle que $\sigma(T)\lambda\sigma(T) = \sigma(T)$ et qui vérifie les conditions (2.5.4) et (2.5.5) du lemme 2.5.4.

Soit $\mathcal{J}$ l'image de $T : \mathcal{E}_\theta^2(\infty,1) \to (\mathcal{E}_\theta^2(\infty,1))^N$. En refaisant la démonstration du théorème 2.5.1 (ou 2.5.3) on montre que si $u \in \mathcal{J} \cap \left[\prod_{\nu=1}^{N_1} \mathcal{E}_\theta^2[i+i_\nu-1,j+j_\nu-1] \times \prod_{\nu=N_1+1}^{N} \mathcal{E}_\theta^2[i+i_\nu,j+j_\nu-1]\right]$ il existe $v \in \mathcal{E}_\theta^2(\infty,1) \cap \mathcal{E}_\theta^2[i,j]$ tel que $Tv = u$ et suivant la remarque 2.5.5 on peut majorer v en fonction de u.

Soit $\varphi \in \mathcal{O}_\theta(i,j)$ tel que $\sigma(T_\nu)\,\varphi = 0$ $(\nu=1,\ldots,N)$, $T\varphi$ est dans

$$\mathcal{J} \cap \Big(\prod_{\nu=1}^{N_1} \mathcal{E}_\theta^2[i+i_1,\ j+j_1-1] \times \prod_{\nu=N_1+1}^{N} \mathcal{E}_\theta^2[i+i_1+1,j+j_1-1]\Big)$$

donc il existe v dans $\mathcal{E}_\theta^2(\infty,1) \cap \mathcal{E}_\theta^2[i+1,j]$ tel que $Tv = T\varphi$ donc $\sigma(\varphi-v) = \varphi$ et $T(\varphi-v) = 0$, de plus v se majore en fonction de $T\varphi$ donc de φ. q.e.d.

Proposition 2.5.7 : Soient T_1 et T_2 deux opérateurs vérifiant les hypothèses du lemme 2.5.6. Notons $\tilde{\mathcal{E}}^2_\theta(r,r)$ le sous-faisceau de $\mathcal{E}^2_\theta(r,r)$ des symboles u qui vérifient $T_1 u = T_2 u = 0$.

Soit $P = \sum p^{ij}_{\alpha\beta}\, d^\alpha_u\, d^\beta_v$ un opérateur différentiel convergent à coefficients matriciels identique à celui du théorème 2.5.1.

On suppose que P commute avec T_1 et T_2 donc définit une application $(\tilde{\mathcal{E}}^2_\theta(r,r))^M \longrightarrow (\tilde{\mathcal{E}}^2_\theta(r,r))^N$ et par passage au quotient une application gr P : $(gr\, \tilde{\mathcal{E}}^2_\theta(r,r))^M \longrightarrow (gr\, \tilde{\mathcal{E}}^2_\theta(r,r))^N$.

Soit $\mathcal{J}$ un sous-espace vectoriel de $(\tilde{\mathcal{E}}^2_\theta(r,r))^N$ qui contient l'image de P.

Si gr P : $(gr\, \tilde{\mathcal{E}}^2_\theta(r,r))^M \longrightarrow gr\, \mathcal{J}$ est surjectif, alors P : $(\tilde{\mathcal{E}}^2_\theta(r,r))^M \longrightarrow \mathcal{J}$ est surjectif.

Plus précisément P est surjectif comme application

$$\prod_{\nu=1}^{M} \tilde{\mathcal{E}}^2_\theta(r,r)\,[i_o-i(\nu),\ j_o-j(\nu)] \longrightarrow \mathcal{J}_{i_o j_o} = \mathcal{J} \cap (\tilde{\mathcal{E}}^2_\theta(r,r)[i_o,j_o])^N .$$

Démonstration : Remarquons tout d'abord que gr $\tilde{\mathcal{E}}^2_\theta(r,r)$ est le noyau de $\sigma(T) : \bigoplus_{(i,j)\in\mathbb{Z}^2} \mathcal{O}_\theta(i,j) \longrightarrow \left(\bigoplus_{(i,j)\in\mathbb{Z}^2} \mathcal{O}_\theta(i,j)\right)^2$, nous avons vu que, par un changement de variables homogène, $\sigma(T_1)$ et $\sigma(T_2)$ se transforment en deux opérateurs de dérivation par rapport à des variables homogènes et indépendantes donc gr $\tilde{\mathcal{E}}^2_\theta(r,r)$ est isomorphe à un faisceau $\bigoplus_{(i,j)} \mathcal{O}_{\theta'}(i,j)$ de fonctions holomorphes homogènes sur un ouvert Ω'.

D'après le lemme 2.5.4, gr P possède donc une scission $\lambda : (gr\, \tilde{\mathcal{E}}^2_\theta(r,r))^N \to (gr\, \tilde{\mathcal{E}}^2_\theta(r,r))^M$ qui vérifie les conditions (2.5.4) et (2.5.5).

Si $(i,j) \in \mathbb{Z}^2$ nous définissons une application $\Lambda : (gr^{(i,j)}\, \tilde{\mathcal{E}}^2_\theta(r,r))^N \longrightarrow \prod_{\nu=1}^{M} \tilde{\mathcal{E}}^2_\theta(r,r)[i-i(\nu), j-j(\nu)]$ de la manière suivante :

Si $\alpha \in (gr^{(i,j)} \tilde{\mathcal{E}}^2_\theta(r,r))^N$, $\beta = \lambda(\alpha)$ est un M-uple $(\beta_1,\ldots,\beta_M)$ ou β_ν est une fonction homogène de $\mathcal{O}_\theta(i-i(\nu),j-j(\nu))$ telle que $\sigma(T)\beta_\nu = 0$. Soit B_ν le symbole de $\tilde{\mathcal{E}}^2_\theta(\infty,1)$ défini par le lemme 2.5.6 à partir de β_ν, i.e. $B_\nu \in \mathcal{E}^2_\theta(\infty,1) \cap \mathcal{E}^2_\theta[i-i(\nu),j-j(\nu)]$, $TB_\nu = 0$, $\sigma^{(\infty,1)}(B_\nu) = \sigma(B_\nu) = \beta_\nu$ et B_ν vérifie les majorations du lemme 2.5.6, on pose alors $\Lambda(\alpha) = (B_1,\ldots,B_M)$.

Pour montrer la proposition 2.5.7, nous reprenons la démonstration du théorème 2.5.1.

Pour simplifier les notations on supposera que $r = 1$ (pour r quelconque il suffit de remplacer (i,j) par $(i, \frac{1}{r}\ i+j-i))$, de plus par un changement de notations on se ramène comme dans la démonstration du théorème (2.5.1) à $i(\nu) = j(\nu) = 0$ pour $\nu = 1,\ldots,M$.

Soit g un élément de $\mathcal{J}$. On définit les symboles u^{ij} de $(\tilde{\mathcal{E}}^2_\theta(r,r))^M$ par la formule :

$$u^{ij} = \Lambda\left[\sigma\left(g-P(\sum_{\substack{\ell\geqslant j \\ k<i \text{ si } \ell=j}} u^{k\ell})\right)\right]$$

(Chaque u^{ij} peut être calculé en un nombre fini d'étapes).

Par définition de Λ, $\sigma(Pu^{ij}) = \sigma(g-P(\sum_{\substack{\ell\geqslant j \\ k<i \text{ si } \ell=g}} u^{k\ell}))$ donc on voit que $u^{ij} \in (\mathcal{E}^2_\theta[i,j])^M$.

De plus u^{ij} est non nul seulement si $j \leqslant 0$, si $i \geqslant 0$ quand $j = 0$ et si $i \geqslant \delta(j)$ quand $j < 0$ ou $\delta(j)$ est un entier fini donc on peut définir un symbole formel f de $\hat{\mathcal{E}}^2_\theta$ par $f = \sum_{(i,j)} u^{ij}$.

f vérifie Pf = g et Tf = 0. Il reste à montrer que f est un symbole "convergent".

Définissons les constantes δ_{ij} et d_{ij}^{pq} pour $(i,j,p,q) \in \mathbb{Z}^4$ par les formules suivantes (pour un multi-indice ρ donné) :

$$(2.5.9)\quad \begin{cases} d_{ij}^{pq} = 0 \text{ si } q > j \text{ ou } q - p > j - i, \text{ si } j > 0 \text{ ou } j = 0 \text{ et } i < 0 \\ d_{ij}^{pq} = C^{-i+p+2(j-q)}(j-q)!\ \delta_{ij} \text{ dans les autres cas} \\ \delta_{ij} = C_\rho\Big[\|g_{ij}\|_\rho + \sum_{\substack{i=k+m \\ j=\ell+n-a}} \|A_{k\ell}^a\|_\rho \frac{(a-n)!}{(-n)!} \sum_{\substack{s\geqslant j \\ r<i-1 \text{ si } s=j}} d_{r,s}^{m,n}\Big] \end{cases}$$

Dans ces formules C_ρ est la constante associée à ρ et à la scission λ par la relation (2.5.5) et $A_{k\ell}^a$ est le symbole associé à P suivant la formule de la démonstration du théorème 2.5.1 :

$$A_{\lambda,\mu}^a(u,v) = \sum_{\substack{\lambda=k-|\alpha| \\ |\alpha|+|\beta|=a}} \|p_{\alpha\beta}^{k_\mu}\|(u,v) \frac{\alpha!\beta!}{(|\alpha|+|\beta|)!} A^{|\alpha|+|\beta|}$$

donc $A \in \mathcal{E}_\theta^2[0,0]$ et $A_{oo} = 0$ donc δ_{ij} ne dépend que des d_{rs}^{mn} tels que $n > j$ ou $n = j$ et $m < i$ donc des δ_{rs} tels que $s > j$ ou $s = j$ et $r < i$, on peut donc définir les constantes δ_{ij} et d_{ij}^{pq} par récurrence sur j et i (δ_{ij} est nul pour j fixé si i est assez petit ce qui permet de commencer la récurrence en i pour chaque j fixé).

Remarquons encore que chaque somme $\sum_{\substack{s\geqslant j \\ r\leqslant i-1 \text{ si } s=j}} d_{rs}^{m,n}$ est une somme finie donc que la somme qui définit δ_{ij} est finie et que chaque δ_{ij} se calcule en un nombre fini d'étapes.

Posons $D_{ij} = \sum_{\substack{s \geqslant j \\ r \leqslant i \text{ si } s=j}} d_{rs}^{ij} = \sum_{\substack{s \geqslant j \\ s-r \geqslant j-i}} d_{rs}^{ij}$

Les formules (2.5.9) montrent que si $q < j$ ou $q = j$ et $p \geqslant i$ on a $D_{ij} = \sum_{\substack{s \geqslant q \\ r \leqslant p \text{ si } s=q}} d_{rs}^{ij}$.

Or nous avons remarqué que dans la formule de définition de δ_{ij} on a $n > j$ ou $n = j$ et $m < i$ donc

$$\delta_{ij} = C_\rho \left[\|g_{ij}\|_\rho + \sum_{\substack{i=k+m \\ j=\ell+n-a}} \|A_{k\ell}^a\|_\rho \frac{(a-n)!}{(-n)!} D_{mn} \right]$$

Par ailleurs on a :

$$D_{ij} = \delta_{ij} + \sum_{\substack{s=j \\ r<i}} C^{i-r} \delta_{rs} + \sum_{\substack{s \geqslant j+1 \\ s-r \geqslant j-i}} C^{2(s-j)+i-r} (s-j)! \, \delta_{rs}$$

$$\leqslant \delta_{ij} + C \, D_{i-1,j} + C(-j) \, D_{i+1,j+1}$$

donc $D_{ij} \leqslant C_\rho \left[\|g_{ij}\|_\rho + \sum_{\substack{i=k+m \\ j=\ell+n-a}} \|A_{k\ell}^a\|_\rho \frac{(a-n)!}{(-n)!} D_{mn} \right] + C \, D_{i-1,j} + C(-j) \, D_{i+1,j+1}$.

Comme dans la démonstration du théorème 2.5.1, on en déduit que les D_{ij} vérifient les majorations des coefficients d'un symbole convergent.

Dans la suite nous fixons un multi-indice ρ pour lequel les $\|g_{ij}\|_\rho$ et $\|A_{k\ell}^a\|_\rho$ sont finis et vérifient les majorations convenables (majorations (2.5. 6.1)) et pour lequel il existe $C_\rho > 0$ tel que $\|\lambda f\|_{s\rho} \leqslant C_\rho \|f\|_{s\rho}$ si $s \in \left]\frac{1}{2}, 1\right[$ (lemme 2.5.4).

Pour montrer que $f = \sum_{(i,j)} f_{ij}$ est un symbole convergent nous allons montrer que pour tout $s \in]\frac{1}{2}, 1[$ et tout (i,j) on a $\| f_{ij} \|_{s\rho} \leqslant D_{ij} (\frac{1}{1-s})^{-j}$ ce qui terminera la démonstration du théorème.

Soit $u^{ij} = \sum_{\substack{q-p \leqslant j-i \\ q \leqslant j}} u^{ij}_{pq}$ le symbole de u^{ij}, on a $f = \sum_{(i,j)} u^{ij}$ donc

$f_{pq} = \sum_{\substack{j-i \geqslant q-p \\ j \geqslant q}} u^{ij}_{pq}$ donc il suffit de montrer que pour tous (i,j,p,q) et $s \in]\frac{1}{2}, 1[$

$$\| u^{ij}_{pq} \|_{s\rho} \leqslant d^{pq}_{ij} \left(\frac{1}{1-s} \right)^{-q}$$

Supposons donc que pour tous les (λ, μ) tels que $\mu > j$ ou $\mu = j$ et $\lambda < i$ on ait $\| u^{ij}_{pq} \|_{s\rho} \leqslant d^{pq}_{ij} (\frac{1}{1-s})^{-q}$ pour $s \in]\frac{1}{2}, 1[$.

Comme dans la démonstration du théorème 2.5.1 on en déduit que :

$$\left\| \lambda \left[\sigma \left(g - P \left(\sum_{\substack{\ell \geqslant j \\ k < i \text{ si } \ell = j}} u^{k\ell} \right) \right] \right\|_{s\rho} \leqslant \delta_{ij} \left(\frac{1}{1-s} \right)^{-j}$$

et donc $\| u^{ij}_{pq} \|_{s\rho} \leqslant d^{pq}_{ij} (\frac{1}{1-s})^{-j}$ pour tous (p,q) d'après le lemme 2.5.6. q.e.d.

Proposition 2.5.7. bis : On conserve les notations de la proposition 2.5.7. On se donne quatre rationnels (r,s,r',s') tels que $1 \leqslant s' \leqslant s \leqslant r \leqslant r' \leqslant +\infty$ avec $s' < r'$. $\tilde{\mathcal{E}}^{2(r',s')}_{(r,s)}[0]$ désigne le noyau de $T = (T_1, T_2) : \mathcal{E}^{2(r',s')}_{(r,s)}[0] \to (\mathcal{E}^{2(r',s')}_{(r,s)}[0])^2$.

On suppose que P vérifie les hypothèses du théorème 2.5.3 et commute avec T_1 et T_2.

Alors la proposition 2.5.7 est encore vraie si on remplace $\tilde{\mathcal{E}}^2_\theta(r,r)$ *par* $\tilde{\mathcal{E}}^{2(r',s')}_\theta{}_{(r,s)}$ [$\mathcal{O}$].

(Cette proposition se démontre à partir de la proposition 2.5.7 exactement comme le théorème 2.5.3 à partir du théorème 2.5.1).

Remarque 2.5.8 :

1) Pour simplifier nous avons énoncé les propositions 2.5.7 et 2.5.7 bis pour un morphisme P : $(\tilde{\mathcal{E}}^2)^M \to (\tilde{\mathcal{E}}^2)^N$, mais il est clair qu'on aurait pu les démontrer pour un morphisme du type de celui des théorèmes 2.5.1 et 2.5.3 c'est-à-dire P : $(\tilde{\mathcal{E}}^2)^M \times (\tilde{\mathcal{E}}^{2'})^{M'} \to (\tilde{\mathcal{E}}^2)^N$ ou $\tilde{\mathcal{E}}^{2'}$ est le sous-faisceau de $\tilde{\mathcal{E}}^2$ des symboles qui ne dépendent pas de certaines variables, à condition que T ne dépendent pas de ces variables.

2) Dans le lemme 2.5.6 et la proposition 2.5.7 nous avons supposé que T était de type $(\infty,1)$. On aurait certainement pu prendre T de type (1,1) mais les démonstrations auraient été plus compliquées et de toute manière nous n'en auront pas besoin dans la suite.

2.6 Propriétés algébriques des faisceaux $\mathcal{E}^2_\Lambda$ et $\mathcal{E}^{2(r',s')}_\Lambda{}_{(r,s)}$.

Rappelons tout d'abord quelques résultats de Björk [1] chapitre 2.

Si A est un anneau, une filtration $(F^kA)_{k\in\mathbb{Z}}$ est une famille de sous-groupes de A tels que :

$$F^kA \subset F^{k+1}A,\ \bigcap_{k\in\mathbb{Z}} F^kA = \{0\},\ \bigcup_{k\in\mathbb{Z}} F^kA = A,\ F^kA \cdot F^\ell A \subset F^{k+\ell}A\ .$$

On peut alors définir $gr^kA = F^kA/_{F^{k-1}A}$ et $grA = \bigoplus_{k\in\mathbb{Z}} gr^kA$. Une filtration de A est une <u>bonne filtration noethérienne de A</u> si :

1) gr A est un anneau noethérien

2) Si L est un idéal à gauche de A, si $a_1,\dots,a_s$ sont des éléments de L tels que $\sigma(a_1),\dots,\sigma(a_s)$ engendrent gr L alors pour tout k : $(F^kA) \cap L = (F^{k-k_1}A)a_1+\dots+(F^{k-k_s}A)a_s$ si $\sigma(a_i) \in gr^{k_i}L$.

S'il existe une telle filtration, A est un anneau noethérien.

Soient A et B deux anneaux, $A \subset B$, et $(F^kB)_{k\in\mathbb{Z}}$ une filtration de B telle que $(F^kB)_{k\in\mathbb{Z}}$ soit une bonne filtration noethérienne de B et que la filtration induite sur A($F^kA = F^kB \cap A$) soit une bonne filtration noethérienne de A, alors B est un anneau plat sur A si gr B est plat sur gr A.

De plus si L est un idéal à gauche de A, on a gr (BL) = gr(B) · gr(L). Dans le cas où la filtration induite sur A n'est pas une bonne filtration noethérienne on peut encore montrer le résultat suivant :

Lemme 2.6.0 : Soit B un anneau muni d'une bonne filtration noethérienne $(F^kB)_{k\in\mathbb{Z}}$ *et soient A un sous-anneau de B et* $(F^kA)_{k\in\mathbb{Z}}$ *la filtration induite sur A par celle de B.*

On suppose que gr A = gr B alors :

(i) Pour tout idéal de type fini L de A on a gr(BL) = gr(L).

(ii) On suppose de plus que pour tout idéal de type fini L de A, il existe des éléments $a_1,\dots,a_n$ *de L tels que :*

$$\forall k\in\mathbb{Z} \quad L\cap F^kA = \sum_{i=1}^{n} (F^kA)a_i$$

alors B est plat sur A.

<u>Démonstration</u> :

(i) Soient $a_1,\dots,a_s$ tels que $L = A a_1 + \dots + A a_n$.

Soit $\beta \in gr^{k_o}(BL)$, il existe $b \in (BL) \cap F^{k_o}B$ tel que $\sigma(b) = \beta$ et il existe $b_1,\dots,b_n \in B$ tels que $b = \sum_{i=1}^{n} b_i a_i$.

Soient, pour $i = s,\dots,n$, v_i l'ordre de a_i et w_i l'ordre de b_i, soit $w = \sup_i(v_i+w_i)$. Si $w = k_o$ on aura

$$\beta = \sigma_{k_o}(b) = \sum_{i=1}^{n} \sigma_{w_i}(b_i)\sigma_{v_i}(a_i)$$

or $\sigma_{w_i}(b_i) \in gr^{w_i} B = gr^{w_i}(A)$ donc $\beta \in gr(L)$.

Si $w > k_o$, soient pour $i = 1,\dots,n$, $b_i' \in F^{w_i}A$ tels que $\sigma_{w_i}(b_i') = \sigma_{w_i}(b_i)$ et posons $\tilde{b}_i = b_i - b_i'$; on a donc :

$$b = \sum_{i=1}^{n} \tilde{b}_i a_i + \sum b_i' a_i .$$

Si $\tilde{w}_i$ est l'ordre de $\tilde{b}_i$ et $\tilde{w} = \sup_i(v_i + \tilde{w}_i)$, on a $\tilde{w} = w - 1$ et de plus $\sum b_i' a_i \in L$.

En recommençant l'opération on peut donc écrire :

$$b = \sum_{i=1}^{n} c_i a_i + \tilde{b}$$

avec c_i d'ordre $k_o - v_i$ et $\tilde{b} \in L$ donc

$$\beta = \sigma_{k_o}(b) = \sum_{i=1}^{n} \sigma_{k_o - v_i}(c_i)\sigma_{v_i}(a_i) + \sigma_{k_o}(\tilde{b}) \in gr(L) .$$

On a donc $gr(BL) \subset gr(L)$ soit <u>$gr(BL) = gr\,L$</u>.

(ii) Pour montrer que B est plat sur A, il faut montrer que pour tout idéal de type fini L de A, le noyau K de l'application $B\otimes_A L \to B$ est nul.

Soient $a_1,\dots,a_n$ des éléments de $L\cap F^oA$ tels que :

$$L\cap F^kA = \sum_{i=1}^{n} (F^kA)a_i \ .$$

Pour montrer que K est nul, il suffit de montrer que pour tout $\xi \in K$ et pour tout $N\in\mathbb{Z}$ il existe des éléments $b_1,\dots,b_n$ de F^NB tels que

$$\xi = \sum_{i=1}^{n} b_i\otimes a_i$$

(cf. [1] lemme 8.7 chapitre 2).

Soit donc $\xi\in K$, il existe $b_1^o,\dots,b_n^o$ tels que

$$\xi = \sum_{i=1}^{n} b_i^o\otimes a_i \ .$$

Soit k le plus grand des ordres des b_i^o, il suffit de montrer qu'il existe $b_1,\dots,$ b_n, tels que $\xi = \sum_{i=1}^{n} b_i\otimes a_i$ et que chaque b_i soit d'ordre au plus k-1.

Soit pour $i=1,\dots,n$, $b_i' \in F^kA$ tel que $\sigma_k(b_i') = \sigma_k(b_i)$, alors $\xi = \sum_{i=1}^{n} (b_i^o - b_i')\otimes a_i +$ $1\otimes c$ avec $c = \sum_{i=1}^{n} b_i'\ a_i \in L$, $\xi\in K$ donc dans B on a : $\sum_{i=1}^{n'} (b_i^o - b_i')a_i + c = 0$, or $b_i - b_i'$ est d'ordre au plus k-1 donc $c\in L\cap F^{k-1}A$ et donc il existe $b_1'',\dots,b_n''$ dans $F^{k-1}A$ tels que $c = \sum b_i''\ a_i$.

Si on pose $b_i = (b_i^o - b_i') + b_i''$, b_i est d'ordre au plus k-1 et $\xi = \sum_{i=1}^{n} b_i\otimes a_i$. q.e.d.

Soit $\mathcal{A}$ un faisceau d'anneaux sur un espace topologique X. Une filtration $(F^k\mathcal{A})_{k\in\mathbb{Z}}$ étant donnée, l'ordre d'une section u de $\mathcal{A}$ en un point x de X est l'unique entier n tel que le germe de u en x soit dans $(F^n\mathcal{A})_x$ et pas dans $(F^{n+1}\mathcal{A})_x$.

On dira qu'une filtration de $\mathcal{A}$ vérifie la condition σ si pour toute section u de $\mathcal{A}$ sur un ouvert de X, l'ordre de la section est une fonction localement constante sur U.

Si $\mathcal{A}$ est un faisceau d'anneaux muni d'une filtration qui vérifie la condition σ et si cette filtration induit, pour tout $x \in X$, une bonne filtration noethérienne de $\mathcal{A}_x$, si gr $\mathcal{A}$ est un faisceau d'anneaux cohérent, alors $\mathcal{A}$ est cohérent.

Il est facile de voir que de plus si gr $\mathcal{A}$ est un faisceau noethérien il en est de même de $\mathcal{A}$, un faisceau noethérien étant défini de la manière suivante :

Définition 2.6.1 : (cf. [24] déf. 3.2.9. chapitre II).

Un faisceau d'anneaux $\mathcal{A}$ sur un espace topologique X est dit noethérien si :

1) Les fibres de $\mathcal{A}$ sont des anneaux noethériens.

2) Pour tout ouvert U de X, toute suite croissante $(\mathcal{M}_j)_{j\in\mathbb{N}}$ de sous-$\mathcal{A}$-modules localement de type fini d'un $\mathcal{A}$-module $\mathcal{N}$ localement de type fini est localement stationnaire.

Si $\mathcal{A}$ est cohérent, il suffit de vérifier la propriété 2) pour $\mathcal{N} = \mathcal{A}$.

Exemple : Le faisceau des fonctions holomorphes sur une variété analytique complexe est cohérent et noethérien.

Revenons aux opérateurs 2-microdifférentiels. On conserve les notations du §.2.5 : des coordonnées (x,y,z) de X ont été choisies telles que $\Lambda = \{(x,y,z,\xi,\eta,\zeta) \in T^*X \;/\; \xi = 0,\; z = 0\}$ et donc on identifie $T^*_\Lambda\tilde{\Lambda}$ a un ouvert Ω de $\mathbb{C}^N$ muni de coordonnées $(x,y,\eta,\zeta,x^*,\zeta^*)$.

On notera π la projection canonique $T^*_\Lambda\tilde{\Lambda} \to \Lambda$ qui est définie en coordonnées par $\pi(x,y,\eta,\zeta,x^*,\zeta^*) = (x,y,\eta,\zeta)$ et on identifiera Λ à la section nulle de $T^*_\Lambda\tilde{\Lambda}$, i.e. à $\{(x,y,\eta,\zeta,x^*,\zeta^*) \in \Omega \;/\; x^* = \zeta^* = 0\}$.

Pour ne pas alourdir les démonstrations nous allons étudier les faisceaux $\mathcal{E}_\Lambda^{2(r',s')}{}_{(r,s)}$ seulement dans les deux cas suivants :

1) $r = s = r' = s' = 1$ c'est le faisceau $\mathcal{E}^2_\Lambda$ (noté souvent $\mathcal{E}^2$).

2) $r = s = 1,\; s' = 1,\; 1 < r' \leqslant +\infty$.

Dans le cas général, la démonstration est identique à celle du cas 1) si $r' = s'$ et à celle du cas 2) si $r' > s'$. (Sauf le cas $r = s = +\infty$ qui est un peu particulier).

Nous définissons une filtration de $\mathcal{E}^2$ par :

$$F^j\,\mathcal{E}^2 = \bigcup_{i\in\mathbb{Z}} \mathcal{E}^2\,[i,j]$$

On a donc $gr_F^j\,\mathcal{E}^2 = \bigcup\limits_{i\in\mathbb{Z}} \mathcal{E}^2\,[i,j] \,/ \bigcup\limits_{i\in\mathbb{Z}} \mathcal{E}^2[i,j-1]$ et nous définissons une filtration de $gr_F^j\,\mathcal{E}^2$ par

$$G^i(gr_F^j\,\mathcal{E}^2) = \mathcal{E}^2[-i,j] / \mathcal{E}^2[-i,j-1]$$

et enfin une filtration de $gr_F\,\mathcal{E}^2$ par :

$$G^i(gr_F\,\mathcal{E}^2) = \bigoplus_{j\in\mathbb{Z}} G^i(gr_F^j\,\mathcal{E}^2)$$

On remarque immédiatement que

$$gr_G^{-i}\,gr_F^j\,\mathcal{E}^2 = \mathcal{E}^2[i,j] / \mathcal{E}^2[i+1,j] = gr^{(i,j)}\,\mathcal{E}^2$$

suivant les notations du §.2.5 donc :

$$gr_G\,gr_F\,\mathcal{E}^2 \approx gr\,\mathcal{E}^2 \approx \bigoplus_{(i,j)\in\mathbb{Z}^2} \mathcal{O}(i,j)$$

où $\mathcal{O}(i,j)$ est le faisceau des fonctions holomorphes sur Ω homogènes de degré i en (x^*,ζ^*) et j en (η,ζ,x^*).

Lemme 2.6.2 :

1) $gr\, \mathcal{E}^2 = \bigoplus_{(i,j)\in\mathbb{Z}^2} \mathcal{O}(i,j)$ *est plat sur* $\pi^{-1}(gr\, \mathcal{E}^2\big|_\Lambda)$.

2) $gr\, \mathcal{E}^2$ *est un faisceau d'anneaux cohérent et noethérien.*

Démonstration : Pour ne pas multiplier les variables nous allons considérer que l'ouvert Ω de $T^*_\Lambda\tilde{X}$ considéré est un ouvert de $C^n \times \mathbb{C}^p \times \mathbb{C}^q$ muni de coordonnées $(x_1,\dots,x_n,\ \xi_1,\dots,\xi_p,\ \eta_1,\dots\eta_q)$ et que $\mathcal{O}(i,j)$ désigne le faisceau des fonctions holomorphes sur Ω homogènes de degré i en ξ et j en (ξ,η).

$gr\, \mathcal{E}^2 = \bigoplus_{(i,j)\in\mathbb{Z}^2} \mathcal{O}(i,j)$. π est ici la projection $\pi(x,\xi,\eta) = (x,\eta)$ et $\Lambda = \{(x,\xi,\eta)\ /\ \xi = 0\}$. La démonstration dans le cas du lemme avec des variables $(x,y,\eta,\zeta,x^*,\zeta^*)$ serait tout à fait identique.

Pour démontrer la 1ère partie du lemme, il suffit de se placer dans les germes. Soit $\theta_0 = (x_0,\xi_0,\eta_0)$ un point de Ω.

a) Si $\xi_0 = 0$ $\pi(\theta_0) = \theta_0$ donc $(gr\, \mathcal{E}^2)_{\theta_0} = \pi^{-1}(gr\, \mathcal{E}^2\big|_\Lambda)_{\theta_0}$ et la platitude est triviale.

b) Si $\xi_0 \neq 0$, on peut supposer $\xi_0 = (1,0,\dots,0)$.

Supposons que $\eta_0 \neq 0$, par exemple $\eta_0 = (1,0,\dots,0)$ alors

$$(gr\, \mathcal{E}^2)_{\theta_0} \approx \mathbb{C}\{x,\xi_2,\dots,\xi_p,\ \eta_2,\dots,\eta_q\}\ [\xi_1,\xi_1^{-1},\ \eta_1,\eta_1^{-1}]$$

(anneau des polynômes en ξ_1, ξ_1^{-1}, η_1, η_1^{-1} à coefficients séries entières convergentes en x, $\xi_2,\dots,\xi_p$, $\eta_2,\dots,\eta_q$) tandis que $(\text{gr}\,\mathcal{E}^2)_{\pi(\theta_0)} \approx \mathbb{C}\{x,\eta_2,\dots,\eta_q\}[\xi_1,\dots,\xi_p,$ $\eta_1,\eta_1^{-1}]$ donc $(\text{gr}\,\mathcal{E}^2)_{\theta_0}$ est plat sur $(\text{gr}\,\mathcal{E}^2)_{\pi(\theta_0)}$. De même si $\eta_0 = 0$ $(\text{gr}\,\mathcal{E}^2)_{\theta_0} \approx$ $\mathbb{C}\{x,\xi_2,\dots,\xi_p\}\ [\xi_1,\xi_1^{-1},\ \eta_1,\dots,\eta_q]$ tandis que $(\text{gr}\,\mathcal{E}^2)_{\pi(\theta_0)} \approx \mathbb{C}\{x\}\ [\xi_1,\dots,\xi_p,$ $\eta_1,\dots,\eta_q]$.

Montrons que gr $\mathcal{E}^2$ est cohérent et noethérien au voisinage de tout point $\theta_0 = (x_0,\ \xi_0,\ \eta_0)$ de Ω.

a) Si $\xi_0 \neq 0$ et $\eta_0 \neq 0$ on peut supposer $\xi_0 = (1,0,\dots 0)$ et $\eta_0 = (1,0,\dots 0)$ alors, au voisinage de θ_0, gr $\mathcal{E}^2 \approx \mathcal{O}_{\mathbb{C}^n\times\mathbb{C}^{p-1}\times\mathbb{C}^{q-1}}\ [\xi_1,\xi_1^{-1},\ \eta_1,\eta_1^{-1}]$ donc est cohérent et noethérien.

b) Si $\xi_0 = 0$ et $\eta_0 \neq 0$, on peut supposer $\eta_0 = (1,0\dots 0)$. gr $\mathcal{E}^2\big|_{\{\xi=0\}} \approx$ $\mathcal{O}_{\mathbb{C}^n\times\mathbb{C}^{q-1}}\ [\xi,\eta_1,\eta_1^{-1}]$ donc est cohérent et noethérien, or gr $\mathcal{E}^2$ est plat sur $\pi^{-1}(\text{gr}\,\mathcal{E}^2\big|_{\{\xi=0\}})$ donc gr $\mathcal{E}^2$ est cohérent et noethérien au voisinage de $\{\xi=0,\eta\neq 0\}$.

On montrerait de même que gr $\mathcal{E}^2$ est cohérent et noethérien au voisinage de $\{\eta=0,\ \xi\neq 0\}$ puis de $\eta=\xi=0$ ce qui termine la démonstration du lemme.

Appliquons les résultats de Björk : D'après le théorème 2.5.1 et le lemme 2.6.2, la filtration $(G^i(\text{gr}_F\,\mathcal{E}^2))_{i\in\mathbb{Z}}$ induit une bonne filtration noethérienne sur les fibres de $\text{gr}_F\,\mathcal{E}^2$ et il est clair que cette filtration vérifie la condition σ donc $\text{gr}_F\,\mathcal{E}^2$ est un faisceau d'anneaux cohérent et noethérien.

En particulier, les fibres de $\text{gr}_F\,\mathcal{E}^2$ sont noethériennes et d'après le théorème 2.5.1, la filtration $(F^i\,\mathcal{E}^2)_{i\in\mathbb{Z}}$-qui vérifie la condition σ - induit sur les fibres de $\mathcal{E}^2$ une bonne filtration noethérienne donc $\mathcal{E}^2$ est un faisceau d'anneaux cohérent et noethérien.

De plus, d'après le lemme 2.6.2, $gr_G\, gr_F\, \mathcal{E}^2$ est plat sur $\pi^{-1}(gr_G\, gr_F\, \mathcal{E}^2|_\Lambda)$ donc $gr_F\, \mathcal{E}^2$ est plat sur $\pi^{-1}(gr_F\, \mathcal{E}^2|_\Lambda)$ donc $\mathcal{E}^2$ est plat sur $\pi^{-1}(\mathcal{E}^2|_\Lambda)$; enfin si $\mathcal{L}$ est un idéal à gauche de $\pi^{-1}(\mathcal{E}^2|_\Lambda)$ on a $gr(\mathcal{E}^2\mathcal{L}) = (gr\, \mathcal{E}^2)\,(gr\, \mathcal{L})$.

Nous avons donc montré le théorème suivant :

Théorème 2.6.3 :

1) $\mathcal{E}^2_\Lambda$ est un faisceau d'anneaux cohérent et noethérien, plat sur $\pi^{-1}(\mathcal{E}^2_\Lambda|_\Lambda)$.

2) Si $\mathcal{J}$ est un idéal à gauche cohérent de $\pi^{-1}(\mathcal{E}^2_\Lambda|_\Lambda)$ on a :

$$gr(\mathcal{E}^2_\Lambda \mathcal{J}) = (gr\, \mathcal{E}^2_\Lambda)\cdot(gr\, \mathcal{J}) .$$

Remarque : $\mathcal{E}^2_\Lambda|_\Lambda = \mathcal{E}_X|_\Lambda$ où $\mathcal{E}_X$ est le faisceau des opérateurs microdifférentiels sur X.

Considérons maintenant le sous-faisceau $\mathcal{E}^{2(r',1)}_{(1,1)}[0]$ de $\mathcal{E}^{2(r',1)}_{(1,1)}$. Rappelons que :

$$\mathcal{E}^{2(r',1)}_{(1,1)}[0] = \bigcup_{\frac{1}{r'}i+j-i\leqslant 0} \mathcal{E}^{2(r',1)}_{(1,1)}[i,j]$$

Pour simplifier les notations nous noterons dans la suite $\mathcal{E}^2(r) = \mathcal{E}^{2(r,1)}_{(1,1)}[0]$ pour $r \in \mathbb{Q}$, $1 < r \leqslant +\infty$. $\mathcal{E}^2(r)$ est un sous-faisceau de $\mathcal{E}^2$ et nous le munirons de la filtration $F^j\, \mathcal{E}^2(r)$ induite par celle de $\mathcal{E}^2$ puis $gr_F\, \mathcal{E}^2(r)$ de la filtration $G^i(gr_F\, \mathcal{E}^2(r)$ induite par celle de $gr_F\, \mathcal{E}^2$. On remarque que suivant les notations du §.2.5 on a $gr_G\, gr_F\, \mathcal{E}^2(r) \approx gr\, \mathcal{E}^2(r) \approx \bigoplus_{\frac{1}{r}i+j-i\leqslant 0} \mathcal{O}(i,j)$.

Lemme 2.6.4 : Soit r rationnel, $1 < r \leqslant +\infty$,

1) gr $\mathcal{E}^2(r)$ *est plat sur* $\pi^{-1}(gr\ \mathcal{E}^2(r)\big|_\Lambda)$

2) gr $\mathcal{E}^2(r)$ *est un faisceau d'anneaux cohérent et noethérien.*

Démonstration : Nous reprenons les notations de la démonstration du lemme 2.6.2.
Si $\theta_0 = (x_0,\xi_0,\eta_0)$ avec $\xi_0 = (1,0,\ldots,0)$ et $\eta_0 = (1,0,\ldots,0)$ on a :

$$(gr\ \mathcal{E}^2(r))_{\theta_0} \approx \{ \sum_{(i,j)\in \mathbb{Z}^2} f_{ij}(x,\xi_2,\ldots,\xi_p,\ \eta_2,\ldots,\eta_p)\xi_1^i\ \eta_1^{j-i} \text{ avec}$$

$$f_{ij} \in \mathbb{C}\{x,\xi_2,\ldots,\xi_p,\ \eta_2,\ldots,\eta_p\} \text{ et } \frac{1}{r}\ i + j - i \leqslant 0\} \quad \text{tandis que}$$

$$(gr\ \mathcal{E}^2(r))_{\pi(\theta_0)} \approx \{\sum f_{i\alpha}(x,\eta_2,\ldots,\eta_q)\eta_1^{j-|\alpha|}\ \xi^\alpha \text{ avec}$$

$$f_{i\alpha} \in \mathbb{C}\{x,\eta_2,\ldots,\eta_q\} \text{ et } \frac{1}{r}\ |\alpha| + j - |\alpha| \leqslant 0\}$$

Si on fait le changement de variable $\begin{cases} \tilde{\xi} = \xi\ \eta_1^{\frac{r-1}{r}} \\ \tilde{\eta}_1 = \eta_1^{-1/r} \end{cases}$

on obtient :

$$(gr\ \mathcal{E}^2(r))_{\theta_0} \approx \mathbb{C}\{x,\tilde{\xi}_2,\ldots,\tilde{\xi}_p,\ \eta_2,\ldots,\eta_p\}\ [\tilde{\xi}_1,\tilde{\xi}_1^{-1},\ \tilde{\eta}_1]$$

et $(gr\ \mathcal{E}^2(r))_{\pi(\theta_0)} \approx \mathbb{C}\{x,\eta_2,\ldots,\eta_p\}\ [\tilde{\xi},\tilde{\eta}_1]$

donc $(gr\ \mathcal{E}^2(r))_{\theta_0}$ est plat sur $(gr\ \mathcal{E}^2(r))_{\pi(\theta_0)}$.

Des changements de variables analogues montrent que gr $\mathcal{E}^2(r)$ est plat sur $\pi^{-1}(\mathrm{gr}\,\mathcal{E}^2(r)\big|_\Lambda)$ en tout point de Ω et suivant la méthode du lemme 2.6.2 on en déduit que gr $\mathcal{E}^2(r)$ est cohérent et noethérien.

En remplaçant le théorème 2.5.1 par le théorème 2.5.3 et en utilisant les résultats de Björk comme dans la démonstration du théorème 2.6.3 on obtient :

Théorème 2.6.5 :

1) $\mathcal{E}^2_\Lambda(r) = \mathcal{E}^{2(r,1)}_\Lambda(1,1)[0]$ *est un faisceau d'anneaux cohérent et noethérien, plat sur* $\pi^{-1}(\mathcal{E}^2_\Lambda(r)\big|_\Lambda)$.

2) *Si* $\mathcal{J}$ *est un idéal à gauche cohérent de* $\pi^{-1}(\mathcal{E}^2_\Lambda(r)\big|_\Lambda)$ *on a :*

$$\mathrm{gr}\left(\mathcal{E}^2_\Lambda(r)\,\mathcal{J}\right) = (\mathrm{gr}\,\mathcal{E}^2_\Lambda)\cdot(\mathrm{gr}\,\mathcal{J}) .$$

Remarque : Si $r = +\infty$ $\mathcal{E}^2_\Lambda(\infty)\big|_\Lambda$ est le faisceau $\mathcal{E}_\Lambda$ de Kashiwara - Oshima [14].

Il nous reste maintenant à montrer l'analogue des théorèmes 2.6.3 et 2.6.5 pour le faisceau $\mathcal{E}^{2(r,1)}_\Lambda(1,1)$.

Proposition 2.6.6 : *Soient* $\hat{\Lambda} = \Lambda \times T^*\mathbb{C}$ *et* $p : T^*_{\hat{\Lambda}}\tilde{\hat{\Lambda}} \approx T^*_\Lambda\tilde{\Lambda} \times T^*\mathbb{C} \to T^*_\Lambda\tilde{\Lambda}$ *la projection canonique.*

$\mathcal{E}^2_{\hat{\Lambda}}$ *est fidèlement plat sur* $p^{-1}\mathcal{E}^2_\Lambda$ *et de même pour tous les rationnels* r, r', s, s' *tels que* $1 \leqslant s' \leqslant s \leqslant r \leqslant r' \leqslant +\infty$, $\mathcal{E}^{2(r',s')}_{\hat{\Lambda}}(r,s)$ *est fidèlement plat sur* $p^{-1}\mathcal{E}^{2(r',s')}_\Lambda(r,s)$.

Démonstration :

1) Considérons tout d'abord le cas de $\mathcal{E}^2_{\hat{\Lambda}}$ et de $p^{-1}\mathcal{E}^2_{\Lambda}$.

La filtration de $p^{-1}\mathcal{E}^2_{\Lambda}$ est induite par celle de $\mathcal{E}^2_{\hat{\Lambda}}$ et ce sont deux bonnes filtrations noethériennes. Comme gr $\mathcal{E}^2_{\hat{\Lambda}}$ est plat sur p^{-1} gr $\mathcal{E}^2_{\Lambda}$ les résultats de Björk montrent que $\mathcal{E}^2_{\hat{\Lambda}}$ est plat sur p^{-1} gr $\mathcal{E}^2_{\Lambda}$.

Soit $\theta \in T^*_{\Lambda}\tilde{\Lambda}$ et I un idéal de type fini de $(p^{-1}\mathcal{E}^2_{\Lambda})_{\theta} = \mathcal{E}^2_{\Lambda,p(\theta)}$ tel que $I \neq \mathcal{E}^2_{\Lambda,p(\theta)}$. D'après le théorème 2.5.5 on a donc gr $I \neq$ gr $\mathcal{E}^2_{\Lambda,p(\theta)}$ et puisque gr $\mathcal{E}^2_{\hat{\Lambda}}$ est fidèlement plat sur p^{-1} gr $\mathcal{E}^2_{\Lambda}$ on a donc $(\text{gr}\,\mathcal{E}^2_{\hat{\Lambda},\theta})(\text{gr}\,I) \neq \text{gr}\,\mathcal{E}^2_{\hat{\Lambda},\theta}$.

D'après les résultats de Björk on a aussi $\text{gr}(\mathcal{E}^2_{\hat{\Lambda},\theta}\,I) = (\text{gr}\,\mathcal{E}^2_{\hat{\Lambda},\theta})(\text{gr}\,I)$ donc $\text{gr}(\mathcal{E}^2_{\hat{\Lambda},\theta}\,I) \neq \text{gr}\,\mathcal{E}^2_{\hat{\Lambda},\theta}$ et donc $\mathcal{E}^2_{\hat{\Lambda},\theta}\,I \neq \mathcal{E}^2_{\hat{\Lambda},\theta}$.

Donc $\mathcal{E}^2_{\hat{\Lambda}}$ est fidèlement plat sur $p^{-1}\mathcal{E}^2_{\Lambda}$. De même pour $r' = s'$, $\mathcal{E}^{2(r',s')}_{\hat{\Lambda}(r,s)}$ est fidèlement plat sur $p^{-1}\mathcal{E}^{2(r',s')}_{\Lambda(r,s)}$.

2) Si **r' > s' on montrerait** de même que $\mathcal{E}^{2(r',s')}_{\hat{\Lambda}(r,s)}[0]$ est fidèlement plat sur $p^{-1}\mathcal{E}^{2(r',s')}_{\Lambda(r,s)}[0]$.

Il reste à montrer que $\mathcal{E}^{2(r',s')}_{\hat{\Lambda}(r,s)}$ est fidèlement plat sur $p^{-1}\mathcal{E}^{2(r',s')}_{\Lambda(r,s)}$. Soit $\theta \in T^*_{\Lambda}\tilde{\Lambda}$, nous noterons :

$A_0 = (p^{-1}\mathcal{E}^{2(r',s')}_{\Lambda(r,s)}[0])_{\theta}$, $B_0 = \mathcal{E}^{2(r',s')}_{\hat{\Lambda}(r,s)}[0]_{\theta}$, $A = (p^{-1}\mathcal{E}^{2(r',s')}_{\Lambda(r,s)})_{\theta}$ et

$B = \mathcal{E}^{2(r',s')}_{\hat{\Lambda}(r,s)\,\theta}$.

a) Si θ appartient à la section nulle de $T^*_{\hat{\Lambda}}\tilde{\Lambda}$ on a :

$$B = \mathcal{E}^{2(s',s')}_{(r,s)\,\hat{\Lambda},\theta} \qquad \text{et} \qquad A = \mathcal{E}^{2(s',s')}_{(r,s)\,\Lambda,p(\theta)} \qquad \text{donc}$$

B est fidèlement plat sur A d'après le cas 1).

b) Si $\pi(p(\theta))$ n'appartient pas à la section nulle de T^*X. En coordonnées $p(\theta) = (x_0, y_0, \eta_0, \zeta_0, x_0^*, \zeta_0^*)$ et on suppose que $(\eta_0, \zeta_0) \neq (0,0)$.

Soit $\delta(\eta,\zeta)$ une fonction holomorphe homogène de degré 1 en (η,ζ) telle que $\delta(\eta_0, \zeta_0) \neq 0$ et Δ l'opérateur de $\mathcal{E}_\Lambda^2(\infty,1)$ de symbole (total) δ; Δ est homogène de degré (0,1) et inversible au voisinage de θ dans $\mathcal{E}_\Lambda^2(\infty,1)$ donc dans A et B.

Pour tout $u \in A$ (respt. $u \in B$), il existe $N \in \mathbb{N}$ tel que $\Delta^{-N} u \in A_0$ (resp. $\Delta^{-N} u \in B_0$).

D'après [Bourbaki Albèbre Commutative ch. I], B est fidèlement plat sur A si et seulement si pour tout système d'équations linéaires :

$$i = 1,\dots,n \qquad \sum_{k=1}^{m} y_k\, c_{ki} = x_i$$

à coefficients c_{ki} dans A et second membre (x_i) dans A, pour toute solution $(y_1,\dots,y_m) \in B^m$ de ce système, il existe :

$\longrightarrow$ $(t_1,\dots,t_m) \in A^m$ tels que, pour $i=1,\dots,n$, $\sum_{k=1}^{m} t_k\, c_{ki} = x_i$

$\longrightarrow$ $(b_1,\dots,b_q) \in B^q$

$\longrightarrow$ $(z_{jk})_{\substack{1\leq j\leq q\\ 1\leq k\leq m}} \in A^{qm}$ tels que $\sum_{k=1}^{m} z_{jk}\, c_{ki} = 0 \quad \begin{matrix} i=1,\dots,n \\ j=1,\dots,q\end{matrix}$

tels que pour $k=1,\dots,m$ $\quad y_k = t_k + \sum_{j=1}^{q} b_j\, z_{jk}$.

Soit donc un tel système à coefficients et second membre dans A et une solution $(y_1,\ldots,y_m)$ dans B^m.

Il existe $N \in \mathbb{N}$ tel que $\Delta^{-N} y_k \in B_o$, $c_{ki}\,\Delta^{-N} \in A_o$ et $\Delta^{-N} x_i\,\Delta^{-N} \in A_o$ pour tous i et k.

On a pour $i=1,\ldots,n$ $\sum_{k=1}^{m} (\Delta^{-N} y_k)(c_{ki}\,\Delta^{-N}) = \Delta^{-N} x_i\,\Delta^{-N}$, or B_o est fidèlement plat sur A_o donc il existe :

$\longrightarrow (t_1,\ldots,t_m) \in A_o^m$ tels que pour $i=1,\ldots,m$ $\sum_{k=1}^{m} t_k\, c_{ki}\,\Delta^{-N} = \Delta^{-N} x_i\,\Delta^{-N}$

$\longrightarrow (b_1,\ldots,b_q) \in B_o^q$

$\longrightarrow (z_{jk}) \in A_o^{qm}$ tels que $\sum_{k=1}^{m} z_{jk}\, c_{ki}\,\Delta^{-N} = 0 \quad \begin{matrix} i=1,\ldots,n \\ j=1,\ldots,q \end{matrix}$

et tels que $\Delta^{-N} y_k = t_k + \sum_{j=1}^{q} b_j\, z_{jk}$ pour $k=1,\ldots,m$

donc
$$y_k = \Delta^N t_k + \sum_{j=1}^{q} \Delta^N b_j\, z_{jk}$$

ce qui montre que B est fidèlement plat sur A.

c) Si $\pi(p(\theta))$ appartient à la section nulle de T^*X et $p(\theta)$ n'appartient pas à la section nulle de $T^*_\Lambda\tilde{\Lambda}$.

En coordonnées $p(\theta) = (x_o,y_o,\eta_o,\zeta_o,x_o^*,\zeta_o^*)$ et on suppose que $(\eta_o,\zeta_o) = (0,0)$ et $(x_o^*,\zeta_o^*) \neq (0,0)$.

c_1) Si $\zeta_o^* \neq 0$, il existe un opérateur Δ_1 <u>inversible</u> homogène de degré (1,0) et donc pour tout u $\in$ A (resp. B) il existe N tel que $\Delta_1^N u \in A_0$ (resp. $\Delta_1^N u \in B_0$).

c_2) Si $\zeta_0^* = 0$, donc $x_0^* \neq 0$ et $r' < +\infty$.

Il existe un opérateur Δ_2 inversible, homogène de degré (1,1) et donc pour tout u $\in$ A (resp. u $\in$ B) il existe $N \in \mathbb{N}$ tel que $\Delta_2^{-N} u \in A_0$ (resp. $\Delta_2^{-N} u \in B_0$).

Dans ces deux cas on peut refaire la démonstration du cas b).

c_3) $\zeta_0^* = 0$ et $r' = +\infty$.

L'opérateur Δ_2 du cas c_2 ne ramène plus les éléments de A dans A_0.

Pour démontrer le théorème il faut reprendre la démonstration avec une nouvelle filtration :

On définit $\mathscr{C}^{2(\infty,s')}_{(\infty,s)}[[0]] = \bigcup_{\frac{1}{s'}i+j-i\leq 0} \mathscr{C}^{2(\infty,s')}_{(\infty,s)}[i,j]$ que l'on munit de la filtration définie par :

$$F^k \mathscr{C}^{2(\infty,s')}_{(\infty,s)}[[0]] = \bigcup_{\substack{j-i=k \\ \frac{1}{s'}i+j-i\leq 0}} \mathscr{C}^{2(\infty,s')}_{(\infty,s)}[i,j]$$

et tout ce qui a été montré précédemment pour $\mathscr{C}^{2(\infty,s')}_{(\infty,s)}[0]$ est encore vrai pour $\mathscr{C}^{2(\infty,s')}_{(\infty,s)}[[0]]$, en particulier $B^0 = \mathscr{C}^{2(\infty,s')}_{\hat{\Lambda}(\infty,s)}[[0]]_\theta$ est fidèlement plat sur $A^0 = \mathscr{C}^{2(\infty,s')}_{\Lambda(\infty,s)}[[0]]_{p(\theta)}$ et par ailleurs si u $\in$ A (resp. si u $\in$ B) il existe $N \in \mathbb{N}$ tel que $\Delta_2^{-N} u \in A^0$ (resp. $\Delta_2^{-N} u \in B^0$) donc comme en b) on en déduit que B est fidèlement plat sur A. q.e.d.

Théorème 2.6.7 : Si r est un rationnel, $1 < r \leqslant +\infty$, $\mathcal{E}_{\Lambda}^{2(r,1)}(1,1)$ est plat sur $\pi^{-1}\left(\mathcal{E}_X\big|_\Lambda\right) \approx \pi^{-1}\left(\mathcal{E}_{\Lambda}^{2(r,1)}(1,1)\big|_\Lambda\right)$.

Démonstration : Plaçons nous en un point θ de $T^*_\Lambda\tilde{\Lambda}$.

1) Si $\pi(\theta)$ n'appartient pas à la section nulle de Λ.
(En coordonnées $\theta = (x_0, y_0, \eta_0, \zeta_0, x_0^*, \zeta_0^*)$ avec $(\eta_0, \zeta_0) \neq (0,0)$).

Nous avons vu dans le b) de la démonstration de la proposition 2.6.6 q'uil existe un opérateur inversible Δ (Δ est inversible dans $\mathcal{E}_{\Lambda}^{2(r,1)}(1,1)$ mais aussi dans $\mathcal{E}_{\Lambda}^{2(r,1)}(1,1)\big|_\Lambda = \mathcal{E}_X\big|_\Lambda$) tel que si $u \in \mathcal{E}_{\Lambda}^{2(r,1)}(1,1)_\theta$ (resp. $u \in \mathcal{E}_{X,\pi(\theta)}$) il existe N tel que $\Delta^{-N} u \in \mathcal{E}_{\Lambda}^{2}(r)_\theta$ (resp. $\Delta^{-N} u \in \mathcal{E}_{\Lambda}^{2}(r)_{\pi(\theta)}$).

On se ramène donc au théorème 2.6.5 en suivant la démonstration 2) b) de la proposition 2.6.6, à ceci près que nous étudions seulement la platitude et donc que nous considérons seulement des systèmes $\sum y_k c_{ki} = x_i$ à second membre $(x_1,\dots,x_n)$ nul.

2) Si $\pi(\theta)$ appartient à la section nulle de Λ.

Soit $\hat{\Lambda} = \Lambda \times T^*\mathbb{C}$, $p : T^*_{\hat{\Lambda}}\tilde{\hat{\Lambda}} \to T^*_\Lambda\tilde{\Lambda}$ la projection canonique et $\hat{\theta}_0 = (\theta_0;(0,1)) \in T^*_{\hat{\Lambda}}\tilde{\hat{\Lambda}} \approx (T^*_\Lambda\tilde{\Lambda}) \times T^*\mathbb{C}$.

D'après la partie 1), $\mathcal{E}_{\hat{\Lambda}}^{2(r,1)}(1,1)_{\hat{\theta}_0}$ est plat sur $\mathcal{E}_{X\times\mathbb{C},\hat{\pi}(\hat{\theta}_0)}$ ($\hat{\pi} : T^*_{\hat{\Lambda}}\tilde{\hat{\Lambda}} \to \hat{\Lambda}$ projection canonique).

Or d'après la proposition 2.6.6, $\mathcal{E}_{\hat{\Lambda}}^{2(r,1)}(1,1)_{\hat{\theta}_0}$ est fidèlement plat sur $\mathcal{E}_{\Lambda}^{2(r,1)}(1,1)_{\theta_0}$ et $\mathcal{E}_{X\times\mathbb{C},\hat{\pi}(\hat{\theta}_0)}$ est fidèlement plat sur $\mathcal{E}_{X,\pi(\theta_0)}$ donc (Bourbaki Algèbre Commutative ch. I §.3 Prop. 7) $\mathcal{E}^{2(r,1)}_{\Lambda}(1,1)_{\theta_0}$ est plat sur $\mathcal{E}_{X,\pi(\theta_0)}$. q.e.d.

Théorème 2.6.8 : Si r est un rationnel, 1 < r ⩽ + ∞, $\mathcal{E}^{2(r,1)}_{\Lambda}(1,1)$ est un faisceau d'anneaux cohérent et noethérien.

Démonstration : Remarquons tout d'abord que si $\hat{\mathcal{A}}$ est un faisceau d'anneaux fidèlement plat sur un faisceau d'anneaux $\mathcal{A}$ et que $\hat{\mathcal{A}}$ est cohérent et noethérien, il en est de même de $\mathcal{A}$.

Comme dans la démonstration précédente on peut donc se ramener au voisinage des points θ tels que $\pi(\theta)$ ne soit pas dans la section nulle de Λ et on peut donc supposer l'existence d'un opérateur Δ inversible de $\mathcal{E}^{2(r,1)}_{\Lambda}(1,1)$ tel que pour tout $P \in \mathcal{E}^{2(r,1)}_{\Lambda}(1,1)$, il existe $N \in \mathbb{N}$ tel que $\Delta^{-N} P \in \mathcal{E}^2(r)$.

Notons $\mathcal{B} = \mathcal{E}^{2(r,1)}_{\Lambda}(1,1)$ et $\mathcal{B}_0 = \mathcal{E}^2(r)$.

a) Cohérence. Soit $\mathcal{J}$ un idéal de type fini de $\mathcal{B}$ défini au voisinage d'un point θ : $\mathcal{J} = \sum_{\nu=1}^{p} \mathcal{B} P_\nu$.

Soit $N \in \mathbb{N}$ tel que pour $\nu=1,\ldots,p$ $Q_\nu = \Delta^{-N} P_\nu \in \mathcal{B}_0$; $\mathcal{J}$ est encore engendré par $Q_1,\ldots,Q_p$. Soit $\mathcal{J}_0$ l'idéal de $\mathcal{B}_0$ engendré par $Q_1,\ldots,Q_p$.

Soient $\varphi : \mathcal{B}^p \to \mathcal{J}$ et $\varphi_0 : \mathcal{B}_0^p \to \mathcal{J}_0$ les morphismes surjectifs définis par $(Q_1,\ldots,Q_p)$.

Si $R = (R_1,\ldots,R_p) \in \operatorname{Ker} \varphi$, il existe N_1 tel que $\Delta^{-N_1} R \in \mathcal{B}_0^p$ et il est clair que $\Delta^{-N_1} R \in \operatorname{Ker} \varphi_0$ donc $R \in \Delta^{N_1} \operatorname{Ker} \varphi_0$, i.e. $\operatorname{Ker} \varphi$ est engendré sur $\mathcal{B}$ par $\operatorname{Ker} \varphi_0$.

Or $\mathcal{B}_0$ est cohérent donc $\operatorname{Ker} \varphi_0$ est de type fini sur $\mathcal{B}_0$ et donc $\operatorname{Ker} \varphi$ est de type fini sur $\mathcal{B}$ et donc $\mathcal{B}$ est cohérent.

b) <u>$\mathcal{B}$ est noethérien.</u>

Soit $(\mathcal{I}_j)_{j\in\mathbb{N}}$ une suite croissante d'idéaux de type fini de $\mathcal{B}$. Pour $N \in \mathbb{N}$, notons $\mathcal{B}_0[N] = \mathcal{B}_0\,\Delta^N = \Delta^N\,\mathcal{B}_0$ (c'est le sous-faisceau de $\mathcal{B}$ des opérateurs qui vérifient $P_{ij} \equiv 0$ si $\frac{1}{r}\,i+j-i>N$).

Soient $(u_1,\ldots,u_m)$ des générateurs de $\mathcal{I}_j$ que l'on peut supposer dans $\mathcal{B}_0$ et posons

$$\mathcal{J}_N^j = \left(\sum_{\nu=1}^{m} \mathcal{B}_0[N]u_\nu\right) \cap \mathcal{B}_0 .$$

$\sum_{\nu=1}^{m} \mathcal{B}_0[N]u_\nu$ est de type fini sur $\mathcal{B}_0$ et contenu dans $\mathcal{B}_0[N]$ qui est cohérent sur $\mathcal{B}_0$ donc $\sum_{\nu=1}^{m} \mathcal{B}_0[N]u_\nu$ est cohérent sur $\mathcal{B}_0$ donc $\mathcal{J}_N^j$ est cohérent sur $\mathcal{B}_0$.

La suite $(\mathcal{J}_N^j)_{N\in\mathbb{N}}$ est une suite croissante d'idéaux de type fini de $\mathcal{B}_0$ donc est stationnaire ($\mathcal{B}_0$ est noethérien) donc $\mathcal{J}^j = \bigcup_{N\in\mathbb{N}} \mathcal{J}_N^j$ est cohérent sur $\mathcal{B}_0$.

Or $\mathcal{J}^j = \mathcal{I}_j \cap \mathcal{B}_0$. La suite $\mathcal{J}^j$ est une suite croissante d'idéaux de type fini de $\mathcal{B}_0$ donc est stationnaire. $\mathcal{I}_j$ est engendré sur $\mathcal{B}$ par $\mathcal{J}^j$ donc la suite $(\mathcal{I}^j)$ est stationnaire.

On montrerait de même que les fibre de $\mathcal{B}$ sont des anneaux noethériens et donc $\mathcal{B}$ est noethérien.

<u>*Proposition 2.6.9 :*</u> $\mathcal{E}^2_\Lambda$ <u>*est un faisceau d'anneaux plat sur*</u> $\mathcal{E}^{2(r,1)}_{\Lambda(1,1)}$.

Démonstration : A l'aide des isomorphismes de la démonstration du lemme 2.6.4 on voit facilement que gr $\mathcal{E}^2$ est plat sur gr $\mathcal{E}^2(r)$ et puisque les filtrations de $\mathcal{E}^2$ et $\mathcal{E}^2(r)$ sont de bonnes filtrations noethériennes $\mathcal{E}^2$ est plat sur $\mathcal{E}^2(r)$.

En reprenant la démonstration du théorème 2.6.7 on en déduit que $\mathcal{E}^2_\Lambda$ est plat sur $\mathcal{E}^{2(r,1)}_\Lambda(1,1)$.

Comme nous l'avons dit au début du paragraphe les démonstrations précédentes s'appliquent à tous les faisceaux $\mathcal{E}^{2(r',s')}(r,s)$:

Théorème 2.6.10 :

(i) Si (r,s,r',s') sont quatre rationnels tels que $1 \leqslant s' \leqslant s \leqslant r \leqslant r' \leqslant +\infty$, $\mathcal{E}^{2(r',s')}_\Lambda(r,s)$ est un faisceau d'anneaux cohérent et noethérien, plat sur $\pi^{-1}(\mathcal{E}^{2(r',s')}_\Lambda(r,s)|_\Lambda)$ et sur $\pi^{-1}(\mathcal{E}_X|_\Lambda)$.

(ii) Si $\mathcal{E}^{2(r_1',s_1')}_\Lambda(r_1,s_1)$ est un sous-faisceau de $\mathcal{E}^{2(r_2',s_2')}_\Lambda(r_2,s_2)$, c'est-à-dire si $s_1 \leqslant s_2 \leqslant r_2 \leqslant r_1$ et $s_1' \leqslant s_2' \leqslant r_2' \leqslant r_1'$, le second est plat sur le premier.

(iii) Si de plus $r_1' = r_2'$ et $s_1' = s_2'$, le second faisceau est fidèlement plat sur le premier.

Démonstration : Lorsque $s' = s = r = r' < +\infty$, on définit les filtrations suivantes :

$$F^j\, \mathcal{E}^2_\Lambda(r,r) = \bigcup_{\frac{1}{r}p + (q-p) = j} \mathcal{E}^2_\Lambda(r,r)[p,q]$$

$$G^j(\mathrm{gr}^j_F\, \mathcal{E}^2_\Lambda(r,r)) = \mathcal{E}^2_\Lambda(r,r)[i,j] \Big/ \bigcup_{\frac{1}{r}p + (q-p) = j-1} \mathcal{E}^2_\Lambda(r,r)[p,q] .$$

Lorsque $s' = s = r = r' = +\infty$, on pose encore :

$$F^j \mathscr{E}^2_\Lambda(\infty,\infty) = \bigcup_{i \in \mathbb{Z}} \mathscr{E}^2_\Lambda(\infty,\infty)[i,j+i]$$

$$G^i(\mathrm{gr}^j_F \mathscr{E}^2_\Lambda(\infty,\infty)) = \mathscr{E}^2_\Lambda(\infty,\infty)[i,j+i] \Big/ \bigcup_{k \in \mathbb{Z}} \mathscr{E}^2_\Lambda(\infty,\infty)[k,j+k-1] \, .$$

Dans tous les cas on a :

$$\mathrm{gr}_G(\mathrm{gr}_F \mathscr{E}^2_\Lambda(r,r)) = \mathrm{gr}\, \mathscr{E}^2_\Lambda(r,r) \approx \bigoplus_{(i,j) \in \mathbb{Z}^2} \mathscr{O}[i,j] \, .$$

Lorsque $s' < r'$ les filtrations de $\mathscr{E}^{2(r',s')}_\Lambda(r,s)$ sont les filtrations induites par $\mathscr{E}^2_\Lambda(r',r')$.

(i) En reprenant les démonstrations précédentes on obtient que $\mathscr{E}^{2(r',s')}_\Lambda(r,s)$ est un faisceau d'anneaux cohérent et noethérien, plat sur $\pi^{-1}(\mathscr{E}^{2(r',s')}_\Lambda(r,s)\big|_\Lambda)$.

Il reste à montrer que $\mathscr{E}^{2(r',s')}_\Lambda(r,s)\big|_\Lambda$ est plat sur $\mathscr{E}_X\big|_\Lambda$, mais comme $\mathscr{E}_X\big|_\Lambda = \mathscr{E}^2_\Lambda(r,1)\big|_\Lambda$, c'est un cas particulier de la partie (ii) du théorème.

(ii) Comme $\mathscr{E}^{2(r'_1,s'_1)}_\Lambda(r_1,s_1) \subset \mathscr{E}^{2(r'_1,s'_2)}_\Lambda(r_1,s_2) \subset \mathscr{E}^{2(r'_2,s'_2)}_\Lambda(r_2,s_2)$, on peut faire la démonstration en supposant soit $r'_1 = r'_2$ soit $s'_1 = s'_2$.

Soit r, $1 < r \leqslant +\infty$, nous allons montrer que $\mathscr{E}^2_\Lambda(r,r)$ est plat sur $\mathscr{E}^2_\Lambda(r,1)$, les autres cas se traitant de la même manière.

$\mathscr{E}^2_\Lambda(r,r)$ est muni de la filtration $(F^j \mathscr{E}^2_\Lambda(r,r))$ définie ci-dessus qui est une bonne filtration noethérienne.

$\mathscr{E}^2_\Lambda(r,1)$ est muni de la filtration $(F^j \mathscr{E}^2_\Lambda(r,1))$ définie ci-dessus qui est la filtration induite par celle de $\mathscr{E}^2_\Lambda(1,1)$ et aussi de la filtration $(\tilde{F}^j \mathscr{E}^2_\Lambda(r,1))$ induite par celle de $\mathcal{E}^2_\Lambda(r,r)$. Aucune de ces deux filtrations n'est une bonne filtration noethérienne.

Nous avons défini précédemment le faisceau $\mathcal{E}^2_\Lambda(r,1)[0]$ qui n'est autre que $\tilde{F}^o\, \mathcal{E}^2_\Lambda(r,1)$.

La filtration $(F^j\, \mathcal{E}^2_\Lambda(r,1)[0])$ induite sur ce faisceau par $\mathcal{E}^2_\Lambda(1,1)$ est une bonne filtration noethérienne comme nous l'avons vu précédemment, par contre la filtration $(\tilde{F}^j\, \mathcal{E}^2_\Lambda(r,1)[0])$ induite par celle de $\mathcal{E}^2_\Lambda(r,r)$ n'est pas une bonne filtration noethérienne et nous allons donc devoir utiliser le lemme 2.6.0.

Comme dans la démonstration du théorème 2.6.7, on peut se ramener, en ajoutant une variable, à montrer le théorème au voisinage d'un point $\theta \in T^*_\Lambda\tilde{\Lambda}$ tel que $\pi(\theta)$ n'appartiennent pas à la section nulle de Λ. Il existe alors un opérateur Δ inversible tel que :

$$\forall k \in \mathbb{Z} \quad \tilde{F}^k\, \mathcal{E}^2_\Lambda(r,1) = \Delta^k\, \mathcal{E}^2_\Lambda(r,1)[0] .$$

Il est clair que $gr_{\tilde{F}}(\mathcal{E}^2_\Lambda(r,1)) = gr_F(\mathcal{E}^2_\Lambda(r,r))$ donc d'après le lemme 2.6.0, pour montrer que $\mathcal{E}^2_\Lambda(r,r)_\theta$ est plat sur $\mathcal{E}^2_\Lambda(r,1)_\theta$ il suffit de montrer que si L est un idéal de type fini de $\mathcal{E}^2_\Lambda(r,1)_\theta$, il existe $a_1,\dots,a_n$ dans $\tilde{F}^o\, \mathcal{E}^2_\Lambda(r,1)_\theta$ tels que pour tout k :

$$\left[\tilde{F}^k\, \mathcal{E}^2_\Lambda(r,1)_\theta\right] \cap L = \sum_{i=1}^n \tilde{F}^o\, \mathcal{E}^2_\Lambda(r,1)_\theta\, a_i .$$

Soit $L^o = L \cap (\tilde{F}^o\, \mathcal{E}^2_\Lambda(r,1)_\theta)$, puisque $\tilde{F}^o\, \mathcal{E}^2_\Lambda(r,1)_\theta = \mathcal{E}^2_\Lambda(r,1)[0]_\theta$ est noethérien (théorème 2.6.5), L^o est de type fini donc il existe $a_1,\dots,a_n$ dans L^o tels que :

$$L^o = \sum_{i=1}^n \tilde{F}^o\, \mathcal{E}^2_\Lambda(r,1)_\theta\, a_i$$

$$L \cap (\tilde{F}^k\, \mathcal{E}^2_\Lambda(r,1)_\theta) = \Delta^k\, L^o = \sum_{i=1}^n \tilde{F}^k\, \mathcal{E}^2_\Lambda(r,1)_\theta\, a_i . \qquad \text{q.e.d.}$$

Il reste seulement à démontrer le (iii). On a $1 \leq s_1' \leq s_1 \leq r_1 \leq r_1' \leq +\infty$ et $1 \leq s_2' \leq s_2 \leq r_2 \leq r_2' \leq +\infty$ donc si $s_1' = r_1'$ on a $s_1 = r_1 = s_2 = r_2$ et le théorème est trivial. On peut donc supposer $s_1' < r_1'$.

Notons $\mathcal{A} = \mathcal{E}_\Lambda^{2(r_1',s_1')}(r_1,s_1)$, $\mathcal{B} = \mathcal{E}_\Lambda^{2(r_2',s_2')}(r_2,s_2)$, $\mathcal{A}_0 = \mathcal{E}_\Lambda^{2(r_1',s_1')}(r_1,s_1)[0]$ et $\mathcal{B}_0 = \mathcal{E}_\Lambda^{2(r_2',s_2')}(r_2,s_2)[0]$.

La filtration de $\mathcal{A}_0$ est induite par celle de $\mathcal{B}_0$ et $\operatorname{gr}\mathcal{B}_0 = \operatorname{gr}\mathcal{A}_0$ donc suivant le 1) de la démonstration de la proposition 2.6.6, $\mathcal{B}_0$ est fidèlement plat sur $\mathcal{A}_0$.

Si $\theta \in T^*_\Lambda\tilde{X}$, $\pi(\theta)$ n'appartenant pas à la section nulle de T^*X, on en déduit que $\mathcal{B}_\theta$ est fidèlement plat sur $\mathcal{A}_\theta$ comme dans le 2) b) de cette même démonstration.

Enfin si $\pi(\theta)$ appartientà la section nulle de T^*X, on se ramène au cas précédent en rajoutant une variable comme dans la démonstration du théorème 2.6.7.

Théorème 2.6.10 bis : Soient T_1 et T_2 deux opérateurs de $\mathcal{E}_\Lambda^2(\infty,1)$ tels que $\sigma^{(\infty,1)}(T_1) = \sigma(T_1)$ et $\sigma^{(\infty,1)}(T_2) = \sigma(T_2)$ ne dépendent que des variables (y,η). Soit pour $\nu = 1,2$

$$H_{\sigma(T_\nu)} = \sum_{j=1}^{n_2} \frac{\partial\sigma(T_\nu)}{\partial\eta_j}\frac{\partial}{\partial y_j} - \frac{\partial\sigma(T_\nu)}{\partial y_j}\frac{\partial}{\partial\eta_j}$$

(champ hamiltonien de $\sigma(T_\nu)$ considérée comme fonction sur T^*X).

Soit Ω un ouvert de $T^*_\Lambda\tilde{X}$ sur lequel les champs $H_{\sigma(T_1)}$ et $H_{\sigma(T_2)}$ sont indépendants et commutent entre eux.

Sur Ω on définit $\tilde{\mathcal{E}}_\Lambda^2$ (resp. $\tilde{\mathcal{E}}_\Lambda^{2(r',s')}(r,s)$) comme le sous-faisceau de $\mathcal{E}_\Lambda^2$ (resp. de $\mathcal{E}_\Lambda^{2(r',s')}(r,s)$) des opérateurs qui commutent avec T_1 et T_2.

1) $\mathcal{E}_\Lambda^2$ est fidèlement plat sur $\tilde{\mathcal{E}}_\Lambda^2$ et pour tous r,s,r',s' tels que $1 \leq s' \leq s \leq r \leq r' \leq +\infty$, $\mathcal{E}_\Lambda^{2(r',s')}(r,s)$ est fidèlement plat sur $\tilde{\mathcal{E}}_\Lambda^{2(r',s')}(r,s)$.

2) Le théorème 2.6.3 est encore vrai si on remplace $\mathcal{E}_\Lambda^2$ par $\tilde{\mathcal{E}}_\Lambda^2$.

3) Le théorème 2.6.10 est encore vrai si on remplace $\mathcal{E}_\Lambda^{2(r',s')}(r,s)$ par $\tilde{\mathcal{E}}_\Lambda^{2(r',s')}(r,s)$.

Démonstration : Les points 2) et 3) sont de corollaires immédiats du point 1) et des théorèmes 2.6.3 et 2.6.10.

Soit pour $\nu = 1,2$ l'opérateur différentiel $\tilde{T}_\nu$ (au sens du §.2.5) défini par $\tilde{T}_\nu = L_{T_\nu} - R_{T_\nu}$, donc par définition on a :

$\tilde{T}_\nu(P) = T_\nu P - PT_\nu = [T_\nu, P]$ et $\tilde{T}_\nu P = 0 \Longleftrightarrow P$ et T_ν commutent.

Si $\sigma(\tilde{T}_\nu)$ est l'opérateur défini dans le lemme 2.5.6 on a $\sigma(\tilde{T}_\nu) = H_{\sigma(T_\nu)}$ donc les opérateurs $\tilde{T}_1$ et $\tilde{T}_2$ vérifient les hypothèses du lemme 2.5.6 donc :

$\longrightarrow$ $\tilde{\mathcal{E}}_\Lambda^2$ véfifie la proposition 2.5.7

$\longrightarrow$ gr $\tilde{\mathcal{E}}_\Lambda^2$ est isomorphe après changement de variables au sous-faisceau de gr $\mathcal{E}_\Lambda^2$ des fonctions qui ne dépendent pas de deux variables homogènes donc gr $\mathcal{E}_\Lambda^2$ est fidèlement plat sur gr $\tilde{\mathcal{E}}_\Lambda^2$ et gr $\tilde{\mathcal{E}}_\Lambda^2$ est cohérent et noethérien.

La filtration induite sur $\tilde{\mathcal{E}}_\Lambda^2$ par $\mathcal{E}_\Lambda^2$ est donc une bonne filtration noethérienne donc $\mathcal{E}_\Lambda^2$ est fidèlement plat sur $\tilde{\mathcal{E}}_\Lambda^2$ (cf. dém. de la proposition 2.6.6(1)).

De même $\mathcal{E}_\Lambda^{2(r',s')}(r,s)$ [0] est fidèlement plat sur $\tilde{\mathcal{E}}_\Lambda^{2(r',s')}(r,s)$ [0] et en dehors des points qui se projettent sur la section nulle de T^*X on en déduit que $\mathcal{E}_\Lambda^{2(r',s')}(r,s)$ est fidèlement plat sur $\tilde{\mathcal{E}}_\Lambda^{2(r',s')}(r,s)$ en suivant le 2)b) de la démonstration de la proposition 2.6.6.

On conclut pour les points restants en ajoutant une variable (cf. dém. du théorème 2.6.7(2)).

Définition 2.6.11 : Si $\mathcal{M}$ est un $\mathcal{E}_X$-module cohérent défini au voisinage de Λ nous poserons :

$$\mathcal{C}h^2_\Lambda(\mathcal{M}) = \text{support}\ (\mathcal{E}^2_\Lambda \underset{\pi^{-1}(\mathcal{E}_X|_\Lambda)}{\otimes} \pi^{-1}\mathcal{M})$$

et de même si (r,s) *sont deux rationnels tels que* $1 \leq s \leq r \leq +\infty$, $s < +\infty$

$$\mathcal{C}h^2_\Lambda(r,s)\ (\mathcal{M}) = \text{support}\ (\mathcal{E}^2_\Lambda(r,s) \underset{\pi^{-1}(\mathcal{E}_X|_\Lambda)}{\otimes} \pi^{-1}\mathcal{M})$$

avec $\pi : T^*_\Lambda\tilde{\Lambda} \to \Lambda$ *projection canonique.*

Ce sont des sous-ensembles fermés de $T^*_\Lambda\tilde{\Lambda}$.

Remarque : Si (r_0,s_0) sont deux rationnels tels que $1 \leq s \leq s_0 \leq r_0 \leq r \leq +\infty$ le support de $(\mathcal{E}^{2(r,s)}_\Lambda(r_0,s_0) \underset{\pi^{-1}(\mathcal{E}_X|_\Lambda)}{\otimes} \pi^{-1}\mathcal{M})$ ne dépend pas de (r_0,s_0) d'après le théorème 2.6.9 (iii) et est donc égal à $\mathcal{C}h^2_\Lambda(r,s)\ (\mathcal{M})$ (c'est le cas $r = r_0, s = s_0$).

Proposition 2.6.12 : Si $\mathcal{J}$ *est un idéal cohérent de* $\mathcal{E}_X$ *et si* $\mathcal{M} = \mathcal{E}_X/\mathcal{J}$ *on a :*

$$\mathcal{C}h^2_\Lambda(\mathcal{M}) = \{\theta \in T^*_\Lambda\tilde{\Lambda}\ /\ \sigma_\Lambda(P)(\theta) = 0 \text{ pour tout } P \in \mathcal{J}\}$$

Démonstration : Par définition $\mathcal{C}h^2_\Lambda(\mathcal{M})$ = suport $\mathcal{E}^2_\Lambda / \mathcal{E}^2_\Lambda\, \pi^{-1}\mathcal{J}$.

1) Soit $\theta \in T^*_\Lambda\tilde{\Lambda}$ tel qu'il existe $P \in \mathcal{J}$ avec $\sigma_\Lambda(P) \neq 0$.

D'après le théorème 2.4.12, P est inversible dans $\mathcal{E}^2_\Lambda$ au voisinage de θ donc $\theta \notin$ support $(\mathcal{E}^2_\Lambda / \mathcal{E}^2_\Lambda \mathcal{J})$.

2) Inversement soit $\theta \notin \mathcal{C}h^2_\Lambda(\mathcal{M})$, on aura $(\mathcal{E}^2_\Lambda / \mathcal{E}^2_\Lambda \pi^{-1}\mathcal{J})_\theta = 0$ soit $\mathcal{E}^2_{\Lambda,\theta}\, \mathcal{J}_{\pi(\theta)} =$ $\mathcal{E}^2_{\Lambda,\theta}$ donc $1 \in \mathcal{E}^2_{\Lambda,\theta}\, \mathcal{J}_{\pi(\theta)}$ donc $1 \in \mathrm{gr}\,(\mathcal{E}^2_{\Lambda,\theta}\, \mathcal{J}_{\pi(\theta)})$.

D'après le théorème 2.6.3, $\mathrm{gr}\,(\mathcal{E}^2_{\Lambda,\theta}\, \mathcal{J}_{\pi(\theta)}) = (\mathrm{gr}\, \mathcal{E}^2_{\Lambda,\theta})\, (\mathrm{gr}\, \mathcal{J}_{\pi(\theta)})$ donc $1 \in (\mathrm{gr}\, \mathcal{E}^2_{\Lambda,\theta})\, (\mathrm{gr}\, \mathcal{J}_{\pi(\theta)})$ et donc il existe $P \in \mathcal{J}$ tel que $\sigma_\Lambda(P)\,(\theta) \neq 0$.

Proposition 2.6.13 : *Si $\mathcal{J}$ est un idéal cohérent de $\mathcal{E}_X$ et si $\mathcal{M} = \mathcal{E}_X / \mathcal{J}$ on a :*

$$\mathcal{C}h^2_\Lambda(r,s)\ (\mathcal{M}) = \{\theta \in T^*_\Lambda\tilde{\Lambda} \ /\ \sigma_\Lambda^{(r,s)}\ (P)\ (\theta) = 0 \text{ pour tout } P \in \mathcal{J}\}$$

Démonstration : D'après le lemme 2.6.0., on a $\mathrm{gr}(\mathcal{E}^2_\Lambda(r,s)|_\Lambda \otimes_{\mathcal{E}_X} \mathcal{J}|_\Lambda) = (\mathrm{gr}\,\mathcal{J})|_\Lambda$ donc il suffit de montrer la proposition en remplaçant $\mathcal{E}_X$ par $\mathcal{E}^2_\Lambda(r,s)|_\Lambda$.

Si $r = s$ la démonstration est la même que celle de la proposition 2.6.12, donc on peut supposer $r > s$ et pour simplifier les notations, nous ferons la démonstration dans le cas $s = 1$.

Nous noterons $\mathcal{B} = \mathcal{E}^{2(r,1)}_{\Lambda(1,1)}$, $\mathcal{A} = \pi^{-1}(\mathcal{E}^{2(r,1)}_{\Lambda(1,1)}|_\Lambda)$, $\mathcal{B}_0 = \mathcal{E}^{2(r,1)}_{\Lambda(1,1)}[0] = \mathcal{E}^2(r)$ et $\mathcal{A}_0 = \pi^{-1}(\mathcal{E}^2(r)|_\Lambda)$, $\mathcal{B}[i,j] = \mathcal{E}^{2(r,1)}_{\Lambda(1,1)}[i,j]$, $\mathcal{B}_0[i,j] = \mathcal{B}[i,j] \cap \mathcal{B}_0$.

D'après la remarque qui suit la définition 2.6.10 on a :

$$\mathcal{C}h^2_\Lambda(r,1)\ (\mathcal{M}) = \text{support}\ (\mathcal{B} \otimes_{\mathcal{A}} \pi^{-1}\mathcal{M}) = \text{support}\ (\mathcal{B} / \mathcal{B}\pi^{-1}\mathcal{J}).$$

Le théorème 2.4.12 entraîne que :

$$\mathcal{C}h^2_\Lambda(r,1)\ (\mathcal{M}) \subset \{\theta \in T^*_\Lambda\tilde{\Lambda} \ /\ \sigma_\Lambda^{(r,1)}\ (P)\ (\theta) = 0 \quad \forall P \in \mathcal{J}\}$$

Inversement soit $\theta \notin \mathcal{C}h^2_\Lambda(r,1)\ (\mathcal{M})$

1) Si $\theta \in \Lambda$ $\theta = \pi(\theta)$ et $\mathcal{B}_\theta = \mathcal{A}_\theta$ donc

$$\theta \notin \mathcal{C}h^2_\Lambda(r,1)\ (\mathcal{M}) \Leftrightarrow \mathcal{B}_\theta / \mathcal{B}_\theta \mathcal{I}_\theta = 0 \Leftrightarrow \mathcal{A}_\theta / \mathcal{I}_\theta = 0 \Leftrightarrow 1 \in \mathcal{I}_\theta$$

donc $\theta \notin \{\tau \in T^*_\Lambda \tilde{\Lambda}\ /\ \forall P \in \mathcal{I}\ \sigma_\Lambda^{(r,1)}(P)(\tau) = 0\}$

2) Si $\theta \notin \Lambda$ $\pi(\theta) \notin T^*_X X$ (section nulle de Λ).

En coordonnées si $\theta = (x_0, y_0, \eta_0, \zeta_0, x_0^*, \zeta_0^*)$ on suppose donc que $(\eta_0, \zeta_0) \neq (0,0)$ et que $(x_0^*, \zeta_0^*) \neq (0,0)$.

Il existe donc deux opérateurs Δ_1 et Δ_2 de $\mathcal{B} = \mathcal{E}_\Lambda^{2(r,1)}(1,1)$ définis et inversibles au voisinage de θ, Δ_1 étant homogène de degré (1,0) et Δ_2 de degré (0,1). (homogénéité en (x^*, ζ^*) et (η, ζ, x^*)).

Pour $\nu = 1,2$, soit δ_ν le symbole total de Δ_ν et puisque Δ_ν est homogène on a aussi $\sigma_\Lambda^{(r,1)}(\Delta_\nu) = \sigma_\Lambda(\Delta_\nu) = \delta_\nu$.

$\theta \notin \mathcal{C}h^2_\Lambda(r,1)\ (\mathcal{M})$ donc $1 \in \mathcal{B}_\theta\ \mathcal{I}_{\pi(\theta)}$, i.e. il existe $(A_1,\dots,A_m) \in \mathcal{B}^n_\theta$ et il existe $(P_1,\dots,P_n) \in \mathcal{I}^n_{\pi(\theta)}$ tels que $1 = \sum_{\nu=1}^{n} A_\nu P_\nu$.

Soit $\mathcal{J} = \mathcal{I} \cap \mathcal{A}_0$, c'est un idéal cohérent de $\mathcal{A}_0$ qui engendre $\mathcal{I}$ sur $\mathcal{A}$ d'après la démonstration du théorème 2.6.8.

Soit $N \in \mathbb{N}$ tel que $\Delta_1^N(P_1,\dots,P_n) \in \mathcal{J}^n_{\pi(\theta)}$ et $M \in \mathbb{N}$ tel que $\Delta_1^M(A_1,\dots,A_n)\Delta_1^{-N} \in \mathcal{B}^m_{0,\theta}$, alors $\delta_1^M \in \mathrm{gr}\,(\mathcal{B}_{0,\theta}\ \mathcal{I}_{\pi(\theta)})$ donc d'après le théorème 2.6.5 $\delta_1^M \in (\mathrm{gr}\,\mathcal{B}_{0,\theta})\ (\mathrm{gr}\,\mathcal{I}_{\pi(\theta)})$ et donc il existe $(\tilde{A}_1,\dots,\tilde{A}_m) \in \mathcal{B}^m_{0,\theta}$ et $(\tilde{P}_1,\dots,\tilde{P}_m) \in \mathcal{J}^m_{\pi(\theta)}$ tels que $\Delta_1^M = \sum_{\nu=1}^{m} \tilde{A}_\nu \tilde{P}_\nu$ et $\sigma_\Lambda(\Delta_1^M) = \delta_1^M = \sum_{\nu=1}^{m} \sigma_\Lambda(\tilde{A}_\nu)\ \sigma_\Lambda(\tilde{P}_\nu)$. (Attention, il s'agit de σ_Λ et pas de $\sigma_\Lambda^{(r,1)}$!).

Supposons que $\tilde{A}_\nu \in \mathcal{B}_{0,\theta}[k_\nu, \ell_\nu]$ et $\tilde{P}_\nu \in \mathcal{J}_{\pi(\theta)} \cap \mathcal{A}_{0,\theta}[i_\nu, j_\nu]$, la relation précédente montre que $\ell_\nu + j_\nu = 0$ pour tout ν.

Remplaçant $\tilde{P}_\nu$ par $\Delta_2^{-j_\nu}\tilde{P}_\nu$ et $\tilde{A}_\nu$ par $\tilde{A}_\nu\,\Delta_2^{j_\nu}$ on peut supposer que pour tout ν $\ell_\nu = j_\nu = 0$.

Notons $\mathcal{B}^0 = \bigcup_{\left\{\begin{smallmatrix} \frac{1}{r}\, i+j-i \leqslant 0 \\ j \leqslant 0 \end{smallmatrix}\right.} \mathcal{E}_\Lambda^{2(r,1)}(1,1)\,[i,j]$ et $\mathcal{A}^0 = \mathcal{B}^0 \cap \mathcal{A}$.

Nous avons montré que l'on peut écrire :

$$\Delta_1^M = \sum_{\nu=1}^{m} \tilde{A}_\nu \tilde{P}_\nu \qquad \text{avec } \tilde{A}_\nu \in \mathcal{B}^0 \text{ et } \tilde{P}_\nu \in \mathcal{J} \cap \mathcal{A}^0 .$$

Munissons $\mathcal{B}^0$ de la filtration définie par :

$$\mathcal{F}^n \mathcal{B}^0 = \bigcup_{\substack{bi+a(j-i)\leqslant n \\ j \leqslant 0}} \mathcal{E}_\Lambda^{2(r,1)}(1,1)\,[i,j]$$

si $r = \frac{a}{b}$ est l'écriture irréductible de r avec a et b entiers. Suivant la démonstration du théorème 2.6.3 il est facile de voir que $\mathcal{F}\,\mathcal{B}^0$ est une "bonne filtration noethérienne" de $\mathcal{B}^0$ et qu'elle induit sur $\mathcal{A}^0$ une bonne filtration noethérienne.

Donc $gr_{\mathcal{F}}(\mathcal{B}_\theta^0\, \mathcal{J}_{\pi(\theta)}^0) = gr_{\mathcal{F}}(\mathcal{B}_\theta^0)\; gr_{\mathcal{F}}(\mathcal{J}_{\pi(\theta)}^0)$

si $\mathcal{J}^0 = \mathcal{J} \cap \mathcal{A}^0$.

Si $P \in \mathcal{B}^0$, notons $\sigma_{\mathcal{F}}(P)$ l'image de P dans $gr_{\mathcal{F}}\, \mathcal{B}^0$. $\Delta_1^M \in \mathcal{B}_\theta^0\, \mathcal{J}_{\pi(\theta)}^0$ donc $\sigma_{\mathcal{F}}(\Delta_1^M) \in gr_{\mathcal{F}}(\mathcal{B}_\theta^0\, \mathcal{J}_{\pi(\theta)}^0) = (gr_{\mathcal{F}}\, \mathcal{B}_\theta^0)\;(gr_{\mathcal{F}}\, \mathcal{J}_{\pi(\theta)}^0)$. Il existe donc des opérateurs $B_1,\ldots,B_m$ dans $\mathcal{B}^o_\theta$ et des opérateurs $Q_1,\ldots,Q_m$ dans $\mathcal{J}^o_{\pi(\theta)}$ tels que :

$$\Delta_1^M = \sum_{\nu=1}^{m} B_\nu Q_\nu \text{ et } \sigma_{\mathcal{F}}(\Delta_1^M) = \sum_{\nu=1}^{m} \sigma_{\mathcal{F}}(B_\nu)\ \sigma_{\mathcal{F}}(Q_\nu)$$

Si $B_\nu \in \mathcal{E}^{2(r,1)}_{\Lambda}(1,1)\,[k_\nu,\ell_\nu]$ et $Q_\nu \in \mathcal{E}^{2(r,1)}_{\Lambda}(1,1)\,[i_\nu,j_\nu]$ on a :

1) $\ell_\nu \leqslant 0$ et $j_\nu \leqslant 0$ car $B_\nu \in \mathcal{B}^o_\theta$ et $Q_\nu \in \mathcal{A}^o_\theta$.

2) $\frac{1}{r}(k_\nu+i_\nu) + (j_\nu+\ell_\nu-k_\nu-i_\nu) \leqslant \frac{1}{r} M - M$ car $\sigma_{\mathcal{F}}(\Delta_1^M) = \sum_{\nu=1}^{m} \sigma_{\mathcal{F}}(B_\nu)\ \sigma_{\mathcal{F}}(Q_\nu)$ donc :

$$\sigma_\Lambda^{(r,1)}(\Delta_1^M) = \sum_{\nu=1}^{m} \sigma_\Lambda^{(r,1)}(B_\nu)\sigma_\Lambda^{(r,1)}(Q_\nu)$$

Puisque $\sigma_\Lambda^{(r,1)}(\Delta_1^M)(\theta) \neq 0$, il existe ν tel que $\sigma_\Lambda^{(r,1)}(Q_\nu)(\theta) \neq 0$ et puisque $Q_\nu \in \mathcal{J}$ on a :

$$\theta \notin \{\tau \in T^*_\Lambda\tilde{\Lambda} \;/\; \sigma_\Lambda^{(r,1)}(P)(\tau) = 0 \quad \forall P \in \mathcal{J}\}$$ q.e.d.

c) Supposons que $\theta \notin \Lambda$ mais $\pi(\theta) \in T^*_X X$. Notons $\hat{\Lambda} = \Lambda \times T^*\mathbb{C}$, $p : T^*_{\hat{\Lambda}}\tilde{\hat{\Lambda}} \to T_\Lambda\tilde{\Lambda}$, soit $\hat{\mathcal{J}}$ l'idéal de $\mathcal{E}_{X\times\mathbb{C}}$ engendré par $\mathcal{J}$ et $\hat{\mathcal{M}} = \mathcal{E}_{X\times\mathbb{C}} / \hat{\mathcal{J}} = \mathcal{M}\hat{\otimes}\,\mathcal{E}_{\mathbb{C}}$.

D'après la proposition 2.6.6, $\mathcal{E}^{2(r,1)}_{\hat{\Lambda}}(1,1)$ est fidèlement plat sur $\mathcal{E}^{2(r,1)}_{\Lambda}(1,1)$ donc:

$$\mathcal{C}h^2_{\hat{\Lambda}}(r,1)(\hat{\mathcal{M}}) = p^{-1}\,\mathcal{C}h^2_\Lambda(r,1)(\mathcal{M})$$

Par ailleurs il est clair que :

$$\{\hat{\theta} \in T^*_{\hat{\Lambda}}\tilde{\hat{\Lambda}} \;/\; \sigma_{\hat{\Lambda}}^{(r,1)}(P)(\hat{\theta}) = 0 \quad \forall P \in \hat{\mathcal{J}}\} \subset p^{-1}(\{\theta \in T^*_\Lambda\tilde{\Lambda} \;/\; \sigma_\Lambda^{(r,1)}(P)(\theta) = 0 \quad \forall P \in \mathcal{J}\})$$

Inversement soit $\theta \in T^*_\Lambda\tilde{\Lambda}$ tel que il existe $P \in \hat{\mathfrak{J}}$ tel que $\sigma^{(r,1)}_{\hat{\Lambda}}(P)(\hat{\theta}) \neq 0$ avec $\hat{\theta} = (\theta,(0,1))$.

$P \in \hat{\mathfrak{J}}$ donc il existe des opérateurs $A_1,\ldots,A_n$ dans $\mathcal{E}_{X\times\mathbb{C}}$ et des opérateurs $P_1,\ldots,P_n$ dans $\mathfrak{J}$ tels que $p = \sum_{\nu=1}^{n} A_\nu P_\nu$.

Lorsque Björk démontre dans [1] chapitre 2 (théorème 8.6) que si B est un anneau muni d'une bonne filtration noethérienne qui induit sur un sous-anneau A une bonne filtration noethérienne, et si L est un idéal à gauche de A on a gr (BL) = (gr B) (gr L) il démontre en fait le résultat plus fort suivant :

Si $(P_1,\ldots,P_n)$ sont des éléments de L, $(A_1,\ldots,A_n)$ des éléments de B et si $P = \sum_{\nu=1}^{n} A_\nu P_\nu$, il existe des $(A'_1,\ldots,A'_n)$ de B tels que $P = \sum_{\nu=1}^{n} A'_\nu P_\nu$ et $\sigma(P) = \sum_{\nu=1}^{n} \sigma(A'_\nu)\, \sigma(P_\nu)$.

Donc dans la démonstration précédente (cas 2)) on peut supposer que les opérateurs $(Q_1,\ldots,Q_n)$ sont les opérateurs $(P_1,\ldots,P_n)$ du début. En faisant la même démonstration on peut trouver des opérateurs $(A'_1,\ldots,A'_n)$ dans $\mathcal{E}^{2(r,1)}_{\hat{\Lambda}(1,1)_{\hat{\theta}}}$ tels que :

$$P = \sum_{\nu=1}^{n} A'_\nu P_\nu \quad \text{et} \quad \sigma^{(r,1)}_{\hat{\Lambda}}(P) = \sum_{\nu=1}^{n} \sigma^{(r,1)}_{\hat{\Lambda}}(A'_\nu)\, \sigma^{(r,1)}_{\hat{\Lambda}}(P_\nu)$$

(si $\pi : T^*_{\hat{\Lambda}}\tilde{\hat{\Lambda}} \to \hat{\Lambda}$ est la projection canonique $\hat{\pi}(\hat{\theta}) = (\pi(\theta),(0,1))$ n'appartient pas à la section nulle de $\hat{\Lambda}$ donc on peut reprendre la démonstration du cas 2)).

Or $\sigma^{(r,1)}_{\hat{\Lambda}}(P)(\hat{\theta}) \neq 0$ donc il existe ν tel que $\sigma^{(r,1)}_{\hat{\Lambda}}(P_\nu)(\hat{\theta}) = \sigma^{(r,1)}_{\Lambda}(P_\nu)(\theta) \neq 0$ et puisque $P \in \mathfrak{J}$, $\theta \notin \{\tau \in T^*_\Lambda\tilde{\Lambda} \mid \sigma^{(r,1)}_{\Lambda}(P)(\tau) = 0 \ \ \forall P \in \mathfrak{J}\}$.

On a donc :

$$\{\theta \in T^*_\Lambda\tilde{X} \ / \ \forall P \in \mathcal{J} \ \sigma_\Lambda^{(r,1)}(P)(\theta) = 0\} = \{\theta \in T^*_\Lambda\tilde{X} \ / \ \text{si } \hat{\theta} = (\theta,(0,1))$$

$$\forall P \in \hat{\mathcal{J}} \ \sigma_\Lambda^{(r,1)}(P)(\hat{\theta}) = 0\} .$$

D'après la partie 2) on a :

$$\mathcal{C}h^2_{\hat{\Lambda}}(r,1)(\hat{\mathcal{M}}) = \{\hat{\theta} \in T^*_{\hat{\Lambda}}\tilde{\hat{\Lambda}} \ / \ \forall P \in \hat{\mathcal{J}} \ \sigma_\Lambda^{(r,1)}(P)(\hat{\theta}) = 0\}$$

au voisinage des points $(\theta,(0,1))$ donc :

$$\mathcal{C}h^2_\Lambda(r,1)(\mathcal{M}) = \{\theta \in T^*_\Lambda\tilde{X} \ / \ \forall P \in \mathcal{J} \ \sigma_\Lambda^{(r,1)}(P)(\theta) = 0\} \qquad \text{q.e.d.}$$

2.7 Théorèmes de division et de préparation de type Weierstrass pour les opérateurs 2-microdifférentiels

Les notations sont celles du paragraphe 2.4.

Théorème 2.7.1 : (Théorème de division)

Soit θ *un point de* $T^*_\Lambda\tilde{X}$ *et* ω *un voisinage de* θ *dans* $T^*_\Lambda\tilde{X}$. *Comme au §.2.4* $T^*_\Lambda\tilde{X}$ *est muni de coordonnées* $(x,y,\eta,\zeta,x^*,\zeta^*)$.

Soit u *l'une des variables* $(x_i,y_i,\eta_i,\zeta_i,x_i^*,\zeta_i^*)$, *on suppose que* u *s'annule au point* θ, *et soit* U *l'opérateur 2-microdifférentiel dont le symbole total est* u. *(ou* U *un opérateur de* $\mathcal{E}_\Lambda^{2(r',s')}{}_{(r,s)}$ *tel que* $\sigma_\Lambda^{(r',s')}(U) = u$*).*

Soit P *un opérateur de* $\mathcal{E}_\Lambda^{2(r',s')}{}_{(r,s)}[i,j]$ *défini sur* ω. *(*$1 \leqslant s' \leqslant s \leqslant r \leqslant r' \leqslant +\infty$ *et* $(i,j) \in \mathbb{Z}^2$*).*

Soit p le premier entier tel que $\frac{\partial^p}{\partial u^p} \sigma_\Lambda^{(r',s')}(P)(\theta) \neq 0$, *on suppose* $p < +\infty$.

Soit $\tilde{\mathcal{E}}_\Lambda^{2(r',s')}{}_{(r,s)}$ *le sous-faisceau de* $\mathcal{E}_\Lambda^{2(r',s')}{}_{(r,s)}$ *des opérateurs dont le symbole (total) ne dépend pas de u.*

Alors il existe un voisinage ω' *de* θ *tel que tout opérateur S de* $\mathcal{E}_\Lambda^{2(r',s')}{}_{(r,s)}[k,\ell]$ *défini sur* ω' *s'écrive de manière unique :*

$$S = QP + \sum_{\nu=0}^{p-1} R_\nu U^\nu$$

avec $Q \in \Gamma\left(\omega', \mathcal{E}_\Lambda^{2(r',s')}{}_{(r,s)}[k-i,\ell-j]\right)$ *et* $R_\nu \in \Gamma\left(\omega', \tilde{\mathcal{E}}_\Lambda^{2(r',s')}{}_{(r,s)}[i_\nu,j_\nu]\right)$ *pour* $i_\nu = k-\nu i_o$ $j_\nu = \ell-\nu j_o$ *si U est d'ordre* (i_o,j_o).

Démonstration :

1) $r = s$ $(= r' = s')$

C'est une conséquence immédiate du théorème 2.5.1 et du corollaire 2.5.2 (avec la remarque 2.5.5). (gr φ est bijective d'après le théorème de division des fonctions holomorphes).

2) Si $s < r$ le théorème 2.5.3 donne le résultat ci-dessus à condition que S et P soient dans $\mathcal{E}_\Lambda^{2(r',s')}{}_{(r,s)}[0]$.

Dans le cas général, plaçons nous tout d'abord en dehors des points $\theta = (x,y,\eta,\zeta,x^*,\zeta^*)$ tels que $(\eta,\zeta) = (0,0)$. On peut supposer par exemple que $\eta_1 \neq 0$ au voisinage de θ. Soit Δ l'opérateur de symbole total η_1. Δ est inversible au voisinage de θ et si N est assez grand Δ^{-N} S et Δ^{-N} P sont dans $\mathcal{E}_\Lambda^{2(r',s')}{}_{(r,s)}[0]$ donc :

$$\Delta^{-N} S = Q\, \Delta^{-N} P + \sum_{\nu=0}^{p-1} R_\nu U^\nu$$

et
$$S = (\Delta^N Q\, \Delta^{-N})\, P + \sum_{\nu=0}^{p-1} (\Delta^N R_\nu)\, U^\nu$$

ce qui montre le théorème.

Enfin au-dessus de la section nulle de Λ, il suffit, suivant la méthode de ([24] chapitre II §.2.2 remarque 1) d'ajouter une variable pour se placer en dehors de la section nulle et de remarquer que d'après l'unicité de la décomposition si S et P ne dépendent pas de cette variable, Q et les R_ν n'en dépendent pas non plus.

Théorème 2.7.2 : (Théorème "de préparation de Weierstrass")

Sous les hypothèses du théorème 2.7.1, P s'écrit de manière unique sur ω' :

$$P = Q\, (U^p + \sum_{\nu=0}^{p-1} R_\nu U^\nu)$$

où Q est inversible dans $\mathcal{E}_\Lambda^{2(r',s')}(r,s)$ *et le symbole de* R_ν *ne dépend pas de u.*

Démonstration : Il suffit d'appliquer le théorème 2.7.1 à $S = U^p$:

$$U^p = Q'\, P - \sum_{\nu=0}^{p-1} R_\nu U^\nu$$

et d'après le théorème de préparation de Weierstrass pour les fonctions holomorphes appliqué aux symboles principaux de cette égalité, le symbole principal de Q' ne s'annule pas en θ donc Q' est inversible et on prend $Q = Q'^{-1}$.

Remarque 2.7.3 : D'après la remarque 2.5.5 on a le résultat suivant :

(On prend les notations du théorème 2.7.1 et de la démonstration du théorème 2.5.1).

Soit $S \in \mathcal{E}_{\Lambda}^{2(r',s')}(r,s)$ et $(Q,R_1,\ldots,R_{p-1})$ les opérateurs tels que $S = Q\,P + \sum_{\nu=0}^{p-1} R_\nu\, U^\nu$. Suivant les notations du théorème 2.5.1 G est le symbole $\sum G_{ij}$ défini par $G_{ij}(u,v) = \| S_{ij}\| (u,v)$ pour tout (i,j).

Soit $Q = \sum Q_{ij}$ et $R_\nu = \sum (R_\nu)_{ij}$ les symboles des opérateurs Q et R_ν.

Il existe un opérateur B (il s'agit de $C_\rho(1-C_\rho A)^{-1}$ dans les notations de la démonstration du théorème 2.5.1) de type (r,s) qui ne dépend que de P et un multi-indice ρ tel que si $F = \sum F_{ij}$ est le symbole de BG = F on ait $\forall (i,j) \in \mathbb{Z}^2$ $\| Q_{ij}\|_\rho \leqslant \| F_{ij}\|_\rho$ et $\| (R_\nu)_{ij}\|_\rho \leqslant \| F_{ij}\|_\rho$.

Théorème 2.7.4 : (Théorème de division pour les opérateurs d'ordre infini)

Soit P un opérateur de $\mathcal{E}_{\Lambda}^{2(r',s')}(r,s)$ défini sur ω qui vérifie les hypothèses du théorème 2.7.1 et ω' l'ouvert défini par le théorème 2.7.1.

Soit S un opérateur de $\mathcal{E}_{\Lambda}^{2\infty}(r,s)$ défini sur ω'. Alors S s'écrit de manière unique sur ω' :

$$S = Q\,P + \sum_{\nu=0}^{p-1} R_\nu\, U^\nu$$

avec $Q \in \Gamma(\omega', \mathcal{E}_{\Lambda}^{2\infty}(r,s))$ $R_\nu \in \Gamma(\omega', \mathcal{E}_{\Lambda}^{2\infty}(r,s))$, le symbole de R_ν ne dépendant pas de la variable u.

Démonstration : Montrons tout d'abord l'existence d'une telle décomposition. Notons $S = \sum_{(i,j)\in\mathbb{Z}^2} S_{ij}$ le symbole de S.

Nous pouvons appliquer le théorème 2.7.1 à l'opérateur de symbole total S_{ij} :

$$S_{ij} = Q^{ij} P + \sum_{\nu=0}^{p-1} R_\nu^{ij} U^\nu$$

avec $Q^{ij} \in \Gamma(\omega', \mathscr{E}_{(r,s)}^{2(r',s')})$ et $R_\nu^{ij} \in \Gamma(\omega', \mathscr{E}_{(r,s)}^{2(r',s')})$, le symbole de R_ν^{ij} étant indépendant de u.

Soit G l'opérateur de $\mathscr{E}_\Lambda^{2\infty}(r,s)$ dont le symbole $G = \sum G_{ij}$ est défini par $G_{ij}(u,v) = \| S_{ij}\| (u,v)$ et soient $Q^{ij} = \sum_{(k,\ell)\in\mathbb{Z}^2} Q_{k\ell}^{ij}$ et $R_\nu^{ij} = \sum (R_\nu^{ij})_{k\ell}$ les symboles des opérateurs Q^{ij} et R_ν^{ij}.

D'après la remarque 2.7.3 on a :

(2.7.1) $$\| Q_{k\ell}^{ij}\|_\rho \leqslant \| F_{k\ell}^{ij}\|_\rho \quad \text{et} \quad \| (R_\nu^{ij})_{k\ell}\|_\rho \leqslant \| F_{k\ell}^{ij}\|_\rho$$

où $F^{ij} = \sum_{(k,\ell)\in\mathbb{Z}^2} F_{k\ell}^{ij}$ est défini par $F^{ij} = B\, G_{ij}$; $\sum_{(i,j)\in\mathbb{Z}^2} F^{ij} = B \sum_{(i,j)\in\mathbb{Z}^2} G_{ij} = BG$ est un opérateur de $\mathscr{E}_\Lambda^{2\infty}(r,s)$ donc les séries $\sum_{(i,j)\in\mathbb{Z}^2} F_{k\ell}^{ij}$ sont convergentes (ce sont des séries de fonctions holomorphes homogènes) donc les séries $Q_{k\ell} = \sum_{(i,j)\in\mathbb{Z}^2} Q_{k\ell}^{ij}$ et $(R_\nu)_{k\ell} = \sum_{(i,j)\in\mathbb{Z}^2} (R_\nu^{ij})_{k\ell}$ sont convergentes. Les symboles $Q = \sum Q_{k\ell}$ et $R_\nu = \sum (R_\nu)_{k\ell}$ définissent des opérateurs 2-microdifférentiels de $\mathscr{E}_\Lambda^2(r,s)$ d'après les inégalités (2.7.1) ci-dessus et le fait que $F = B\,G$ est dans $\mathscr{E}_\Lambda^2(r,s)$.

Par ailleurs, R_ν est de symbole indépendant de u et on a bien $S = Q\,P + \sum_{\nu=0}^{p-1} R_\nu U^\nu$ ce qui montre la partie existence du théorème.

Il reste à démontrer l'unicité de Q et des R_ν dans la division S = QP + R. Pour cela il suffit de reprendre la démonstration de l'unicité de la division dans le théorème 2.2.3 chapitre II de [24].

Théorème 2.7.5 : (Division par un idéal).

Soient X et X' deux variétés analytiques complexes munies de coordonnées (x,y,z) et (x',y',z') respectivement. Soient $\Lambda = \{(x,y,z,\xi,\eta,\zeta) \in T^*X \,/\, \xi = 0,\ z = 0\}$ *et* $\Lambda' = \{(x',y',z',\xi',\eta',\zeta') \in T^*X' \,/\, \xi' = 0,\ z' = 0\}$. *On définit comme précédemment* $\tilde\Lambda$ *et* $\tilde\Lambda'$.

Soit V une sous-variété analytique complexe cônique de $T^*_{\Lambda\times\Lambda'}\tilde\Lambda\times\tilde\Lambda'$. *Soient* Ω *un ouvert de* $T^*_{\Lambda\times\Lambda'}\tilde\Lambda\times\tilde\Lambda'$ *et* $\mathcal{J}$ *un idéal à gauche localement de type fini de* $\mathcal{E}^2_{\Lambda\times\Lambda',(\infty,1)}\big|_\Omega$.

On suppose :

1) $\pi : V \cap \Omega \to T^*_\Lambda\tilde\Lambda$ *est un isomorphisme analytique de* $V \cap \Omega$ *sur un ouvert U de* $T^*_\Lambda\tilde\Lambda$.

2) L'idéal $\bar{\mathcal{J}}$ *de* $\mathcal{O}_{T^*_{\Lambda\times\Lambda'}\tilde\Lambda\times\tilde\Lambda'}$ *engendré par les symboles principaux* $\sigma^{(\infty,1)}_{\Lambda\times\Lambda'}$ *des éléments de* $\mathcal{J}$ *est l'idéal de définition de* $V \cap \Omega$.

Soient $\mathcal{M} = \mathcal{E}^2_{\Lambda\times\Lambda'}\big/\mathcal{E}^2_{\Lambda\times\Lambda'}\mathcal{J}$ *et* $\mathcal{M}^\infty = \mathcal{E}^{2\infty}_{\Lambda\times\Lambda'}\big/\mathcal{E}^{2\infty}_{\Lambda\times\Lambda'}\mathcal{J}$. *Alors les applications canoniques* $\pi^{-1}\mathcal{E}^2_\Lambda \to \mathcal{M}$ *et* $\pi^{-1}\mathcal{E}^{2\infty}_\Lambda \longrightarrow \mathcal{M}^\infty$ *sont des isomorphismes.*

Plus généralement si (r,s,r',s') sont quatre rationnels tels que $1 \leqslant s' \leqslant s \leqslant r \leqslant r' \leqslant +\infty$, *si :*

$$\mathcal{M}^{(r',s')}_{(r,s)} = \mathcal{E}^{2\ (r',s')}_{\Lambda\times\Lambda',(r,s)}\Big/\mathcal{E}^{2\ (r',s')}_{\Lambda\times\Lambda',(r,s)}\mathcal{J} \qquad \textit{et}$$

$$\mathcal{M}^{\infty}_{(r,s)} = \mathcal{C}^{2\infty}_{\Lambda\times\Lambda',(r,s)} \Big/ \mathcal{C}^{2\infty}_{\Lambda\times\Lambda',(r,s)}\mathcal{J}$$

<u>*on a des isomorphismes*</u> :

$$\cdot \quad \pi^{-1}\mathcal{C}^{2\,(r',s')}_{\Lambda\ (r,s)} \longrightarrow \mathcal{M}^{(r',s')}_{(r,s)} \quad \underline{et} \quad \pi^{-1}\mathcal{C}^{2\infty}_{\Lambda\,(r,s)} \longrightarrow \mathcal{M}^{\infty}_{(r,s)} .$$

<u>Démonstration</u> : Si n est la dimension de X nous désignerons les coordonnées $(x,y,\eta,\zeta,x^*,\zeta^*)$ de $T^*_\Lambda\tilde{\Lambda}$ par $(u_1,\dots,u_{2n})$ et de même par $(u'_1,\dots,u'_{2n'})$ les coordonnées $(x',y',\eta',\zeta',x'^*,\zeta'^*)$ de $T^*_{\Lambda'}\tilde{\Lambda}'$ ($n' = \dim X'$).

$\pi : V \cap \Omega \to U$ étant un isomorphisme, il existe des fonctions $(f_i(u))_{1\leq i\leq 2n'}$ telles que l'idéal $I(V\cap\Omega)$ des fonctions nulles sur $V\cap\Omega$ soit engendré par les fonctions $(u'_i - f_i(u))_{1\leq i\leq 2n'}$. De plus on peut supposer que $f_i(u)$ a les mêmes homogénéités que u'_i par rapport à $(\eta,\zeta,x^*,\eta',\zeta',x'^*)$ et par rapport à $(x^*,\zeta^*,x'^*,\zeta'^*)$.

D'après 2), $\bar{\mathcal{J}} = I(V\cap\Omega)$ donc il existe des opérateurs $(P_i)_{1\leq i\leq 2n'}$ de $\mathcal{J}$ tels que $\sigma^{(\infty,1)}_{\Lambda\times\Lambda'}(P_i) = u'_i - f_i(u)$.

Soit U'_i l'opérateur de symbole total u'_i et écrivons $P_i = U'_i - Q_i$. Montrons par récurrence sur k que l'on peut prendre les P_i tels que Q_i soit indépendant de $u'_1,\dots,u'_k$.

<u>Remarque</u> : Dire que Q_i est indépendant de u'_1 signifie que le symbole de Q_i est indépendant de cette variable, ou encore si v'_1 est la variable conjuguée de u'_1 (sont conjuguées en ce sens les variables x_i et x^*_i, y_i et η_i, ζ_i et ζ^*_i) et V'_1 l'opérateur de symbole total v'_1 que $[V'_1,Q_i] = 0$.

Supposons l'hypothèse vérifiée au rang k-1 : $P_i = U'_i - Q_i$ avec Q_i indépendant de $u'_1,\dots,u'_{k-1}$.

D'après le théorème de division 2.7.1, il existe des opérateurs $\tilde{Q}_i$, i=1,..., 2n', indépendants de u'_k, et des opérateurs A_i i=1,...,2n' dans $\mathcal{E}^2_{\Lambda\times\Lambda'}(\infty,1)$ tels que $Q_i = A_i\, P_k + \tilde{Q}_i$. Comme P_k est indépendant de $u'_1,\dots,u'_{k-1}$ et de même $Q_1,\dots,Q_{2n'}$ d'après l'unicité de la division, $\tilde{Q}_1,\dots,\tilde{Q}_{2n'}$ sont indépendants de $u'_1,\dots,u'_{k-1}$ et donc de $u'_1,\dots,u'_k$. De plus $U'_i - \tilde{Q}_i = U'_i - Q_i + A_i\, P_k = P_i + A_i\, P_k \in \mathcal{J}$ ce qui démontre l'hypothèse au rang k.

Nous avons donc montré qu'il existe des opérateurs Q_i dans $\pi^{-1}\,\mathcal{E}^2_\Lambda(\infty,1)$ (i.e. indépendants de $u'_1,\dots,u'_{2n'}$) tels que pour i=1,...,2n' $U'_i - Q_i \in \mathcal{J}$.

Les symboles principaux des crochets $[P_i,P_j]$ ne dépendent que de $u_1,\dots,u_{2n}$ (on les calcule facilement par la formule du théorème 2.3.3 et ils ne dépendent que des symboles principaux de P_i et P_j comme nous le verrons en détail eu §.2.9) et puisque $[P_i,P_j] = P_i\, P_j - P_j\, P_i \in \mathcal{J}$, ils s'annulent sur $V \cap \Omega$ donc ils sont identiquement nuls et donc les opérateurs $P_1,\dots,P_{2n'}$ commutent deux à deux.

Soit A un opérateur $\mathcal{E}^2_{\Lambda\times\Lambda'}$, d'après le théorème 2.7.1 on peut écrire :

$$A = \sum_{i=1}^{2n'} G_i\, P_i + \tilde{A} \qquad \text{avec} \qquad \tilde{A} \in \pi^{-1}\,\mathcal{E}^2_\Lambda$$

ce qui montre que le morphisme $\pi^{-1}\,\mathcal{E}^2_\Lambda \to \mathcal{M}$ est surjectif.

De la même manière les théorèmes 2.7.1 et 2.7.4 montrent que les morphismes $\pi^{-1}\,\mathcal{E}^{2\infty}_\Lambda \to \mathcal{M}^\infty$, $\pi^{-1}\,\mathcal{E}^{2\infty}_\Lambda(r,s) \to \mathcal{M}^\infty(r,s)$ et $\pi^{-1}\,\mathcal{E}^{2(r',s')}_{\Lambda\,(r,s)} \to \mathcal{M}^{(r',s')}_{(r,s)}$ sont surjectifs.

Montrons qu'ils sont injectifs :

1) Si $A \in \mathcal{E}^2_\Lambda$ et $A \in \mathcal{E}^2_{\Lambda\times\Lambda'}\mathcal{J}$ le symbole principal de A est nul sur $V \cap \Omega$ et ne

dépend que de $(u_1,\ldots,u_{2n})$ donc est nul donc A est nul.

2) Dans le cas général, A n'a pas de symbole principal (A d'ordre ∞) ou la nullité du symbole principal n'entraîne pas la nullité de A (si $A \in \mathcal{E}_\Lambda^{2(r',s')}(r,s)$ avec $r'<s'$).

Soit $A \in \pi^{-1}\mathcal{E}_\Lambda^{2\infty} \cap (\mathcal{E}_{\Lambda\times\Lambda'}^{2\infty}, \mathcal{J})$. Montrons par récurrence sur k que A peut s'écrire :

$$A = \sum_{i=k+1}^{2n'} G_i\, P_i \qquad \text{avec } G_i \text{ indépendant de } u'_1,\ldots,u'_k .$$

La propriété est vraie pour k = 0 car $A \in \mathcal{E}^2_{\Lambda\times\Lambda'}, \mathcal{J}$.

Supposons la propriété vraie pour k-1. D'après le théorème 2.7.4, on peut écrire :

$$G_i = B_i\, P_k + \tilde{G}_i \qquad \text{pour } i=k,\ldots,2n' .$$

avec G_i indépendant de $u'_1,\ldots,u'_k$.

$$A = \sum_{i=k+1}^{2n'} \tilde{G}_i\, P_i + (\tilde{G}_k + \sum_{i=k}^{2n'} B_i\, P_i)\, P_k .$$

L'opérateur $A - \sum_{i=k+1}^{2n'} \tilde{G}_i\, P_i$ est indépendant de u'_k et est multiple de P_k donc d'après l'unicité de la division dans le théorème 2.7.4 il est nul, donc $A = \sum_{i=k+1}^{2n'} \tilde{G}_i\, P_i$ ce qui montre la propriété au rang k.

Au rang 2n' on obtient A = 0. q.e.d.

On peut faire la même démonstration pour $\mathscr{E}_{\Lambda}^{2\infty}(r,s)$ et $\mathscr{E}_{\Lambda}^{2(r',s')}(r,s)$ ce qui termine la démonstration du théorème.

Corollaire 2.7.6 : On se place dans les hypothèses du théorème 2.7.5 et on suppose de plus :

1)' $\pi' : V \cap \Omega \to T^*_{\Lambda'}\tilde{X}'$ est un isomorphisme analytique de $V \cap \Omega$ sur un ouvert U' de $T^*_{\Lambda'}\tilde{X}'$.

Alors $\dim X = \dim X'$ et les projections π et π' définissent un isomorphisme $\psi : U \to U'$ $(\psi = \pi' \pi^{-1})$; nous noterons $\varphi : U \to U'$ le composé de ψ et de l'application antipodale $T^*_{\Lambda}\tilde{X} \to T^*_{\Lambda}\tilde{X}$ définie par $(x,y,\eta,\zeta,x^*,\zeta^*) \to (x,y,-\eta,-\zeta,-x^*,\zeta^*)$.

Pour tout opérateur P de $\mathscr{E}_{\Lambda}^{2}$ (resp. $\mathscr{E}_{\Lambda}^{2\infty}$, $\mathscr{E}_{\Lambda}^{2(r',s')}(r,s)$, $\mathscr{E}_{\Lambda}^{2\infty}(r,s)$) il existe un et un seul opérateur Q de $\mathscr{E}_{\Lambda'}^{2}$, (resp. $\mathscr{E}_{\Lambda'}^{2\infty}$, $\mathscr{E}_{\Lambda'}^{2(r',s')}(r,s)$, $\mathscr{E}_{\Lambda'}^{2\infty}(r,s)$) dont l'adjoint formel Q^* vérifie :

$$P - Q^* \in \mathscr{E}_{\Lambda\times\Lambda'}^{2}\,\mathfrak{J} \quad (\text{resp. } \mathscr{E}_{\Lambda\times\Lambda'}^{2\infty}\,\mathfrak{J},\ \mathscr{E}_{\Lambda\times\Lambda'}^{2(r',s')}(r,s)\,\mathfrak{J},\ \mathscr{E}_{\Lambda\times\Lambda'}^{2\infty}(r,s)\,\mathfrak{J}).$$

Si on pose $\Phi(P) = Q$, Φ définit des isomorphismes d'anneaux :

$$\Phi : \varphi_*(\mathscr{E}_{\Lambda}^{2}|_{U}) \longrightarrow \mathscr{E}_{\Lambda'}^{2}|_{U'}$$

$$\Phi : \varphi_*(\mathscr{E}_{\Lambda}^{2\infty}|_{U}) \longrightarrow \mathscr{E}_{\Lambda'}^{2\infty}|_{U'}$$

et

$$\begin{cases} \Phi : \varphi_*(\mathscr{E}_{\Lambda}^{2(r',s')}(r,s)|_{U}) \longrightarrow \mathscr{E}_{\Lambda'}^{2(r',s')}(r,s)|_{U'} \\ \Phi : \varphi_*(\mathscr{E}_{\Lambda}^{2\infty}(r,s)|_{U}) \longrightarrow \mathscr{E}_{\Lambda'}^{2\infty}(r,s)|_{U'} \end{cases}$$

pour tous rationnels r,r',s,s' tels que $1 \leq s' \leq s \leq r \leq r' \leq +\infty$,

Si $P \in \mathcal{E}^{2}_{\Lambda}$ *on a* :

$$\sigma_{\Lambda'}(\Phi(P)) = \sigma_{\Lambda}(P) \circ \varphi^{-1}$$

et si $P \in \mathcal{E}^{2(r',s')}_{\Lambda',(r,s)}$:

$$\sigma^{(r',s')}_{\Lambda'}(\Phi(P)) = \sigma^{(r',s')}_{\Lambda}(P) \circ \varphi^{-1}$$

De plus si $P \in \mathcal{E}^{2(r',s')}_{\Lambda}(r,s)\,[i_o,j_o]$, $\Phi(P) \in \mathcal{E}^{2(r',s')}_{\Lambda',(r,s)}\,[i_o,j_o]$ *et si* $1 < r' < +\infty$ (*resp. si* $1 < s' < +\infty$) *on a* $(\Phi(P))_{ij} = P_{ij} \circ \varphi^{-1}$ *pour tous les couples* (i,j) *de* $\mathbb{Z}^2$ *tels que* $\frac{1}{r'}\,i+j-i = \frac{1}{r'}\,i_o+j_o-i_o$ (*resp.* $\frac{1}{s'}\,i+j-i = \frac{1}{s'}\,i_o+j_o-i_o$).

Remarque 2.7.7 : On peut aussi montrer que si $P \in \mathcal{E}^{2\infty}_{\Lambda}$ a un symbole $P = \sum P_{ij}$ tel que $P_{ij} \equiv 0$ si $\frac{1}{r}\,i + j - i > b$ avec $b \in \mathbb{Q}$, $r \in [1,+\infty] \cap \mathbb{Q}$, il en est de même pour $\Phi(P)$ et tous les symboles P_{ij} de la droite $\frac{1}{r}\,i + j - i = b$ sont transformés suivant la formule $\Phi(P)_{ij} = P_{ij} \circ \varphi^{-1}$ si $r \in]1,+\infty[$.

Démonstration du Corollaire 2.7.6 : L'existence et l'unicité de Q sont une conséquence immédiate du théorème 2.7.5.

Soient P_1 et P_2 deux opérateurs de $\mathcal{E}^{2\infty}_{\Lambda}\big|_U$ (ou de $\mathcal{E}^{2\infty}_{\Lambda}(r,s)\big|_U$), soient $Q_1 = \Phi(P_1)$ et $Q_2 = \Phi(P_2)$.

$$P_1\,P_2 - Q_2^*\,Q_1^* = P_1(P_2-Q_2^*) + [P_1,Q_2^*] + Q_2^*(P_1-Q_1^*)$$

Or $[P_1,Q_2^*] = 0$ car $P \in \pi^{-1}\,\mathcal{E}^{2\infty}_{\Lambda}$ et $P_2 \in \pi'^{-1}\,\mathcal{E}^{2\infty}_{\Lambda'}$ donc $P_1\,P_2 - Q_2^*\,Q_1^* \in \mathcal{E}^{2\infty}_{\Lambda\times\Lambda',\mathcal{J}}$ et donc $\Phi(P_1\,P_2) = (Q_2^*\,Q_1^*)^* = Q_1\,Q_2$ ce qui montre que Φ est un isomorphisme d'anneaux.

Supposons que $P \in \mathscr{C}_\Lambda^{2(r',s')}(r,s)\,[i_0,j_0]$ et que $\sigma_\Lambda^{(r',s')}(P) = P_{i_0 j_0}$ (i.e. P n'appartient à aucun sous-faisceau du type $\mathscr{C}_\Lambda^{2(r',s')}(r,s)\,[i_1,j_1]$).

D'après la démonstration du théorème 2.7.5, si $Q = \Phi(P)$, il existe des opérateurs G_ν de $\mathscr{C}_{\Lambda\times\Lambda'}^{2\,(r',s')}(r,s)$ et des opérateurs P_ν de $\mathcal{J}$ tels que :

$$P - Q^* = \sum_{\nu=1}^{2n'} G_\nu P_\nu$$

et de plus les opérateurs G_ν et Q^* sont obtenus par division P par les P_ν suivant le théorème 2.7.1 et d'après l'énoncé de ce théorème on a donc :

$$Q^* \in \mathscr{C}_{\Lambda'}^{2\,(r',s')}(r,s)\,[i_0,j_0] \quad \text{et} \quad G_\nu P_\nu \in \mathscr{C}_{\Lambda\times\Lambda'}^{2\quad(r',s')}(r,s)\,[i_0,j_0] \quad \text{pour tout } \nu$$

donc

$$\sigma_\Lambda^{(r',s')}(P) - \sigma_{\Lambda'}^{(r',s')}(Q^*) = \sigma_{\Lambda\times\Lambda'}^{(r',s')}(P-Q^*) =$$

$$\sum_{\nu=1}^{2n'} \sigma_\Lambda^{(r',s')}(G_\nu P_\nu) = \sum_{\nu=1}^{2n'} \sigma_{\Lambda\times\Lambda'}^{(r',s')}(G_\nu)\,\sigma_{\Lambda\times\Lambda'}^{(\infty,1)}(P_\nu)$$

(car tous les opérateurs ont le même ordre (i_0,j_0)) donc $\sigma_\Lambda^{(r',s')}(P) - \sigma_{\Lambda'}^{(r',s')}(Q^*)$ s'annule sur $V \cap \Omega$ ce qui montre que $\sigma_{\Lambda'}^{(r',s')}(Q^*) = \sigma_\Lambda^{(r',s')}(P) \circ \psi^{-1}$ et donc $\sigma_{\Lambda'}^{(r',s')}(Q) = \sigma_\Lambda^{(r',s')}(P) \circ \varphi^{-1}$.

Soit $(i,j) \in \mathbb{Z}^2$ tel que $\frac{1}{r'}\,i + j - i = \frac{1}{r'}\,i_0 + j_0 - i_0$, on a :

$$P_{ij} - Q^*_{ij} = \sum_{\nu=1}^{2n'} (G_\nu P_\nu)_{ij}$$

(car, pour tout ν, $G_\nu P_\nu \in \mathscr{C}_{\Lambda\times\Lambda'}^{2\quad(r',s')}(r,s)\,[i_0,j_0]$).

La formule du théorème 2.3.3 montre que si $P_\nu \in \mathscr{C}_{\Lambda\times\Lambda'}^{2}(\infty,1)$ et si $r' \in\,]1,+\infty[$

$$(G_\nu P_\nu)_{ij} = (G_\nu)_{k\ell}\, \sigma^{(\infty,1)}_{\Lambda\times\Lambda'}(P_\nu)$$

ce qui montre que $P_{ij} - Q^*_{ij}$ s'annule sur $V \cap \Omega$ et donc que $Q_{ij} = P_{ij} \circ \varphi^{-1}$. q.e.d.

Remarque 2.7.8 : Si dans les hypothèses du théorème 2.7.5 et du corollaire 2.7.6 on prend un idéal à gauche localement de type fini $\mathcal{J}$ de $\mathcal{E}^2_{\Lambda\times\Lambda'}\big|_\Omega$ (au lieu de $\mathcal{E}^2_{\Lambda\times\Lambda'}(\infty,1)$) et si on remplace l'hypothèse 2) par l'hypothèse

2)' L'idéal $\bar{\mathcal{J}}$ de $\mathcal{O}_{T^*_{\Lambda\times\Lambda'}\tilde{\Lambda}\times\tilde{\Lambda}'}$ engendré par les symboles principaux $\sigma_{\Lambda\times\Lambda'}$ des éléments de $\mathcal{J}$ est l'idéal de définition de $V \cap \Omega$.

Il est facile de voir que les démonstrations précédentes s'appliquent encore si on se limite à $\mathcal{E}^2_\Lambda$ et à $\mathcal{E}^{2\infty}_\Lambda$:

La relation $P - Q^* \in \mathcal{J}$ définit un isomorphisme d'anneaux : $\Phi : \varphi_* \mathcal{E}^2_\Lambda \to \mathcal{E}^2_{\Lambda'}$ et on a $\sigma_{\Lambda'}(\Phi(P)) = \sigma_\Lambda(P) \circ \varphi^{-1}$.

2.8 Changements de variables et transformations canoniques.

Le but de ce paragraphe est d'étudier comment se transforme le symbole d'un opérateur P sous l'action d'un changement de variables ou d'une transformation canonique quantifiée. Nous montrerons en particulier que l'on peut définir de manière intrinsèque les faisceaux $\mathcal{E}^2_\Lambda$, $\mathcal{E}^{2\,(r',s')}_{\Lambda\;\;(r,s)}$ et les symboles principaux σ_Λ et $\sigma_\Lambda^{(r',s')}$.

Rappelons tout d'abord quelques définitions sur les transformations canoniques quantifiées ([24] chapitre II §.4.3) :

Soient X et X' deux variétés analytiques complexes de même dimension et soit Σ une sous variété lagrangienne homogène de $T^*X \times X'$ telle que

$\Sigma \cap (X \times T^*X') = \Sigma \cap [(T^*X) \times X'] = \{0\}$ et que les projections $p : \Sigma \to T^*X$ et $q : \Sigma \to T^*X'$ soient des plongements.

Soit $\mathcal{M}$ un $\mathcal{E}_{X \times X'}$-module holonôme de support Σ à un générateur. Ω_X désignant le faisceau des formes différentielles holomorphes de degré maximum, $\Omega_X \otimes_{\mathcal{O}_X} \mathcal{M}$ est un $(q^{-1}\mathcal{E}_{X'}, p^{-1}\mathcal{E}_X)$-bimodule.

Soit K une section non dégénérée de $\Omega_X \otimes_{\mathcal{O}_X} \mathcal{M}$ (i.e. l'idéal des symboles de l'annulateur de P est réduit et définit la variété Σ).

Soit $a : T^*X \to T^*X$ l'application antipodale. Alors $\varphi = q \circ p^{-1} \circ a^{-1}$ est une transformation canonique homogène $T^*X \to T^*X'$ et la correspondance $Q(x',D_{x'})K = K\,P(x,D_x)$ pour $P \in p^{-1}a^{-1}\mathcal{E}_X$ et $Q \in q^{-1}\mathcal{E}_{X'}$ définit une transformation canonique quantifiée $\Phi : p^{-1}a^{-1}\mathcal{E}_X \to q^{-1}\mathcal{E}_{X'}$ associée à φ par $Q(x',D_{x'}) = \Phi(P(x,D_x))$.

Si $\iota : X \times X' \to X \times X \times X'$ est l'injection diagonale, si $\mathcal{S} : X \times X' \to X'$ est la projection canonique, Φ transforme un $\mathcal{E}_X$-module cohérent en le $\mathcal{E}_{X'}$-module cohérent $\Phi(\mathcal{N}) = \mathcal{S}_*(\Omega_X \otimes_{\mathcal{O}_X} \iota^*(\mathcal{M} \hat{\otimes} \mathcal{N}))$ (les images directes $\mathcal{S}_*$ et inverses ι^* d'un module cohérent sont défini dans [24] chapitre II §.3.5).

La donnée de $K = K(x,x')dx$ section de $\Omega_X \otimes_{\mathcal{O}_X} \mathcal{M}$ défini un isomorphisme $\mathcal{N} \to \Phi(\mathcal{N})$ et nous noterons l'image dans $\Phi(\mathcal{N})$ d'une section u de $\mathcal{N}$ par $\int u(x)\,K(x,x')dx$ (c'est une généralisation de la formule usuelle $\int u(x)\,K(x,x')dx$ quand $u \in \mathcal{C}_{Y|X}$ et $K \in \mathcal{C}_{S|X \times X'} \otimes \Omega_X$ pour Y et S sous-variétés de X et X×X).

En considérant $\mathcal{E}_X$ comme $\mathcal{C}_{X|X \times X} \otimes_{\mathcal{O}_X} \Omega_X$ on voit que $\Phi(P)$ pour $P \in \mathcal{E}_X$ peut être définit également par

$$\left[\iint P(x,y)\,K(x,x')\,\bar{K}(y,y')dx\,dy\right] dy'$$

où $P(x,y)dy = P(x,D_X)\ \delta(x-y)dy$ est un noyau de P et où $\bar{K}(y,y')dy'$ est la section de $\Omega_{X'} \otimes_{\mathcal{O}_{X'}} \mathcal{M}$ qui définit Φ^{-1}, $\bar{K}(y,y')dy'$ est caractérisée par la formule :

$$\left[\int K(x,x')\ \bar{K}(z,x')dx'\right]dx = \delta(x-z)dx$$

Considérons une sous-variété involutive homogène Λ de T^*X telle que $\Lambda'=\varphi(\Lambda)$ soit une sous-variété (lisse) involutive homogène de T^*X'. φ définit un isomorphisme (local) $\tilde{\varphi} : T^*_\Lambda\tilde{X} \to T^*_{\Lambda'}\tilde{X}'$.

Par ailleurs Φ définit d'après ce qui précède un isomorphisme Φ: $\mathcal{M}_\Lambda \to \varphi^{-1}\mathcal{M}_{\Lambda'}$ par la formule :

$$u(x,y)dy \to \left[\ \int u(x,y)\ K(x,x')\ \bar{K}(y,y')dx\ dy\right]dy'$$

Donc Φ définit un isomorphisme $\tilde{\Phi}$: $\mathcal{E}^{2\infty}_\Lambda \to \varphi^{-1}\mathcal{E}^{2\infty}_{\Lambda'}$ par la même formule.

Théorème 2.8.1 : Soient $\tilde{\mathcal{M}}^\infty = \mathcal{E}^{2\infty}_{\Lambda\times\Lambda'} \otimes_{\pi^{-1}\mathcal{E}_{X\times X'}} \pi^{-1}\mathcal{M}$ *(avec* $\pi : T^*_{\Lambda\times\Lambda'}\tilde{X}\times\tilde{X}' \to \Lambda\times\Lambda'$*)* *et* $\tilde{K} = 1 \otimes K$ *section de* $\Omega_X \otimes_{\mathcal{O}_X} \tilde{\mathcal{M}}^\infty$.

La relation $Q(x',D_{x'})\ \tilde{K} = \tilde{K}\ P(x,D_x)$ *définit un isomorphisme* $\mathcal{E}^{2\infty}_\Lambda \to \tilde{\varphi}^{-1}\mathcal{E}^{2\infty}_{\Lambda'}$ *par* $P \to Q$ *qui n'est autre que* $\tilde{\Phi}$, *i.e.* $\tilde{\Phi}(P) = Q$.

Démonstration : Montrons tout d'abord que si $Q(x',D_{X'}) = \tilde{\Phi}(P(x,D_X))$ on a $Q\ \tilde{K} = \tilde{K}\ P$.

Notons $P(x,y)dy$ (resp. $Q(x',y')dy'$) le noyau de $P(x,D_X)$ (resp. de $Q(x',D_{X'}) = \tilde{\Phi}(P)$). Par définition de $\tilde{\Phi}$ on a :

$$Q(x',y')dy' = \left[\ \int P(x,y)\ K(x,x')\ \bar{K}(y,y')dx\ dy\right]dy'$$

et il faut donc montrer que :

$$\left[\int\left[\int P(x,y)\ \tilde{K}(x,x')\ \tilde{\tilde{K}}(y,y')\ dx\ dy\right] \tilde{K}(z,y')\ dy'\right] dz = \left[\int P(x,z)\ \tilde{K}(x,x')\ dx\right] dz$$

Or $$\left[\ \tilde{K}(z,y')\ \tilde{\tilde{K}}(y,y')\ dy'\right] dz = 1 \otimes \left[\int K(z,y')\ \bar{K}(y,y')\ dy'\right] dz$$

$$= 1 \otimes \delta(z-y)\ dz\ .$$

(avec 1 élément unité de $\mathcal{E}^{2\infty}_{\Lambda\times\Lambda'}$) d'où le résultat.

Nous devons montrer maintenant que la relation $Q\tilde{K} = \tilde{K}P$ définit un isomorphisme d'anneaux $\mathcal{E}^{2\infty}_{\Lambda} \to \varphi^{-1}\mathcal{E}^{2\infty}_{\Lambda'}$.

1) Supposons qu'il existe des coordonnées (x,y,z) de X et (x',y',z') de X' telles que $\begin{cases} \Lambda = \{(x,y,z,\xi,\eta,\zeta) \in T^*X \ /\ \xi = 0,\ z = 0\} \\ \Lambda' = \{(x',y',z',\xi',\eta',\zeta') \in T^*X' /\ \xi' = 0,\ z' = 0\}\ . \end{cases}$

Nous noterons $K_0 = K \otimes (dx\wedge dy\wedge dz)^{\otimes -1}$ section de $\mathcal{M}$ et de même $\tilde{K}_0 = 1 \otimes K_0$ section de $\tilde{\mathcal{M}} = \mathcal{E}^2_{\Lambda\times\Lambda'} \underset{\pi^{-1}\mathcal{E}_{X\times X'}}{\otimes} \pi^{-1}\mathcal{M}$.

Soit $\mathcal{J}$ l'annulateur de K_0 et $\tilde{\mathcal{J}}$ l'annulateur de $\tilde{K}_0$, $\mathcal{J}$ est un idéal de $\mathcal{E}_{X\times X'}$ et $\tilde{\mathcal{J}}$ un idéal de $\mathcal{E}^2_{\Lambda\times\Lambda'}$ qui n'est autre que $\mathcal{E}^2_{\Lambda\times\Lambda'} \underset{\pi^{-1}\mathcal{E}_{X\times X'}}{\otimes} \pi^{-1}\mathcal{J}$ puisque $\mathcal{E}^2_{\Lambda\times\Lambda'}$ est plat sur $\mathcal{E}_{X\times X'}$.

La relation $Q\tilde{K} = \tilde{K}P$ est équivalente à la relation $P^* - Q \in \tilde{\mathcal{J}}$ et il suffit donc de montrer que $\tilde{\mathcal{J}}$ vérifie les hypothèses du théorème 2.7.5 (ou plutôt de la remarque 2.7.8).

Par hypothèse l'idéal $\bar{\mathcal{J}}$ de $\mathcal{O}_{T^*X}$ engendré par les symboles principaux des éléments de $\mathcal{J}$ est réduit et définit la variété Σ.

D'après le théorème 2.6.3, l'idéal $\bar{\bar{\mathcal{J}}}$ de $\mathcal{O}_{T^*_{\Lambda\times\Lambda'}\tilde{\Lambda}\times\tilde{\Lambda}}$ engendré par les symboles $\sigma_{\Lambda\times\Lambda'}$ des éléments de $\tilde{\mathcal{J}}$ est égal à l'idéal engendré par les symboles $\sigma_{\Lambda\times\Lambda'}$ des éléments de $\mathcal{J}$.

Or si $P \in \mathcal{J}$, $\sigma_{\Lambda\times\Lambda'}(P)$ ne dépend que du symbole principal $\sigma(P)$ de P :

Si f est une fonction holomorphe sur T^*X définie au voisinage de Λ, de développement de Taylor sur Λ

$$f(x,y,z,\xi,\eta,\zeta) = \sum_{\alpha,\beta} f_{\alpha\beta}(x,y,\eta,\zeta)\, z^{\alpha}\, \xi^{\beta}$$

et si $i = \inf\{|\alpha| \;/\; f_{\alpha}(x,y,\eta,\zeta) \not\equiv 0\}$, on note $\tau_{\Lambda}(f)$ la fonction sur $T^*_{\Lambda}\tilde{X}$ définie par $\tau_{\Lambda}(f) = \sum_{|\alpha|=i} f_{\alpha}(x,y,\eta,\zeta)(-\zeta^*)^{\alpha}\, x^{*\beta}$.

On définit de même $\tau_{\Lambda\times\Lambda'}(f)$ si f est définie sur $T^*(X\times X')$. Alors d'après la proposition 1.4.9 on a :

$$\underline{\sigma_{\Lambda\times\Lambda'}(P) = \tau_{\Lambda\times\Lambda'}(\sigma(P))}$$

Pour ne pas multiplier les variables nous supposerons dans la suite que $\Lambda = \{(x,y,\xi,\eta) \in T^*X \;/\; \xi = 0\}$ et $\Lambda' = \{(x',y',\xi',\eta') \in T^*X' \;/\; \xi' = 0\}$ ce qui ne change rien à la démonstration.

Si $(x',y',\xi',\eta') = \varphi(x,y,\xi,\eta)$ notons :

$$(2.8.1)\qquad \begin{cases} x'_i = \varphi_i\,(x,y,\xi,\eta) & i=1,\dots,n \\ y'_j = \varphi_{j+n}\,(x,y,\xi,\eta) & j=1,\dots,p \\ \eta'_j = \varphi_{j+n+p}\,(x,y,\xi,\eta) & j=1,\dots,p \\ \xi'_i = \psi_i\,(x,y,\xi,\eta) & i=1,\dots,n \end{cases}$$

φ est un isomorphisme $T^*X \to T^*X'$ qui induit un isomorphisme $\Lambda \to \Lambda'$ donc $\psi_1,\dots,\psi_n$ s'annulent exactement à l'ordre 1 sur Λ et $\varphi_1,\dots,\varphi_{n+2p}$ ne s'annulent pas identiquement sur Λ donc :

$$(2.8.2)\qquad \begin{cases} i=1,\dots,n & \tau_{\Lambda\times\Lambda'}\,(x'_i - \varphi_i\,(x,y,\xi,\eta)) = x'_i - \varphi_i\,(x,y,0,\eta) \\ j=1,\dots,p & \tau_{\Lambda\times\Lambda'}\,(y'_j - \varphi_{j+n}\,(x,y,\xi,\eta)) = y'_j - \varphi_{j+n}\,(x,y,0,\eta) \\ & \tau_{\Lambda\times\Lambda'}\,(\eta'_j - \varphi_{j+n+p}\,(x,y,\xi,\eta)) = \eta'_j - \varphi_{j+n+p}\,(x,y,0,\eta) \\ i=1,\dots,n & \tau_{\Lambda\times\Lambda'}\,(\xi'_j - \psi_i\,(x,y,\xi,\eta)) = x'^*_i - \langle d_\xi\,\psi_i(x,y,0,\eta)\;,\;x^*\rangle \end{cases}$$

Par hypothèse Σ est le graphe de φ et $\bar{\mathcal{J}}$ est l'idéal de définition de Σ donc $\bar{\mathcal{J}}$ est l'idéal engendré par les fonctions (2.8.1). $\bar{\bar{\mathcal{J}}}$ est l'idéal de $\mathcal{O}_{T^*_{\Lambda\times\Lambda'}\mathfrak{X}\times\mathfrak{X}'}$ engendré par les éléments de la forme $\tau_{\Lambda\times\Lambda'}(f)$ pour $f \in \bar{\mathcal{J}}$. Les fonctions (2.8.2) ont des différentielles linéairement indépendantes donc d'après le lemme qui suit $\bar{\bar{\mathcal{J}}}$ est l'idéal de $\mathcal{O}_{T^*_{\Lambda\times\Lambda'}\mathfrak{X}\times\mathfrak{X}'}$ engendré par les fonctions (2.8.2).

Lemme 2.8.2 : Soit $\mathcal{J}$ un idéal de $\mathcal{O}_{T^*X}$ engendré par des fonctions $\varphi^1,\dots,\varphi^n$ et $\tilde{\mathcal{J}}$ l'idéal de $\mathcal{O}_{T^*_\Lambda\mathfrak{X}}$ engendré par les fonctions $\tau_\Lambda(f)$ pour f dans $\mathcal{J}$.

Si les fonctions $\tau_\Lambda(\varphi^1),\dots,\tau_\Lambda(\varphi^n)$ ont des différentielles linéairement indépendantes elles engendrent $\tilde{\mathcal{J}}$.

Démonstration du lemme 2.8.2 : Si f est une fonction holomorphe sur T^*X au voisinage de Λ écrivons $f = \sum_{i\in\mathbb{N}} f_i(x,y,\xi,\eta)$ où f_i est une fonction holomorphe homogène de degré i en ξ et notons $\nu(f) = \inf \{i \,/\, f_i \not\equiv 0\}$.

Par définition $\tau_\Lambda(f)\,(x,y,\eta,x^*) = f_{\nu(f)}(x,y,x^*,\eta)$. Nous devons montrer que si $f^1,\ldots,f^n$ sont des fonctions de $\mathcal{O}_{T^*X}$ et si $f = \sum_{j=1}^{n} f^j\varphi^j$, $\tau_\Lambda(f)$ est combinaison linéaire des $\tau_\Lambda(\varphi^j)$.

Si $f = \Sigma f_i$, $f^j = \Sigma f_i^j$ et $\varphi^j = \Sigma \varphi_i^j$ on a :

$$f_\ell = \sum_{\ell=i+k} \sum_{j=1}^{n} f_i^j \varphi_k^j$$

→ si $\nu(f) = \sup \{\nu(f^j) + \nu(\varphi^j) \,/\, j = 1,\ldots,n\}$

on a bien $\tau_\Lambda(f)$ combinaison linéaire des $\tau_\Lambda(\varphi^j)$

→ si $\nu(f) < \sup \{\nu(f^j) + \nu(\varphi^j) \,/\, j = 1,\ldots,n\}$ on a :

$$\sum_{j=1}^{n} f^j_{\nu(f_j)} \varphi^j_{\nu(\varphi^j)} = 0$$

et puisque les fonctions $\varphi^j_{\nu(\varphi^j)}$ ont des différentielles linéairement indépendantes $f^j_{\nu(f_j)}$ est combinaison linéaire des $\varphi^j_{\nu(\varphi^j)}$:

$$f^j_{\nu(f_j)} = \sum_{k=1}^{n} \lambda^{jk} \varphi^k_{\nu(\varphi_k)} \qquad \text{avec}$$

$$\lambda^{jj} \equiv 0 \qquad \text{et} \qquad \lambda^{jk} + \lambda^{kj} \equiv 0$$

Posons $g^j = f^j - \sum_{k=1}^{n} \lambda^{jk} \varphi^k$, on a $\nu(g^j) \leqslant \nu(f^j) - 1$

$$f = \sum_{j=1}^{n} f^j \varphi^j = \sum_{j=1}^{n} g^j \varphi^j + \sum_{j=1}^{n} \sum_{k=1}^{n} \lambda^{jk} \varphi^j \varphi^k = \sum_{j=1}^{n} g^j \varphi^j$$

et sup $\{\nu(g^j) + \nu(\varphi^j) \ / \ j=1,\dots,n\} < \sup \{\nu(f^j) + \nu(\varphi^j) \ / \ j=1,\dots,n\}$. En réitérant l'opération on se ramène à $\nu(f) = \sup \{\nu(f^j) + \nu(\varphi^j)\}$ ce qui montre le lemme.

<u>Fin de la démonstration du théorème 2.8.1</u>

Soit V la variété définie par les fonctions (2.8.2), nous avons montré que $\tilde{\bar{\mathcal{J}}}$ est réduit et est l'idéal de définition de V.

Par ailleurs φ est une transformation canonique homogène donc :

$$\{\varphi_i(x,y,\xi,\eta) \ , \ \psi_j(x,y,\xi,\eta)\} = 0 \text{ si } i \neq j \qquad i = 1,\dots,n$$
$$= 1 \text{ si } i = j \qquad j = 1,\dots,n$$

or $$\{\varphi_i(x,y,\xi,\eta) \ , \ \psi_j(x,y,\xi,\eta)\}\Big|_{\xi=0} = \sum_k \frac{\partial\varphi_i}{\partial x_k} \frac{\partial\psi_j}{\partial\xi_k}\Big|_{\xi=0}$$

car φ_i est homogène de degré 0 en ξ et ψ_j est homogène de degré 1 en ξ, donc

$$x'^* = \langle d_\xi \psi(x,y,0,\eta), x^* \rangle \Longleftrightarrow x^* = \langle d_x \varphi(x,y,0,\eta), x'^* \rangle$$

donc V est le graphe de l'application $\tilde{\varphi} : T^*_\Lambda \tilde{X} \to T^*_{\Lambda'} \tilde{X}'$ définie par φ .

$\tilde{\mathcal{J}}$ vérifie donc les hypothèses du corollaire 2.7.6 (ou plutôt de la remarque 2.7.8) donc $Q(x',D_{x'}) \mathcal{K} = \tilde{K} P(x,D_x)$ définit bien un isomorphisme $\mathcal{C}^{2\infty}_\Lambda \to \tilde{\varphi}^{-1} \mathcal{C}^{2\infty}_{\Lambda'}$.

2) Supposons que Λ et Λ' sont des variétés involutives <u>régulières</u>.

Il existe des transformations canoniques homogènes θ et θ' telles que $\Lambda_o = \theta(\Lambda)$ et $\Lambda'_o = \theta(\Lambda')$ soient de la forme du cas 1): $\Lambda_o = \{(x,y,\xi,\eta) \in T^*X \;/\; \xi=0\}$

$\Lambda'_o = \{(x',y',\xi',\eta') \in T^*X \;/\; \xi'=0\}$

Soient T (resp. T') une transformation canonique quantifiée $T : \mathcal{E}_X \to \theta^{-1}\mathcal{E}_{X_o}$ (resp. $T' : \mathcal{E}_{X'} \to \theta'^{-1}\mathcal{E}_{X'_o}$) et $\widetilde{T} : \mathcal{E}^{2\infty}_{\Lambda} \to \theta^{-1}\mathcal{E}^{2\infty}_{\Lambda_o}$ (resp. $\widetilde{T}' : \mathcal{E}^{2\infty}_{\Lambda'} \to \mathcal{E}^{2\infty}_{\Lambda'_o}$) l'isomorphisme d'anneaux défini par T (resp. par T').

$T \otimes T'$ défini un isomorphisme $\mathcal{M} \to \mathcal{M}_o$, $\mathcal{M}_o$ module holonôme sur $\mathcal{E}_{X_o \times X'_o}$.

$$Q\,\widetilde{K} = \widetilde{K}\,P \iff \widetilde{T}(Q\widetilde{K}) = \widetilde{T}(\widetilde{K}P) \iff \widetilde{T}(Q)\;\widetilde{T}(\widetilde{K}) = \widetilde{T}(\widetilde{K})\;\widetilde{T}(P)$$

et cette dernière relation défini un isomorphisme $\mathcal{E}^{2\infty}_{\Lambda_o} \to \widetilde{\varphi}_o\,\mathcal{E}^{2\infty}_{\Lambda'_o}$ d'après le cas 1) d'où le théorème.

3) Cas général

Posons $\hat{\Lambda} = \Lambda \times T^*\mathbb{C}$ et $\Lambda' = \hat{\Lambda}' \times T^*\mathbb{C}$. $\hat{\Lambda}$ et $\hat{\Lambda}'$ sont involutives régulières donc d'après le cas 2) la relation $Q(x',t,D_{x'},D_t)\,\widetilde{K} = \widetilde{K}\,P(x,t,D_x,D_t)$ défini un isomorphisme $\mathcal{E}^{2\infty}_{\hat{\Lambda}} \to \hat{\widetilde{\varphi}}^{-1}\,\mathcal{E}^{2\infty}_{\hat{\Lambda}'}$. Comme $\widetilde{K}$ est indépendant de (t,D_t), si P commute avec t,D_t, par unicité Q commute avec t,D_t donc la relation $Q(x',D_{x'})\,\widetilde{K} = \widetilde{K}\,P(x,D_x)$ défini un isomorphisme $\mathcal{E}^{2\infty}_{\Lambda} \to \widetilde{\varphi}^{-1}\,\mathcal{E}^{2\infty}_{\Lambda'}$. q.e.d.

Remarque 2.8.3 : Revenons au cas 1) de la démonstration précédente. L'idéal $\widetilde{\mathcal{J}}(\infty,1) = \mathcal{E}^2_{\Lambda\times\Lambda'}(\infty,1) \underset{\pi^{-1}\mathcal{E}_{X\times X'}}{\otimes} \pi^{-1}\mathcal{J}$ ($\pi : T^*_{\Lambda\times\Lambda'}\widetilde{\Lambda}\times\widetilde{\Lambda}' \to \Lambda\times\Lambda'$) vérifie les hypothèses du corollaire 2.7.6 pour V variété définie par les fonctions (2.8.2) (et graphe de $\widetilde{\varphi}$).

En effet si P est un opérateur de $\mathcal{E}_{X\times X'}\Big|_{\Lambda\times\Lambda'}$ dont le symbole principal $\sigma(P)$ s'annule à l'ordre au plus 1 sur $\Lambda\times\Lambda'$ il résulte immédiatement de la définition de $\sigma^{(\infty,1)}_{\Lambda\times\Lambda'}$ que $\sigma^{(\infty,1)}_{\Lambda\times\Lambda'}(P) = \sigma_{\Lambda\times\Lambda'}(P)$ $(= \tau_{\Lambda\times\Lambda'}(\sigma(P)))$.

En particulier pour les opérateurs de $\mathfrak{J}$ dont le symbole principal est l'une des fonctions (2.8.1) on a $\sigma^{(\infty,1)}_{\Lambda\times\Lambda'}(P) = \sigma_{\Lambda\times\Lambda'}(P)$ donc les fonctions (2.8.2) sont dans l'idéal $\mathcal{A}$ de $\mathcal{O}_{T^*_{\Lambda\times\Lambda'}\tilde{\Lambda}\times\tilde{\Lambda}'}$ engendré par les symboles $\sigma^{(\infty,1)}_{\Lambda\times\Lambda'}(P)$ des éléments P de $\mathfrak{J}$. Comme $\bar{\bar{\mathfrak{J}}} \supset \mathcal{A}$ et que $\bar{\bar{\mathfrak{J}}}$ est engendré par les fonctions (2.8.2) on a $\bar{\bar{\mathfrak{J}}} = \mathcal{A}$, i.e. $\mathcal{A}$ est l'idéal de définition de V.

D'après la démonstration de la proposition 2.6.13, $\mathcal{A}$ est égal à l'idéal de $T^*_{\Lambda\times\Lambda'}\tilde{\Lambda}\times\tilde{\Lambda}'$ engendré par les symboles $\sigma^{(\infty,1)}$ des éléments de $\tilde{\mathfrak{J}}(\infty,1)$ donc $\tilde{\mathfrak{J}}(\infty,1)$ vérifie les hypothèses du corollaire 2.7.6 pour V.

En appliquant le corollaire 2.7.6 et le théorème 2.8.1 on obtient donc :

Théorème 2.8.4 : Soient X et X' deux variétés analytiques complexes, φ une transformation canonique homogène $T^*X \to T^*X'$ et Λ une sous-variété involutive de T^*X telle qu'il existe des coordonnées $(x_1,\dots,x_{n_1}, y_1,\dots,y_{n_2}, z_1,\dots,z_{n_3})$ de X et des coordonnées $(x'_1,\dots,x'_{n'_1}, y'_1,\dots,y'_{n'_2}, z'_1,\dots,z'_{n'_3})$ de X' telles que :

$$\Lambda = \{(x,y,z,\xi,\eta,\zeta) \in T^*X \ / \ \xi = 0,\ z = 0\} \text{ et } \Lambda' = \{(x',y',z',\xi',\eta',\zeta') \in T^*X' \ / \ \xi' = 0 \ \ z' = 0\}.$$

Soient Φ une transformation canonique quantifiée associée à φ, $\tilde{\varphi} : T^*_\Lambda\tilde{X} \to T^*_{\Lambda'}\tilde{X}'$ l'application définie par φ et $\tilde{\Phi} : \mathcal{E}^{2\infty}_\Lambda \to \tilde{\varphi}^{-1}\mathcal{E}^{2\infty}_{\Lambda'}$, $\tilde{\Phi} : \mathcal{E}^{2\infty}_\Lambda(r,s) \to \tilde{\varphi}^{-1}\mathcal{E}^{2\infty}_{\Lambda'}(r,s)$ (r et s rationnels, $1 \leq r \leq s \leq +\infty$, $s < +\infty$) les isomorphismes d'anneaux définis par Φ.

Alors $\tilde{\Phi}(\mathcal{E}^2_\Lambda) = \tilde{\varphi}^{-1}\mathcal{E}^2_{\Lambda'}$, et pour tous r, s, r', s' rationnels tels que

$1 \leqslant s' \leqslant s \leqslant r \leqslant r' \leqslant +\infty$,

$$\tilde{\Phi}\left(\mathcal{E}_{\Lambda}^{2(r',s')}{}_{(r,s)}\right) = \tilde{\varphi}^{-1}\ \mathcal{E}_{\Lambda'}^{2\ (r',s')}{}_{(r,s)}$$

De plus $\sigma_{\Lambda'}(\tilde{\Phi}(P)) = \sigma_{\Lambda}(P) \circ \tilde{\varphi}^{-1}$ *et* $\sigma_{\Lambda'}^{(r',s')}(\tilde{\Phi}(P)) = \sigma_{\Lambda}^{(r',s')}(P) \circ \tilde{\varphi}^{-1}$.

On a aussi que si $P \in \mathcal{E}_{\Lambda}^{2\ (r',s')}{}_{(r,s)}\ [i_o, j_o]$, $\tilde{\Phi}(P) \in \mathcal{E}_{\Lambda'}^{2\ (r',s')}{}_{(r,s)}\ [i_o, j_o]$ *et si* $1 < r' < +\infty$ (*resp.* $1 < s' < +\infty$) *on a* :

$$(\tilde{\Phi}(P))_{ij} = P_{ij} \circ \tilde{\varphi}^{-1}$$

pour tous les couples (i,j) *de* $\mathbb{Z}^2$ *tels que* $\frac{1}{r'}\, i + j - i = \frac{1}{r'}\, i_o + j_o - i_o$ (*resp.* $\frac{1}{s'}\, i + j - i = \frac{1}{s'}\, i_o + j_o - i_o$).

Nous sommes maintenant en mesure de définir les faisceaux $\mathcal{E}_{\Lambda}^{2}$, $\mathcal{E}_{\Lambda}^{2\ (r',s')}{}_{(r,s)}$ et les symboles $\sigma_{\Lambda}(P)$, $\sigma_{\Lambda}^{(r,s)}(P)$ pour toute sous-variété involutive Λ de T^*X :

Supposons tout d'abord que Λ est régulière ou maximalement dégénérée (e.g. lagrangienne). Nous avons vu qu'il existe une transformation canonique homogène φ qui transforme Λ en $\Lambda_0 = \{(x,y,z,\xi,\eta,\zeta) \in T^*X \ / \ \xi = 0,\ z = 0\}$.

Soit Φ une transformation canonique quantifiée associée à φ, $\tilde{\varphi} : T_{\Lambda}^*\tilde{\Lambda} \to T_{\Lambda_0}^*\tilde{\Lambda}_0$ l'application définie par φ et $\tilde{\Phi} : \mathcal{E}_{\Lambda}^{2\infty} \to \tilde{\varphi}^{-1}\ \mathcal{E}_{\Lambda_0}^{2\infty}$ (ou $\tilde{\Phi} : \mathcal{E}_{\Lambda}^{2\infty}(r,s) \to \mathcal{E}_{\Lambda_0}^{2\infty}(r,s)$ la transformation définie par Φ.

On pose $\mathcal{E}_{\Lambda}^{2} = \tilde{\Phi}^{-1}(\mathcal{E}_{\Lambda_0}^{2})$, $\mathcal{E}_{\Lambda}^{2\ (r',s')}{}_{(r,s)} = \tilde{\Phi}^{-1}(\mathcal{E}_{\Lambda_0}^{2\ (r',s')}{}_{(r,s)})$,

$\sigma_{\Lambda}(P) = \sigma_{\Lambda_0}(\tilde{\Phi}(P)) \circ \tilde{\varphi}$ et $\sigma_{\Lambda}^{(r,s)}(P) = \sigma_{\Lambda_0}(\tilde{\Phi}(P)) \circ \tilde{\varphi}$.

D'après le théorème 2.8.4, ces définitions ne dépendent ni de φ, ni de Φ et ne dépendent que de Λ.

$\tilde{\Phi}$ étant un isomorphisme d'anneaux on aura :

$$\sigma_\Lambda(PQ) = \sigma_\Lambda(P)\,\sigma_\Lambda(Q) \quad \text{si} \quad P \in \mathcal{E}^2_\Lambda \quad \text{et} \quad Q \in \mathcal{E}^2_\Lambda$$

et de même :

$$\sigma_\Lambda^{(r,s)}(P\,Q) = \sigma_\Lambda^{(r,s)}(P)\,\sigma_\Lambda^{(r,s)}(Q)\,.$$

On peut encore définir $\mathcal{E}^2_\Lambda(r,s)\,[i_0,j_0]$ par $\tilde{\Phi}^{-1}(\,\mathcal{E}^2_{\Lambda_0}(r,s)[i_0,j_0])$.

Si P est un opérateur de $\mathcal{E}^2_\Lambda(r,s)[i_0,j_0]$ et $1 < r < +\infty$ (resp. $1 < s < +\infty$) on peut définir de même P_{ij} pour $\frac{1}{r}\,i + j - i = \frac{1}{r}\,i_0 + j_0 - i_0$ (resp. $\frac{1}{s}\,i + j - i = \frac{1}{s}\,i_0 + j_0 - i_0$) par $P_{ij} = \tilde{\Phi}(P)_{ij} \circ \tilde{\varphi}$.

Considérons maintenant une variété involutive Λ quelconque. Soit $\hat{\Lambda} = \Lambda \times T^*\mathbb{C} \subset T^*(X\times\mathbb{C})$. Posons :

$$\mathcal{E}^2_\Lambda = p_*(\,\mathcal{E}^2_{\hat{\Lambda}} \cap p^{-1}\,\mathcal{E}^{2\infty}_\Lambda)$$

$$\mathcal{E}^{2\,(r',s')}_{\Lambda\,(r,s)} = p_*(\,\mathcal{E}^{2\,(r',s')}_{\hat{\Lambda}\,(r,s)} \cap p^{-1}\,\mathcal{E}^{2\infty}_\Lambda)$$

si p est la projection canonique $T^*_{\hat{\Lambda}}\tilde{\hat{\Lambda}} \to T^*_\Lambda\tilde{\Lambda}$. Remarquons que si U est un ouvert de $T^*_\Lambda\tilde{\Lambda}$ on a (cf. dém. du th. 2.2.3) :

$$\Gamma(U,\,\mathcal{E}^2_\Lambda) = \{P \in \Gamma(p^{-1}(U),\,\mathcal{E}^2_{\hat{\Lambda}})\ /\ [P,t] = [P,D_t] = 0\}$$

$$\Gamma(U,\,\mathcal{E}^{2\,(r',s')}_{\Lambda\,(r,s)}) = \{P \in \Gamma(p^{-1}(U),\,\mathcal{E}^{2\,(r',s')}_{\hat{\Lambda}\,(r,s)})\ /\ [P,t] = [P,D_t] = 0\}$$

si t est la coordonnée de $\mathbb{C}$.

Calculons le symbole principal de $[P,t]$ pour $P \in \Gamma(p^{-1}(U),\,\mathcal{E}^2_{\hat{\Lambda}})$. Par définition si φ est une transformation canonique qui transforme $\hat{\Lambda}$ en $\hat{\Lambda}_0 = \{(x,y,\xi,\eta) \in T^*X_0 \,/\, \xi = 0\}$, si Φ est une transformation de contact quantifiée associée à φ, si $\tilde{\varphi} : T^*_{\hat{\Lambda}}\tilde{\hat{\Lambda}} \to T^*_{\hat{\Lambda}_0}\tilde{\hat{\Lambda}}_0$ et $\tilde{\Phi} : \mathcal{E}^2_{\hat{\Lambda}} \to \tilde{\varphi}^{-1}\mathcal{E}^2_{\hat{\Lambda}_0}$ sont définis par φ et Φ on a :

$$\sigma_{\hat{\Lambda}}([P,t]) = \sigma_{\hat{\Lambda}_0}([\tilde{\Phi}(P),\tilde{\Phi}(t)]) \circ \tilde{\varphi}$$

La formule du théorème 2.3.3 montre que $\sigma_{\Lambda_0}([\tilde{\Phi}(P),\tilde{\Phi}(t)])$ est donné par l'action d'un opérateur différentiel (qui dépend de $\tilde{\Phi}(t)$) sur $\sigma_{\hat{\Lambda}_0}(\tilde{\Phi}(P))$, donc après transport par $\tilde{\varphi}$ on voit que $\sigma_{\hat{\Lambda}}([P,t])$ est donné par l'action d'un opérateur différentiel qui dépend de t sur $\sigma_{\hat{\Lambda}}(P)$.

Si P est un opérateur microdifférentiel ($P \in \Gamma(p^{-1}(U), \mathcal{E}_{X\times\mathbb{C}})$, $\sigma_{\hat{\Lambda}}(P)$ est égal à $\tau_{\hat{\Lambda}}(\sigma(P))$ et par ailleurs $\sigma([P,t]) = \frac{\partial}{\partial\tau}\sigma(P)$ (si (t,τ) sont les coordonnées de $T^*\mathbb{C}$) donc $\sigma_{\hat{\Lambda}}([P,t]) = \frac{\partial}{\partial\tau}\sigma_{\hat{\Lambda}}(P)$.

L'opérateur différentiel cherché est donc $\frac{\partial}{\partial\tau}$ donc pour tout opérateur de $\mathcal{E}^2_{\hat{\Lambda}}$ on a :

$$\sigma_{\hat{\Lambda}}([P,t]) = \frac{\partial}{\partial\tau}\sigma_{\hat{\Lambda}}(P)$$

On montrerait de même que $\sigma_{\hat{\Lambda}}([P,D_t]) = \frac{\partial}{\partial t}\sigma_{\hat{\Lambda}}(P)$.

<u>Remarque</u> : Au §.2.9 nous étudierons en détail le symbole d'un crochet et nous retrouverons ce résultat. (Proposition 2.9.4).

Si $P \in \Gamma(U, \mathcal{E}^2_{\Lambda})$, $\sigma_{\hat{\Lambda}}(P)$ est donc une fonction holomorphe sur $T^*_{\hat{\Lambda}}\tilde{\hat{\Lambda}} \approx T^*_{\Lambda}\tilde{\Lambda}\times T^*\mathbb{C}$ indépendante de (t,τ) et nous pouvons donc définir $\sigma_{\Lambda}(P)$ fonction holomorphe sur $T^*_{\Lambda}\tilde{\Lambda}$ par $\sigma_{\Lambda}(P) = \sigma_{\hat{\Lambda}}(P)$.

De la même manière si $P \in \Gamma\left(U, \mathcal{E}_{\Lambda}^{2\ (r',s')}{}_{(r,s)}[i_o,j_o]\right)$, $\sigma_{\hat{\Lambda}}^{(r',s')}(P)$ et, si $1 < r < +\infty$ $\frac{1}{r}\, i + j - i = \frac{1}{r}\, i_o + j_o - i_o$ P_{ij}, sont indépendants de (t,τ) et définissent donc $\sigma_{\Lambda}^{(r',s')}(P)$ et P_{ij} sur $T^*_{\Lambda}\mathfrak{X}$.

On a clairement $\sigma_{\Lambda}(PQ) = \sigma_{\Lambda}(P)\, \sigma_{\Lambda}(Q)$

$$\sigma_{\Lambda}^{(r,s)}(PQ) = \sigma_{\Lambda}^{(r,s)}(P)\, \sigma_{\Lambda}^{(r,s)}(Q).$$

Soit $\tilde{\mathcal{E}}^2_{\Lambda_o} = \tilde{\Phi}(p^{-1}\, \mathcal{E}^2_{\Lambda})$ sous-faisceau de $\mathcal{E}^2_{\hat{\Lambda}_o}$.

$\tilde{\mathcal{E}}^2_{\hat{\Lambda}_o}$ est le sous-faisceau de $\mathcal{E}^2_{\hat{\Lambda}_o}$ des opérateurs qui commutent avec $\tilde{\Phi}(t)$ et $\tilde{\Phi}(D_t)$.

Les opérateurs $T_1 = \tilde{\Phi}(t)$ et $T_2 = \tilde{\Phi}(D_t)$ vérifient les hypothèses du théorème 2.6.11, en effet :

→ $\sigma(T_1)$ et $\sigma(T_2)$ s'annulent à l'ordre au plus 1 sur $\hat{\Lambda}_o$ donc $\sigma_{\hat{\Lambda}_o}^{(\infty,1)}(T_1) = \sigma_{\hat{\Lambda}_o}(T_1)$ et $\sigma_{\hat{\Lambda}_o}^{(\infty,1)}(T_2) = \sigma_{\hat{\Lambda}_o}(T_2)$.

→ $\sigma_{\hat{\Lambda}_o}(T_1)$ et $\sigma_{\hat{\Lambda}_o}(T_2)$ ne dépendent que de (y,η) .

→ $H_{\sigma_{\hat{\Lambda}_o}(T_1)}$ et $H_{\sigma_{\hat{\Lambda}_o}(T_2)}$ sont les images par $\tilde{\varphi}$ de $\frac{\partial}{\partial\tau}$ et $\frac{\partial}{\partial t}$ donc sont des champs de vecteurs indépendants qui commutent.

Donc d'après le théorème 2.6.11, $\mathcal{E}^2_{\hat{\Lambda}_o}$ est fidèlement plat sur $\tilde{\mathcal{E}}^2_{\hat{\Lambda}_o}$ et donc $\mathcal{E}^2_{\hat{\Lambda}}$ est fidèlement plat sur $p^{-1}\,\mathcal{E}^2_{\Lambda}$ et de même $\mathcal{E}_{\hat{\Lambda}}^{2\ (r',s')}{}_{(r,s)}$ est fidèlement plat sur $p^{-1}\,\mathcal{E}_{\Lambda}^{2\ (r',s')}{}_{(r,s)}$.

Les théorèmes 2.6.3 et 2.6.10 et plus généralement tous les résultats du §.2.6 sont donc encore vrais pour Λ quelconque.

En résumé nous avons montré :

Théorème 2.8.5 : Soit X une variété analytique complexe et Λ une sous-variété involutive de T^*X.

Nous avons défini sur $T^*_\Lambda\tilde{\Lambda}$ le sous-faisceau $\mathcal{E}^2_\Lambda$ de $\mathcal{E}^{2\infty}_\Lambda$ et les sous-faisceaux $\mathcal{E}^{2(r',s')}_\Lambda(r,s)$ de $\mathcal{E}^{2\infty}_\Lambda(r,s)$ pour $1 \leqslant s' \leqslant s \leqslant r \leqslant r' \leqslant +\infty$.

On pose $\mathcal{E}^2_\Lambda(r,s) = \mathcal{E}^{2(r,s)}_\Lambda(r,s)$.

$\mathcal{E}^2_\Lambda$ est un faisceau d'anneaux cohérent et noethérien, plat sur $\pi^{-1}(\mathcal{E}_X|_\Lambda) = \pi^{-1}(\mathcal{E}^2_\Lambda|_\Lambda)$ $(\pi : T^*_\Lambda\tilde{\Lambda} \to \Lambda)$.

$\mathcal{E}^{2\,(r',s')}_\Lambda(r,s)$ est un faisceau d'anneaux cohérent et noethérien, plat sur $\pi^{-1}(\mathcal{E}^{2\,(r',s')}_\Lambda(r,s)|_\Lambda)$ et sur $\pi^{-1}(\mathcal{E}_X|_\Lambda)$.

Si $\mathcal{E}^{2\,(r'_1,s'_1)}_\Lambda(r_1,s_1)$ est un sous-faisceau de $\mathcal{E}^{2\,(r'_2,s'_2)}_\Lambda(r_2,s_2)$, c'est-à-dire si $s_1 \leqslant s_2 \leqslant r_2 \leqslant r_1$ et $s'_1 \leqslant s'_2 \leqslant r'_2 \leqslant r'_1$, le second est plat sur le premier.

Si de plus $r'_1 = r'_2$ et $s'_1 = s'_2$, le second faisceau est fidèlement plat sur le premier.

Si Ω est un ouvert de $T^*_\Lambda\tilde{\Lambda}$ et P une section de $\mathcal{E}^2_\Lambda$ sur Ω, on associe à P un symbole principal σ_Λ qui est une fonction holomorphe sur Ω, homogène suivant les deux homothéties de $T^*_\Lambda\tilde{\Lambda}$. De plus $\sigma_\Lambda(P\circ Q) = \sigma_\Lambda(P)\,\sigma_\Lambda(Q)$.

De même si P est une section de $\mathcal{E}^{2\,(r',s')}_\Lambda(r,s)$ on lui associe un symbole principal "de type (r',s')" $\sigma_\Lambda^{(r',s')}$ fonction holomorphe homogène sur Ω et on a encore $\sigma_\Lambda^{(r',s')}(P\circ Q) = \sigma_\Lambda^{(r',s')}(P)\,\sigma_\Lambda^{(r',s')}(Q)$.

Pour $(i_o,j_o) \in \mathbb{Z}^2$ on peut aussi définir les faisceaux $\mathcal{E}^{2\,(r',s')}_\Lambda(r,s)\,[i_o,j_o]$

et si $1 < r' < +\infty$ (*resp.* $1 < s' < +\infty$) *les symboles "secondaires"* P_{ij} *pour* P *section de* $\mathcal{E}_\Lambda^{2\,(r',s')}(r,s)\,[i_o,j_o]$ *et* $(i,j) \in \mathbb{Z}^2$ *tels que* $\frac{1}{r'}\, i + j - i = \frac{1}{r'}\, i_o + j_o - i_o$ (*resp.* $\frac{1}{s'}\, i + j - i = \frac{1}{s'}\, i_o + j_o - i_o$).

P *est inversible dans* $\Gamma(\Omega, \mathcal{E}_\Lambda^2)$ *si et seulement si* $\sigma_\Lambda(P)$ *ne s'annule pas sur* Ω *et de même* P *est inversible dans* $\Gamma(\Omega, \mathcal{E}_\Lambda^{2\,(r',s')}(r,s)$ *si et seulement si* $\sigma_\Lambda^{(r',s')}(P)$ *ne s'annule pas sur* Ω.

Si $\mathcal{M}$ *est un* $\mathcal{E}_X$*-module cohérent défini au voisinage de* Λ *on pose :*

$$Ch_\Lambda^2(\mathcal{M}) = \text{support}\left(\mathcal{E}_\Lambda^2 \underset{\pi^{-1}(\mathcal{E}_X|_\Lambda)}{\otimes} \pi^{-1}(\mathcal{M}|_\Lambda)\right)$$

$$Ch_\Lambda^2(r,s)\ (\mathcal{M}) = \text{support}\left(\mathcal{E}_\Lambda^2(r,s) \underset{\pi^{-1}(\mathcal{E}_X|_\Lambda)}{\otimes} (\pi^{-1}\mathcal{M}|_\Lambda)\right)$$

Si $\mathcal{J}$ *est un idéal cohérent de* $\mathcal{E}_X$ *et* $\mathcal{M} = \mathcal{E}_X/\mathcal{J}$ *on a :*

$$Ch_\Lambda^2(\mathcal{M}) = \{\theta \in T_\Lambda^*\tilde{\Lambda} \;/\; \sigma_\Lambda(P)\,(\theta) = 0 \;\; \text{pour tout } P \in \mathcal{J}\}$$

$$Ch_\Lambda^2(r,s)\ (\mathcal{M}) = \{\theta \in T_\Lambda^*\tilde{\Lambda} \;/\; \sigma_\Lambda^{(r,s)}(P)\,(\theta) = 0 \;\; \text{pour tout } P \in \mathcal{J}\}\,.$$

Si $\varphi : T^*X \to T^*X'$ *est une transformation canonique homogène, si* $\Lambda' = \varphi(\Lambda)$, *si* $\tilde{\varphi} : T_\Lambda^*\tilde{\Lambda} \to T_{\Lambda'}^*\tilde{\Lambda}'$ *est l'application définie par* φ, *si* Φ *est une transformation canonique quantifiée associée à* φ *qui définit des isomorphismes* $\tilde{\Phi} : \mathcal{E}_\Lambda^{2\infty} \to \tilde{\varphi}^{-1}\,\mathcal{E}_{\Lambda'}^{2\infty}$ *et* $\tilde{\Phi} : \mathcal{E}_\Lambda^{2\infty}(r,s) \to \tilde{\varphi}^{-1}\,\mathcal{E}_{\Lambda'}^{2\infty}(r,s)$, *toutes les notions précédentes sont invariantes par* $\tilde{\varphi}$ *et* $\tilde{\Phi}$, *en particulier :*

$$\tilde{\Phi}(\mathcal{E}_\Lambda^2) = \tilde{\varphi}^{-1}\,\mathcal{E}_{\Lambda'}^2, \quad \tilde{\Phi}(\mathcal{E}_\Lambda^{2\,(r',s')}(r,s)) = \tilde{\varphi}^{-1}\,\mathcal{E}_{\Lambda'}^{2\,(r',s')}(r,s)$$

$$\sigma_{\Lambda'}(\tilde{\Phi}(P)) = \sigma_\Lambda(P) \circ \tilde{\varphi}^{-1} \quad \text{et} \quad \sigma_{\Lambda'}^{(r,s)}(\tilde{\Phi}(P)) = \sigma_\Lambda^{(r,s)}(P) \circ \tilde{\varphi}^{-1}$$

2.9 Transformations bicanoniques de $T^*_\Lambda \tilde{\Lambda}$. Transformations bicanoniques quantifiées

On sait que la théorie des opérateurs microdifférentiels est intimement liée à la structure symplectique homogène de T^*X. En particulier au-dessus de toute transformation canonique homogène on peut définir une transformation canonique quantifiée, c'est-à-dire un isomorphisme de faisceaux d'anneaux sur les opérateurs microdifférentiels qui conserve le symbole principal.

Le but de ce paragraphe est de définir la structure de $T^*_\Lambda \tilde{\Lambda}$ qui est associée à la théorie des opérateurs 2-microdifférentiels, le résultat essentiel étant le théorème 2.9.11.

2.9.1 Variétés bisymplectiques

Soit M une variété analytique (réelle ou complexe) de dimension 2n et Ω une 2-forme sur M de rang constant 2p.

Ω est donc une section analytique de $\Lambda^2 T^*M$ et pour $m \in M$, Ω définit sur l'espace tangent $T_m M$ en M au point m une forme bilinéaire antisymétrique de rang 2p.

Nous noterons $(T_{rel}M)_m$ le noyau de Ω dans $T_m M$ et $T_{rel}M = \bigcup_{m \in M} (T_{rel}M)_m$.

Si nous supposons que Ω est fermée (i.e. $d\Omega = 0$), alors, au voisinage de tout point de M, il existe des coordonnées locales $(y_1, \ldots, y_{2n-p}, \eta_1, \ldots, \eta_p)$ de M pour lesquelles $\Omega = \sum_{j=1}^{p} d\eta_j \wedge dy_j$ (cf par exemple [30] chapitre III th. 6.1).

Dans ces coordonnées on a donc :

$$T_{rel}M = \{(y,\eta,\tilde{y},\tilde{\eta}) \in TM \ / \ \tilde{y}_1 = \dots = \tilde{y}_p = \tilde{\eta}_1 = \dots = \tilde{\eta}_p = 0\}$$

$T_{rel}M$ est donc un fibré vectoriel de dimension 2n-2p au dessus de M et la donnée $m \to (T_{rel}M)_m$ est un système intégrable c'est-à-dire que la variété M est munie localement d'un feuilletage par des feuilles analytiques telles que si S_m est la feuille qui passe par le point m on ait $T_m(S_m) = (T_{rel}M)_m$.

On définit le fibré $\tilde{T}M$ par la suite exacte :

$$0 \to T_{rel}M \to TM \to \tilde{T}M \to 0$$

puis $\tilde{T}^*M$ comme l'orthogonal de $T_{rel}M$ dans T^*M pour la dualité entre TM et T^*M et enfin $T^*_{rel}M$ par la suite exacte :

$$0 \to \tilde{T}^*M \to T^*M \to T^*_{rel}M \to 0$$

On a donc $(T^*_{rel}M)_m \approx T^*_m(S_m)$. Si $m \in M$, $(T^*_{rel}M)_m$ est le dual de $(T_{rel}M)_m$ et $\Lambda^2(T^*_{rel}M)_m$ est l'ensemble des formes bilinéaires antisymétriques sur $(T_{rel}M)_m$.

Par définition, une <u>forme symplectique relative Ω^r sur (M,Ω)</u> est une 2-forme relative, c'est-à-dire une section analytique de $\Lambda^2T^*_{rel}M$, telle que :

1) $d\Omega^r = 0$

2) Pour tout $m \in M$, Ω^r est une forme symplectique sur $(T_{rel}M)_m$ (i.e. une forme bilinéaire antisymétrique non dégénérée sur $(T_{rel}M)_m$).

<u>Définition 2.9.1</u> : <u>Une variété bisymplectique est un triplet</u> (M,Ω,Ω^r) <u>formé d'une variété analytique</u> M, <u>d'une 2-forme</u> Ω <u>sur</u> M <u>de rang constant telle que</u> $d\Omega = 0$ <u>et d'une 2-forme symplectique relative</u> Ω^r <u>sur</u> (M,Ω). (M <u>est alors une variété de dimension paire</u>).

Exemple : Soit S une variété symplectique de 2-forme Ω_S, X une variété analytique et p : X → S une application lisse ($T_X^*S = \{0\}$). L'espace cotangent relatif $T^*(X/S)$ est définit par la suite exacte :

$$0 \to X \times_S T^*S \to T^*X \to T^*(X/S) \to 0$$

$T^*(X/S)$ est muni canoniquement d'une structure de variété bisymplectique :

Soit $q : T^*(X/S) \to S$ la projection canonique, on pose $\Omega = q^* \Omega_S$. Puisque Ω_S est non dégénérée sur S le noyau de Ω est le noyau de l'application :

$$T(T^*(X/S)) \to (TS) \times_S T^*(X/S)$$

Donc par définition de l'espace tangent relatif, le noyau $T_{rel}(T^*(X/S))$ de Ω est égal à $T(T^*(X/S)/S)$ espace tangent relatif à $q : T^*(X/S) \to S$.

On a encore $\widetilde{T}(T^*(X/S)) = (TS) \times_S T^*(X/S)$, $\widetilde{T}^*(T^*(X/S)) = (T^*S) \times_S T^*(X/S)$ et enfin $T^*_{rel}(T^*(X/S)) = T^*(T^*(X/S)/S)$. Le diagramme commutatif

$$\begin{array}{ccc} T^*(X/S) & \longrightarrow & X \\ & q \searrow \quad \swarrow p & \\ & S & \end{array}$$

définit une injection canonique $T^*(X/S) \times_S T^*(X/S) \to T^*(T^*(X/S)/S)$ qui composée avec l'injection diagonale $T^*(X/S) \hookrightarrow T^*(X/S) \times_S T^*(X/S)$ définit une section $\omega^r : T^*(X/S) \to T^*(T^*(X/S)/S)$ c'est-à-dire une 1-forme relative ω^r. On pose $\Omega^r = d\omega^r$.

On peut choisir des coordonnées locales (y,η) de S telles que $\Omega_S = \sum_i d\eta_i \wedge dy_i$ et des coordonnées locales (x,y,η) de X telles que $p(x,y,\eta) = (y,\eta)$.

$T^*(X/S)$ est muni de coordonnées locales (x,y,η,x^*) et on a $\Omega = \sum d\eta_i \wedge dy_i$, $\Omega^r = \sum dx_j^* \wedge dx_j$.

$$T_{rel}(T^*(X/S)) = \{(x,y,\eta,x^*;\hat{x},\hat{y},\tilde{\eta},\hat{x}^*) \in T(T^*(X/S))/\tilde{\eta} = 0,\ \hat{y} = 0\}$$

Donc Ω^r est non dégénérée et <u>$(T^*(X/S),\Omega , \Omega^r)$ est une variété bisymplectique</u>.

Si S est réduit a un point on a $\Omega = 0$, $T^*(X/S) = T^*X$ et Ω^r n'est autre que la 2-forme canonique de T^*X.

Revenons au cas général.

Si m est un point de M, le dual de $(T_{rel}M)_m$ est $(T^*_{rel}M)_m$ tandis que le dual de $(\widetilde{T}M)_m$ est $(\widetilde{T}^*M)_m$.

Ω^r est une forme bilinéaire non dégénérée sur $(T_{rel}M)_m$ donc définit un isomorphisme :

$$H^r : T^*_{rel}M \to T_{rel}M$$

(par définition $\Omega(H^r\alpha,u) = \alpha(u)$).

Le noyau de Ω est $T_{rel}M$ donc Ω définit une forme bilinéaire non dégénérée sur $\widetilde{T}M$ et donc un isomorphisme $H : \widetilde{T}^*M \to \widetilde{T}M$.

Si f est une fonction analytique sur M, df est une section de T^*M et définit une section $\overline{df}$ de $T^*_{rel}M$.

Par définition le <u>champ hamiltonien relatif de f</u> est $H^r_f = H^r(\overline{df})$.

H^r_f est une section de $T_{rel}M$, c'est donc un champ de vecteur sur M qui s'annule sur les fonctions g qui vérifient $\overline{dg} = 0$, c'est-à-dire les fonctions constantes sur les feuilles de M. (pour le feuilletage défini par Ω)

Si f et g sont deux fonctions sur M, le crochet de Poisson relatif de f et g est défini par :

$$\underline{\{f,g\}^r = H_f^r\ (g)}$$

Une fonction f vérifie $\{f,g\}^r = 0$ pour toute g si et seulement si $\bar{d}f = 0$, c'est-à-dire si f est constante sur les feuilles de M.

Si f est une telle fonction, df est une section de $\tilde{T}^*M$ et on peut donc définir <u>le champ hamiltonien de f: $H_f = H(df)$</u> qui est une section de $\tilde{T}M$.

Si f et g sont deux fonctions constantes sur les feuilles de M on pose <u>$\{f,g\} = H_f(g)$ = $\Omega(df,dg)$</u> (crochet de Poisson de f et g).

<u>Proposition</u> <u>2.9.2</u> : <u>Si</u> M <u>est une variété bisymplectique de dimension</u> 2n, <u>il existe au voisinage de tout point de</u> M <u>des coordonnées locales</u> $(x_1,\dots,x_{n-p},\ \xi_1,\dots,\xi_{n-p},\ y_1,\dots,y_p\ ,\ \eta_1,\dots,\eta_p)$ <u>pour lesquelles</u> :

$$\Omega^r = \sum_{i=1}^{n-p} d\xi_i \wedge dx_i \qquad \underline{et} \qquad \Omega = \sum_{j=1}^{p} d\eta_j \wedge dy_j \ .$$

<u>Démonstration</u> : Nous avons vu qu'il existe des coordonnées locales $(y_1,\dots,y_{2n-p},\ \eta_1,\dots,\eta_p)$ de M pour lesquelles $\Omega = \sum_{i=1}^{p} d\eta_i \wedge dy_i$.

Posons $N = \{(y,\eta) \in M \ /\ y_1 = \dots = y_p = \eta_1 = \dots = \eta_p = 0\}$ $T_{rel}M \approx M \times_N T^*N$ et Ω^r induit sur T^*N une structure de variété symplectique, il existe donc des coordonnées locales $(x_1,\dots,x_{n-p},\ \xi_1,\dots,\xi_{n-p})$ de N pour lesquelles $\Omega^r = \sum_{j=1}^{n-p} d\xi_j \wedge dx_j$. (On voit donc que localement une variété bisymplectique est le produit de deux variétés symplectiques). q.e.d.

Dans les coordonnées de la proposition 2.9.2 on a :

$$\{f,g\}^r = \sum_{j=1}^{n-p} \frac{\partial f}{\partial \xi_j}(x,\xi,y,\eta)\frac{\partial g}{\partial x_j}(x,\xi,y,\eta) - \frac{\partial g}{\partial \xi_j}(x,\xi,y,\eta)\frac{\partial f}{\partial x_j}(x,\xi,y,\eta) .$$

Si f et g ne dépendent que de (y,η) on a :

$$\{f,g\} = \sum_{i=1}^{p} \frac{\partial f}{\partial \eta_i}(y,\eta)\frac{\partial g}{\partial y_i}(y,\eta) - \frac{\partial g}{\partial \eta_i}(y,\eta)\frac{\partial f}{\partial y_i}(y,\eta) .$$

Définition 2.9.3 : Soient (M,Ω_M,Ω_M^r) et $(M',\Omega_{M'},\Omega_{M'}^r)$ deux variétés bisymplectiques telles que dim M = dim M'.

Une application analytique Φ de M dans M' est une application bicanonique si :

(i) $\Phi^* \Omega_{M'} = \Omega_M$

(ii) $\Phi^* \Omega_{M'}^r = \Omega_M^r$

Remarques :

1) Si Φ vérifie la condition (i), $\Phi^* : (T^*M') \times_{M'} M \to T^*M$ envoie $(T^*_{rel}M') \times_{M'} M$ dans $T^*_{rel}M$ et on peut donc définir $\Phi^* \Omega^r_{M'}$ ce qui permet de poser la condition (ii).

2) Si Φ vérifie (i) et (ii) $d\Phi$ est injective et donc Φ est un isomorphisme local.

Théorème 2.9.4 : Soient (M,Ω_M,Ω_M^r) et $(M',\Omega_{M'},\Omega_{M'}^r)$ deux variétés bisymplectiques telles que dim M = dim M' et Φ une application analytique de M dans M'.

Considérons les deux hypothèses suivantes :

(i) Si f et g sont deux fonctions analytiques sur un ouvert de M' on a :

$$\{f,g\}^r \circ \Phi = \{f \circ \Phi,\ g \circ \Phi\}^r$$

(ii) Si f et g sont deux fonctions analytiques sur un ouvert de M', constantes sur les feuilles de M', on a :

$$\{f,g\} \circ \Phi = \{f \circ \Phi,\ g \circ \Phi\}$$

1) Si Φ vérifie (i) et si f est constante sur les feuilles de M', $f \circ \Phi$ est constante sur les feuilles de M et on peut donc définir $\{f \circ \Phi,\ g \circ \Phi\}$ pour des fonctions f et g constantes sur les feuilles de M' ce qui donne un sens à la condition (ii).

2) Φ est une transformation bicanonique si et seulement si elle vérifie les conditions (i) et (ii) ci-dessus.

Démonstration : Il est clair que si Φ est bicanonique elle vérifie (i) et (ii).

Supposons inversement que Φ vérifie (i). Si f est une fonction sur M', les champs de vecteurs $\Phi^* H_f^r$ et $H_{f\circ\Phi}^r$ sont égaux sur toutes les fonctions g sur M donc il sont égaux.

f est une fonction constante sur les feuilles de M' si et seulement si H_f^r est nul, alors $H_{f\circ\Phi}^r$ est nul et donc $f\circ\Phi$ est constante sur les feuilles de M ce qui montre 1). $T^*_{rel}M$ est engendré par les classes $\overline{df}$ des différentielles df des fonctions f sur M donc si Φ vérifie (i) Φ^* envoie $(T^*_{rel}M') \times_{M'} M$ dans $T^*_{rel}M$, $(\widetilde{T}^*M') \times_{M'} M$ dans $\widetilde{T}^*M$, $T_{rel}M$ dans $T_{rel}M'$ et aussi $\widetilde{T}M$ dans $\widetilde{T}M'$.

Pour toute fonction f on a $\Phi^* H_{M'}^r(\overline{df}) = H_M^r(\Phi^*(\overline{df}))$ donc puisque $T^*_{rel}M'$ est engendré par les éléments de la forme $\overline{df}$ on a $\Phi^* H_{M'}^r = H_M^r \Phi^*$ et donc $\Phi^* \Omega_{M'}^r = \Omega_M^r$.

Φ^* envoie $(T^*_{rel}M') \times_{M'} M$ dans $T^*_{rel}M$ donc Ω_M et $\Phi^* \Omega_{M'}$ ont le même noyau

$T_{rel}M$, pour montrer qu'elles sont égales il suffit donc de montrer qu'elles définissent le même produit scalaire non dégénéré sur $\widetilde{T}M$, il suffit donc de montrer que $\Phi^* H_{M'} = H_M \Phi^*$ et puisque $\widetilde{T}^*M'$ est engendré par les différentielles des fonctions constantes sur les fibres de M', il suffit de montrer que si f est constante sur les fibres de M' on a $\Phi^* H_f = H_{f\circ\Phi}$ ce qui est équivalent à la condition (ii).

2.9.2 Variétés symplectiques bihomogènes

Rappelons tout d'abord quelques définitions de géométrie différentielle.

Soit M une variété réelle de classe C^∞ ou une variété analytique complexe.

Si u est un champ de vecteur sur M on lui associe son flot qui est une action locale de $\mathbb{R}$ (ou de $\mathbb{C}$ suivant le cas) sur M c'est-à-dire une application différentiable $\Phi_u^t(m) : U \to M$ où U est un voisinage de $\{0\}\times M$ dans $\mathbb{R}\times M$ (ou $\mathbb{C}\times M$) qui vérifie $\Phi^{t+t'}(m) = \Phi^t \circ \Phi^{t'}(m)$ chaque fois que les deux membres sont définis.

$\Phi_u^t(m)$ est l'unique solution maximale de :

$$\begin{cases} \dfrac{d\, \Phi_u^t(m)}{dt} = u(\Phi_u^t(m)) \\ \\ \Phi_u^o(m) = m \qquad\qquad (\text{pour } t \in \mathbb{R},\ m \in M) \end{cases}$$

Inversement une action locale $\Phi : U \to M$ étant donnée on lui associe le champ de vecteur $u(m) = \frac{d}{dt}\Phi(t,m)\Big|_{t=o}$.

Il y a donc équivalence entre action locale de $\mathbb{R}$ additif (ou de $\mathbb{C}$ additif suivant le cas) sur M et champs de vecteurs sur M. En fait dans la situation qui nous intéressera (c'est-à-dire la structure homogène de $T^*_\Lambda \tilde{\Lambda}$) on aura une action globale de $\mathbb{C}\times M$ multiplicative, c'est-à-dire une application holomorphe $h : \mathbb{C}\times M \to M$ telle que $h(\lambda\lambda',m) = h(\lambda,h(\lambda',m))$. A une telle application h on associe une action locale additive de $\mathbb{C}$ sur M par $\phi^t(m) = h(e^t,m)$ et donc le champ de vecteur $u(m) = \left.\frac{dh(\lambda,m)}{d\lambda}\right|_{\lambda=1}$, mais on ne peut évidemment pas associer une action globale à tout champ de vecteur. Par contre pour qu'un isomorphisme conserve une action globale, il suffit qu'il conserve le champ de vecteur associé.

Si u est un champ de vecteur sur M de flot ϕ_u^t et $\omega \in \Omega^k(M)$ une forme différentielle de degré k sur M on définit la dérivée de Lie de ω par :

$$\mathcal{L}_u\omega = \frac{d}{dt}(\phi_u^t)^*\omega\Big|_{t=o} \in \Omega^k(M)$$

et le produit intérieur $(\omega \lrcorner u) \in \Omega^{k-1}(M)$ (si $e_1,\dots,e_{k-1}$ sont des éléments de T_mM on a par définition :

$$(\omega\lrcorner u)_m\,(e_1,\dots,e_{k-1}) = \omega(u(m),e_1,\dots,e_{k-1})).$$

Si $f \in \Omega^o(M)$ on a $\mathcal{L}_u f = df \lrcorner u = u(f)$.

Si $\omega \in \Omega^k(M)$ on a $\mathcal{L}_u\omega = d(\omega\lrcorner u) + (d\omega\lrcorner u)$ donc $\mathcal{L}_u d\omega = d\,\mathcal{L}_u\omega$.

Si ϕ est une application $M \to M$ de classe C^∞ on a :

$$\phi^*(\mathcal{L}_u\omega) = \mathcal{L}_{\phi^*u}\phi^*\omega$$

$$\phi^*(\omega\lrcorner u) = (\phi^*\omega\lrcorner\phi^*u)\ .$$

Si u_1 et u_2 sont deux champs de vecteurs leur crochet est défini par $[u_1,u_2] = \frac{d}{dt}(\phi_{u_1}^t)^*u_2\Big|_{t=o}$.

Si u est un champ de vecteur sur M, et ω une forme différentielle de degré k sur M, on dira que ω est homogène de degré p pour u si $\mathcal{L}_u \omega = p\omega$.

Si h : $\mathbb{C}\times M \to M$ est une action multiplicative globale de $\mathbb{C}$ sur M et u le champ de vecteur associé à h, ω est homogène de degré p pour u si et seulement si elle est homogène de degré p pour h, i.e. si $h_\lambda : M \to M$ est l'application $m \to h(\lambda,m)$, si $e_1,\dots,e_k$ sont des éléments de $T_{m_0}M$ on a :

$$\omega(dh_\lambda\, e_1,\dots,dh_\lambda\, e_k) = \lambda^p\, \omega(e_1,\dots,e_k)$$

Enfin si M est une variété symplectique de 2-forme symplectique Ω, si $H : T^*M \to TM$ est l'isomorphisme défini par Ω (il est caractérisé par $\forall\alpha \in \Omega^1(M)$ $\alpha = -\Omega \lrcorner H\alpha$) pour tout champ de vecteur u tel que $\mathcal{L}_u \Omega = 0$, pour toute 1-forme de $\Omega^1(M)$ on a :

$$[H\alpha,u] = H(\mathcal{L}_u\alpha)$$

Proposition 2.9.5 : Soit M une variété analytique (réelle ou complexe). Il y a équivalence entre les données suivantes sur M :

1) Une 2-forme symplectique Ω et deux champs de vecteurs u_1 et u_2 tels que :

i) $\mathcal{L}_{u_1}\Omega = \mathcal{L}_{u_2}\Omega = \Omega$

ii) $[u_1,u_2] = 0$ *et u_1 et u_2 sont indépendants en tout point.*

2) Deux 1-formes ω_1 et ω_2 telles que :

i) $d\omega_1 = d\omega_2$, $\omega_1 \wedge \omega_2 \neq 0$ *(en tout point)* *ii)* $\Omega = d\omega_1$ *est non dégénérée (i.e. symplectique) et si* $H : T^*M \to TM$ *est l'isomorphisme associé à* Ω *on a* $[H\omega_1, H\omega_2] = 0$.

3) Une 1-forme ω *et une fonction analytique* F *telles que :*

i) $\Omega = d\omega$ *est non dégénérée*

ii) ω *et* dF *sont indépendantes en tout point et si* H *est l'isomorphisme défini par* Ω *on a* $H\omega(F) = -F$ *(i.e.* F *est homogène de degré 1 pour* $u = -H\omega$*).*

L'équivalence est donnée par les relations :

$$\Omega = d\omega_1 \ , \ \omega_1 = +\,\Omega \lrcorner u_1 \ , \ \omega_2 = +\,\Omega \lrcorner u_2 \ , \ \omega = \omega_1 \ , \ \omega_2 = \omega_1 - dF \ , \ F = \Omega(u_1,u_2).$$

On dira que M est une variété symplectique bihomogène.

Démonstration :

1) $\Leftrightarrow$ 2)

Ω, u_1, u_2 étant donnés, soit H l'isomorphisme $T^*M \to TM$ défini par $\Omega \lrcorner H\alpha = -\alpha$. ($\alpha \in \Omega^1(M)$).

Posons $\omega_1 = +\,\Omega \lrcorner u_1$ et $\omega_2 = +\,\Omega \lrcorner u_2$; $d\Omega = 0$ donc $\mathcal{L}_{u_1} \Omega = d(\Omega \lrcorner u_1) = d\omega_1$ donc $\mathcal{L}_{u_1} \Omega = \Omega \Leftrightarrow d\omega_1 = \Omega$ et de même $\mathcal{L}_{u_2} \Omega = \Omega \Leftrightarrow d\omega_2 = \Omega$.

Inversement si ω_1 et ω_2 sont donnés, $\Omega = d\omega_1 = d\omega_2$ définit un isomorphisme $H : T^*M \to TM$ et on pose $u_1 = -H\omega_1$, $u_2 = -H\omega_2$.

2) $\Leftrightarrow$ 3)

Si ω_1 et ω_2 sont donnés, si $\Omega = d\omega_1$ définit l'isomorphisme $H : T^*M \to TM$ on pose :

$$\omega = \omega_1 \quad \text{et} \quad F = \Omega(H\omega_1, H\omega_2)$$

On a $[H\omega_1, H\omega_2] = [H(\omega_1 - \omega_2), H\omega_1]$; or $\mathcal{L}_{H(\omega_1-\omega_2)}\Omega = d(\Omega \lrcorner H(\omega_1-\omega_2)) = -d(\omega_1-\omega_2) = 0$ donc $[H\omega_1, H\omega_2] = H(\mathcal{L}_{H\omega_1 - H\omega_2}\,\omega_1)$.

Si $[H\omega_1, H\omega_2] = 0$ on a donc $\mathcal{L}_{H\omega_1-H\omega_2}\,\omega_1 = 0$

$$\mathcal{L}_{H\omega_1-H\omega_2}\,\omega_1 = d(\omega_1 \lrcorner H\omega_1 - H\omega_2) + (d\omega_1 \lrcorner H\omega_1 - H\omega_2)$$

$$= - d(\omega_1 \lrcorner H\omega_2) + (\Omega \lrcorner H\omega_1) - (\Omega \lrcorner H\omega_2)$$

$$= + d(\Omega(H\omega_1, H\omega_2)) - \omega_1 + \omega_2$$

$$= + dF - \omega_1 + \omega_2$$

$$\text{donc} \quad \underline{dF = - \omega_2 + \omega_1}$$

ω et dF sont donc indépendantes et

$$H\omega(F) = \Omega(H\omega, H(dF)) = - \Omega(H\omega_1, H\omega_2 - H\omega_1)$$
$$= -\Omega(H\omega_1, H\omega_2) = -F$$

Inversement si ω et F sont donnés on pose $\omega_1 = \omega$ et $\omega_2 = \omega_1 - dF$. On a encore $\mathcal{L}_{H_F}\,\Omega = 0$ donc :

$$dF = \omega_1 - \omega_2 \Rightarrow [H\omega_1, H\omega_2] = 0$$

ce qui termine la démonstration de la proposition.

Proposition 2.9.6 : Soit M une variété symplectique bihomogène.

1) Au voisinage de tout point de M, il existe des coordonnées locales $(x_1,\dots,x_n,$ $\xi_1,\dots,\xi_n)$ de M dans lesquelles on a :

$$\Omega = \sum_{i=1}^{n} d\xi_i \wedge dx_i \qquad u_1 = \sum_{i=1}^{n} \xi_i \frac{\partial}{\partial \xi_i} \qquad u_2 = \sum_{i=1}^{n} x_i \frac{\partial}{\partial x_i}$$

$$\omega_1 = \sum_{i=1}^{n} \xi_i\, dx_i \qquad \omega_2 = -\sum_{i=1}^{n} x_i\, d\xi_i \qquad F = \sum_{i=1}^{n} x_i\, \xi_i$$

De plus les coordonnées $(x_1,\dots,x_n)$ d'une part et $(\xi_1,\dots,\xi_n)$ d'autre part ne s'annulent pas simultanément sur M.

2) Si Λ est une sous-variété lagrangienne bihomogène de M (i.e. $\omega_1\big|_\Lambda = \omega_2\big|_\Lambda = 0$) il existe des coordonnées du type précédent dans lesquelles $\Lambda = \{(x,\xi) \in M \ / \ \xi_1 = x_2 = \dots = x_n = 0\}$.

Démonstration : D'après la théorie classique des variétés symplectiques homogènes, étant données ω et F vérifiant les conditions 3) de la proposition 2.9.5, il existe des coordonnées locales (y,η) de M dans lesquelles $F = \eta_1$ et $\omega = \sum \eta_i\, dy_i$.

Si Λ est une variété lagrangienne bihomogène F est nulle sur Λ donc puisque F est homogène de degré 1 pour ω et que ω et dF sont indépendantes il existe des coordonnées locales (y,η) de M dans lesquelles $F = \eta_1$, $\omega = \sum \eta_i\, dy_i$ et $\Lambda = \{(y,\eta) \in M \ / \ \eta_1 = y_2 = \dots = y_n = 0\}$.

Pour obtenir les coordonnées de la proposition il suffit de faire la transformation canonique suivante :

$$x_1 = e^{y_1}\ ,\ x_2 = e^{y_1} y_2, \dots, x_n = e^{y_1} y_n\ ,$$

$$\xi_1 = e^{-y_1} (\eta_1 - \sum_{j=2}^{n} \eta_j y_j)$$

$$\xi_2 = e^{-y_1} \eta_2, \ldots, \xi_n = e^{-y_1} \eta_n .$$

2.9.3 Variétés bisymplectiques homogènes

Soit (M,Ω,Ω^r) une variété bisymplectique et u un champ de vecteur sur M tel que $\mathcal{L}_u \Omega = \Omega$, alors si Φ_u^t est le flot de u, $(\Phi_u^t)^*$ conserve $T_{rel}M$ et on peut donc définir la 2-forme relative $(\phi_u^t)^* \Omega^r$ et donc $\mathcal{L}_u \Omega^r = \frac{d}{dt} (\phi_u^t)^* \Omega^r \Big|_{t=o}$.

Définition 2.9.7 : Une variété bisymplectique homogène est la donnée d'une variété bisymplectique (M,Ω,Ω^r) et de deux champs de vecteurs u_1 et u_2 sur M qui vérifient :

i) L'image de u_1 dans $\tilde{T}M$ par la projection $TM \to \tilde{T}M$ (définie au §.2.9.1) est nulle.

ii) $\mathcal{L}_{u_2} \Omega = \Omega$

iii) $\mathcal{L}_{u_1} \Omega^r = \mathcal{L}_{u_2} \Omega^r = \Omega^r$

iv) $[u_1,u_2] = 0$ *et u_1 et u_2 sont indépendants en tout point de M.*

D'après la proposition 2.9.2, il existe des coordonnées locales $(x_1,\ldots,x_{n-p}, y_1,\ldots,y_p, \xi_1,\ldots,\xi_{n-p}, \eta_1,\ldots,\eta_p)$ de M pour lesquelles :

$$\Omega = \sum_{j=1}^{p} d\eta_j \wedge dy_j \quad \text{et} \quad \Omega^r = \sum_{i=1}^{n-p} d\xi_i \wedge dx_i$$

Soient $N = \{(x,\xi,y,\eta) \in M \ / \ y_1 = \ldots = y_p = \eta_1 = \ldots = \eta_p = 0\}$ et $P = \{(x,\xi,y,\eta) \in M \ / \ x = 0 \ \xi = 0\}$.

Ω et u_2 définissent sur P une structure de variété symplectique homogène ($M \times_P T^*P \approx T^*_{rel}M$) tandis que (Ω^r, u_1, u_2) définit sur N une structure de variété symplectique bihomogène.

Une variété bisymplectique homogène est donc localement le produit d'une variété symplectique bihomogène et d'une variété symplectique homogène. D'après la proposition 2.9.6 il existe donc des coordonnées (x,ξ,y,η) de M pour lesquelles :

$$\Omega = \sum_{j=1}^{p} d\eta_j \wedge dy_j \qquad \Omega^r = \sum_{i=1}^{n-p} d\xi_i \wedge dx_i$$

$$u_1 = \sum_{i=1}^{n-p} \xi_i \frac{\partial}{\partial \xi_i} \qquad u_2 = \sum_{i=1}^{n-p} x_i \frac{\partial}{\partial x_i} + \sum_{j=1}^{p} \eta_j \frac{\partial}{\partial \eta_j}$$

De telles coordonnées seront dites "bisymplectiques homogènes" ou "bicanoniques homogènes".

On peut définir une 1-forme ω par $\omega = \Omega \lrcorner u_2$ et une 1-forme relative ω^r par $\omega^r = \Omega^r \lrcorner u_1$.

(Par contre le produit intérieur de Ω^r et de u_2 ne peut pas être défini car u_2 n'est pas une section de $T_{rel}M$).

Une sous-variété Λ de M sera dite lagrangienne bihomogène si :

1) Λ est homogène pour u_1 et u_2.

2) $\Omega\big|_\Lambda = 0$, $\Omega_{rel}\big|_\Lambda = 0$.

3) $\dim \Lambda = \frac{1}{2} \dim M$.

D'après ce qui précède et la proposition 2.9.6, pour toute sous-variété lagrangienne bihomogène Λ de M, il existe des coordonnées bisymplectiques homogènes de M pour lesquelles :

$$\Lambda = \{(x,\xi,y,\eta) \in M \ / \ \xi_1 = x_2 = \ldots = x_{n-p} = 0, \ \eta_1 = y_2 = \ldots = y_p = 0\} .$$

Une application analytique Φ de M dans M' sera dite "bisymplectique homogène" ou "bicanonique homogène" si elle est bicanonique au sens de la définition 2.9.3 et si elle est homogène respectivement pour les deux homogénéités de M et de M'.

2.9.4 Structure de variété bisymplectique homogène de $T^*_\Lambda\tilde{\Lambda}$

Rappelons tout d'abord la définition de $\tilde{\Lambda}$:

X est une variété analytique complexe, Λ une sous-variété involutive de T^*X.

Si on identifie X à la diagonale $X \times_X X$ de $X\times X$ on obtient une injection canonique $T^*X \approx T^*_X X\times X \hookrightarrow T^*X\times X$ qui définit une injection $\Lambda \hookrightarrow \Lambda\times\Lambda$.

$\Lambda\times\Lambda$ est une sous-variété involutive homogène de $T^*X\times X$ donc est munie d'un feuilletage canonique. Par définition $\tilde{\Lambda}$ est la réunion des feuilles de $\Lambda\times\Lambda$ qui passent par Λ. Au voisinage de Λ, c'est une sous-variété lagrangienne homogène de $T^*X\times X$.

Supposons tout d'abord qu'il existe une variété symplectique S et une projection $p : \Lambda \to S$ telle que les fibres de p soient les feuilles du feuilletage canonique de Λ (localement on peut toujours définir S).

Dans ce cas il est clair que $\tilde{\Lambda} = \Lambda\times_S\Lambda$ et donc $T^*_\Lambda\tilde{\Lambda}$ n'est autre que le fibré cotangent relatif $T^*(\Lambda/S)$.

D'après l'exemple du §.2.9.1, $T^*(\Lambda/S)$ est muni d'une structure de variété bisymplectique. Nous allons montrer que en fait $T^*_\Lambda\tilde{\Lambda}$ est muni globalement d'une structure de variété bisymplectique homogène, indépendamment de l'existence de S.

Du triangle commutatif $\begin{array}{ccc} \tilde{\Lambda} & \hookrightarrow & \Lambda\times\Lambda \\ \nwarrow & & \nearrow \\ & \Lambda & \end{array}$ on déduit le diagramme commutatif de suites exactes suivant :

$$\begin{array}{ccccccccc}
 & & & & 0 & & & & \\
 & & & & \downarrow & & & & \\
 & & & & (T^*_{\tilde{\Lambda}}\Lambda\times\Lambda)\times_{\tilde{\Lambda}}\Lambda & & 0 & & \\
 & & & & \downarrow & & \downarrow & & \\
0 & \longrightarrow & T^*\Lambda & \longrightarrow & (T^*\Lambda\times\Lambda)\times_{\Lambda\times\Lambda}\Lambda & \longrightarrow & T^*\Lambda & \longrightarrow & 0 \\
 & & & & \downarrow & \circlearrowleft & \downarrow & & \\
0 & \longrightarrow & T^*_\Lambda\tilde{\Lambda} & \longrightarrow & (T^*\tilde{\Lambda})\times_{\tilde{\Lambda}}\Lambda & \longrightarrow & T^*\Lambda & \longrightarrow & 0 \\
 & & & & \downarrow & & \downarrow & & \\
 & & & & 0 & & 0 & &
\end{array}$$

On a donc une suite exacte :

$$(2.9.1) \qquad \boxed{0 \longrightarrow (T^*_{\tilde{\Lambda}}\Lambda\times\Lambda)\times_{\tilde{\Lambda}}\Lambda \longrightarrow T^*\Lambda \longrightarrow T^*_\Lambda\tilde{\Lambda} \longrightarrow 0}$$

(Si $\tilde{\Lambda} = \Lambda\times_S\Lambda$ cette suite n'est autre que la suite exacte

$$0 \longrightarrow \Lambda\times_S T^*S \longrightarrow T^*\Lambda \longrightarrow T^*(\Lambda/S) \longrightarrow 0\ )$$

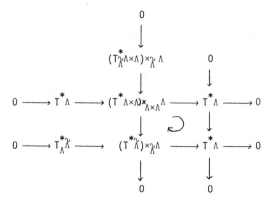

De $T^*_\Lambda\tilde{X} \longrightarrow \Lambda$ on déduit une injection $(T^*\Lambda)\times_\Lambda(T^*_\Lambda\tilde{X}) \longrightarrow T^*(T^*_\Lambda\tilde{X})$ et donc une injection :

$$(T^*_{\tilde{X}}\Lambda\times\Lambda)\times_\Lambda T^*_\Lambda\tilde{X} \hookrightarrow (T^*\Lambda)\times_\Lambda T^*_\Lambda\tilde{X} \hookrightarrow T^*(T^*_\Lambda\tilde{X})$$

De même on définit une application surjective duale :

$$T(T^*_\Lambda\tilde{X}) \longrightarrow (T_{\tilde{X}}\Lambda\times\Lambda)\times_{\tilde{X}}(T^*_\Lambda\tilde{X})$$

$T^*_\Lambda\tilde{X}$ est muni d'une <u>1-forme canonique</u> ω_Λ, à savoir $\omega_\Lambda = p^*(\omega_X)$ où $p : T^*_\Lambda\tilde{X} \longrightarrow T^*X$ est la composée de la projection $\pi : T^*_\Lambda\tilde{X} \longrightarrow \Lambda$ et de l'injection $j : \Lambda \hookrightarrow T^*X$.

La 2-forme $\Omega_\Lambda = d\omega_\Lambda(=p^*(\Omega_X))$ définit un produit scalaire sur $T(T^*_\Lambda\tilde{X})$ dont le noyau est noté $T_{rel}(T^*_\Lambda\tilde{X})$ (suivant le §.2.9.1).

<u>Lemme 2.9.8</u> : <u>On a une suite exacte</u> :

$$0 \longrightarrow T_{rel}(T^*_\Lambda\tilde{X}) \longrightarrow T(T^*_\Lambda\tilde{X}) \longrightarrow (T_{\tilde{X}}\Lambda\times\Lambda)\times_{\tilde{X}}(T^*_\Lambda\tilde{X}) \longrightarrow 0$$

<u>Démonstration</u> : Soit x un point de Λ et Σ la feuille bicaractéristique de Λ qui passe par x.

L'orthogonal de $T_x\Lambda$ pour le produit scalaire défini sur $T_x(T^*X)$ par Ω_X est égal à $T_x\Sigma$. Or $T_x\Sigma$ est isomorphe à $(T_\Lambda\tilde{X})_x$ donc le produit scalaire de $T(T^*X)$ induit sur $T\Lambda$ une forme bilinéaire alternée dont le noyau est $T_\Lambda\tilde{X}$, cette forme est $j^*(\Omega_X)$.

On a la suite exacte (duale de la suite 2.9.1) :

$$0 \longrightarrow T_\Lambda\tilde{X} — T\Lambda \longrightarrow (T_{\tilde{X}}\Lambda\times\Lambda)\times_{\tilde{X}}\Lambda \longrightarrow 0$$

donc la forme bilinéaire de $T\Lambda$, $j^*(\Omega_X)$, induit sur $(T_{\tilde X}\Lambda\times\Lambda)\times_{\tilde X}\Lambda$ une forme bilinéaire alternée non <u>dégénérée</u>.

La forme bilinéaire de $T(T^*_\Lambda\tilde X)$ est $\Omega_\Lambda = \pi^*(j^*\Omega_X)$ donc la flèche $T(T^*_\Lambda\tilde X) \longrightarrow (T_{\tilde X}\Lambda\times\Lambda)\times_{\tilde X}(T^*_\Lambda\tilde X)$ est une isométrie, c'est-à-dire que Ω_Λ induit sur $(T_{\tilde X}\Lambda\times\Lambda)\times_{\tilde X}T^*_\Lambda\tilde X$ une forme bilinéaire non dégénérée, le noyau $T_{rel}(T^*_\Lambda\tilde X)$ de Ω_Λ est donc aussi le noyau de l'application $T(T^*_\Lambda\tilde X) \longrightarrow (T_{\tilde X}\Lambda\times\Lambda)\times_{\tilde X}T^*_\Lambda\tilde X$. q.e.d.

D'après le lemme 2.9.8 on voit donc que Ω_Λ est de rang constant et que suivant les notations du §.2.9.1 on a :

$$\tilde T(T^*_\Lambda\tilde X) \approx (T_{\tilde X}\Lambda\times\Lambda)\times_{\tilde X}(T^*_\Lambda\tilde X)$$

$$\tilde T^*(T^*_\Lambda\tilde X) \approx (T^*_{\tilde X}\Lambda\times\Lambda)\times_{\tilde X}(T^*_\Lambda\tilde X)$$

et les deux suites exactes duales :

$$0 \longrightarrow T_{rel}(T^*_\Lambda\tilde X) \longrightarrow T(T^*_\Lambda\tilde X) \longrightarrow (T_{\tilde X}\Lambda\times\Lambda)\times_{\tilde X}(T^*_\Lambda\tilde X) \longrightarrow 0$$

$$0 \longrightarrow (T^*_{\tilde X}\Lambda\times\Lambda)\times_{\tilde X}(T^*_\Lambda\tilde X) \longrightarrow T^*(T^*_\Lambda\tilde X) \longrightarrow T^*_{rel}(T^*_\Lambda\tilde X) \longrightarrow 0$$

On a le diagramme :

$$\begin{array}{ccccccccc}
 & & 0 & & 0 & & & & \\
 & & \downarrow & & \downarrow & & & & \\
0 & \longrightarrow & (T^*_{\tilde X}\Lambda\times\Lambda)\times_{\tilde X}(T^*_\Lambda\tilde X) & \longrightarrow & (T^*\Lambda)\times_\Lambda(T^*_\Lambda\tilde X) & \longrightarrow & (T^*_\Lambda\tilde X)\times_\Lambda(T^*_\Lambda\tilde X) & \longrightarrow & 0 \\
 & & \wr\downarrow & \circlearrowleft & \downarrow & & & & \\
0 & \longrightarrow & (T^*_{\tilde X}\Lambda\times\Lambda)\times_{\tilde X}(T^*_\Lambda\tilde X) & \longrightarrow & T^*(T^*_\Lambda\tilde X) & \longrightarrow & T^*_{rel}(T^*_\Lambda\tilde X) & \longrightarrow & 0 \\
 & & \downarrow & & \downarrow & & & & \\
 & & 0 & & T^*(T^*_\Lambda\tilde X/\Lambda) & & & & \\
 & & & & \downarrow & & & & \\
 & & & & 0 & & & &
\end{array}$$

qui définit une suite exacte :

$$0 \longrightarrow (T^*_\Lambda\tilde{\Lambda})\times_\Lambda(T^*_\Lambda\tilde{\Lambda}) \longrightarrow T^*_{rel}(T^*_\Lambda\tilde{\Lambda}) \longrightarrow T^*(T^*_\Lambda\tilde{\Lambda}/\Lambda) \longrightarrow 0$$

En composant cette injection avec l'injection diagonale $T^*_\Lambda\tilde{\Lambda} \hookrightarrow (T^*_\Lambda\tilde{\Lambda})\times_\Lambda(T^*_\Lambda\tilde{\Lambda})$ on obtient une section

$$\boxed{\omega^r_\Lambda : T^*_\Lambda\tilde{\Lambda} \longrightarrow T^*_{rel}(T^*_\Lambda\tilde{\Lambda})}$$

Par définition ω^r_Λ est la <u>1-forme canonique relative de $T^*_\Lambda\tilde{\Lambda}$</u> et <u>$\Omega^r_\Lambda = d\omega^r_\Lambda$</u> est la 2-forme canonique relative.

Localement $\tilde{\Lambda} = \Lambda\times_S\Lambda$, ω^r_Λ est la 1-forme relative définie dans l'exemple du §.2.9.1 et donc Ω^r_Λ définit un produit scalaire non dégénéré sur $T_{rel}(T^*_\Lambda\tilde{\Lambda})$. $(T^*_\Lambda\tilde{\Lambda}, \Omega_\Lambda, \Omega^r_\Lambda)$ est donc une <u>variété bisymplectique</u>.

Rappelons que $T^*(T^*X)$ est muni de deux actions de $\mathbb{C}$:

→ La première, que nous nommerons h_1 est l'action usuelle de $\mathbb{C}$ sur les fibres de l'espace cotangent à une variété Y, avec ici $Y = T^*X$.

Si X est muni de coordonnées locales $(x_1,\ldots,x_n)$, T^*X des coordonnées (x,ξ) et $T^*(T^*X)$ des coordonnées (x,ξ,x^*,ξ^*), h_1 est donnée par :

$$\text{si } \lambda \in \mathbb{C} \qquad \begin{aligned} h_1(\lambda) : T^*(T^*X) &\longrightarrow T^*(T^*X) \\ (x,\xi,x^*,\xi^*) &\longrightarrow (x,\xi,\lambda x^*,\lambda\xi^*) \end{aligned}$$

→ La deuxième, que nous nommerons h_2, provient de l'action de $\mathbb{C}$ sur T^*X, elle est donnée en coordonnées par :

$$h_2(\lambda) : T^*(T^*X) \longrightarrow T^*(T^*X)$$

$$(x,\xi;x^*,\xi^*) \longrightarrow (x,\lambda\xi,\lambda x^*,\xi^*)$$

Ces deux actions définissent deux actions sur $T^*_\Lambda\tilde{\Lambda}$:

$\longrightarrow h_1$ qui est l'action de $\mathbb{C}$ sur les fibres de $T^*_\Lambda\tilde{\Lambda}$ au dessus de Λ

$\longrightarrow h_2$ qui provient de l'action de $\mathbb{C}$ sur les fibres de Λ au dessus de X.

$T^*_\Lambda\tilde{\Lambda}$ muni de Ω_Λ, Ω^r_Λ, h_1 et h_2 est une <u>variété bisymplectique homogène</u>.

<u>Exemple 1</u> : Si Λ est lagrangienne on a $\tilde{\Lambda} = \Lambda\times\Lambda$, $T^*_\Lambda\tilde{\Lambda} \approx T^*\Lambda$, ω^r_Λ est la 1-forme canonique de $T^*\Lambda$ considéré comme le cotangent à la variété analytique Λ, $T^*_{rel}(T^*\Lambda) = T^*(T^*\Lambda)$ et $\Omega_\Lambda = 0$.

$T^*\Lambda$ est donc une variété symplectique <u>bihomogène</u> au sens du §.2.9.2.

<u>Exemple 2</u> : Supposons que X est muni de coordonnées locales (x,y,z) et que $\Lambda = \{(x,y,z,\xi,\eta,\zeta) \in T^*X \ / \ \xi = 0,\ z = 0\}$.

Alors on peut prendre pour S la variété munie de coordonnées locales (y,η) et $p : \Lambda \to S$ est définie par $p(x,y,\eta,\zeta) = (y,\eta)$.

S est isomorphe ou conormal T^*Y à la variété Y de coordonnées $\{y\}$. $T^*_\Lambda\tilde{\Lambda} \approx T^*(\Lambda/S)$ est muni de coordonnées $(x,y,\eta,\zeta,x^*,\zeta^*)$ et on a :

$$\omega^r_\Lambda = \sum x^*_i \, dx_i + \sum \zeta^*_j \, d\zeta_j \qquad \text{et } \omega_\Lambda = \sum \eta_k \, dy_k$$

$$\Omega^r_\Lambda = \sum dx^*_i \wedge dx_i + \sum d\zeta^*_j \wedge d\zeta_j \quad \text{et } \Omega_\Lambda = \sum d\eta_k \wedge dy_k \ .$$

$$h_1(\lambda)\ (x,y,\eta,\zeta,x^*,\zeta^*) = (x,y,\eta,\zeta,\lambda x^*,\lambda\zeta^*)$$

$$h_2(\lambda)\ (x,y,\eta,\zeta,x^*,\zeta^*) = (x,y,\lambda\eta,\lambda\zeta,\lambda x^*,\zeta^*)$$

$h_1(\lambda)$ est associée au champ de vecteur $u_1 = \sum x_i^* \frac{\partial}{\partial x_i^*} + \sum \zeta_j^* \frac{\partial}{\partial \zeta_j^*}$ et h_2 est associée à $u_2 = \sum x_i^* \frac{\partial}{\partial x_i^*} + \sum \eta_k \frac{\partial}{\partial \eta_k}$.

$$\{f,g\}^r = \sum \frac{\partial f}{\partial x_i^*}\frac{\partial g}{\partial x_i} - \frac{\partial f}{\partial x_i}\frac{\partial g}{\partial x_i^*} + \sum \frac{\partial f}{\partial \zeta_j^*}\frac{\partial g}{\partial \zeta_j} - \frac{\partial f}{\partial \zeta_j}\frac{\partial g}{\partial \zeta_j^*}$$

pour f et g fonctions de $(x,y,\eta,\zeta,x^*,\zeta^*)$

$$\{f,g\} = \sum \frac{\partial f}{\partial \eta_k}\frac{\partial g}{\partial y_k} - \frac{\partial f}{\partial y_k}\frac{\partial g}{\partial \eta_k}$$

pour f et g fonctions de (y,η).

2.9.5 Structure bisymplectique homogène de $T_\Lambda^*\tilde{\Lambda}$ et structure d'anneau du faisceau $\mathcal{E}_\Lambda^2$

Proposition 2.9.8 : Soit X une variété analytique complexe et Λ *une sous-variété involutive de* T^*X.

Soient P et Q deux opérateurs de $\mathcal{E}_\Lambda^2$ *de symboles principaux* $\sigma_\Lambda(P)$ *et* $\sigma_\Lambda(Q)$ *et* $[P,Q] = PQ - QP$.

1) Si $\{\sigma_\Lambda(P), \sigma_\Lambda(Q)\}^r$ *n'est pas identiquement nul on a :*

$$\sigma_\Lambda([P,Q]) = \{\sigma_\Lambda(P), \sigma_\Lambda(Q)\}^r$$

2) Si il existe deux fonctions f et g sur Λ *telles que* $\sigma_\Lambda(P) = f\circ\pi$ *et* $\sigma_\Lambda(Q) = g\circ\pi$

(π: $T^*_\Lambda\tilde{\Lambda} \to \Lambda$), i.e. si $\sigma_\Lambda(P)$ et $\sigma_\Lambda(Q)$ sont constantes sur les feuilles de $T^*_\Lambda\tilde{\Lambda}$ définies par Ω_Λ, et si $\{\sigma_\Lambda(P),\sigma_\Lambda(Q)\}$ n'est pas identiquement nul, on a :

$$\{\sigma_\Lambda(P),\sigma_\Lambda(Q)\}^r \equiv 0 \quad \text{et} \quad \sigma_\Lambda([P,Q]) = \{\sigma_\Lambda(P),\sigma_\Lambda(Q)\} .$$

La proposition est encore vraie si on remplace $\mathscr{C}^2_\Lambda$ par $\mathscr{C}^2_\Lambda(r,s)$ et σ_Λ par $\sigma^{(r,s)}_\Lambda$.

Démonstration : Soit $\hat{\Lambda} = \Lambda \times T^*\mathbb{C}$, $p : T^*_{\hat{\Lambda}}\tilde{\hat{\Lambda}} \approx T^*_\Lambda\tilde{\Lambda} \times T^*\mathbb{C} \to T^*_\Lambda\tilde{\Lambda}$. Si P et Q sont deux opérateurs de $p^{-1}\mathscr{C}^2_\Lambda$ considéré comme sous-faisceau de $\mathscr{C}^2_{\hat{\Lambda}}$ on a :

$$\sigma_{\hat{\Lambda}}([P,Q]) = \sigma_\Lambda([P,Q])\circ p \qquad (\text{par définition de } \sigma_\Lambda)$$

$$\{\sigma_{\hat{\Lambda}}(P), \sigma_{\hat{\Lambda}}(Q)\}^r = \{\sigma_\Lambda(P)\circ p , \sigma_\Lambda(Q) \circ p\}^r = \{\sigma_\Lambda(P), \sigma_\Lambda(Q)\}^r\circ p$$

donc il suffit de montrer le théorème pour $\hat{\Lambda}$, i.e. on peut supposer que Λ est régulière.

Par ailleurs le théorème est invariant par transformation canonique (une transformation canonique de T^*X induit sur $T^*_\Lambda\tilde{\Lambda}$ une transformation bisymplectique homogène qui conserve donc $\{,\}^r$ et $\{,\}$) donc on peut supposer que Λ est de la forme $\Lambda = \{(x,y,\xi,\eta) \in T^*X \ / \ \xi = 0\}$ et dans ce cas il suffit d'appliquer la formule du théorème 2.3.3.

Corollaire 2.9.9 : Soient X et X' deux variétés analytiques complexes, Λ (resp. Λ') une sous-variété involutive de T^*X (resp. de T^*X').

Soit Φ un isomorphisme analytique d'un ouvert Ω de $T^*_\Lambda\tilde{\Lambda}$ dans un ouvert Ω' de $T^*_{\Lambda'}\tilde{\Lambda}'$ et $\tilde{\Phi} : \mathscr{C}^2_\Lambda \to \Phi^{-1}\mathscr{C}^2_{\Lambda'}$, un isomorphisme de faisceaux d'anneaux qui conserve les symboles principaux, c'est-à-dire :

si $P \in \mathcal{E}^2_\Lambda[i_o,j_o]$ *alors* $\tilde{\Phi}(P) \in \mathcal{E}^2_{\Lambda'}[i_o,j_o]$ *et*

$$\sigma_{\Lambda'}(\tilde{\Phi}(P)) = \sigma_\Lambda(P) \circ \Phi^{-1}$$

Alors Φ *est une transformation bicanonique homogène.*

Démonstration : $\tilde{\Phi}(\mathcal{E}^2_\Lambda[i_o,j_o]) \subset \mathcal{E}^2_{\Lambda'}[i_o,j_o]$ et $\sigma_{\Lambda'}(\tilde{\Phi}(P)) = \sigma_\Lambda(P) \circ \Phi^{-1}$ donc Φ conserve les fonctions homogènes et donc Φ est homogène respectivement pour les deux actions h_1 et h_2 de $\mathbb{C}$ sur $T^*_\Lambda\tilde{X}$ et $T^*_{\Lambda'}\tilde{X}'$.

Si P et Q dont deux opérateurs de $\mathcal{E}^2_\Lambda$ on aura :

$$\sigma_\Lambda([P,Q]) \circ \Phi^{-1} = \sigma_{\Lambda'}(\tilde{\Phi}([P,Q])) = \sigma_{\Lambda'}([\tilde{\Phi}(P),\tilde{\Phi}(Q)])$$

D'après la proposition 2.9.8, Φ vérifie les hypothèses i) et ii) du théorème 2.9.4 donc Φ est bicanonique.

Nous avons montré que les applications au dessus desquelles existent des isomorphismes d'anneaux de $\mathcal{E}^2_\Lambda$ qui conservent le symbole principal dont des transformations bicanoniques homogènes, le but du paragraphe suivant est de montrer la réciproque.

2.9. 6 Transformations bicanoniques quantifiées

Lemme 2.9.10 : Soit X une variété analytique complexe munie de coordonnées locales (x,y,z) *et* $\Lambda = \{(x,y,z,\xi,\eta,\zeta) \in T^*X \ / \ \xi = 0, \ z = 0\}$.

Soient $(P_1,\dots,P_n)$ *des opérateurs de* $\mathcal{E}^2_\Lambda$ *(resp. de* $\mathcal{E}^2_\Lambda(r,s)$*) tels que :*

1) $P_1,\dots,P_n$ *commutent deux à deux.*

2) *Les différentielles des fonctions* $\sigma_\Lambda(P_1),\ldots,\sigma_\Lambda(P_n)$ *(resp.* $\sigma_\Lambda^{(r,s)}(P_1),\ldots,\sigma_\Lambda^{(r,s)}(P_n)$*) sont indépendantes en tout point.*

Soit $\mathfrak{I}$ *l'idéal de* $\mathcal{E}_\Lambda^2$ *(resp. de* $\mathcal{E}_\Lambda^2(r,s)$*) engendré par* $(P_1,\ldots,P_n)$ *et* $\tilde{\mathfrak{I}}$ *l'idéal de* $\mathcal{O}_{T_\Lambda^*\Lambda}$ *engendré par les symboles principaux des éléments de* $\mathfrak{I}$ *.*

Alors $\tilde{\mathfrak{I}}$ *est engendré par* $\sigma(P_1),\ldots,\sigma(P_n)$ *(resp. par* $\sigma_\Lambda^{(r,s)}(P_1),\ldots,\sigma_\Lambda^{(r,s)}(P_n)$*).*

Démonstration : Si A est un anneau, notons $As_n(A)$ l'anneau des matrices antisymétriques d'ordre n à coefficients dans A (i.e. des matrices M telles que ${}^tM+M=0$), $As_n(A)$ est un A-module libre de dimension $\frac{n(n-1)}{2}$.

Soit T l'application de $As_n(\mathcal{E}_\Lambda^2) \approx (\mathcal{E}_\Lambda^2)^{\frac{n(n-1)}{2}}$ dans $(\mathcal{E}_\Lambda^2)^n$ définie par $T(M) = MP$ où P est le vecteur colonne $\begin{pmatrix} P_1 \\ \vdots \\ P_n \end{pmatrix}$.

Soit $\mathcal{J}$ le sous-module de $(\mathcal{E}_\Lambda^2)^n$ des opérateurs $(A_1,\ldots,A_n)$ tels que $\sum_{\nu=1}^n A_\nu P_\nu = 0$.

Les opérateurs $(P_1,\ldots,P_n)$ commutent deux à deux donc l'image de T est contenue dans $\mathcal{J}$. Munissons $\mathcal{J}$ de la filtration définie par :

$$\mathcal{J}_{k\ell} = \mathcal{J} \cap \prod_{\nu=1}^n \mathcal{E}_\Lambda^2[k-i_\nu,\ell-j_\nu] \text{ où } (i_\nu,j_\nu) \text{ est l'ordre de } P_\nu .$$

Si on muni $As_n(\mathcal{E}_\Lambda^2)$ de la filtration convenable, gr T : $As_n(\mathrm{gr}\,\mathcal{E}_\Lambda^2) \to (\mathrm{gr}\,\mathcal{E}_\Lambda^2)^n$ est la multiplication par le vecteur colonne $\begin{pmatrix} \sigma(P_1) \\ \vdots \\ \sigma(P_n) \end{pmatrix}$.

Comme les fonctions $\sigma(P_1),\ldots,\sigma(P_n)$ ont des différentielles indépendantes, l'application gr T : $As_n(\mathrm{gr}\, \mathcal{E}^2_\Lambda) \to \mathrm{gr}\, \mathcal{J}$ est surjective (gr $\mathcal{J}$ est le sous-module de $(\mathrm{gr}\, \mathcal{E}^2_\Lambda)^n$ des fonctions $(a_1,\ldots,a_n)$ telles que $\sum a_\nu\, \sigma(P_\nu) = 0$) donc d'après le théorème 2.5.1 :

$$T : As_n(\mathcal{E}^2_\Lambda) \to \mathcal{J} \text{ est surjective .}$$

C'est-à-dire que si $A_1,\ldots,A_n$ sont des opérateurs de $\mathcal{E}^2_\Lambda$ tels que $\sum_{\nu=1}^{n} A_\nu P_\nu = 0$,

il existe des opérateurs $(B_{\nu\mu})_{\substack{1\leqslant\nu\leqslant n \\ 1\leqslant\mu\leqslant n}}$ avec $B_{\nu\mu} + B_{\mu\nu} = 0$ et $A_\nu = \sum B_{\nu\mu} P_\mu$.

En fait si on reprend la démonstration du théorème 2.5.1 on voit que si $A_1,\ldots,A_n$ sont des opérateurs tels que :

$\to A_\nu$ est d'ordre $(i_o-i_\nu,\ j_o-j_\nu)$

$\to \sum_{\nu=1}^{n} A_\nu P_\nu$ est d'ordre (i_1,j_1) avec $j_1 < j_o$ ou $j_1 = j_o$ et $i_1 > i_o$

on peut commencer la construction des $B_{\nu\mu}$, c'est-à-dire que l'on peut construire des symboles $B_{\nu\mu}$ tels que :

$\to B_{\nu\mu} + B_{\mu\nu} = 0$

$\to B_{\nu\mu}$ est d'ordre $(i_o-i_\nu-i_\mu,\ j_o-j_\nu-j_\mu)$

$\to A_\nu - \sum_{\nu=1}^{n} B_{\nu\mu} P_\mu$ est d'ordre $(i_1-i_\nu,\ j_1-j_\nu)$

Donc si R est un opérateur de $\mathcal{J}$,i.e. $R = \sum A_\nu P_\nu$, on peut trouver des opérateurs

$(A'_1,\ldots,A'_n)$ tels que $R = \sum A'_\nu P_\nu$ et ordre R = ordre $A'_\nu P_\nu$ pour tout ν donc :

$$\sigma_\Lambda(R) = \sum_{\nu=1}^{n} \sigma_\Lambda(A'_\nu)\, \sigma_\Lambda(P_\nu)$$

ce qui montre le lemme pour $\mathcal{E}^2_\Lambda$.

Pour ce qui est de $\mathcal{E}^2_\Lambda(r,s)$ avec $s<r$, on se ramène suivant la méthode de la démonstration du théorème 2.6.7 à $\mathcal{E}^2_\Lambda(r,s)[0]$ pour lequel la démonstration est la même que celle de $\mathcal{E}^2_\Lambda$.

Théorème 2.9.11 : Soient X et X' deux variétés analytiques complexes, Λ (resp. Λ') une sous-variété involutive de T^*X (resp. de T^*X').

Soit Φ une transformation bicanonique homogène d'un ouvert Ω de $T^*_\Lambda\tilde{\Lambda}$ dans un ouvert Ω' de $T^*_{\Lambda'}\tilde{\Lambda}'$ et Σ le graphe de Φ dans $T^*_\Lambda\tilde{\Lambda} \times T^*_{\Lambda'}\tilde{\Lambda}'$.

Soit $\Sigma^a = \{(\alpha,\beta) \in T^*_\Lambda\tilde{\Lambda} \times T^*_{\Lambda'}\tilde{\Lambda}' \,/\, (\alpha,a(\beta)) \in \Sigma\}$ où a est l'application $T^*_{\Lambda'}\tilde{\Lambda}' \to T^*_{\Lambda'}\tilde{\Lambda}'$ déduite de l'application antipodale $\Lambda' \to \Lambda'$, elle-même induite par l'application antipodale $T^*X' \to T^*X'$ (a n'est autre que l'homothétie $h_2(-1)$ (§.2.9.4)).

1) Σ^a est une sous-variété lagrangienne bihomogène de $T^*_{\Lambda\times\Lambda'}\widetilde{\Lambda\times\Lambda'}$ et il existe un idéal $\mathcal{J}$ de $\mathcal{E}^2_{\Lambda\times\Lambda'}(\infty,1)$ tel que l'idéal $\bar{\mathcal{J}}$ de $\mathcal{O}_{T^*_{\Lambda\times\Lambda'}\widetilde{\Lambda\times\Lambda'}}$ engendré par les symboles principaux $\sigma^{(\infty,1)}_{\Lambda\times\Lambda'}$ des éléments de $\mathcal{J}$ est l'idéal de définition de Σ^a.

2) Pour tout opérateur P de $\mathcal{E}^2_\Lambda$ (resp. $\mathcal{E}^{2\infty}_\Lambda$, $\mathcal{E}^{2\,(r',s')}_\Lambda(r,s)$, $\mathcal{E}^{2\infty}_\Lambda(r,s)$) il existe un et seul opérateur Q de $\mathcal{E}^2_{\Lambda'}$, (resp. $\mathcal{E}^{2\infty}_{\Lambda'}$, $\mathcal{E}^{2\,(r',s')}_{\Lambda'}(r,s)$, $\mathcal{E}^{2\infty}_{\Lambda'}(r,s)$) dont l'adjoint formel Q^* vérifie $P-Q^* \in \mathcal{E}^2_{\Lambda\times\Lambda'}\mathcal{J}$ (resp. $\mathcal{E}^{2\infty}_{\Lambda\times\Lambda'}\mathcal{J}$, $\mathcal{E}^{2\,(r',s')}_{\Lambda\times\Lambda'}(r,s)\,\mathcal{J}$, $\mathcal{E}^{2\infty}_{\Lambda\times\Lambda'}(r,s)\,\mathcal{J}$).

Si on pose $\mathfrak{F}(P) = Q$, $\mathfrak{F}$ définit des isomorphismes d'anneaux :

$$\tilde{\Phi} : \mathcal{E}^{2}_{\Lambda}\Big|_{\Omega} \longrightarrow \Phi^{-1}\,(\,\mathcal{E}^{2}_{\Lambda'}\Big|_{\Omega'})$$

$$\tilde{\Phi} : \mathcal{E}^{2\infty}_{\Lambda}\Big|_{\Omega} \longrightarrow \Phi^{-1}\,(\,\mathcal{E}^{2\infty}_{\Lambda'}\Big|_{\Omega'})$$

et aussi

$$\begin{cases} \tilde{\Phi} : \mathcal{E}^{2\,(r',s')}_{\Lambda\quad (r,s)}\Big|_{\Omega} \longrightarrow \Phi^{-1}\,(\,\mathcal{E}^{2\,(r',s')}_{\Lambda'\,(r,s)}\Big|_{\Omega'}) \\ \tilde{\Phi} : \mathcal{E}^{2\infty}_{\Lambda}(r,s)\Big|_{\Omega} \longrightarrow \Phi^{-1}\,(\,\mathcal{E}^{2\infty}_{\Lambda'}\,(r,s)\Big|_{\Omega'}) \end{cases}$$

pour tous rationnels r,r',s,s' *tels que* $1\leqslant s'\leqslant s\leqslant r\leqslant r'\leqslant+\infty$.

Si $P \in \mathcal{E}^{2}_{\Lambda}$ *on* $\sigma_{\Lambda'}(\tilde{\Phi}(P)) = \sigma_{\Lambda}(P)\circ\Phi^{-1}$ *et si* $P \in \mathcal{E}^{2\,(r',s')}_{\Lambda\quad (r,s)}$ *on a* $\sigma_{\Lambda'}^{(r',s')}(\tilde{\Phi}(P)) = \sigma_{\Lambda'}^{(r',s')}(P)\circ\Phi^{-1}$.

De plus si $P \in \mathcal{E}^{2\,(r',s')}_{\Lambda\quad (r,s)}[i_o,j_o]$, $\tilde{\Phi}(P) \in \mathcal{E}^{2\,(r',s')}_{\Lambda'\,(r,s)}[i_o,j_o]$ *et si* $1<r'<+\infty$ (*resp.* $1<s'<+\infty$) *on a* :

$(\tilde{\Phi}(P))_{ij} = P_{ij}\circ\Phi^{-1}$ *pour tous les couples* $(i,j) \in \mathbb{Z}^2$ *tels que* $\frac{1}{r'}\,i + j - i = \frac{1}{r'}\,i_o + j_o - i_o$ (*resp.* $\frac{1}{s'}\,i + j - i = \frac{1}{s'}\,i_o + j_o - i_o$).

<u>Démonstration</u> : Σ^a est une sous-variété bihomogène de $T^*_{\Lambda\times\Lambda'}\widetilde{\Lambda\times\Lambda'}$. La 2-forme canonique $\Omega_{\Lambda\times\Lambda'}$ de $\Lambda\times\Lambda'$ est la somme de la 2-forme canonique Ω_Λ de Λ et de la 2-forme canonique $\Omega_{\Lambda'}$ de Λ'.

Φ est bisymplectique donc $\Phi^*\,\Omega_{\Lambda'} = \Omega_\Lambda$ donc $\Omega_{\Lambda'} - \Omega_\Lambda$ est nulle sur le graphe Σ de Φ; $\Omega_{\Lambda'}$ est homogène de degré + 1 pour $h_2(\lambda)$ donc puisque $a = h_2(-1)$ on a $a^*\,\Omega_{\Lambda'} = -\Omega_{\Lambda'}$ et donc $\Omega_{\Lambda\times\Lambda'} = \Omega_\Lambda + \Omega_{\Lambda'}$ est nulle sur Σ^a.

On montrerait de la même manière que $\Omega^r_{\Lambda\times\Lambda'}$ est nulle sur Σ^a et comme Σ est un graphe dim $\Sigma^a = \frac{1}{2}$ dim $T^*_{\Lambda\times\Lambda'}\widetilde{\Lambda\times\Lambda'}$ donc Σ^a est une sous-variété lagrangienne bihomogène de $T^*_{\Lambda\times\Lambda'}\widetilde{\Lambda\times\Lambda'}$.

Pour poursuivre la démonstration, nous allons supposer tout d'abord qu'il existe des coordonnées (x,y,z) de X et (x',y',z') de X' dans lesquelles on ait $\Lambda = \{(x,y,z,\xi,\eta,\zeta) \in T^*X \,/\, \xi = 0\,,\, z = 0\}$ et $\Lambda' = \{(x',y',z',\xi',\eta',\zeta') \in T^*X' \,/\, \xi' = 0\,,\, z' = 0\}$.

D'après les résultats du §.2.9.3, il existe localement des fonctions $f_1,\ldots,f_{n-p}$, $\tilde{f}_1,\ldots,\tilde{f}_{n-p}$, $g_1,\ldots,g_p$, $\tilde{g}_1,\ldots,\tilde{g}_p$ holomorphes sur $T^*_{\Lambda\times\Lambda'}\widetilde{\Lambda\times\Lambda'}$ qui vérifient :

A) Ces fonctions forment un système de coordonnées bisymplectiques homogènes, i.e. :

a) Elles forment un système de coordonnées locales de $T^*_{\Lambda\times\Lambda'}\widetilde{\Lambda\times\Lambda'}$.

b) Les crochets de Poissons relatifs des fonctions f_i, $\tilde{f}_j$, g_k, $\tilde{g}_\ell$ prises deux à deux sont tous nuls sauf les crochets $\{f_i,\tilde{f}_i\}^r$ qui valent 1.

c) Les fonctions g_k et $\tilde{g}_k$ sont constantes sur les feuilles canoniques de $T^*_{\Lambda\times\Lambda'}\widetilde{\Lambda\times\Lambda'}$ et pour tous k,ℓ on a $\{g_k,g_\ell\} = \{\tilde{g}_k,\tilde{g}_\ell\} = 0$ et $\{g_k,\tilde{g}_\ell\} = \delta_k^\ell$ ($\delta_k^\ell = 0$ si $k \neq \ell$, 1 si $k = \ell$).

B) Σ^a est défini dans $T^*_{\Lambda\times\Lambda'}\widetilde{\Lambda\times\Lambda'}$ par les équations $\tilde{f}_1 = f_2 = \ldots = f_{n-p} = \tilde{g}_1 = g_2 = \ldots = g_p = 0$.

D'après la proposition 2.5.6, on peut construire des opérateurs $\tilde{F}_1$, $F_2,\ldots,F_{n-p}$, $\tilde{G}_1$, $G_2,\ldots,G_p$ de $\mathcal{E}^2_{\Lambda\times\Lambda'}(\infty,1)$ qui commutent deux à deux et dont les symboles principaux soient respectivement $\tilde{f}_1$, $f_2,\ldots,f_{n-p}$, $\tilde{g}_1$, $g_2,\ldots,g_p$.

Plus précisément, étant donnés des opérateurs $T_1,\ldots,T_m$ de $\mathcal{E}^2_{\Lambda\times\Lambda'}(\infty,1)$ ($m < n$) qui commutent deux à deux et dont les symboles principaux sont les m premières fonctions de la famille $(\tilde{f}_1,f_2,\ldots,f_{n-p},\tilde{g}_1,g_2,\ldots,g_p)$, on leur associe les opérateurs différentiels $\tilde{T}_\nu = L_{T_\nu} - R_{T_\nu}$ (cf. démonstration du théorème 2.6.10. bis), ces opérateurs vérifient les conditions de la proposition 2.5.6. ce qui permet de compléter la famille $(T_1,\ldots,T_m)$ en la famille $(\tilde{F}_1,F_2,\ldots,F_{n-p}, \tilde{G}_1,G_2,\ldots,G_p)$ définie ci-dessus. (Il faut compléter d'abord la famille $(\tilde{F}_1,\ldots,F_{n-p})$ avant de construire $(\tilde{G}_1,G_2,\ldots,G_p)$ car en général $H_{g_i}(f_i) \neq 0$).

Si $\mathfrak{J}$ est l'idéal de $\mathcal{E}^2_{\Lambda\times\Lambda'}(\infty,1)$ engendré par $\{\tilde{F}_1, F_2,\ldots,F_{n-p}, \tilde{G}_1,\ldots,G_p\}$, l'idéal $\bar{\mathfrak{J}}$ engendré par les symboles $\sigma^{(\infty,1)}_{\Lambda\times\Lambda'}$ des éléments de $\mathfrak{J}$ est engendré par $(\tilde{f}_1, f_2,\ldots,f_{n-p}, \tilde{g}_1, g_2,\ldots,g_p)$ d'après le lemme 2.9.10 et donc $\bar{\mathfrak{J}}$ est l'idéal de définition de Σ^a ce qui montre le 1) du théorème.

La partie 2) du théorème est alors la conséquence du corollaire 2.7.6.

Considérons maintenant le cas général de deux variétés involutives Λ et Λ' quelconques.

Soient $\hat{\Lambda} = \Lambda \times T^*\mathbb{C} \subset T^*(X\times\mathbb{C})$ et $\hat{\Lambda}' = \Lambda' \times T^*\mathbb{C} \subset T^*(X'\times\mathbb{C})$. Notons t la coordonnée de $\mathbb{C}$ et (t,τ) les coordonnées de $T^*\mathbb{C}$, on définit une transformation bicanonique homogène de $T^*_{\hat{\Lambda}}\tilde{\hat{\Lambda}}$ dans $T^*_{\hat{\Lambda}'}\tilde{\hat{\Lambda}}'$ par $\hat{\Phi} = \Phi \otimes Id_{T^*\mathbb{C}}$ dont le graphe est $\hat{\Sigma} = \Sigma \times \{(t,t',\tau,\tau') \in T^*\mathbb{C}\times\mathbb{C} \ / \ t = t', \ \tau = \tau'\}$ et $\hat{\Sigma}^a = \Sigma^a \times T^*_{\mathbb{C}}\mathbb{C}\times\mathbb{C}$.

D'après les résultats du §.2.9.3 il existe des fonctions $(f_1,\ldots, f_{n-p}, \tilde{f}_1,\ldots,f_{n-p}, g_1,\ldots,g_p, \tilde{g}_1,\ldots,\tilde{g}_p)$ qui forment avec $t-t'$, $\tau-\tau'$, $t+t'$, $\tau+\tau'$ des coordonnées bicanoniques homogènes de $T^*_{\hat{\Lambda}\times\hat{\Lambda}'}\widetilde{\hat{\Lambda}\times\hat{\Lambda}'}$ et telles que :

$$\hat{\Sigma}^a = \{\tilde{f}_1 = f_2 = \ldots = f_{n-p} = \tilde{g}_1 = g_2 = \ldots = g_p = t - t' = \tau + \tau' = 0\}$$

Soient t, D_t, t', $D_{t'}$ les opérateurs de symboles totaux t, τ, t', τ'

respectivement, par définition $\mathcal{E}^2_\Lambda$ s'identifie au sous-faisceau de $\mathcal{E}^2_{\hat{\Lambda}}$ des opérateurs qui commutent avec t et D_t et $\mathcal{E}^2_{\Lambda'}$ au sous-faisceau de $\mathcal{E}^2_{\hat{\Lambda}'}$ des opérateurs qui commutent avec t' et $D_{t'}$.

$\hat{\Lambda}$ et $\hat{\Lambda}'$ sont régulières donc il existe des transformations canoniques homogènes φ et φ' qui transforment $\hat{\Lambda}$ et $\hat{\Lambda}'$ respectivement en $\hat{\Lambda}_o = \{(x,y,\xi,\eta) \in T^*(X\times\mathbb{C}) / \xi = 0\}$ et $\hat{\Lambda}'_o = \{(x',y',\xi',\eta') \in T^*(X'\times\mathbb{C}) / \xi' = 0\}$.

Soient $\tilde{\varphi}$ et $\tilde{\varphi}'$ des transformations canoniques quantifiée associées à φ et φ' (§.2.8) et notons $T = \tilde{\varphi}(t)$, $D = \tilde{\varphi}(D_t)$, $T' = \tilde{\varphi}'(t')$ et $D' = \tilde{\varphi}'(D_t')$, $\mathcal{E}^2_\Lambda$ (resp. $\mathcal{E}^2_{\Lambda'}$) s'identifie au sous-faisceau de $\mathcal{E}^2_{\hat{\Lambda}_o}$ (resp. $\mathcal{E}^2_{\hat{\Lambda}'_o}$) des opérateurs qui commutent avec T et D (resp. avec T' et D').

Les opérateurs $\tilde{T}$, $\tilde{T}'$, $\tilde{D}$, $\tilde{D}'$ associés à T, T', D, D' ($\tilde{T} = L_T - R_T$) commutent et sont indépendants donc la proposition 2.5.6 montre qu'il existe des opérateurs $\tilde{F}_1, F_2, \ldots, F_{n-p}, \tilde{G}_1, G_2, \ldots, G_p$ qui commutent deux à deux et avec T, T', D, et D' et dont les symboles principaux soient respectivement $\tilde{f}_1, f_2, \ldots, f_{n-p}, \tilde{g}_1, g_2, \ldots g_p$.

L'idéal $\mathcal{J}$ de $\mathcal{E}^2_{\Lambda\times\Lambda'}(\infty,1)$ (identifié au sous-faisceau de $\mathcal{E}^2_{\hat{\Lambda}_o\times\hat{\Lambda}'_o}(\infty,1)$ des opérateurs qui commutent avec T, T', D et D') engendré par $\tilde{F}_1, F_2, \ldots, F_{n-p}, \tilde{G}_1, G_2, \ldots, G_p$ vérifie les conditions du 1) du théorème et la partie 2) du théorème est alors évidente. q.e.d.

2.9.7 Application : fidèle platitude de $\mathcal{E}^{2\infty}_\Lambda$ sur $\mathcal{E}^2_\Lambda$

Soient X une variété analytique complexe, Λ une sous-variété involutive de T^*X alors :

Théorème 2.9.12 : $\mathcal{E}^{2\infty}_\Lambda$ *est fidèlement plat sur* $\mathcal{E}^{2\infty}_\Lambda$.

<u>Démonstration</u> : Soit $\hat{\Lambda} = \Lambda \times T^*\mathbb{C}$ et $p : T^*_{\hat{\Lambda}}\tilde{\hat{\Lambda}} \to T^*_{\Lambda}\tilde{\Lambda}$ la projection canonique. $\mathcal{E}^{2\infty}_{\hat{\Lambda}}$ est fidèlement plat sur $p^{-1}\,\mathcal{E}^{2\infty}_{\Lambda}$ (car d'après la démonstration du théorème 2.2.3

$$\mathcal{E}^{2\infty}_{\hat{\Lambda}} \approx \mathcal{E}^{(0,a,0)\infty}_{X\times X\times\mathbb{C}} \underset{p^{-1}\,\mathcal{E}^{(0,a)\infty}_{X\times X}}{\otimes} p^{-1}\,\mathcal{E}^{2\infty}_{\Lambda}$$

) et $\mathcal{E}^{2}_{\hat{\Lambda}}$ est fidèlement plat sur $p^{-1}\,\mathcal{E}^{2}_{\Lambda}$ (fin du §.2.8) donc pour montrer le théorème il suffit de montrer que $\mathcal{E}^{2\infty}_{\hat{\Lambda}}$ est fidèlement plat sur $\mathcal{E}^{2}_{\hat{\Lambda}}$, c'est-à-dire que l'on peut supposer que Λ est régulière et après une transformation canonique on peut supposer que :

$$\Lambda = \{(x,y,\xi,\eta) \in T^*X \;/\; \xi = 0\} \text{ et } \eta \neq 0 \text{ sur } \Lambda.$$

Nous allons reprendre la démonstration du théorème 3.4.1 chapitre II de [24]. Pour cela nous devons considérer des opérateurs 2-microdifférentiels à paramètres holomorphes : soit Z une variété analytique complexe, on considère les applications suivantes :

$$\begin{array}{ccccc}
T^*_{\Lambda}\tilde{\Lambda} & \xleftarrow{\;p\;} & (T^*_{\Lambda}\tilde{\Lambda}) \times Z & \xrightarrow{\;q\;} & Z \\
\downarrow & \swarrow^{r} & \downarrow{\scriptstyle\pi} & \searrow^{s} & \downarrow \\
T^*X & \longleftarrow & T^*(X\times Z) & \longrightarrow & T^*Z
\end{array}$$

et on définit les faisceaux :

$$\mathcal{E}^{2\infty}_{\Lambda,Z} = \mathcal{E}^{2\infty}_{\Lambda} \,\hat{\otimes}\, \mathcal{O}_Z \overset{\text{déf}}{=} \pi^{-1}\,\mathcal{E}^{\infty}_{X\times Z} \underset{r^{-1}\,\mathcal{E}_X \underset{\mathbb{C}}{\otimes} s^{-1}\,\mathcal{E}_Z}{\otimes} (p^{-1}\,\mathcal{E}^{2\infty}_{\Lambda} \underset{\mathbb{C}}{\otimes} q^{-1}\mathcal{O}_Z)$$

et de même $\mathcal{E}^{2}_{\Lambda,Z} = \mathcal{E}^{2}_{\Lambda} \,\hat{\otimes}\, \mathcal{O}_Z$.

Ce sont des faisceaux d'anneaux sur $(T^*_{\Lambda}\tilde{\Lambda}) \times Z$ et si nous avons choisis des coordonnées locales $(x_1,\ldots,x_n, y_1,\ldots,y_p)$ de X et $(z_1,\ldots z_q)$ de Z pour lesquelles

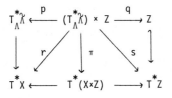

$\Lambda = \{(x,y,\xi,\eta) \in T^*X \ / \ \xi = 0\}$ les éléments de $\mathcal{E}^{2\infty}_{\Lambda,Z}$ sont en bijection avec les séries $\sum_{(i,j)\in\mathbb{Z}^2} f_{ij}(x,y,z,\eta,x^*)$ de fonctions holomorphes homogènes de degré i en x^* et j en (η,x^*) vérifiant les majorations du théorème 2.3.1.

Naturellement, tous les théorèmes que nous avons montrés dans le §.2.6 sont encore vrais, en particulier les fibres de $\mathcal{E}^{2}_{\Lambda,Z}[0,0]$ sont des anneaux noethériens.

Nous allons démontrer le théorème par récurrence sur la dimension de $(T^*_\Lambda \tilde{X}) \times Z$.

Soit $\theta = (x^o,y^o,z^o,\eta^o,x^{*o})$ un point de $T^*_\Lambda \tilde{X} \times Z$, il faut montrer que pour tout idéal I de type fini de $\mathcal{E}^2_\theta$ on a $\mathcal{T}or_1^{\mathcal{E}^2_\theta}(\mathcal{E}^{2\infty}_\theta, \mathcal{E}^2_\theta/_I) = 0$ et $\mathcal{E}^2_\theta I \neq \mathcal{E}^2_\theta \Rightarrow \mathcal{E}^{2\infty}_\theta I \neq \mathcal{E}^{2\infty}_\theta$ (Nous notons pour simplifier $\mathcal{E}^2_\theta$ pour $\mathcal{E}^2_{\Lambda,Z,\theta}$ et $\mathcal{E}^{2\infty}_\theta$ pour $\mathcal{E}^{2\infty}_{\Lambda,Z,\theta}$).

Soit $P \in I$ un élément non nul et $P_{i_o,j_o}(x,y,z,\eta,x^*)$ le symbole principal de P.

Dans la suite nous supposerons $x^{*o} \neq 0$ (sinon c'est le cas des opérateurs microdifférentiels donc le théorème 3.4.1 chapitre II de [24]) et $\eta^o \neq 0$.

<u>Cas 1</u> : $P_{i_o,j_o}(x^o,y^o,z^o,\eta,x^{*o}) \not\equiv 0$ comme fonction de η. On peut supposer $x^{*o} = (0,\dots,0,1)$, $\eta_o = (0,\dots,0,1)$ et $P_{i_o,j_o}(x^o,y^o,z^o,\eta,x^{*o}) = \eta_1^m$.

On pose $Z' = Z \times \mathbb{C}$, $\Lambda' = \{(x,y,\eta) \in \Lambda \ / \ y_1 = 0,\ \eta_1 = 0\}$, on a une projection canonique $g : (T^*_\Lambda \tilde{X}) \times Z \to (T^*_{\Lambda'} \tilde{X}') \times Z'$ définie par $g(x,y,\eta,x^*;z) = (x,y_2,\dots,y_p,\eta_2,\dots,\eta_p;\ z,y_1)$.

Soient $\theta' = g(\theta)$, $\mathcal{C}^{2\infty'}_{\theta'} = \mathcal{C}^{2\infty}_{\Lambda',Z',\theta'}$ et $\mathcal{C}^{2'}_{\theta'} = \mathcal{C}^{2}_{\Lambda',Z',\theta'}$.

D'après les théorèmes de division 2.7.1 et 2.7.4 on a :

$$\mathcal{C}^{2\infty}_{\theta} / \mathcal{C}^{2\infty}_{\theta}\, P \approx \left(\mathcal{C}^{2\infty'}_{\theta'}\right)^m \quad \text{et} \quad \mathcal{C}^{2}_{\theta} / \mathcal{C}^{2}_{\theta}\, P \approx \left(\mathcal{C}^{2'}_{\theta'}\right)^m$$

donc si $L = \mathcal{C}^{2}_{\theta} / \mathcal{C}^{2}_{\theta}\, P$ on a :

$$\mathcal{C}^{2\infty}_{\theta} \otimes_{\mathcal{C}^{2}_{\theta}} L \approx \mathcal{C}^{2\infty'}_{\theta'} \otimes_{\mathcal{C}^{2'}_{\theta'}} L$$

Soit $Q \in I_{oo} = I \cap \mathcal{C}^{2}_{\theta}\,[0,0]$, alors il existe $R \in \mathcal{C}^{2}_{\theta}\,[0,0]$ tel que $R\,Q = 0$ dans L et $\sigma_{oo}(R)\,(x^o,y^o,\eta_1,0,x^{*o},z^o) \not\equiv 0$.

En effet si u est la classe résiduelle de 1 dans L, d'après le théorème de préparation de Weierstrass(théorème 2.7.2) :

$$\mathcal{C}^{2}_{\theta}\,[0,0]\, u = \bigoplus_{j=0}^{m-1} \mathcal{C}^{2'}_{\theta'}\,[0,0]\left(D_{y_1}/D_{y_p}\right)^j u$$

donc $\mathcal{C}^{2}_{\theta}\,[0,0]\, u$ est un $\mathcal{C}^{2'}_{\theta'}\,[0,0]$-module de type fini et comme $\mathcal{C}^{2'}_{\theta'}\,[0,0]$ est noethérien la suite $\left\{\sum_{\nu=0}^{N} \mathcal{C}^{2'}_{\theta'}\,[0,0]\,\left(D_{y_1}/D_{y_p}\right)^{\nu} Q\,u\right\}_{N\in\mathbb{N}}$ est stationnaire d'où une relation :

$$\left(D_{y_1}/D_{y_p}\right)^N Q\,u = \sum_{\nu=0}^{N-1} S_\nu \left(D_{y_1}/D_{y_p}\right)^j Q\,u \quad \text{avec } S_j \in \mathcal{C}^{2'}_{\theta'}\,[0,0]$$

Soit $(Q_1,\dots,Q_r)$ une famille génératrice de I, on peut supposer que $Q_1,\dots,Q_r$ sont dans I_{oo} donc il existe des opérateurs $P_1,\dots,P_r$ de $\mathcal{C}^{2}_{\theta}$ tels que $P_j\,Q_j = 0$ dans L et $\sigma(P_j)\,(x^o,y^o,\eta_1,0,x^{*o},z^o) \not\equiv 0$.

Posons $L_j = \mathscr{C}^2_\theta / \mathscr{C}^2_\theta P_j$. Q_j induit un homomorphisme $L_j \to L$. Soit N le noyau de $q : G = \bigoplus_{j=1}^{r} L_j \to L$.

Si $M = \mathscr{C}^2_\theta / I$, la suite $0 \to N \to G \to L \to M \to 0$ est exacte. Considérons le diagramme :

$$\begin{array}{ccccccccc} 0 \to \mathscr{C}^{2\infty'}_{\theta'} \otimes_{\mathscr{C}^{2'}_{\theta'}} N & \to & \mathscr{C}^{2\infty'}_{\theta'} \otimes_{\mathscr{C}^{2'}_{\theta'}} G & \to & \mathscr{C}^{2\infty'}_{\theta'} \otimes_{\mathscr{C}^{2'}_{\theta'}} L & \to & \mathscr{C}^{2\infty'}_{\theta'} \otimes_{\mathscr{C}^{2'}_{\theta'}} M \to 0 \\ \downarrow & & \downarrow \wr & & \downarrow \wr & & \downarrow \\ \mathscr{C}^{2\infty}_{\theta} \otimes_{\mathscr{C}^{2}_{\theta}} N & \to & \mathscr{C}^{2\infty}_{\theta} \otimes_{\mathscr{C}^{2}_{\theta}} G & \to & \mathscr{C}^{2\infty}_{\theta} \otimes_{\mathscr{C}^{2}_{\theta}} L & \to & \mathscr{C}^{2\infty}_{\theta} \otimes_{\mathscr{C}^{2}_{\theta}} M \to 0 \end{array}$$

Les deux flèches verticales du milieu sont des isomorphismes et la suite horizontale du haut est exacte d'après l'hypothèse de récurrence. La suite horizontale du bas est exacte en $\mathscr{C}^{2\infty}_\theta \otimes_{\mathscr{C}^2_\theta} L$ et en $\mathscr{C}^{2\infty}_\theta \otimes_{\mathscr{C}^2_\theta} M$ donc la flèche verticale de droite est un isomorphisme. On en déduit que la suite horizontale du bas est exacte.

Puisque $\mathrm{Tor}_j^{\mathscr{C}^2_\theta}(\mathscr{C}^{2\infty}_\theta, L) = 0$ pour $j \neq 0$ on a $\mathrm{Tor}_1^{\mathscr{C}^2_\theta}(\mathscr{C}^{2\infty}_\theta, M) = 0$. Si $\mathscr{C}^{2\infty}_\theta \otimes_{\mathscr{C}^2_\theta} M = 0$, alors $\mathscr{C}^{2\infty'}_{\theta'} \otimes_{\mathscr{C}^{2'}_{\theta'}} M = 0$ et puisque $\mathscr{C}^{2\infty'}_{\theta'}$ est fidèlement plat sur $\mathscr{C}^{2'}_{\theta'}$ on a $M = 0$. q.e.d.

<u>Cas 2</u> : Si $P_{i_o,j_o}(x^o,y^o,z^o,\eta^o,x^*) \not\equiv 0$ comme fonction de x^* ou

<u>Cas 3</u> : si $P_{i_o,j_o}(x^o,y^o,z,\eta^o,x^{*o}) \not\equiv 0$ comme fonction de z on fait la même démonstration que dans le cas 1.

<u>Cas 4</u> : Si $P_{i_o,j_o}(x^o,y^o,z^o,\eta,x^*) \not\equiv 0$ comme fonction de (η,x^*) on se ramène au cas 1

ou 2 par un changement de variable.

Pour la suite rappelons que n est le nombre de coordonnées x (i.e. la codimension de Λ dans T^*X), p le nombre de coordonnées y (i.e. dim X -n) et q le nombre de coordonnées z (i.e. dim Z).

Cas 5 : Si $q \geqslant 1$ on se ramène au cas 3 par un changement de variables.

Cas 6 : Si $p + q > 1$ ou $n > p + q + 1$ par une transformation bicanonique quantifiée (§.2.9.5) on se ramène au cas 4.

Cas 7 : Il reste le cas ou $q = 0$ $n = p = 1$.

Une démonstration analogue à celle du cas 1 nous ramène aux opérateurs à coefficients constants : $P = \sum a_{ij} x^{*i} \eta^{j-i}$ avec $a_{ij} \in \mathbb{C}$ et dans ce cas $\mathcal{E}^2$ est un corps et le théorème est évident.

2.10 Opérations sur les systèmes

(Un système d'équations 2-microdifférentielles est, par définition, un $\mathcal{E}^2_\Lambda$-module cohérent).

Soit X une variété analytique complexe et Λ une sous-variété involutive de T^*X. Soit $\varphi : Y \to X$ une application holomorphe de la variété analytique complexe Y dans X. Les applications ρ_0 et $\bar{\omega}_0$ sont définies par :

$$T^*Y \xleftarrow{\rho_0} (T^*X) \times_X Y \xrightarrow{\bar{\omega}_0} T^*X \quad \text{et} \quad T^*_YX \text{ est le noyau de }\ _0 .$$

Λ est une sous-variété involutive de T^*X donc est munie d'un feuilletage canonique.

Définition 2.10.1 : *(cf. [18] §.3.3)*

Nous dirons que l'application $\varphi : Y \to X$ *est orthogonale à* Λ *si* $\tilde{\omega}_o$: $(T^*X) \times_X Y \to T^*X$ *est transverse aux feuilles de* Λ.

Dans ce cas ([18] Proposition 3.3) $\rho_o : \Lambda \times_X Y \to T^*Y$ est une immersion et $\Lambda' = \rho_o(\Lambda \times_X Y)$ est une sous-variété involutive de T^*Y.

Les feuilles bicaractéristiques de Λ' sont les images par ρ_o des feuilles de Λ et on a donc :

$$\Lambda' \approx \Lambda \times_X Y \qquad \text{et} \qquad \tilde{\Lambda}' \approx \tilde{\Lambda} \times_{X\times X} (Y\times Y)$$

d'où le diagramme :

$$\begin{array}{ccccc}
T^*_{\Lambda'}\tilde{\Lambda}' & \xleftarrow{\ \rho\ } & (T^*_\Lambda\tilde{\Lambda}) \times_X Y & \xrightarrow{\ \tilde{\omega}\ } & T^*_\Lambda\tilde{\Lambda} \\
\downarrow{\scriptstyle \pi'} & & \downarrow{\scriptstyle \tilde{\pi}} & & \downarrow{\scriptstyle \pi} \\
\Lambda' & \underset{\sim}{\xleftarrow{\ \rho_o\ }} & \Lambda \times_X Y & \xrightarrow{\ \tilde{\omega}_o\ } & \Lambda
\end{array}$$

Nous noterons
$$\underline{\mathscr{E}^2_{\Lambda'\to\Lambda} = \tilde{\pi}^{-1}\mathscr{E}_{Y\to X} \otimes_{\tilde{\omega}^{-1}\pi^{-1}\mathscr{E}_X} \tilde{\omega}^{-1}\mathscr{E}^2_\Lambda}$$

C'est un faisceau sur $(T^*_\Lambda\tilde{\Lambda}) \times_X Y$. De même pour (r,s) rationnels $1 \leqslant s \leqslant r \leqslant +\infty$ nous noterons :

$$\mathscr{E}^2_{\Lambda'\to\Lambda}(r,s) = \tilde{\pi}^{-1}\mathscr{E}_{Y\to X} \otimes_{\tilde{\omega}^{-1}\pi^{-1}\mathscr{E}_X} \tilde{\omega}^{-1}\mathscr{E}^2_\Lambda(r,s) .$$

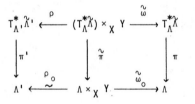

Nous allons montrer que l'on peut aussi définir directement $\mathcal{E}^2_{\Lambda'\to\Lambda}$ par voie cohomologique suivant la méthode que nous avons utilisée au §.2.1 pour définir $\mathcal{E}^2_\Lambda$:

$\Lambda' \times \Lambda$ est une sous-variété involutive de $T^*(Y\times X)$ donc elle est munie d'un feuilletage canonique. Nous noterons $\tilde{\Lambda}''$ la réunion des feuilles de $\Lambda' \times \Lambda$ qui passent par $\Lambda' \underset{\Lambda}{\times} \Lambda$. C'est une sous-variété lagrangienne de $T^*(Y\times X)$ lisse au voisinage $\Lambda' \underset{\Lambda}{\times} \Lambda$ et on a :

$$T^*_{\Lambda'}\tilde{\Lambda}'' \approx (T^*_\Lambda \tilde{X}) \underset{\Lambda}{\times} \Lambda'$$

(Λ' est considérée comme sous-variété de $\tilde{\Lambda}''$ par $\Lambda' \approx \Lambda' \times_\Lambda \Lambda \hookrightarrow \tilde{\Lambda}''$).
Supposons tout d'abord que Λ est régulière (alors Λ' est aussi régulière).

Soit $\mathcal{N}$ un $\mathcal{E}_X$-module cohérent, à un générateur, à caractéristiques simples sur Λ. φ est orthogonale à Λ donc ρ : $\Lambda \times_\Lambda Y \to T^*Y$ est une immersion et donc Y est non caractéristique pour $\mathcal{N}$. Donc ([24] §.3.5 chapitre II) on peut définir le module trace de $\mathcal{N}$ sur Y par $\mathcal{N}' = \mathcal{E}_{Y\to X} \otimes_{\mathcal{E}_X} \mathcal{N}$; $\mathcal{N}'$ est un $\mathcal{E}_Y$-module cohérent à un générateur, à caractéristiques simples sur Λ'.

Soit $\mathcal{N}^* = \mathcal{E}xt^{\text{codim}\,\Lambda}_{\mathcal{E}_X}(\mathcal{N}, \mathcal{E}_X)$, nous avons vu au §.2.1 que $\mathcal{N}$ est muni d'une structure de $\mathcal{E}nd_{\mathcal{E}_X} \mathcal{N}^*$-module à droite donc $\mathcal{N}'$ est lui aussi muni d'une structure de $\mathcal{E}nd\ \mathcal{N}^*$-module à droite.

On considère les applications :

$$\begin{array}{ccc} & \tilde{\Lambda}'' \xhookrightarrow{\ i\ } T^*(Y\times X) & \\ \tilde{p}_1 \swarrow & & \searrow \tilde{p}_2 \\ \Lambda & & \Lambda \end{array}$$

et on définit :

$$\mathcal{M}_{\Lambda'\to\Lambda} = i_*\left[\mathcal{E}^{(0,a)}_{Y\times X}\Big|_{\tilde{\Lambda}''} \underset{\tilde{p}_1^{-1}\mathcal{E}_Y \times_{\mathbb{C}} \tilde{p}_2^{-1}\mathcal{E}^a_X}{\otimes} \left(\tilde{p}_1^{-1}\mathcal{N}' \underset{\tilde{p}_2^{-1}\mathcal{E}nd\,\mathcal{N}^*}{\otimes} \tilde{p}_2^{-1}\mathcal{N}^*\right)\right]$$

Si $Y = X$, $\mathcal{N}' = \mathcal{N}$ (i.e. φ est l'identité $X \to X$) on retrouve le $\mathcal{E}_{X\times X}$-module holonôme $\mathcal{M}_\Lambda$ de support $\tilde{\Lambda}$ du §.2.1. Ici on peut montrer de la même manière que $\mathcal{M}_{\Lambda'\to\Lambda}$ est un $\mathcal{E}_{Y\times X}$ module holonôme dont le support est $\tilde{\Lambda}''$ et il est facile de voir que $\mathcal{M}_{\Lambda'\to\Lambda}$ est l'image inverse de $\mathcal{M}_\Lambda$ pour l'application $\varphi \otimes \mathrm{id} : Y \times X \to X \times X$. C'est-à-dire que si ρ_1, $\tilde{\omega}_1$, q_1 et $\tilde{q}_1$ sont définies par :

$$\begin{array}{ccccc}
T^*(Y\times X) & \xleftarrow{\ \rho_1\ } & (T^*X\times X)\times_{X\times X}(Y\times X) & \xrightarrow{\ \tilde{\omega}_1\ } & T^*(X\times X) \\
 & & \Big\downarrow \tilde{q}_1 & & \Big\downarrow q_1 \\
 & & (T^*X)\times_X Y & \xrightarrow{\ \tilde{\omega}_0\ } & T^*X
\end{array}$$

on a :

(2.10.1) $$\mathcal{M}_{\Lambda'\to\Lambda} = \rho_{1*}\left(\tilde{q}_1^{-1}\,\mathcal{E}_{Y\to X} \underset{\tilde{\omega}_1^{-1}\,q_1^{-1}\,\mathcal{E}_X}{\otimes} \tilde{\omega}_1^{-1}\mathcal{M}_\Lambda\right)$$

(2.10.2) $$\forall_j > 0 \qquad \mathcal{T}or_j^{\tilde{\omega}_1^{-1}\,q_1^{-1}\,\mathcal{E}_X}\left(\tilde{q}_1^{-1}\,\mathcal{E}_{Y\to X}\,,\ \tilde{\omega}_1^{-1}\mathcal{M}_\Lambda\right) = 0$$

Soit $\tilde{\pi}$ la projection du coéclaté $\widetilde{\Lambda'_{\tilde{\Lambda}''}}^*$ de Λ' dans $\tilde{\Lambda}''$ sur $\tilde{\Lambda}''$, posons :

(2.10.3) $$\widetilde{\mathcal{C}}^2_{\Lambda'\to\Lambda} = \mathcal{H}^{\mathrm{codim}\,\tilde{\Lambda}''\Lambda'}_{T^*_{\Lambda'}\tilde{\Lambda}''}\left(\tilde{\pi}^{-1}\,\mathcal{M}_{\Lambda'\to\Lambda}\right)^a$$

Alors, si φ est l'identité on retrouve la construction de $\mathcal{C}^2_\Lambda$ et dans le cas général les propriétés (2.10.1) et (2.10.2) ci-dessus montrent que $\overset{\sim}{\mathcal{E}}{}^2_{\Lambda'\to\Lambda}$ n'est autre que $\mathcal{E}^2_{\Lambda'\to\Lambda}$.

On peut donc définir $\mathcal{E}^2_{\Lambda'\to\Lambda}$ par la formule (2.10.3) et sous cette forme on peut montrer facilement en reprenant la démonstration de la proposition 2.1.4 que $\mathcal{E}^2_{\Lambda'\to\Lambda}$ est un ($\mathcal{E}^2_{\Lambda'}$, $\mathcal{E}^2_\Lambda$)- bimodule.

Dans le cas général, d'une variété involutive Λ quelconque, on peut ajouter une variable suivant la méthode du §.2.2 et montrer également que $\mathcal{E}^2_{\Lambda'\to\Lambda}$ est un ($\mathcal{E}^2_{\Lambda'}$, $\mathcal{E}^2_\Lambda$)-bimodule.

Nous obtenons la proposition suivante :

Lemme 2.10.2 :

1) *Soit* $\varphi : Y \to X$ *une application holomorphe et* Λ *une sous-variété involutive de* T^*X.

On suppose que φ *est orthogonale à* Λ *et on note* $\Lambda' = \Lambda \times_X Y$. *Alors* $\mathcal{E}^2_{\Lambda'\to\Lambda}$ *est un* ($\mathcal{E}^2_{\Lambda'}$, $\mathcal{E}^2_\Lambda$)-*bimodule.*

2) *Soit* $\psi : Z \to Y$ *une autre application holomorphe, orthogonale à* Λ' *et soit* $\Lambda'' = \Lambda' \times_Y Z$.

a) *Si* $\varphi : Y \to X$ *est lisse,* $\mathcal{E}^2_{\Lambda'\to\Lambda}$ *est cohérent sur* $\mathcal{E}^2_{\Lambda'}$, *plat sur* $\mathcal{E}^2_\Lambda$ *et on a :*

$$\mathcal{T}or_i^{\overset{\sim}{\omega}{}^{-1}_\psi \mathcal{E}^2_{\Lambda'}} \left(\mathcal{E}^2_{\Lambda''\to\Lambda'} , \overset{\sim}{\omega}{}^{-1}_\psi \mathcal{E}^2_{\Lambda'\to\Lambda} \right) = \begin{cases} \mathcal{E}^2_{\Lambda''\to\Lambda} & \textit{pour } i = 0 \\ 0 & \textit{pour } i \neq 0 \end{cases}$$

b) Si $\psi : Z \to Y$ *est une immersion,* $\mathcal{E}^2_{\Lambda''\to\Lambda'}$ *est cohérent sur* $\mathcal{E}^2_{\Lambda'}$, *plat sur* $\mathcal{E}^2_{\Lambda''}$ *et on a :*

$$\mathcal{T}or_i^{\rho_\varphi^{-1}\mathcal{E}^2_{\Lambda'}}\left(\rho_\varphi^{-1}\mathcal{E}^2_{\Lambda''\to\Lambda'}, \mathcal{E}^2_{\Lambda'\to\Lambda}\right) = \begin{cases} \mathcal{E}^2_{\Lambda''\to\Lambda} & \text{pour } i = 0 \\ 0 & \text{pour } i \neq 0 . \end{cases}$$

Démonstration : Nous avons démontré la partie 1) dans ce qui précède et la partie 2) est une conséquence du lemme 3.5.1 chapitre II de [24].

Définition 2.10.3 : Soit $\varphi : Y \to X$ *une application holomorphe, orthogonale à une sous-variété involutive* Λ *de* T^*X.

Soit $\mathcal{M}$ *un* $\mathcal{E}^2_\Lambda$*-module cohérent défini sur un ouvert* U *de* $T^*_\Lambda\tilde{\Lambda}$ *et soit* V *un ouvert de* $T^*_{\Lambda'}\tilde{\Lambda}'$.

On dit que φ *est non microcaractéristique pour* $\mathcal{M}$ *par rapport à* Λ *sur* V *si* $\tilde{\omega}^{-1}$ *Supp* $\mathcal{M} \cap \rho^{-1}(V) \to V$ *est propre (donc finie).*

Théorème 2.10.4 : Soit $\varphi : Y \to X$ *une application holomorphe, orthogonale à une sous-variété involutive* Λ *de* T^*X *et soit* $\mathcal{M}$ *un* $\mathcal{E}^2_\Lambda$*-module cohérent défini sur un ouvert* U *de* $T^*_\Lambda\tilde{\Lambda}$.

Soit V *un ouvert de* $T^*_{\Lambda'}\tilde{\Lambda}'$ *; on suppose que* φ *est non microcaractéristique pour* $\mathcal{M}$ *par rapport à* Λ *sur* V. *Alors, sur* $\rho^{-1}(V)$, $\mathcal{T}or_i^{\tilde{\omega}^{-1}\mathcal{E}^2_\Lambda}(\mathcal{E}^2_{\Lambda'\to\Lambda}, \tilde{\omega}^{-1}\mathcal{M}) = 0$ *si* $i > 0$ *et* $\rho_*(\mathcal{E}^2_{\Lambda'\to\Lambda} \otimes_{\tilde{\omega}^{-1}\mathcal{E}^2_\Lambda} \tilde{\omega}^{-1}\mathcal{M})$ *est un* $\mathcal{E}^2_{\Lambda'}$*-module cohérent que l'on notera* $\varphi^*\mathcal{M}$ *(ou* $\mathcal{M}_Y$ *si* φ *est une immersion).*

Démonstration : La démonstration de ce théorème étant rigoureusement identique à celle du théorème 3.5.3 chapitre II de [24] nous ne la referons pas ici.

Soient (r,s) deux rationnels tels que $1 \leq s \leq r \leq +\infty$, et $\mathcal{M}$ un $\mathcal{E}^2_\Lambda(r,s)$-module cohérent. On dira que φ est non microcaractéristique de type (r,s) pour $\mathcal{M}$ par rapport à Λ sur V si $\tilde{\omega}^{-1}\,\mathrm{Supp}\,\mathcal{M} \cap \rho^{-1}(V) \to V$ est propre.

Dans ce cas on a le même théorème que le théorème 2.10.4 :

Théorème 2.10.4 bis : Si $\mathcal{M}$ est un $\mathcal{E}^2_\Lambda(r,s)$-module cohérent et si φ est non microcaractéristique de type (r,s) pour $\mathcal{M}$ par rapport à Λ sur V on a :

1) sur $\rho^{-1}(V)$ $\quad \mathcal{T}or_i^{\tilde{\omega}^{-1}\mathcal{E}^2_\Lambda(r,s)}(\mathcal{E}^2_{\Lambda'\to\Lambda}(r,s), \tilde{\omega}^{-1}\mathcal{M}) = 0$ *si* $i > 0$

2) $\varphi^*\mathcal{M} = \rho_*(\mathcal{E}^2_{\Lambda'\to\Lambda}(r,s) \otimes_{\tilde{\omega}^{-1}\mathcal{E}^2_\Lambda(r,s)} \tilde{\omega}^{-1}\mathcal{M})$ *est un* $\mathcal{E}^2_{\Lambda'}(r,s)$*-module cohérent.*

<u>Remarque 2.10.5</u> : Soit $\mathcal{M}$ un $\mathcal{D}^2_\Lambda(r,s)$-module cohérent (par définition $\mathcal{D}^2_\Lambda(r,s) = \mathcal{E}^2_\Lambda(r,s)|_\Lambda$), on dira que φ est non microcaractéristique de type (r,s) pour $\mathcal{M}$ si φ est non microcaractéristique de type (r,s) pour $\mathcal{E}^2_\Lambda(r,s) \otimes_{\pi^{-1}\mathcal{D}^2_\Lambda(r,s)} \pi^{-1}\mathcal{M}$ (avec $\pi : T_\Lambda\tilde{\Lambda} \to \Lambda$).

Dans ce cas, si $\mathcal{D}^2_{\Lambda'\to\Lambda}(r,s) = \mathcal{E}^2_{\Lambda'\to\Lambda}(r,s)|_{\Lambda'}$, on peut définir un $\mathcal{D}^2_{\Lambda'}(r,s)$-module cohérent par $\varphi^*\mathcal{M} = \mathcal{D}^2_{\Lambda'\to\Lambda}(r,s) \otimes_{\mathcal{D}^2_\Lambda(r,s)} \mathcal{M}$ et on aura (si $\pi' : T^*_{\Lambda'}\tilde{\Lambda}' \to \Lambda'$) :

$$\mathcal{E}^2_{\Lambda'}(r,s) \otimes_{\pi'^{-1}\mathcal{D}^2_{\Lambda'}(r,s)} \pi'^{-1}\varphi^*\mathcal{M} = \varphi^*(\mathcal{E}^2_\Lambda(r,s) \otimes_{\pi^{-1}\mathcal{D}^2_\Lambda(r,s)} \pi^{-1}\mathcal{M}) .$$

(Il suffit de montrer le résultat pour un opérateur et dans ce cas on est ramené au théorème de division qui est le même dans $\mathcal{D}^2_\Lambda(r,s)$ et dans $\mathcal{E}^2_\Lambda(r,s)$ cf. [24] démonstration du théorème 3.5.3. chapitre II).

En particulier si $s = 1$, $\mathcal{D}^2_\Lambda(r,1) = \mathcal{E}_X|_\Lambda$ (§.2.4) et si φ est non microcaractéristique de type (r,s) pour $\mathcal{M}$, φ est non caractéristique pour $\mathcal{M}$ donc si $\varphi^*\mathcal{M}$ désigne l'image inverse de $\mathcal{M}$ par φ au sens de [24] on a :

$$\forall r \in [1,+\infty] \quad \mathcal{E}^2_{\Lambda'}(r,1) \otimes_{\pi'^{-1}\mathcal{E}_Y|_{\Lambda'}} \pi'^{-1}(\varphi^*\mathcal{M}|_{\Lambda'}) = \varphi^*(\mathcal{E}^2_\Lambda(r,s) \otimes_{\pi^{-1}\mathcal{E}_X} \pi^{-1}\mathcal{M}) .$$

Définition 2.10.6 : Si $\varphi : Y \to X$ est une application holomorphe et si Λ' est une sous-variété involutive de T^*Y, on dira que φ est orthogonale à Λ' si $\rho_o : (T^*X)\times_X Y \to T^*Y$ est transverse aux feuilles de Λ'.

Dans ce cas $\tilde{\omega}_o : \rho_o^{-1}(\Lambda') \to T^*X$ est une immersion et $\tilde{\omega}_o(\rho_o^{-1}(\Lambda'))$ est une sous-variété involutive de T^*X. (ρ_o et $\tilde{\omega}_o$ sont toujours les applications canoniques

$$T^*X \xleftarrow{\rho_o} (T^*X)\times_X Y \xrightarrow{\tilde{\omega}_o} T^*X\ ).$$

On notera $\Lambda = \tilde{\omega}_o(\rho_o^{-1}(\Lambda'))$. ρ_o définit une application $\Lambda \approx \rho_o^{-1}(\Lambda') \to \Lambda'$ et des applications $T^*_{\Lambda'}\tilde{\Lambda}' \xleftarrow{\rho} (T^*_{\Lambda'}\tilde{\Lambda}')\times_{\Lambda'}\Lambda \xrightarrow{\tilde{\omega}} T^*_{\Lambda}\tilde{\Lambda}$. On pose $\mathscr{E}^2_{\Lambda'\leftarrow\Lambda} = \rho^{-1}\mathscr{E}^2_{\Lambda'} \otimes_{\rho^{-1}\pi'^{-1}\mathscr{E}_Y} \mathscr{E}_{Y\to X}$; $\mathscr{E}^2_{\Lambda'\leftarrow\Lambda}$ est un $(\rho^{-1}\mathscr{E}^2_{\Lambda'}, \tilde{\omega}^{-1}\mathscr{E}^2_{\Lambda})$-bimodule.

Théorème 2.10.7 : Soit $\varphi : Y \to X$ une application holomorphe orthogonale à une sous-variété involutive Λ' de T^*Y et $\Lambda = \tilde{\omega}_o(\rho_o^{-1}(\Lambda'))$.

Soit $\mathcal{M}$ un $\mathscr{E}^2_{\Lambda'}$-module à droite cohérent défini sur un ouvert V de $T^*_{\Lambda'}\tilde{\Lambda}'$.

Soit U un ouvert de $T^*_{\Lambda}\tilde{\Lambda}$, on suppose que l'application ρ^{-1} Supp $\mathcal{M} \cap \tilde{\omega}^{-1}(U) \to U$ est propre. Alors on a :

1) $\mathscr{T}or_i^{\rho^{-1}\mathscr{E}^2_{\Lambda'}}(\rho^{-1}\mathcal{M}, \mathscr{E}^2_{\Lambda'\leftarrow\Lambda}) = 0$ si $i > 0$ sur $\tilde{\omega}^{-1}(U)$.

2) $\varphi_*\mathcal{M} = \tilde{\omega}_*(\rho^{-1}\mathcal{M} \otimes_{\rho^{-1}\mathscr{E}^2_{\Lambda'}} \mathscr{E}^2_{\Lambda'\leftarrow\Lambda})$ est un $\mathscr{E}^2_{\Lambda}$-module cohérent sur U.

(Ce théorème se déduit du théorème 2.10.4. par transformation bicanonique quantifiée).

Naturellement on a le même théorème en remplaçant $\mathscr{E}^2_{\Lambda'}$ par un anneau $\mathscr{E}^2_{\Lambda'}(r,s)$ et $\mathscr{E}^2_{\Lambda}$ par $\mathscr{E}^2_{\Lambda}(r,s)$.

On a un théorème de dualité analogue au théorème 3.5.6. chapitre II de [24] :

Théorème 2.10.8 : Soit $\varphi : Y \to X$ une application holomorphe orthogonale à une sous-variété involutive Λ de T^*X et soit $\Lambda' = \rho_o(\Lambda \times_X Y)$.

Soit $\mathcal{M}$ *un* $\mathcal{E}^2_\Lambda$*-module cohérent pour lequel* φ *est non microcaractéristique sur un ouvert* V *de* $T^*_{\Lambda'}\tilde{\Lambda}'$.

Alors on a un isomorphisme canonique de $\mathcal{E}^2_{\Lambda'}$*-module :*

$$\varphi^* \mathbb{R}\mathcal{H}om_{\mathcal{E}^2_\Lambda}(\mathcal{M}, \mathcal{E}^2_\Lambda)[\dim X] \xleftarrow{\sim} \mathbb{R}\mathcal{H}om_{\mathcal{E}^2_{\Lambda'}}(\varphi^*\mathcal{M}, \mathcal{E}^2_{\Lambda'})[\dim Y]$$

On a aussi le même théorème avec $\mathcal{E}^2_\Lambda(r,s)$ *et* $\mathcal{E}^2_{\Lambda'}(r,s)$ *((r,s) rationnels,* $1 \leqslant s \leqslant r \leqslant +\infty$*).*

Démonstration : On reprend la démonstration du théorème 3.5.6 chapitre II de [24] (Remarquant que le morphisme $\mathcal{E}_X \to \mathcal{E}_{X\leftarrow Y}$ [dim X - dim Y] de cette démonstration définit immédiatement un morphisme $\mathcal{E}^2_\Lambda \to \mathcal{E}^2_{\Lambda\leftarrow\Lambda'}$ [dim X - dim Y], le reste de la démonstration étant identique à celle de [24]).

Proposition 2.10.8 : Soient pour $\nu = 1,2$, X_ν *une variété analytique complexe,* Λ_ν *une sous-variété involutive de* T^*X_ν, $\mathcal{M}_\nu$ *un* $\mathcal{E}^2_{\Lambda_\nu}$*-module cohérent (respt. un* $\mathcal{E}^2_\Lambda(r,s)$*-module cohérent pour (r,s) rationnels avec* $1 \leqslant s \leqslant r \leqslant +\infty$*). Soit* p_ν *la projection canonique* $T^*_{\Lambda_1\times\Lambda_2}(\tilde{\Lambda}_1\times\tilde{\Lambda}_2) \to T^*_{\Lambda_\nu}\tilde{\Lambda}_\nu$.

$$\mathcal{M} = \mathcal{E}^2_{\Lambda_1\times\Lambda_2} \underset{p_1^{-1}\mathcal{E}^2_{\Lambda_1} \otimes_{\mathbb{C}} p_2^{-1}\mathcal{E}^2_{\Lambda_2}}{\otimes} (p_1^{-1}\mathcal{M}_1 \otimes_{\mathbb{C}} p_2^{-1}\mathcal{M}_2)$$

$$(\text{respt. } \mathcal{E}^2_{\Lambda_1\times\Lambda_2}(r,s) \underset{p_1^{-1}\mathcal{E}^2_{\Lambda_1}(r,s) \otimes_{\mathbb{C}} p_2^{-1}\mathcal{E}^2_{\Lambda_2}(r,s)}{\otimes} (p_1^{-1}\mathcal{M}_1 \otimes_{\mathbb{C}} p_2^{-1}\mathcal{M}_2))$$

est un $\mathcal{E}^2_{\Lambda_1\times\Lambda_2}$ *- (respt.* $\mathcal{E}^2_{\Lambda_1\times\Lambda_2}(r,s)$*-) module cohérent que nous noterons* $\mathcal{M}_1 \hat{\otimes} \mathcal{M}_2$.

3. Application à l'étude des systèmes d'équations différentielles et microdifférentielles

Soit X une variété analytique complexe et Λ une sous-variété involutive homogène de T^*X. Si $\mathcal{M}$ est un $\mathcal{E}_X$-module cohérent défini au voisinage de Λ, sa variété microcaractéristique de type (r,s) le long de Λ est le support de $(\mathcal{E}^2_\Lambda(r,s) \otimes_{\pi^{-1}(\mathcal{E}_X|_\Lambda)} \pi^{-1}\mathcal{M})$ $(\pi : T^*_\Lambda\tilde{\Lambda} \to \Lambda)$.

Dans le paragraphe 3.1., nous étudions quelques propriétés de cette variété. C'est un sous-ensemble analytique bihomogène de $T^*_\Lambda\tilde{\Lambda}$ et il est bi-involutif pour la structure de variété bisymplectique de $T^*_\Lambda\tilde{\Lambda}$ que nous avons définie au chapitre précédent. (Si Λ est lagrangienne, cela signifie que la variété microcaractéristique est un sous-ensemble analytique bihomogène involutif de $T^*\Lambda$). Nous montrons que la notion de système à points singuliers réguliers de Kashiwara-Oshima [14] a une interprétation simple en termes de variété microcaractéristique de type $(\infty,1)$ (§.3.1.3).

Nous revenons sur la définition du polygône de Newton que nous avions vue dans le cas des opérateurs 2-microdifférentiels (chapitre 2).

Ce polygône est un invariant très important pour un opérateur (micro)-différentiel défini au voisinage d'une sous-variété involutive du fibré cotangent T^*X, c'est un invariant algébrique et à ce titre il peut permettre l'ébauche d'une classification des $\mathcal{D}$-modules et d'autre part il se relie à la croissance des solutions de l'opérateur et donc aux invariants analytiques de l'opérateur comme nous le verrons dans la suite. Nous montrons sur des exemples comment on peut calculer ce polygône et les symboles principaux de type (r,s) de l'opérateur. On peut ainsi, au moins dans les cas simples, calculer les variétés microcaractéristiques d'un systèmes d'équations (micro)-différentielles.

Les trois derniers paragraphes du chapitre 3 sont consacrés à des applications de ce qui a été développé précédemment.

Dans le paragraphe 3.2, nous étudions le problème de Cauchy dans le domaine complexe généralisant les résultats de Kashiwara-Schapira [15], nous obtenons en particulier un théorème sur le problème de Cauchy pour un système d'équations aux dérivées partielles lorsque les données sont des fonctions holomorphes ayant des singularités sur certaines hypersurfaces. Lorsque les données sont méromorphes ou lorsque la croissance de la fonction au voisinage de la singularité est contrôlée, on contrôle la croissance des solutions en fonctions des variétés microcaractéristiques de type (r,1) du système ; en particulier dans le cas d'un seul opérateur le contrôle se fait en fonction du polygône de Newton de cet opérateur.

Dans le paragraphe suivant nous démontrons un théorème de prolongement des solutions d'un système au travers d'une surface non microcaractéristique et nous en déduisons la (faible) constructibilité des solutions d'un module holonôme dans les faisceaux de microfonctions holomorphes $\mathcal{C}^{\infty}_{Y|X}$ ou $\mathcal{C}_{Y|X}$ ou plus généralement $\mathcal{C}_{Y|X}(r,s)$.

Enfin nous terminons avec le paragraphe 3.4 ou nous étudions la croissance des solutions séries formelles d'un système d'équations aux dérivées partielles. Nous généralisons ainsi les travaux de Ramis [21], [22] qui donnent les résultats en dimension 1 et de Kashiwara-Kawaï-Sjöstrand [16 bis] qui donnent des résultats en plusieurs variables mais dans le cas d'un opérateur unique et qui vérifie une condition de Lévi.

3.1 Rappels et Définitions. Exemples

3.1.1 Variété microcaractéristique

Nous allons commencer le §.3 en récapitulant quelques définitions des chapitres précédents et en les reliant à d'autres définitions ([2], [14], [15], [18], [19]).

Soit X une variété analytique complexe et soit Λ une sous-variété involutive homogène de T^*X. Nous avons défini à partir de Λ la sous-variété lagrangienne homogène $\tilde{\Lambda}$ de $T^*(X\times X)$ (§.2).

Nous avons défini sur $T^*_\Lambda\tilde{\Lambda}$ les faisceaux d'anneaux canoniques $\mathcal{E}^{2\infty}_\Lambda$, $\mathcal{E}^2_\Lambda$, $\mathcal{E}^{2\infty}_\Lambda(r,s)$, $\mathcal{E}^2_\Lambda(r,s)$.

Si π est la projection canonique $T^*_\Lambda\tilde{\Lambda} \to \Lambda$ on a des morphismes injectifs d'anneaux :

$$\pi^{-1}\left(\mathcal{E}_X\big|_\Lambda\right) \hookrightarrow \mathcal{E}^2_\Lambda$$

et pour (r,s) rationnels, $1 \leqslant s \leqslant r \leqslant +\infty$, $\pi^{-1}\left(\mathcal{E}_X\big|_\Lambda\right) \hookrightarrow \mathcal{E}^2_\Lambda(r,s)$.

$\mathcal{E}^2_\Lambda$ (resp. $\mathcal{E}^2_\Lambda(r,s)$) est un faisceau d'anneaux unitaires, cohérent et noethérien, plat sur $\pi^{-1}\left(\mathcal{E}_X\big|_\Lambda\right)$.

Si $\mathcal{M}$ est un $\mathcal{E}_X$-module cohérent défini au voisinage de Λ on pose :

$$Ch^2_\Lambda(\mathcal{M}) = \text{support}\left(\mathcal{E}^2_\Lambda \otimes_{\pi^{-1}(\mathcal{E}_X|_\Lambda)} \pi^{-1}(\mathcal{M}|_\Lambda)\right)$$

et pour (r,s) rationnels $1 \leqslant s \leqslant r \leqslant +\infty$:

$$Ch^2_\Lambda(r,s)(\mathcal{M}) = \text{support}\left(\mathcal{E}^2_\Lambda(r,s) \otimes_{\pi^{-1}(\mathcal{E}_X|_\Lambda)} \pi^{-1}(\mathcal{M}|_\Lambda)\right)$$

Ce sont des sous-ensembles de $T^*_\Lambda\tilde{\Lambda}$.

On a une application $T^*(T^*X) \to T^*_\Lambda\tilde{\Lambda}$ définie par le diagramme suivant :

$$\begin{array}{ccc} \Lambda \subset T^*X \approx T^*_X X\times X & & \\ \cap & & \downarrow \\ \tilde{\Lambda} & \hookrightarrow & T^*X\times X \end{array}$$

Par ailleurs, le fibré tangent normal à Λ, $T_\Lambda(T^*X)$ est défini par la suite exacte :

$$0 \to T\Lambda \to T(T^*X) \times_{T^*X} \Lambda \to T_\Lambda(T^*X) \to 0 .$$

La structure symplectique de T^*X définit un isomorphisme canonique :

$$H : T^*(T^*X) \to T(T^*X) .$$

<u>*Lemme 3.1.1*</u> : <u>*L'isomorphisme*</u> *$H : T^*(T^*X) \to T(T^*X)$* <u>*induit un isomorphisme*</u> *$T^*_\Lambda\tilde{\Lambda} \to T_\Lambda(T^*X)$.*

<u>Démonstration</u> : Considérons le diagramme suivant :

$$\begin{array}{ccccccccc} 0 & \longrightarrow & T\Lambda & \longrightarrow & T(T^*X)\times_{T^*X}\Lambda & \longrightarrow & T_\Lambda(T^*X) & \longrightarrow & 0 \\ & & & & \downarrow H^{-1} & & & & \\ & & & & T^*(T^*X)\times_{T^*X}\Lambda & \longrightarrow & T^*_\Lambda\tilde{\Lambda} & \longrightarrow & 0 \end{array}$$

Pour montrer que H^{-1} induit un isomorphisme $T_\Lambda(T^*X) \to T^*_\Lambda\tilde{\Lambda}$, il suffit de montrer que le noyau de l'application $T(T^*X)\times_{T^*X}\Lambda \to T^*_\Lambda\tilde{\Lambda}$ est exactement $T\Lambda$.

Pour cela on choisit des coordonnées symplectiques (non homogènes) de T^*X pour lesquelles $\Lambda = \{(x,y,\xi,\eta) \in T^*X \ / \ \xi = 0\}$, alors $T^*_\Lambda\tilde{\Lambda}$ est muni des coordonnées

(x,y,η,x^*), H^{-1} est définie par $(x,y,\xi,\eta,\tilde{x},\tilde{y},\tilde{\xi},\tilde{\eta}) \to (x,y,\xi,\eta,-\tilde{\xi},-\tilde{\eta},\tilde{x},\tilde{y})$ et donc l'application $T(T^*X) \underset{T^*X}{\times} \Lambda \to T^*_\Lambda\tilde{\Lambda}$ est définie par $(x,y,0,\eta;\tilde{x},\tilde{y},\tilde{\xi},\tilde{\eta}) \to (x,y,\eta,-\tilde{\xi})$, son noyau est donc $\{(x,y,\xi,\eta;\tilde{x},\tilde{y},\tilde{\xi},\tilde{\eta}) \in T(T^*X) \ / \ \xi = 0 \ \tilde{\xi} = 0\}$, c'est-à-dire $T\Lambda$.

q.e.d.

Rappelons la définition du cône normal a un ensemble (cf. [26] ou [15] §.2) :

Soit W une variété de classe C^1, TW l'espace tangent à W et V et S deux sous-ensembles de W. Si $x \in W$, $C_x(S;V)$ est le sous-ensemble de T_xW défini par :
$C_x(S;V) = \{v \in T_xW$; il existe une suite (x_n) de points de S convergeant vers x, une suite (y_n) de points de V convergeant vers x et une suite (a_n) de $\mathbb{R}_+$ telles que $v = \lim a_n(x_n-y_n)\}$.

Le cône normal à S le long de V, C(S;V) est la réunion des $C_x(S;V)$ pour $x \in W$.

Si V est une sous-variété de W, C(S;V) est invariant par TV, on l'identifie alors a son image dans T_VW et on le note $C_V(S)$.

Proposition 3.1.2 : Soit Λ *une sous-variété involutive de* T^*X, $\mathcal{M}$ *un* $\mathcal{E}_X$*-module cohérent défini au voisinage de* Λ.

Si on identifie $T^*_\Lambda\tilde{\Lambda}$ *et* $T_\Lambda(T^*X)$ *au moyen de l'isomorphisme H du lemme 3.1.1 on a :*

$$Ch^2_\Lambda(\mathcal{M}) = C_\Lambda(Ch(\mathcal{M}))$$

où $Ch(\mathcal{M})$ *désigne la variété caractéristique de* $\mathcal{M}$ *(c'est-à-dire que les vecteurs de* $Ch^2_\Lambda(\mathcal{M})$ *sont les vecteurs microcaractéristiques pour* $(\mathcal{M},\Lambda)$ *au sens de* [15] *et* [16]*).*

Démonstration : Soit $0 \to \mathcal{M}' \to \mathcal{M} \to \mathcal{M}'' \to 0$ une suite exacte de $\mathcal{E}_X$-modules cohérents définie au voisinage de Λ. $\mathcal{E}^2_\Lambda$ est plat sur $\pi^{-1}\left(\mathcal{E}_X|_\Lambda\right)$ donc on a encore une suite exacte :

$$0 \to \mathcal{E}^2_\Lambda \underset{\pi^{-1}(\mathcal{E}_X|_\Lambda)}{\otimes} \pi^{-1}(\mathcal{M}'|_\Lambda) \to \mathcal{E}^2_\Lambda \underset{\pi^{-1}(\mathcal{E}_X|_\Lambda)}{\otimes} \pi^{-1}(\mathcal{M}|_\Lambda) \to \mathcal{E}^2_\Lambda \underset{\pi^{-1}(\mathcal{E}_X|_\Lambda)}{\otimes} (\pi^{-1}\mathcal{M}''|_\Lambda) \to 0$$

et donc $Ch^2_\Lambda(\mathcal{M}) = Ch^2_\Lambda(\mathcal{M}') \cup Ch^2_\Lambda(\mathcal{M}'')$. De même

$$C_\Lambda(Ch(\mathcal{M})) = C_\Lambda(Ch(\mathcal{M}') \cup Ch(\mathcal{M}''))$$

$$= C_\Lambda(Ch(\mathcal{M}')) \cup C_\Lambda(Ch(\mathcal{M}'')) .$$

Soit $u_1,\dots,u_N$ un système de générateurs de $\mathcal{M}$, soit $\mathcal{M}' = \mathcal{E}_X u_1$ et $\mathcal{M}''$ le conoyau de $\mathcal{M}' \hookrightarrow \mathcal{M}$.

D'après ce qui précède il suffit de montrer la proposition pour $\mathcal{M}'$ et $\mathcal{M}''$, or $\mathcal{M}'$ et $\mathcal{M}''$ sont engendrés respectivement par 1 et (N-1) générateurs.

Par un raisonnement par récurrence sur le nombre de générateurs de $\mathcal{M}$ on est donc ramené à démontrer le théorème dans le cas d'un module a un seul générateur : on peut supposer $\mathcal{M} = \mathcal{E}_X/\mathcal{J}$ ou $\mathcal{J}$ est un idéal cohérent de $\mathcal{E}_X$.

Dans ce cas, d'après la proposition 2.6.12, $Ch^2_\Lambda(\mathcal{M}) = \{\theta \in T^*_\Lambda\tilde{\Lambda} \ / \ \sigma_\Lambda(P)(\theta) = 0$ pour tout $P \in \mathcal{J}\}$. Or d'après [15] lemme 2.1 on a :

$$C_\Lambda(Ch(\mathcal{M})) = \{\theta \in T_\Lambda(T^*X) \ / \ \sigma_\Lambda(\sigma(P))(\theta) = 0 \text{ pour tout } P \in \mathcal{J}\} .$$

Or via l'isomorphisme $H : T^*_\Lambda\tilde{\Lambda} \to T_\Lambda(T^*X)$, $\sigma_\Lambda(P)$ s'identifie à $\sigma_\Lambda(\sigma(P))$ (suivant les notations de [15]) donc $Ch^2_\Lambda(\mathcal{M})$ s'identifie à $C_\Lambda(Ch(\mathcal{M}))$. q.e.d.

Proposition 3.1.3 : Soit Λ une sous-variété involutive régulière ou maximalement dégénérée de T^*X (i.e. l'ensemble des points de Λ ou la 1-forme canonique de T^*X s'annule est vide ou est une variété lagrangienne).

Alors par l'isomorphisme $H : T^*_\Lambda\tilde{\Lambda} \to T_\Lambda(T^*X)$, $Ch^2_\Lambda(\infty,1)(\mathcal{M})$ s'identifie au sous-ensemble noté $Ch_\Lambda(\mathcal{M})$ dans [18].

Démonstration : Comme dans la démonstration précédente on peut se ramener au cas $\mathcal{M} = \mathcal{E}_X/\mathcal{J}$.

Alors d'après la proposition 2.6.13

$$Ch^2_\Lambda(\infty,1)\ (\mathcal{M}) = \{\theta \in T^*_\Lambda\tilde{\Lambda}\ /\ \sigma_\Lambda^{(\infty,1)}(P)\ (\theta) = 0 \text{ pour tout } P \in \mathcal{J}\}$$

et il est facile de voir que les définitions de [18] impliquent que $H^{-1}(Ch_\Lambda(\mathcal{M}))$ (notations de [18]) est égal à cet ensemble. q.e.d.

3.1.2 Polygône de Newton d'un opérateur. Exemples

Nous avons défini le polygône d'un opérateur lorsque $\Lambda = \{(x,y,z,\xi,\eta,\zeta) \in T^*X\ /\ \xi = 0,\ z = 0\}$ au §.2.4.

Nous allons rappeler cette définition et constater que le théorème 2.8.5 permet de définir ce polygône pour toute variété involutive.

Supposons donc qu'il existe des coordonnées locales (x,y,z) de X pour lesquelles $\Lambda = \{(x,y,z,\xi,\eta,\zeta) \in T^*X\ /\ \xi = 0,\ z = 0\}$. Alors $T^*_\Lambda\tilde{\Lambda}$ est muni des coordonnées locales $(x,y,\eta,\zeta;x^*,\zeta^*)$.

Soit P un opérateur microdifférentiel de $\mathcal{E}_X$ défini au voisinage de Λ, P a un symbole $\sum\limits_{j\leq m} P_j(x,y,z,\xi,\eta,\zeta)$ où chaque P_j est une fonction holomorphe définie au voisinage de Λ, homogène de degré j en (ξ,η,ζ).

On peut alors développer P_j en série de Taylor au voisinage de Λ :

$$P_j(x,y,z,\xi,\eta,\zeta) = \sum_{\alpha,\beta} P_j^{\alpha\beta}(x,y,\eta,\zeta)\ \xi^\alpha\ z^\beta$$

On définit alors les fonctions P_{ij} sur $T^*_\Lambda\tilde{\Lambda}$ pour $i \geq 0$ par :

$$P_{ij}(x,y,\eta,\zeta;x^*,\zeta^*) = \sum_{i=|\alpha|+|\beta|} P_j^{\alpha\beta}(x,y,\eta,\zeta)(x^*)^\alpha\ (-\zeta^*)^\beta$$

Alors l'image de P dans $\mathcal{E}^2_\Lambda$ a pour symbole $\sum\limits_{(i,j)} P_{ij}$.

Le polygône de Newton de P le long de Λ, $N_\Lambda(P)$ est, par définition, l'enveloppe convexe de la réunion des ensembles $S_{i_0,k_0} = \{(i,k) \in \mathbb{Z}^2 \;/\; k \leqslant k_0 \;\; i+k \leqslant i_0 + k_0\}$ pour les (i_0,k_0) tels que P_{i_0,k_0+i_0} ne soit pas identiquement nulle.

(On définit de la même manière le polygône de Newton pour tout opérateur 2-microdifférentiel de $\mathcal{E}^2_\Lambda$).

Si P est un opérateur microdifférentiel d'ordre m, $P_{ij} \not\equiv 0 \Rightarrow i \geqslant 0$ et $j \leqslant m$, $N_\Lambda(P)$ est alors un sous-ensemble convexe fermé de $\mathbb{Z}^2$ limité par une demi-droite $\{i < i_0,\ k = k_0\}$, une demi-droite $\{i+k=m,\ i>i_1\}$ et un nombre fini de segments de droite de pentes comprises strictement entre 0 et -1 qui relient les extrêmités de ces demi-droites.

__Définition 3.1__ : __Nous appellerons "bord distingué du polygône de Newton de P" la réunion de ces segments de droites (à l'exclusion donc des deux demi-droites ouvertes)__.

Si $X=\mathbb{C}$ et $\Lambda = T^*_{\{0\}}\mathbb{C}$ on retrouve la définition usuelle du polygône de Newton d'un opérateur différentiel ordinaire (cf. Ramis [21]).

Le théorème 2.8.5 montre que le polygône de Newton ne dépend pas des coordonnées de Λ et qu'il est invariant par transformation canonique. On peut donc définir le polygône de Newton d'un opérateur le long de toute sous-variété involutive régulière ou maximalement dégénérée et en ajoutant une variable (cf. démonstration du théorème 2.8.5) on peut définir __le polygône de Newton d'un opérateur microdifférentiel__ le long de toute sous-variété involutive Λ de T^*X.

Pour calculer pratiquement ce polygône de Newton on peut procéder de la manière suivante :

(1) Si il existe des coordonnées (x,y,z) de X telles que $\Lambda=\{(x,y,z,\xi,\eta,\zeta) \in T^*X \;/\; \xi = 0,\ z = 0\}$, on développe l'opérateur microdifférentiel P au voisinage de Λ en série de Taylor et on applique la définition rappelée plus haut.

② Si Λ est une sous-variété involutive régulière ou maximalement dégénérée de T^*X, on choisit une transformation canonique $\varphi : T^*X \to T^*X$ telle que $\Lambda_0 = \varphi(\Lambda)$ soit du type ① et une transformation canonique quantifiée $\Phi : \mathcal{E}_X \to \mathcal{E}_X$ au-dessus de φ, alors si P est un opérateur microdifférentiel défini au voisinage de Λ, le polygône de Newton de P le long de Λ est égal au polygône de Newton de $\Phi(P)$ le long de Λ_0.

③ Si Λ est une sous-variété involutive quelconque de T^*X, on considère $\hat{X} = X\times\mathbb{C}$ et $\hat{\Lambda} = \Lambda \times \dot{T}^*\mathbb{C} \subset T^*\hat{X}$, $\hat{\Lambda}$ est une sous-variété involutive régulière de $T^*\hat{X}$. Si P est un opérateur microdifférentiel sur X défini au voisinage de Λ on peut le considérer comme opérateur sur $\hat{X}$ défini près de $\hat{\Lambda}$ et définir son polygône de Newton comme en ②.

(Dans tous les cas, le polygône de Newton de P le long de Λ ne dépend que de P et de Λ, quelle que soit la méthode de construction).

D'après le théorème 2.8.5, si P est un opérateur 2-microdifférentiel de $\mathcal{E}^2_\Lambda$ donc si P est en particulier un opérateur microdifférentiel défini près de Λ on peut définir de manière intrinsèque tous les symboles P_{ij} comme fonctions holomorphes sur $T^*_\Lambda\tilde{\Lambda}$ lorsque (i,j-i) appartient au bord distingué du polygône de Newton de P (déf. 3.1). En d'autre termes P_{ij} est défini de manière intrinsèque si $P_{mn} \equiv 0$ pour tous les $(m,n) \in \mathbb{Z}^2$ tels que $m \geqslant j$ et $m-n \geqslant j-i$. On calcule P_{ij} suivant la même méthode que le polygône de Newton (cf. exemples 3.1.4 et 3.1.5 ci-dessous).

Enfin, rappelons que nous avons défini les symboles $\sigma_\Lambda^{(r,s)}(P)$ pour tous les rationnels (r,s) tels que $1 \leqslant s \leqslant r \leqslant +\infty$, on les retrouve à partir du polygône de Newton de P de la manière suivante :

Soit P un opérateur microdifférentiel défini au voisinage de Λ et notons $\lambda_0 = -1 < \lambda_1 <\ldots< \lambda_{N+1} = 0$ la suite (finie) des pentes du polygône de Newton de P.

a) Si $\underline{r = s}$, soit $\nu \in [0,\dots,N]$ tel que $\lambda_\nu \leqslant -\frac{1}{r} < \lambda_{\nu+1}$, alors $\sigma_\Lambda^{(r,r)}(P)$ est égal à $P_{i,j}$ où $(i,j-i)$ est le sommet du polygône de Newton de P situé à l'intersection des côtés de ce polygône de pentes λ_ν et $\lambda_{\nu+1}$.

b) Si $\underline{s < r}$, soient ν tel que $\lambda_\nu < -\frac{1}{r} \leqslant \lambda_{\nu+1}$ et μ tel que $\lambda_\mu \leqslant -\frac{1}{s} < \lambda_{\mu+1}$.

i) si $\mu = \nu$, $\sigma_\Lambda^{(r,s)}(P) = P_{i,j}$ où $(i,j-i)$ est le sommet du polygône de Newton de P situé à l'intersection des côtés de pentes λ_ν et $\lambda_{\nu+1}$.

ii) si $\mu < \nu$ $\sigma_\Lambda^{(r,s)}(P) \equiv 0$.

<u>Exemple 3.1.4</u> : Soit P un opérateur microdifférentiel d'ordre m, dont le symbole principal P_m s'annule exactement à l'ordre 3 sur Λ.

a) Supposons qu'il existe des coordonnées locales (x,y,z) de X dans lesquelles $\Lambda = \{(x,y,z,\xi,\eta,\zeta) \in T^*X \ / \ \xi = 0,\ z = 0\}$.

Soit $P = \sum P_{ij}$ le symbole de l'image de P dans $\mathscr{E}_\Lambda^2$. Comme P est d'ordre m on a $j \leqslant m$ si $P_{ij} \not\equiv 0$ et comme P est microdifférentiel on a $i \geqslant 0$ si $P_{ij} \not\equiv 0$ (cf. §.2.4), enfin puisque P_m s'annule à l'ordre 3 sur Λ on $P_{o,m} \equiv P_{1,m} \equiv P_{2,m} \equiv 0$.

Le polygône de Newton de P, $N_\Lambda(P)$ est donc contenu dans :

$$A = \{(i,k) \in \mathbb{Z}^2 \ / \ i + k \leqslant m,\ 2i + 3k \leqslant 3m-3,\ k \leqslant m-1\} .$$

Sur le bord de ce polygône on trouve deux points qui sont les deux sommets $(0,m-1)$ et $(3,m-3)$ ce qui correspond aux deux fonctions $P_{o,m-1}$ et $P_{3,m}$.

Par hypothèse $P_{3,m} \not\equiv 0$ et donc si $P_{o,m-1} \not\equiv 0$ on a $N_\Lambda(P) = A$.

Si par contre $P_{o,m-1} \equiv 0$, $N_\Lambda(P)$ est contenu dans :

$$B = \{(i,k) \in \mathbb{Z}^2 \ / \ i + k \leqslant m,\ i + 2k \leqslant 2m-3,\ k \leqslant m-2\} ,$$

et lui est égal si $P_{1,m-1} \not\equiv 0$.

Dans le cas contraire ($P_{1,m-1} \equiv 0$), $N_\Lambda(P)$ est contenu dans $C = \{(i,k) \in \mathbb{Z}^2 \ / \ i + k \leqslant m\ ,\ i + 3k \leqslant 3m-6\ ,\ k \leqslant m-2\}$ et enfin si $P_{o,m-2} \equiv 0$, $N_\Lambda(P)$ est égal à

$D = \{(i,k) \in \mathbb{Z}^2 \ / \ i + k \leqslant m, \ k \leqslant m-3\}$.

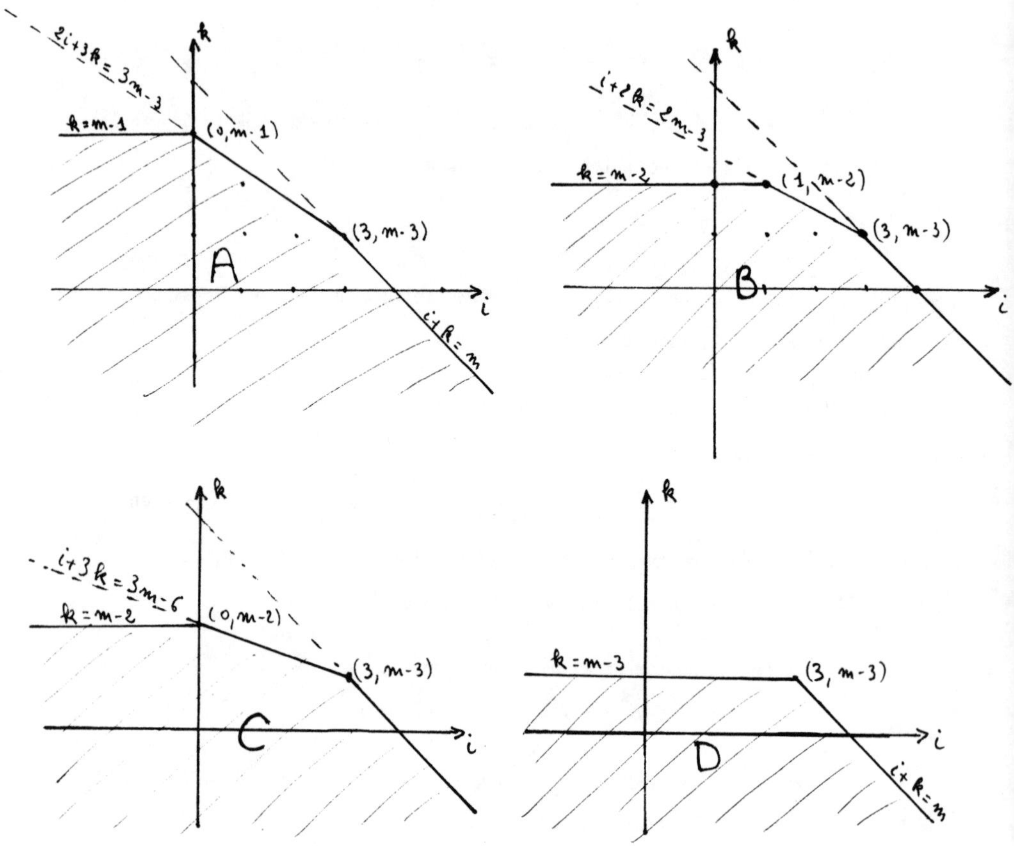

A titre d'exemple, calculons les symboles $\sigma_\Lambda^{(r,s)}(P)$ dans le cas où $N_\Lambda(P) = A$.

Dans tous les cas (A,B,C ou D) on a $\sigma_\Lambda(P) = P_{3,m}$. Si $N_\Lambda(P) = A$ on a :

<u>r=s</u>

$$\sigma_\Lambda^{(r,r)}(P) = P_{3,m} \quad \text{si} \quad 1 \leqslant r < \frac{3}{2}$$

$$= P_{o,m-1} \quad \text{si} \quad \frac{3}{2} \leqslant r \leqslant +\infty$$

$\underline{r > s}$ $\sigma_\Lambda^{(r,s)}(P) = P_{3,m}$ si $1 \leqslant s \leqslant r \leqslant \frac{3}{2}$ et $s < \frac{3}{2}$

$\sigma_\Lambda^{(r,s)}(P) = P_{o,m-1}$ si $\frac{3}{2} \leqslant s \leqslant r \leqslant +\infty$

$\sigma_\Lambda^{(r,s)}(P) \equiv 0$ dans les autres cas, en particulier $\sigma_\Lambda^{(\infty,1)}(P) \equiv 0$.

Remarquons que si $N_\Lambda(P) = D$, le symbole principal P_m de P s'annule exactement à l'ordre 3 sur Λ tandis que P_{m-1} s'annule à l'ordre au moins 2 sur Λ et P_{m-2} à l'ordre au moins 1, c'est-à-dire que P vérifie la <u>condition de Levi sur Λ</u>.

En fait, P vérifie la condition de Levi sur Λ si et seulement si $N_\Lambda(P)$ n'a qu'un seul sommet ce qui peut encore se traduire par $\sigma_\Lambda^{(\infty,1)}(P) \not\equiv 0$ ou $\sigma_\Lambda^{(\infty,1)}(P) = \sigma_\Lambda(P)$.

b) Cas général d'une variété involutive Λ quelconque. Par hypothèse on a $N_\Lambda(P) \subset A$ et on peut définir $P_{o,m-1}$, si $P_{o,m-1} \equiv 0$ on a $N_\Lambda(P) \subset B$ et on peut définir $P_{1,m-1}$, puis si $P_{1,m-1} \equiv 0$ on a $N_\Lambda(P) \subset C$ et on peut définir $P_{o,m-2}$, enfin si $P_{o,m-2} \equiv 0$ on a $N_\Lambda(P) = D$, on dira alors que P vérifie la condition de Levi sur Λ.

(Les autres symboles P_{ij} ne sont pas définis, par exemples si $N_\Lambda(P) = A$, $P_{1,m-1}$ ne peut être défini de manière intrinsèque comme une fonction holomorphe sur $T_\Lambda^*\tilde{\Lambda}$).

<u>Exemple 3.1.5</u> : Montrons sur un exemple comment on peut calculer le polygône de Newton et les symboles principaux $(\sigma_\Lambda^{(r,s)}(P))$ d'un opérateur P.

Soit Λ la sous-variété lagrangienne lisse de $\dot{T}^*\mathbb{C}^2 = \{(x,y,\xi,\eta) \in T^*\mathbb{C}^2/(\xi,\eta) \neq (0,0)\}$ définie par :

$$\Lambda = \{(x,y,\xi,\eta) \in \dot{T}\mathbb{C}^2 \ / \ 3y\eta + 2x\xi = 9x\eta^2 - 4\xi^2 = 0\}$$

En dehors de $(x,y) = (0,0)$, c'est le conormal à la variété $\{y^2 = x^3\}$.

Pour calculer le polygône de Newton d'un opérateur microdifférentiel, on peut "redresser" Λ à l'aide d'une transformation canonique mais, en dehors de $(x,y) = (0,0)$, le plus simple est d'utiliser un changement de variables, par exemple $t = x^3 - y^2$, $s = y$.

Pour obtenir le polygône de Newton au voisinage de $(x,y) = (0,0)$, il est inutile de faire une autre transformation canonique, il suffit en effet de remarquer que le polygône de Newton est <u>localement constant</u> sur $T^*\Lambda$.

De la même manière, les symboles $P_{i,j}$ pour $(i,j-i)$ sur le bord distingué du polygône de Newton (et donc aussi les symboles $\sigma_\Lambda^{(r,s)}(P)$) sont des fonctions holomorphes sur $T^*\Lambda$, il suffit donc de les calculer pour $(x,y) \neq (0,0)$, on les obtient alors sur $T^*\Lambda$ par prolongement analytique.

Reprenons comme dans l'exemple précédent un opérateur $P = \sum_{j \leq m} P_j(x,y,\xi,\eta)$ dont le symbole principal s'annule à l'ordre 3 sur Λ.

Si on fait le changement de variable $t = x^3 - y^2$, $s = y$ en dehors de $(x,y) = (0,0)$ la formule de théorème 1.1.5 chapitre II de [24] donne le symbole $P = \sum_{j \leq m} \tilde{P}_j(s,t,\sigma,\tau)$ dans les nouvelles coordonnées.

Comme coordonnées (non symplectiques) de $\dot{T}^*\mathbb{C}^2$ au voisinage de Λ, on peut choisir $(u = 3y\eta + 2x\xi,\ v = 9x\eta^2 - 4\xi^2, \xi, \eta)$, alors $\Lambda = \{(u,v,\xi,\eta) \in T^*\mathbb{C}^2 / u=v=0\}$ et $T^*\Lambda$ est muni des coordonnées (ξ,η,ξ^*,η^*).

On a alors :

$$\begin{cases} P_{o,m-1}(\xi,\eta) = \tilde{P}_{m-1}\Big|_\Lambda \\ P_{o,m-2}(\xi,\eta) = \tilde{P}_{m-2}\Big|_\Lambda \\ P_{1,m-1}(\xi,\eta,\xi^*,\eta^*) = \dfrac{\partial \tilde{P}_{m-1}}{\partial \xi}\Big|_\Lambda \cdot \xi^* + \dfrac{\partial \tilde{P}_{m-2}}{\partial \eta}\Big|_\Lambda \cdot \eta^* \end{cases}$$

En fait ces fonctions ne sont définies que pour $(x,y) \neq (0,0)$, c'est-à-dire pour $\xi \neq 0$ mais si P_m s'annule à l'ordre 3 sur Λ, $P_{o,m-1}(\xi,\eta)$ se prolonge holomorphiquement sur tout Λ d'après le théorème 2.8.5 et la fonction obtenue ne dépend que de P et de Λ.

Si de plus $P_{o,m-1} \equiv 0$, alors $P_{1,m-1}$ se prolonge holomorphiquement sur tout $T^*\Lambda$ et si $P_{1,m-1} \equiv 0$, alors de même $P_{o,m-2}$ se prolonge holomorphiquement à Λ toujours d'après le théorème 2.8.5.

La condition de Levi sur Λ s'écrit dans ce cas $P_{o,m-1} \equiv P_{1,m-1} \equiv P_{o,m-2} \equiv 0$.

3.1.3 Condition de Levi. Systèmes à points singuliers réguliers

Si $\Lambda = \{(x,y,z,\xi,\eta,\zeta) \in T^*X \ / \ \xi = 0,\ z = 0\}$ la condition de Levi pour un opérateur (cf. [3]) s'écrit : $\sigma_\Lambda^{(\infty,1)}(P) \not\equiv 0$.

Cette condition étant invariante par transformation canonique on obtient :

Proposition 3.1.5 : Si Λ est une sous-variété involutive de T^*X, P un opérateur microdifférentiel défini au voisinage de Λ, P vérifie la condition de Levi sur Λ si et seulement si il vérifie une des conditions équivalentes suivantes :

i) $\sigma_\Lambda^{(\infty,1)}(P) \not\equiv 0$

ii) $\sigma_\Lambda^{(\infty,1)}(P) = \sigma_\Lambda(P)$

iii) Le polygône de Newton de P a un seul sommet (et son bord est donc constitué des seules demi-droites de pentes 0 et -1)

iv) Si $\mathcal{M} = \mathcal{E}_X / \mathcal{E}_X P$ *on a :*

$$Ch_\Lambda^2(\mathcal{M}) = Ch_\Lambda^2(\infty,1)\ (\mathcal{M})\ .$$

(L'équivalence (ii) $\Longleftrightarrow$ (iv) est une conséquence immédiate du théorème 2.4.12).

Cette proposition nous permet de définir la condition de Levi pour un système (cf. [18]) :

Définition 3.1.6 : Si $\mathcal{M}$ est un $\mathcal{E}_X$-module cohérent défini au voisinage de Λ on dira que $\mathcal{M}$ vérifie la condition de Levi sur Λ si

$$Ch^2_\Lambda(\infty,1)(\mathcal{M}) = Ch^2_\Lambda(\mathcal{M}) .$$

On peut également relier $Ch^2_\Lambda(\infty,1)(\mathcal{M})$ à la notion de système à points singuliers réguliers au sens de [14] et [11] ; rappelons la définition de [14] et [11]:

Si Λ est une sous-variété involutive de T^*X, on note $\mathcal{J}_\Lambda$ l'ensemble des opérateurs P microdifférentiels d'ordre 1 tels que $\sigma_1(P)$ s'annule sur Λ et $\mathcal{E}_\Lambda$ le sous-anneau de $\mathcal{E}_X$ engendré par $\mathcal{J}_\Lambda$.

En fait il est facile de voir que $\mathcal{J}_\Lambda$ (resp. $\mathcal{E}_\Lambda$) est le sous-ensemble de $\mathcal{E}_X$ des opérateurs dont l'image dans $\mathcal{E}^2_\Lambda$ appartient à $\mathcal{E}^2_\Lambda(\infty,1)$ [1,1] (resp. $\bigcup_{i\geq 0} \mathcal{E}^2_\Lambda(\infty,1)[i,i]$) (pour la déf. de $\mathcal{E}^2_\Lambda(\infty,1)[i,j]$ cf. déf. 2.4.1 et th. 2.8.5).

On note $\mathcal{E}_X(0)$ l'anneau des opérateurs microdifférentiels d'ordre 0.

Définition (définition 1.1.11. de [11]) :

Soit $\mathcal{M}$ un $\mathcal{E}_X$-module cohérent défini sur $\Omega \subset T^*X-T^*_XX$. $\mathcal{M}$ est à singularités régulières le long de Λ si les conditions équivalentes suivantes sont satisfaites :

(i) Pour tout point p de Ω, il existe un voisinage U de p et un $\mathcal{E}_\Lambda$-sous-module $\mathcal{M}_0$ de $\mathcal{M}$ défini sur U qui est cohérent sur $\mathcal{E}_X(0)$ et qui engendre $\mathcal{M}$ comme $\mathcal{E}_X$-module.

(ii) Pour tout $\mathcal{E}_X(0)$-sous-module cohérent $\mathcal{L}$ de $\mathcal{M}$, $\mathcal{E}_\Lambda \mathcal{L}$ est cohérent sur $\mathcal{E}(0)$.

(iii) Pour tout point p de Ω, il existe un voisinage U de p et un $\mathcal{E}_X(0)$-sous-module de type fini $\mathcal{M}_0$ de $\mathcal{M}$ tel que $\mathcal{M} = \mathcal{E}_X \mathcal{M}_0$ et $\mathcal{J}_\Lambda \mathcal{M}_0 = \mathcal{M}_0$.

(iv) Pour tout point p de Ω, il existe un voisinage U de p et un système $(u_1,\dots,u_N)$ de générateurs de $\mathcal{M}$ sur U tel que la suite $(\mathcal{M}_k)_{k\geq 1}$ définie par $\mathcal{M}_k = \sum_{j=1}^{N} \mathcal{J}^k_\Lambda u_j$ soit stationnaire.

Démonstration : Les conditions (i) et (ii) sont celles de la définition 1.1.11 de [11]. Montrons que les conditions (iii) et (iv) leur sont équivalentes.

(i) $\Rightarrow$ (iii) évident.

(iii) $\Rightarrow$ (i) $\mathcal{M}$ est cohérent sur $\mathcal{E}_X$ donc il est pseudo-cohérent sur $\mathcal{E}_X(0)$, donc si $\mathcal{M}_0$ est de type fini sur $\mathcal{E}_X(0)$, il est cohérent sur $\mathcal{E}_X(0)$ (cf. [11] §.1.1). De plus $\mathcal{E}_\Lambda$ est engendré par $\mathcal{J}_\Lambda$ donc si $\mathcal{J}_\Lambda \mathcal{M}_0 = \mathcal{M}_0$, $\mathcal{M}_0$ est un $\mathcal{E}_\Lambda$-module.

(iii) $\Rightarrow$ (iv) Soit $(u_1,\dots,u_N)$ un système de générateurs de $\mathcal{M}_0$ comme $\mathcal{E}_X(0)$-module et posons $\mathcal{M}_k = \sum_{j=1}^{N} \mathcal{J}_\Lambda^k u_j$. Alors $\mathcal{J}_\Lambda \mathcal{M}_0 = \mathcal{M}_0 \Rightarrow \mathcal{M}_0 = \mathcal{M}_1$ et la suite $(\mathcal{M}_k)_{k\geqslant 1}$ est donc stationnaire.

(iv) $\Rightarrow$ (iii). Soit $(u_1,\dots,u_N)$ un système local de générateurs de $\mathcal{M}$ définissant une suite $(\mathcal{M}_k)$ stationnaire et soit k_0 tel que $\mathcal{M}_{k_0} = \mathcal{M}_{k_0+1}$.

Posons $\mathcal{M}_0 = \mathcal{M}_{k_0}$. On a bien $\mathcal{J}_\Lambda \mathcal{M}_0 = \mathcal{M}_0$ et $\mathcal{E}_X \mathcal{M}_0 = \mathcal{M}$, de plus $\mathcal{J}_\Lambda^{k_0}$ est un $\mathcal{E}_X(0)$-module cohérent donc $\mathcal{M}_0 = \sum_{j=1}^{N} \mathcal{J}_\Lambda^{k_0} u_j$ est de type fini sur $\mathcal{E}_X(0)$.

Théorème 3.1.7 : *Soit Λ une sous-variété involutive (lisse) de T^*X et $\mathcal{M}$ un $\mathcal{E}_X$-module cohérent défini au voisinage de Λ.*

$\mathcal{M}$ est à singularités régulières le long de Λ sur un ouvert Ω de $T^*X \setminus T^*_XX$ si et seulement si :

$$Ch^2_\Lambda(\infty,1)\ (\mathcal{M})\ \cap\ \pi^{-1}\ (\Omega) \subset \Lambda$$

(π est la projection $T^*_\Lambda\tilde{\Lambda} \to \Lambda$ et on identifie Λ à la section nulle de $T^*_\Lambda\tilde{\Lambda}$).

Remarque : $Ch^2_\Lambda(\mathcal{M}) \subset Ch^2_\Lambda(\infty,1)(\mathcal{M})$ donc on a alors $Ch^2_\Lambda(\mathcal{M}) \subset \Lambda$ donc $Ch(\mathcal{M}) \subset \Lambda$, c'est-à-dire que la variété caractéristique de $\mathcal{M}$ est contenue dans Λ (cf. Lemme 1.1.13 de [11]).

Démonstration : Le problème est local, nous nous plaçons au voisinage d'un point p de Ω.

① Supposons tout d'abord que $\mathcal{M}$ est à singularités régulières le long de Λ et montrons que $Ch^2_\Lambda(\infty,1)(\mathcal{M}) \subset \Lambda$.

D'après la condition (iii) de la définition précédente, il existe un $\mathcal{E}_X(0)$-sous-module de type fini $\mathcal{M}_0$ de $\mathcal{M}$ tel que $\mathcal{J}_\Lambda\, \mathcal{M}_0 = \mathcal{M}_0$ et $\mathcal{M} = \mathcal{E}_X\, \mathcal{M}_0$.

On peut donc écrire $\mathcal{M}_0 = \sum_{j=1}^{N} \mathcal{E}_X(0)\, u_j$ et on aura :

a) $\mathcal{M} = \sum_{j=1}^{N} \mathcal{E}_X\, u_j$

b) $\mathcal{J}_\Lambda\, u_j \subset \mathcal{M}_0$ pour $j=1,\dots N$.

Soit $\theta \in T^*_\Lambda\tilde{\Lambda} \setminus \Lambda$, il existe une fonction f holomorphe sur $T^*_\Lambda\tilde{\Lambda}$ et linéaire en les variables de la fibre telle que $f(\theta) \neq 0$; il existe donc une fonction φ holomorphe sur T^*X au voisinage de Λ, qui s'annule à l'ordre 1 sur Λ, telle que $f = \sigma_\Lambda(\varphi)$ et homogène de degré 1.

Soit P un opérateur microdifférentiel d'ordre 1, de symbole principal φ. Alors P appartient à $\mathcal{J}_\Lambda$ et $\sigma_\Lambda^{(\infty,1)}(P)\ (\theta) = f(\theta) \neq 0$.

Pour $j = 1,\dots N$, $P\, u_j \in \mathcal{M}_0$ donc il existe des opérateurs microdifférentiels d'ordre 0, $A_{j,1},\dots,A_{j,N}$ tels que $P\, u_j = \sum_{i=1}^{N} A_{j,i}\, u_i\ (j = 1,\dots,N)$.

Si $u = (u_1,\dots,u_N)$ et $A = (A_{ij})_{\substack{1\leq i\leq N\\ 1\leq j\leq N}}$ on a donc $P u = A u$.

A est d'ordre 0 et P d'ordre 1, donc si Id_N désigne la matrice identité d'ordre N, la matrice $(P\, Id_N - A)$ est telle que $\sigma_\Lambda^{(\infty,1)}\ (P\, Id_N - A) = \sigma_\Lambda^{(\infty,1)}(P)\ Id_N$ donc comme $\sigma_\Lambda^{(\infty,1)}(P)\ (\theta) \neq 0$ il est facile de voir (suivant la démonstration du théorème 2.4.12) que $P\, Id_N - A$ est inversible dans l'anneau des matrices carrées à coefficients dans $\mathcal{E}^2_\Lambda$ $(\infty,1)$ au voisinage de θ.

Donc $\forall\theta \in T^*_\Lambda\tilde{\Lambda} \setminus \Lambda$, $\theta \notin Ch^2_\Lambda(\infty,1)(\mathcal{M})$. q.e.d.

② Supposons inversement que $Ch^2_\Lambda(\infty,1)(\mathcal{M}) \subset \Lambda$, nous allons montrer que $\mathcal{M}$ vérifie (iv).

Soit $(u_1,\ldots,u_N)$ un système local de générateurs de $\mathcal{M}$ et $\mathcal{M}_k = \sum_{j=1}^{N} \mathcal{J}^k_\Lambda u_j$ pour $k \geqslant 1$. Pour montrer que la suite $\mathcal{M}_k$ est stationnaire, il suffit de montrer que, pour $j = 1,\ldots,N$, chacune des suites $\mathcal{M}^j_k = \mathcal{J}^k_\Lambda u_j$ est stationnaire.

On peut donc supposer que $\mathcal{M}$ est cyclique, c'est-à-dire $\mathcal{M} = \mathcal{E}_X / \mathcal{J}$ où $\mathcal{J}$ est un idéal cohérent de $\mathcal{E}_X$.

D'après la proposition 2.6.13,

$$Ch^2_\Lambda(\infty,1)\ (\mathcal{E}_X/\mathcal{J}) = \{\theta \in T^*_\Lambda\tilde{\Lambda} \ / \ \forall P \in \mathcal{J} \quad \sigma^{(\infty,1)}_\Lambda(P)\ (\theta) = 0\}$$

or si $\sigma^{(\infty,1)}_\Lambda(P)(\theta) \neq 0$, il existe un opérateur elliptique Δ tel que $\Delta P \in \mathcal{E}_\Lambda$ donc :

$$Ch^2_\Lambda(\infty,1)\ (\mathcal{E}_X/\mathcal{J}) = \{\theta \in T^*_\Lambda\tilde{\Lambda} \ / \ \forall P \in \mathcal{J} \cap \mathcal{E}_\Lambda \quad \sigma_\Lambda(P)(\theta) = 0\}$$

Soient $\mathcal{J}o = \mathcal{J} \cap \mathcal{E}_\Lambda$ et $\sigma(\mathcal{J}o)$ l'ensemble des symboles principaux des éléments de $\mathcal{J}o$, I l'idéal de $\mathcal{O}_{T^*X}$ engendré par $\sigma(\mathcal{J}o)$ et S l'ensemble analytique défini par I.

D'après [15], lemme 2.1, le cône normal $C_\Lambda(S)$ à S le long de Λ est égal à :

$$C_\Lambda(S) = \{\theta \in T_\Lambda(T^*X) \ / \ \sigma_\Lambda(f)(\theta) = 0 \quad \forall f \in I\}$$

donc si on identifie $C_\Lambda(S)$ a un sous ensemble de $T^*_\Lambda\tilde{\Lambda}$ par l'isomorphisme H du lemme 3.1.1 on a

$$C_\Lambda(S) \subset Ch^2_\Lambda(\infty,1)\ (\mathcal{E}_X/\mathcal{J}) \subset \Lambda$$

et donc $$S \subset \Lambda$$

$\sigma(\mathcal{J}o)$ est un idéal de l'anneau des fonctions holomorphes homogènes sur T^*X qui définit S donc si f est une fonction holomorphe homogène sur T^*X qui s'annule sur Λ, il existe $m \in \mathbb{N}$ tel que $f^m \in \sigma(\mathcal{J}o)$.

Si P est un opérateur d'ordre $\leqslant k$ notons $\sigma_k(P) = P_k$ et si $\mathcal{J}$ est un sous-ensemble de l'anneau $\mathcal{E}_X(k)$ des opérateurs d'ordre $\leqslant k$ notons $\sigma_k(\mathcal{J}) = \{\sigma_k(P)/P \in \mathcal{J}\}$

Alors $\sigma_1(\mathcal{J}_\Lambda)$ est un module de type fini sur $\mathcal{O}_{T^*X}(0) = \sigma_0(\mathcal{E}_X(0))$ et tous les éléments de $\sigma_1(\mathcal{J}_\Lambda)$ s'annulent sur Λ donc il existe $M \in \mathbb{N}$ tel que $\sigma_1(\mathcal{J}_\Lambda)^M \subset \sigma(\mathcal{J}o)$ or $\sigma_1(\mathcal{J}_\Lambda)^M = \sigma_M(\mathcal{J}_\Lambda^M)$ donc $\sigma_M(\mathcal{J}_\Lambda^M) \subset \sigma(\mathcal{J}o)$.

Avant de continuer la démonstration, remarquons que $\mathcal{E}_\Lambda \cap \mathcal{E}_X(m) = \mathcal{J}_\Lambda^m$ et donc que si $P \in \mathcal{J}_\Lambda^m$ avec $\sigma_m(P) \equiv 0$, $P \in \mathcal{J}_\Lambda^{m-1}$.

Soit $P \in \mathcal{J}_\Lambda^M$; si $\sigma_M(P) \equiv 0$ $P \in \mathcal{J}_\Lambda^{M-1}$ tandis que si $\sigma_M(P) \not\equiv 0$, $\sigma_M(P) \in \sigma(\mathcal{J}o)$ donc il existe un opérateur Q de $\mathcal{J}o = \mathcal{J} \cap \mathcal{E}_\Lambda$ tel que $\sigma_M(Q) = \sigma_M(P)$.

Alors $P - Q \in \mathcal{E}_\Lambda \cap \mathcal{E}_X(M-1) = \mathcal{J}_\Lambda^{M-1}$ et $Q \in \mathcal{E}_\Lambda \cap \mathcal{E}_X(M) \cap \mathcal{J} = \mathcal{J}_\Lambda^M \cap \mathcal{J}$.

Nous avons donc montré que $\mathcal{J}_\Lambda^M = \mathcal{J}_\Lambda^M \cap \mathcal{J} + \mathcal{J}_\Lambda^{M-1}$ donc $\mathcal{J}_\Lambda^M / \mathcal{J}_\Lambda^M \cap \mathcal{J} = \mathcal{J}_\Lambda^{M-1} / \mathcal{J}_\Lambda^{M-1} \cap \mathcal{J}$ c'est-à-dire que si u est le générateur de $\mathcal{E}_X / \mathcal{J}$ et $\mathcal{M}_k = \mathcal{J}_\Lambda^k u$ on a $\mathcal{M}_M = \mathcal{M}_{M-1}$ ce qui termine la démonstration.

3.1.4 Variété microcaractéristique d'un couple de $\mathcal{E}_X$-modules

Etant donnés deux $\mathcal{E}_X$-modules cohérents et deux rationnels r et s tels que $1 \leqslant s \leqslant r \leqslant +\infty$, nous allons définir le sous-ensemble $Ch^2(r,s)(\mathcal{M},\mathcal{N})$ de $T^*(T^*X)$ qui coïncidera avec $Ch_\Lambda^2(r,s)(\mathcal{M})$ si $\mathcal{N}$ est un $\mathcal{E}_X$-module simple de support Λ :

Soit X une variété analytique complexe, on note Ω_X le faisceau des formes différentielles holomorphes de degré maximum sur X et si $\mathcal{N}$ est un $\mathcal{E}_X$-module cohérent on pose $\mathcal{N}^* = \mathbb{R}\mathcal{H}om_{\mathcal{E}_X}(\mathcal{N}, \mathcal{E}_X) \otimes_{\mathcal{O}_X} \Omega_X^{\otimes -1}[d]$ où d est la codimension du support de $\mathcal{N}$.

$\mathcal{N}^*$ est un complexe de $\mathcal{E}_X$-modules à gauche cohérents (mais $\mathcal{N}^*$ est un $\mathcal{E}_X$-module dans certains cas, par exemple si $\mathcal{N}$ est simple ou si $\mathcal{N}$ est holonôme).

Si $\mathcal{N}^\bullet$ est un complexe de $\mathcal{E}_X$-modules cohérents on pose :

$$Ch^2_\Lambda(r,s)(\mathcal{N}^\bullet) = \bigcup_{p\in\mathbb{Z}} Ch^2_\Lambda(r,s)(\mathcal{N}^p)$$

Signalons enfin que si $\Lambda = T^*_X X\times X$, nous identifierons Λ à T^*X et donc $T^*\Lambda$ à $T^*(T^*X)$.

Définition 3.1.9 : Soient $\mathcal{M}$ et $\mathcal{N}$ deux $\mathcal{E}_X$-modules cohérents définis sur un même ouvert de T^*X, si r et s sont deux rationnels tels que $1 \leq s \leq r \leq +\infty$ on pose :

$$Ch^2(r,s)(\mathcal{M},\mathcal{N}) \overset{def}{=} Ch^2_{T^*_X(X\times X)}(\mathcal{M}\hat{\otimes}\mathcal{N}^*)$$

(c'est un sous-ensemble de $T^*(T^*X)$).

Proposition 3.1.10 : Soit Λ une sous-variété involutive de T^*X et $\mathcal{N}$ un $\mathcal{E}_X$-module simple de support Λ (i.e. $\mathcal{N}$ est cyclique et l'idéal des symboles est réduit et définit Λ).

Alors pour tout $\mathcal{E}_X$-module cohérent $\mathcal{M}$ défini au voisinage de Λ et tout couple (r,s) on a :

$$Ch^2(r,s)(\mathcal{M},\mathcal{N}) = p^{-1}\, Ch^2_\Lambda(r,s)(\mathcal{M})$$

avec $p : T^*(T^*X) \underset{T^*X}{\times} \Lambda \to T^*_\Lambda\tilde{\Lambda}$.

Remarque : Dans le cas r=s=1, la proposition est vraie pour tout couple $(\mathcal{M},\mathcal{N})$ de $\mathcal{E}_X$-modules cohérents tel que $\Lambda = \mathrm{supp}^t(\mathcal{N})$ (Kashiwara-Schapira [15]).

Démonstration : Fixons un couple (r,s) de rationnels avec $1 \leq s \leq r \leq +\infty$. Nous devons montrer que

$$Ch^2_{T^*_X(X\times X)}(r,s)\,(\mathcal{M}\hat{\otimes}\mathcal{N}^*) = p^{-1}\, Ch^2_\Lambda(r,s)(\mathcal{M})$$

Soient $\hat{\Lambda} = \Lambda \times T^*\mathbb{C}$, $\hat{\mathcal{M}} = \mathcal{M} \hat{\otimes} \mathcal{E}_{\mathbb{C}}$ et $\hat{\mathcal{N}} = \mathcal{N} \hat{\otimes} \mathcal{E}_{\mathbb{C}}$, si le théorème est vrai pour $\hat{X} = X \times \mathbb{C}$, $\hat{\mathcal{M}}, \hat{\mathcal{N}}$ et $\hat{\Lambda}$ il est clair qu'il est vrai pour X, $\mathcal{M}, \mathcal{N}$ et Λ.

Or en dehors de la section nulle de $T^*\mathbb{C}$, $\hat{\Lambda}$ est régulière donc dans la démonstration de la proposition on peut supposer que Λ est régulière.

Alors par une transformation canonique quantifiée on se ramène à

$$\Lambda = \{(x,\xi) \in T^*X \ / \ \xi_1 = \ldots = \xi_d = 0\} \text{ et } \mathcal{N} = \mathcal{E}_X \Big/ \mathcal{E}_X D_{x_1} + \ldots + \mathcal{E}_X D_{x_d}$$

Alors on a aussi $\mathcal{N}^* = \mathcal{E}_X \Big/ \mathcal{E}_X D_{x_1} + \ldots \mathcal{E}_X D_{x_d}$.

Dans toute la suite X sera muni des coordonnées $(x_1,\ldots,x_n)$, $X\times X$ des coordonnées $(x_1,\ldots,x_n, y_1,\ldots,y_n)$, on notera ξ (resp. η) les coordonnées duales de x (resp. y). x' désignera $(x_1,\ldots,x_d)$ et x'' désignera $(x_{d+1},\ldots,x_n)$ (de même $\xi' = (\xi_1,\ldots,\xi_d)$ etc ...).

Dans ces coordonnées on aura donc :

$$\Lambda = \{(x,\xi) \in T^*X \ / \ \xi' = 0\}$$

et
$$\Delta = T^*_X(X\times X) = \{(x,y,\xi,\eta) \in T^*(X\times X) \ / \ x = y, \xi + \eta = 0\}$$

On identifiera Λ à $\{(x,y,\xi,\eta) \in T^*X\times X \ / \ x = y, \xi + \eta = 0, \ \xi' = 0\}$.

$T^*_\Lambda\tilde{\Lambda}$ sera muni des coordonnées (x',x'',ξ'',x'^*) et $T^*\Delta \approx T^*(T^*X)$ des coordonnées (x,ξ,x^*,ξ^*).

L'application $p : (T^*\Delta) \times_\Delta \Lambda \to T^*_\Lambda\tilde{\Lambda}$ est donnée par $(x,0,\xi'' ; x^*,\xi^*) \to (x,\xi'',x'^*)$.

Par un raisonnement par récurrence sur le nombre de générateurs de $\mathcal{M}$ on se ramène à $\mathcal{M} = \mathcal{E}_X \big/ \mathcal{J}$, $\mathcal{J}$ idéal cohérent de $\mathcal{E}_X$.

Alors $\mathcal{M} \hat{\otimes} \mathcal{N}^* = \mathcal{E}_{X\times X} \big/ \tilde{\mathcal{J}}$ où $\tilde{\mathcal{J}}$ est l'idéal de $\mathcal{E}_{X\times X}$ engendré par

$\{P(x,D_x) \ / \ P \in \mathfrak{J}\} \cup \{D_{y_1},\ldots,D_{y_d}\}$, i.e.

$$\tilde{\mathfrak{J}} = \left\{ \sum_{k=1}^{N} A_k(x,y,D_x,D_y)\ P_k(x,D_x) + \sum_{j=1}^{d} B_j(x,y,D_x,D_y)\ D_{y_j} \ / \ P_k \in \mathfrak{J} \right\}$$

D'après la proposition 2.6.13 on a :

$$p^{-1}\ Ch_\Lambda^2(r,s)(\mathcal{M}) = \{\theta \in (T^*\Delta) \times_\Delta \Lambda \ / \ \sigma_\Lambda^{(r,s)}(P)(p(\theta)) = 0 \text{ pour tout } P \in \mathfrak{J}\}$$

$$Ch^2(r,s)(\mathcal{M},\mathcal{N}) = \{\theta \in (T^*\Delta) \times_\Delta \Lambda \ / \ \sigma_\Delta^{(r,s)}(Q)(\theta) = 0 \text{ pour tout } Q \in \tilde{\mathfrak{J}}\}$$

① <u>Soit $\theta_o \notin p^{-1}\ Ch_\Lambda^2(r,s)(\mathcal{M})$</u>, montrons que $\theta_o \notin Ch^2(r,s)(\mathcal{M},\mathcal{N})$.

Par hypothèse il existe $P \in \mathfrak{J}$ tel que $\sigma_\Lambda^{(r,s)}(P)(p(\theta)) \neq 0$. P se développe en série de Taylor le long de Λ :

$$P(x,D_x) = \sum_{\alpha\in\mathbb{N}^d} P_\alpha(x,D_{x''})\ D_{x'}^\alpha$$

On voit facilement que $\tilde{P}(x,D_x,D_{y'}) = \sum_{\alpha\in\mathbb{N}^d} P_\alpha(x,D_{x''})\ (D_{x'}+D_{y'})^\alpha$ est un élément de $\tilde{\mathfrak{J}}$ et que

$$\sigma_\Lambda^{(r,s)}(P) \circ p = \sigma_\Delta^{(r,s)}(\tilde{P})$$

donc $\quad \sigma_\Delta^{(r,s)}(\tilde{P})(\theta) \neq 0 \quad$ et $\quad \theta \notin Ch^2(r,s)(\mathcal{M},\mathcal{N})$.

② <u>Soit $\theta_o \notin Ch^2(r,s)(\mathcal{M},\mathcal{N})$</u>, montrons que $p(\theta_o) \notin Ch_\Lambda^2(r,s)(\mathcal{M})$. Avant d'énoncer le lemme suivant, rappelons que si $V = \{(x_1,\ldots,x_n) \in \mathbb{C}^n \ / \ x_1=\ldots=x_d=0\}$ et si f est une fonction analytique définie au voisinage de V on définit la fonction $\sigma_V(f)$ sur $T_V(\mathbb{C}^n) = T\mathbb{C}^n/_{TV}$ muni des coordonnées $(x_{d+1},\ldots,x_n, \tilde{x}_1,\ldots,\tilde{x}_d) = (x'',\tilde{x}')$ de la manière suivante :

Si r est l'ordre d'annulation de f sur V on peut écrire $f(x) = \sum_{|\alpha|\geq r} a_\alpha(x'')x'^\alpha$

et on pose $\sigma_V(f)(x'',\tilde{x}') = \sum_{|\alpha|=r} a_\alpha(x'')\tilde{x}'^{\alpha}$. Cette définition est indépendante du choix de coordonnées de V.

Lemme 3.1.11 : Soient $\Delta = \{(x,y) \in \mathbb{C}^n \times \mathbb{C}^n \ / \ x = y\}$ *et*

$$\Delta_o = \{(x,y) \in \mathbb{C}^n \times \mathbb{C}^n \ / \ x_1 = \ldots = x_d = 0 \ x_{d+1} - y_{d+1} = \ldots = x_n - y_n = 0\}.$$

Notons $x' = (x_1,\ldots,x_d)$, $x'' = (x_{d+1},\ldots,x_n)$ *et de même* $y = (y',y'')$.

Soient $a(x,y'')$ *et* $b(x,y)$ *deux fonctions holomorphes sur* $\mathbb{C}^n \times \mathbb{C}^n$ *définies près de* $\Delta \cap \Delta_o$ *et supposons que* $b(x,y)$ *s'annule sur* $\{(x,y) \in \mathbb{C}^n \times \mathbb{C}^n \ / \ y' = 0\}$.

Si $a(x,y'') + b(x,y)$ *s'annule exactement à l'ordre* k *sur* Δ, $a(x,y'')$ *s'annule au moins à l'ordre* k *sur* Δ_o. *Si de plus la restriction de* $\sigma_\Delta(a+b)$ *à* $\{(x,\tilde{x}) \in T_\Delta \mathbb{C}^n \times \mathbb{C}^n \ / \ x' = 0\}$ *n'est pas identiquement nulle,* $a(x,y'')$ *s'annule exactement à l'ordre* k *sur* Δ_o *et* $\sigma_{\Delta_o}(a) \equiv \sigma_\Delta(a+b)\big|_{\{x'=0\}}$.

Démonstration : Faisons le changement de variables $t = x-y, s = y$, on est ramené à démontrer que si $b(t,s)$ s'annule sur $\{s' = 0\}$, si $a(t' + s', t'', s'') + b(t,s)$ s'annule à l'ordre k sur $\{t=0\}$, alors $a(t',t'',s'')$ s'annule à l'ordre k sur $\{t=0\}$ et $\sigma_{\{t=0\}}(a) = \sigma_{\{t=0\}}(a+b)\big|_{\{s'=0\}}$ si cette fonction n'est pas identiquement nulle sur $\{s'=0\}$.

Or si $b(t,s)$ s'annule sur $\{s'=0\}$ on a :

$$\forall \alpha \in \mathbb{N}^n \quad \left(\left(\frac{\partial}{\partial t}\right)^\alpha [a(t'+s',t'',s'') + b(t,s)]\right)\Big|_{\{s'=0\}} = \left(\frac{\partial}{\partial t}\right)^\alpha a(t',t'',y'')$$

ce qui montre le lemme.

Fin de la démonstration de la proposition 3.1.10 :

Soit $\Delta_0 = \{(x,y,\xi,\eta) \in T^*(X \times X) \ / \ x = y, \xi'' + \eta'' = 0, \xi' = 0\}$, Δ_0 n'est pas involutive donc le polygône de Newton d'un opérateur le long de Δ_0 n'a pas été défini.

Nous allons cependant définir un polygône de Newton le long de Δ_0 dans le système de coordonnées (x,y,ξ,η) en ne nous préocuppant pas de l'invariance de ce polygône pour les changements de coordonnées :

Si $Q = \sum_{j\leqslant m} Q_j(x,y,\xi,\eta)$ est un opérateur microdifférentiel défini au voisinage de Δ_0, soit, pour $j \leqslant m$, $r(j)$ l'ordre d'annulation de la fonction Q_j sur Δ_0, soit $S = \{(i,k) \in \mathbb{Z}^2 \ / \ i \geqslant r(i+k)\}$, $N_{\Delta_0}(Q)$ est par définition l'enveloppe convexe de S.

Au paragraphe 3.1.2, nous avons vu que l'on peut définir les symboles $\sigma_\Lambda^{(r,s)}(P)$ à partir du polygône de Newton, nous pouvons donc définir de la même manière les symboles $\sigma_{\Delta_0}^{(r,s)}(Q)$:

Soit $\lambda_0 = -1 < \lambda_1 <\ldots< \lambda_{N+1} = 0$ la suite des pentes du polygône de Newton de Q le long de Δ_0, soient r et s deux rationnels tels que $1 \leqslant s \leqslant r \leqslant +\infty$, soit $\nu \in [0,\ldots,N]$ tel que $\lambda_\nu < -\frac{1}{r} \leqslant \lambda_{\nu+1}$ et $\mu \in [0,\ldots,N]$ tel que $\lambda_\mu \leqslant -\frac{1}{s} < \lambda_{\mu+1}$.

a) Si $\mu \geqslant \nu$, $\sigma_{\Delta_0}^{(r,s)}(Q) = \sigma_{\Delta_0}(Q_j)$ avec $j = i + k$ si (i,k) est le sommet du polygône de Newton de Q situé à l'intersection des côtés de pentes λ_ν et $\lambda_{\nu+1}$.

b) si $\mu < \nu$ $\sigma_{\Delta_0}^{(r,s)}(Q) = 0$.

Nous avons donc les mêmes définitions que dans le cas involutif à ceci près que nous travaillons sur le fibré normal à Δ_0 $T_{\Delta_0}(T^*X\times X)$ car Δ_0 n'étant pas involutif nous n'avons pas de variété analogue à $T_\Lambda^*\tilde{\Lambda}$ (mais on a vu que $T_\Lambda^*\tilde{\Lambda}$ était isomorphe au fibré normal à Λ).

Soient $A(x,y,D_x,D_{y''})$ et $B(x,y,D_x,D_y)$ deux opérateurs de $\mathscr{E}_{X\times X}$. On suppose que A commute avec $y_1,\ldots,y_d$ et que B est dans l'idéal engendré par $D_{y_1},\ldots,D_{y_d}$. Si $A = \sum A_j$ et $B = \sum B_j$ sont les symboles respectifs de A et B, l'hypothèse précédente signifie que, pour tout j, A_j est indépendant $\eta_1,\ldots,\eta_d$ et que B_j s'annule sur $\{\eta_1 = \ldots = \eta_d = 0\}$.

D'après le lemme 3.1.1 on a donc :

$$N_{\Delta_o}(A) \subset N_\Delta(Q) \quad \text{avec } Q = A + B$$

et de plus si (i_o,k_o) est un sommet de $N_\Delta(Q)$ et si $Q_{i_o,k_o}(x,\xi,x^*,\xi^*) = \sigma_\Delta(Q_{i_o+k_o})$ a une trace non nulle sur $\{\xi'=0\}$, cette trace est égale à $\sigma_{\Delta_o}(A_{i_o+k_o})$ et $A_{i_o+k_o}$ s'annule sur Δ_o exactement au même ordre que $Q_{i_o+k_o}$ sur Δ.

Soient r et s tels que $\sigma_\Delta^{(r,s)}(Q) \not\equiv 0$ et (i_o,k_o) le sommet de $N_\Delta(Q)$ tel que $\sigma_\Delta^{(r,s)}(Q) = Q_{i_o,i_o+k_o}$. Supposons que $\sigma_\Delta^{(r,s)}(Q)\big|_{\{\xi'=0\}} \not\equiv 0$, alors $(i_o,k_o) \in N_{\Delta_o}(A)$ et comme $N_{\Delta_o}(A) \subset N_\Delta(Q)$, (i_o,k_o) est un sommet du polygône de Newton de A et on a

$$\sigma_{\Delta_o}^{(r,s)}(A) = \sigma_\Delta^{(r,s)}(Q)\big|_{\{\xi'=0\}} .$$

Considérons maintenant l'opérateur A de symbole $A = \sum_{j\leqslant m} A_j(x,y,\xi,\eta'')$, pour tout j nous pouvons développer A_j en série de Taylor sur Δ :

$$A_j(x,y,\xi,\eta'') = \sum_{\alpha\in\mathbb{N}^n,\beta''\in\mathbb{N}^{n-d}} A_j^{\alpha,\beta''}(x,\xi)\,(x-y)^\alpha\,(\xi''+\eta'')^{\beta''}$$

Si A_j s'annule à l'ordre r sur Δ_o, $A_j^{\alpha,\beta''}$ s'annule à l'ordre $r-|\alpha|-|\beta''|$ sur $\Lambda = \{(x,\xi) \,/\, \xi' = 0\}$ donc si on définit pour $(\alpha,\beta'') \in \mathbb{N}^n \times \mathbb{N}^{n-d}$ l'opérateur $A_{\alpha,\beta''}(x,D_x)$ de $\mathcal{E}_X$ par son symbole $\sum_j A_{j-|\beta''|}^{\alpha,\beta''}(x,\xi)$ on aura :

(3.1.1) $\quad \forall(\alpha,\beta'')\ N_\Lambda(A_{\alpha,\beta''}) \subset \{(i,k) \in \mathbb{Z}^2 \,/\, (i+|\alpha|+|\beta''|,k-|\alpha|-2|\beta''|) \in N_{\Delta_o}(A)\}$.

Soit, pour $(\alpha,\beta'') \in \mathbb{N}^n \times \mathbb{N}^{n-d}$, $A_j^{\alpha,\beta''}(x,\xi) = \sum_{\gamma\in\mathbb{N}^d} A_{j,\gamma}^{\alpha,\beta''}(x,\xi'')\xi'^\gamma$ le développement de Taylor de $A_j^{\alpha,\beta''}$ sur Λ, alors le développement de Taylor de A_j sur Δ_o est égal à :

$$A_j(x,y,\xi,\eta'') = \sum_{\alpha,\beta'',\gamma} A_{j,\gamma}^{\alpha,\beta''}(x,\xi'')\,\xi'^\gamma(x-y)^\alpha\,(\xi''+\eta'')^{\beta''}$$

Si r est l'ordre d'annulation de A_j sur Δ_0 on a :

$$\sigma_{\Delta_0}(A_j)(x,\xi'',\tilde{\xi}',\tilde{x},\tilde{\xi}'') = \sum_{|\alpha|+|\beta''|+|\gamma|=r} A_{j,\gamma}^{\alpha,\beta''}(x,\xi'')\tilde{\xi}'^{\gamma}\,\tilde{x}^{\alpha}\,\tilde{\xi}''^{\beta''}$$

$$= \sum_{|\alpha|+|\beta''|\leqslant r}\left(\sum_{|\gamma|=r-|\alpha|-|\beta''|} A_{j,\gamma}^{\alpha,\beta''}(x,\xi'')\tilde{\xi}'^{\gamma}\right)\tilde{x}^{\alpha}\,\tilde{\xi}''^{\beta''}$$

Soit $(x_0,\xi''_0,\tilde{\xi}'_0,\tilde{x}_0,\tilde{\xi}''_0) = \theta_0$ un point de $T_{\Delta_0}(T^*X\times X)$ tels que $\sigma_{\Delta_0}(A_j)(\theta_0) \neq 0$, alors il existe (α,β'') tel que

$$\sum_{|\gamma|=r-|\alpha|-|\beta''|} A_{j,\gamma}^{\alpha,\beta''}(x_0,\xi''_0)\,\tilde{\xi}'^{\gamma}_0 \neq 0$$

i.e. $A_j^{\alpha,\beta''}$ s'annule exactement à l'ordre $r-|\alpha|-|\beta''|$ sur Λ et $\sigma_\Lambda(A_j^{\alpha,\beta''})(x_0,\xi''_0,\tilde{\xi}'_0) \neq 0$.

Compte tenu de la relation d'inclusion (3.1.1) on en déduit : si pour (r,s) donné $\sigma_{\Delta_0}^{(r,s)}(A)(x_0,\xi''_0,\tilde{\xi}'_0,\tilde{x}_0,\tilde{\xi}''_0) \neq 0$, il existe $(\alpha,\beta'') \in \mathbb{N}^n\times\mathbb{N}^{n-d}$ tel que $\sigma_\Lambda^{(r,s)}(A_{\alpha,\beta''})(x_0,\xi''_0,\tilde{\xi}'_0) \neq 0$.

Le développement de A_j en série de $A_j^{\alpha,\beta''}$ correspond (au moins formellement) à un développement de l'opérateur A de la forme :

$$A(x,y,D_x,D_{y''}) = \sum_{\alpha,\beta''} (x-y)^{\alpha}\,A_{\alpha,\beta''}(x,D_x)\,(D_{x''}+D_{y''})^{\beta''}$$

Si $P(x,D_x)$ est un opérateur de $\mathcal{E}_X$ on n'aura donc pas $(AP)_{\alpha,\beta''} = A_{\alpha,\beta''}P$, pour avoir cette relation il nous faut un développement du type :

$$A(x,y,D_x,D_{y''}) = \sum_{\alpha,\beta''} (x-y)^{\alpha}\,(D_{x''}+D_{y''})^{\beta''}\,\tilde{A}_{\alpha,\beta''}(x,D_x)\quad .$$

Compte tenu de la formule :

$$A(x,D_x)\,(D_{x''}+D_{y''})^{\beta''} = \sum_{\alpha''\leqslant\beta''} (-1)^{|\alpha''|}\binom{\beta''}{\alpha''}(D_{x''}+D_{y''})^{\beta''-\alpha''}\left(\frac{\partial}{\partial x''}\right)^{\alpha''} A(x,D_x)$$

on pose :

$$\tilde{A}^{j}_{\alpha,\beta''}(x,\xi) = \sum_{\gamma\in\mathbb{N}^{n-d}} (-1)^{|\gamma|} \binom{\beta''+\gamma}{\gamma} \left(\frac{\partial}{\partial x''}\right)^{\gamma} A^{\alpha,\beta''+\gamma}_{j+|\gamma|}(x,\xi)$$

et on définit l'opérateur $\tilde{A}_{\alpha,\beta''}$ par son symbole :

$$\tilde{A}_{\alpha,\beta''}(x,D_x) = \sum_j \tilde{A}^{\alpha,\beta''}_{j-|\beta''|}(x,\xi)$$

La relation (3.1.1) donne une relation analogue pour $\tilde{A}$:

(3.1.3) $\forall(\alpha,\beta'')\ N_\Lambda(\tilde{A}_{\alpha,\beta''}) \subset \{(i,k) \in \mathbb{Z}^2 \ / \ (i+|\alpha|+|\beta''|,\ k-|\alpha|-2|\beta''|) \in N_{\Delta_0}(A)\}$

De plus si (i_0,k_0) est un sommet de $N_{\Delta_0}(A)$ et si $(i_1,k_1) = (i_0+|\alpha|+|\beta''|,$ $k_0-|\alpha|-2|\beta''|)$, alors pour $\gamma \neq 0$ $A^{\alpha,\beta''+\gamma}_{i_1+k_1+|\gamma|}$ s'annule à un ordre strictement supérieur à i_1 donc si $A^{\alpha,\beta''}_{i_1+k_1}$ s'annule exactement à l'ordre i_1, il en est de même pour $\tilde{A}^{\alpha,\beta''}_{i_1+k_1}$ et $\sigma_\Lambda(A^{\alpha,\beta''}_{i_1+k_1}) = \sigma_\Lambda(\tilde{A}^{\alpha,\beta''}_{i_1+k_1})$.

Donc finalement si $\sigma^{(r,s)}_{\Delta_0}(A)(x_0,\xi''_0,\tilde{\xi}'_0,\tilde{x}_0,\tilde{\xi}''_0) \neq 0$, il existe (α,β'') tel que :

$$\sigma^{(r,s)}_\Lambda(A_{\alpha,\beta''})\ (x_0,\xi''_0,\tilde{\xi}'_0) = \sigma^{(r,s)}_\Lambda(\tilde{A}_{\alpha,\beta''})\ (x_0,\xi''_0,\tilde{\xi}'_0) \neq 0 .$$

Finalement nous avons montré que si $\theta_0 = (x_0, \xi'_0 = 0,\ \xi''_0, x^*_0, \xi^*_0)$ est un point de $(T^*\Delta) \times_\Delta \Lambda$ (nous identifions $T^*\Delta$ et $T_\Delta(T^*(X\times X))$) tel que $\sigma^{(r,s)}_\Delta(A-B)(\theta_0) \neq 0$, il existe $(\alpha,\beta'') \in \mathbb{N}^n \times \mathbb{N}^{n-d}$ tel que $\sigma^{(r,s)}_\Lambda(\tilde{A}_{\alpha,\beta''})(p(\theta_0)) \neq 0$ avec $p(\theta_0) = (x_0,\xi''_0,x'^*_0) \in T^*_\Lambda\tilde{\Lambda} \approx T_\Lambda(T^*X)$.

Enfin par construction de $\tilde{A}_{\alpha,\beta''}$, si P est un opérateur qui ne dépend que de x et D_x on a :

$$\tilde{A}_{\alpha,\beta''}\, P = (\widetilde{A\,P})_{\alpha,\beta''} .$$

(On peut vérifier cette formule en calculant les deux termes par la formule (3.1.2)).

Nous pouvons maintenant terminer la démonstration de la proposition 3.1.10 :

Soit $\theta_0 \notin Ch^2(r,s)(\mathcal{M},\mathcal{N})$, alors il existe $Q \in \tilde{\mathcal{J}}$ tel que $\sigma_\Delta^{(r,s)}(Q)(\theta_0) \neq 0$, i.e. il existe des opérateurs $P_1,\dots,P_N$ dans $\mathcal{J}$, des opérateurs $A_1,\dots,A_N$ et $B_1,\dots,B_d$ dans $\mathcal{E}_{X\times X}$ tels que $Q = \sum_{i=1}^{N} A_i(x,y,D_x,D_y)\, P_i(x,D_x) + \sum_{j=1}^{d} B_j(x,y,D_x,D_y)D_{y_j}$. On peut supposer les A_i indépendants de $D_{y_1},\dots,D_{y_d}$, alors d'après ce qui précède, si $A = \sum_{i=1}^{N} A_i(x,y,D_x,D_{y''})\, P_i(x,D_x)$, il existe $(\alpha,\beta'') \in \mathbb{N}^n \times \mathbb{N}^{n-d}$ tel que

$$\sigma_\Lambda^{(r,s)}(\tilde{A}_{\alpha,\beta''})\ (p(\theta_0)) \neq 0\ .$$

Or $\tilde{A}_{\alpha,\beta''}(x,D_x) = \sum_{i=1}^{N} \tilde{A}_{i,\alpha,\beta''}\ (x,D_x)\ P_i(x,D_x)$ donc $\tilde{A}_{\alpha,\beta''}$ est un élément de $\mathcal{J}$ et donc $p(\theta_0) \notin Ch_\Lambda^2(r,s)\ (\mathcal{M})$. q.e.d.

3.1.5 Structure symplectique de la variété microcaractéristique d'un $\mathcal{E}_\Lambda^2$-module

Théorème 3.1.12 : Soit X une variété analytique complexe et Λ *une sous-variété involutive de* T^*X.

Soient r et s deux rationnels tels que $1 \leq s \leq r \leq +\infty$ *et* $\mathcal{M}$ *un* $\mathcal{E}_\Lambda^2(r,s)$*-module cohérent défini sur un ouvert* Ω *de* $T_\Lambda^*\tilde{\Lambda}$.

Alors le support de $\mathcal{M}$ *est un sous-ensemble analytique de* Ω *qui est involutif homogène" pour la structure de variété bisymplectique homogène de* $T_\Lambda^*\tilde{\Lambda}$, *i.e.*

(1) $Supp^t(\mathcal{M})$ *est homogène pour les deux opérations de* $\mathbb{C}$ *sur* $T_\Lambda^*\tilde{\Lambda}$.

(2) Si f et g sont deux fonctions holomorphes sur un ouvert U de Ω *qui s'annulent sur* $Supp^t(\mathcal{M})$, *le crochet de Poisson relatif* $\{f,g\}_\Lambda^r$ *de f et g s'annule sur* $supp^t(\mathcal{M})$.

Corollaire 3.1.13 : Si $\mathcal{M}$ est un $\mathcal{E}_X$-module cohérent, pour tout (r,s), $Ch^2_\Lambda(r,s)(\mathcal{M})$ est un sous-ensemble analytique involutif homogène de $T^*_\Lambda\tilde{\Lambda}$.

Démonstration du théorème 3.1.12 : Nous suivons ici la méthode de Malgrange [17] qui démontre l'involutivité de la variété caractéristique d'un $\mathcal{E}_X$-module cohérent. Il est clair qu'en remplaçant comme précédemment Λ par $\hat{\Lambda} = \Lambda \times \dot{T}^*\mathbb{C}$, on peut supposer Λ régulière et se placer en dehors de la section nulle de T^*X. Après transformation canonique quantifiée on peut supposer $\Lambda = \{(x,y,\xi,\eta) \in T^*X \ / \ \xi = 0,\ \eta \neq 0\}$ avec $x = (x_1,\ldots,x_n)$, $y = (y_1,\ldots,y_p)$, $\xi = (\xi_1,\ldots,\xi_n)$ et $\eta = (\eta_1,\ldots,\eta_p)$.

A) Montrons que le support de $\mathcal{M}$ est un sous-ensemble analytique bihomogène de Ω :

Si $(u_1,\ldots,u_N)$ est un système local de générateurs de $\mathcal{M}$ on a :

$$\mathrm{Supp}^t(\mathcal{M}) = \bigcup_{i=1,\ldots,N} \mathrm{Supp}^t(\mathcal{E}^2_\Lambda(r,s)\, u_i)$$

donc on peut supposer $\mathcal{M}$ cyclique donc de la forme $\mathcal{E}^2_\Lambda(r,s) / \mathcal{J}$ où $\mathcal{J}$ est un idéal cohérent de $\mathcal{E}^2_\Lambda(r,s)$.

Nous notons $\mathcal{O}(i,j)$ l'anneau des fonctions holomorphes bihomogènes de degré (i,j) sur $T^*_\Lambda\tilde{\Lambda}$, i.e. si $T^*_\Lambda\tilde{\Lambda}$ est muni des coordonnées (x,y,η,x^*), les éléments de $\mathcal{O}(i,j)$ sont les fonctions homogènes de degré i en x^* et $j-i$ en η.

① Cas r = s.

Nous avons défini aux paragraphes 2.5 et 2.6 le gradué de $\mathcal{E}^2_\Lambda(r,r)$ et on a

$$\mathrm{gr}\ \mathcal{E}^2_\Lambda(r,r) \approx \bigoplus_{(i,j)\in\mathbb{Z}^2} \mathcal{O}(i,j).$$

Si $\mathcal{J}$ est un idéal cohérent de $\mathcal{E}^2_\Lambda(r,r)$, d'après le théorème 2.5.1, gr $\mathcal{J}$ est un idéal cohérent de gr $\mathcal{E}^2_\Lambda(r,r)$. Or d'après le théorème 2.4.12, le support de

$\mathcal{E}^2_\Lambda(r,r) / \mathcal{J}$ est égal au support de gr $\mathcal{E}^2_\Lambda(r,r) /_{gr\,\mathcal{J}}$.

Le support de $\mathcal{M}$ est donc l'ensemble des zéros des fonctions de l'idéal gr $\mathcal{J}$ qui est un idéal cohérent de $\bigoplus_{(i,j)\in\mathbb{Z}^2} \mathcal{O}(i,j)$ donc c'est un sous-ensemble analytique bihomogène de Ω.

② Cas $r > s$.

Rappelons que nous avons défini au §.2.6 le sous-anneau $\mathcal{E}^2_\Lambda(r,s)\,[0]$ de $\mathcal{E}^2_\Lambda(r,s)$ et puisqu'on s'est placé en dehors de la section nulle de T*X, le support de $\mathcal{E}^2_\Lambda(r,s) / \mathcal{J}$ est égal au support de $\mathcal{E}^2_\Lambda(r,s)\,[0] / \mathcal{J} \cap \mathcal{E}^2_\Lambda(r,s)[0]$ (car tout élément de $\mathcal{E}^2_\Lambda(r,s)$ peut être ramené dans $\mathcal{E}^2_\Lambda(r,s)[0]$ par un opérateur inversible dans $\mathcal{E}^2_\Lambda(r,s)$).

Nous pouvons donc remplacer $\mathcal{E}^2_\Lambda(r,s)$ par $\mathcal{E}^2_\Lambda(r,s)[0]$ et considérer un idéal cohérent $\mathcal{J}o$ de $\mathcal{E}^2_\Lambda(r,s)[0]$.

Alors d'après le théorème 2.5.3 gr $\mathcal{J}o$ est un idéal cohérent de gr $\mathcal{E}^2_\Lambda(r,s)[0] \approx \bigoplus_{\frac{1}{r}i+(j-i)\leq 0} \mathcal{O}(i,j)$ et d'après le théorème 2.4.12, le support de $\mathcal{E}^2_\Lambda(r,s)[0] / \mathcal{J}_o$ est égal au support de gr $\mathcal{E}^2_\Lambda(r,s)[0] /_{gr\,\mathcal{J}o}$.

Comme on s'est placé en dehors de la section nulle de T^*X, l'ensemble des zéros de gr $\mathcal{J}o$ est égal à l'ensemble des zéros de l'idéal I engendré par gr $\mathcal{J}o$ sur $\bigoplus_{(i,j)\in\mathbb{Z}^2} \mathcal{O}(i,j)$ et I est cohérent donc le support de gr $\mathcal{E}^2_\Lambda(r,s)[0] /_{gr\,\mathcal{J}o}$ est un sous-ensemble analytique bihomogène de Ω.

B) Montrons que le support de $\mathcal{M}$ est bi-involutif

Nous devons considérer séparément les cas r = s et r > s. Dans le cas r > s, nous pouvons comme ci-dessus nous ramener à un $\mathcal{E}^2_\Lambda(r,s)[0]$-module et alors la démonstration est la même que pour $\mathcal{E}^2_\Lambda(r,r)$. En effet nous avons vu au §.2.5 et 2.6 que si on munit $\mathcal{E}^2_\Lambda(r,s)[0]$ de la bifiltration induite par celle de $\mathcal{E}^2_\Lambda(r,r)$ (considérant le 1er anneau comme un sous-anneau de celui-ci) on obtient un gradué qui vérifie les mêmes propriétés que le gradué de $\mathcal{E}^2_\Lambda(r,r)$ et toutes les démonstrations sont identiques (ce qui est faux pour $\mathcal{E}^2_\Lambda(r,s)$).

Nous ne considérerons donc que le cas r = s = 1, les autres cas se traitant de la même manière, et nous noterons comme précédemment $\mathcal{E}^2_\Lambda = \mathcal{E}^2_\Lambda(1,1)$.

Avant de commencer la démonstration proprement dite nous allons tout d'abord démontrer quelques propriétés des "bonnes bifiltrations" :

Si $\mathcal{M}$ est un $\mathcal{E}^2_\Lambda$-module, une bifiltration de $\mathcal{M}$ est une famille $(\mathcal{M}_{ij})_{(i,j)\in\mathbb{Z}^2}$ de sous-faisceaux de $\mathcal{M}$ telle que :

a) $\mathcal{M}_{ij} \subset \mathcal{M}_{k\ell}$ si $\ell > j$ ou si $\ell = j$ et $k \leqslant i$

b) $\mathcal{E}^2_\Lambda[i,j]\,\mathcal{M}_{k\ell} \subset \mathcal{M}_{k+i,\ell+j}$ et $\mathcal{M} = \bigcup_{(i,j)\in\mathbb{Z}^2} \mathcal{M}_{ij}$.

Nous dirons que c'est une "bonne bifiltration" si localement c'est la bifiltration quotient définie par un morphisme surjectif $(\mathcal{E}^2_\Lambda)^N \to \mathcal{M}$.

Une bonne bifiltration est séparée (i.e. $\forall\, j \in \mathbb{Z}$ $\bigcap_{i\in\mathbb{Z}} \mathcal{M}_{ij} = \bigcup_{i\in\mathbb{Z}} \mathcal{M}_{i,j-1}$ et $\bigcap_{j\in\mathbb{Z}} \bigcup_{i\in\mathbb{Z}} \mathcal{M}_{ij} = 0$) (la démonstration de ce résultat est très facile, cf. par exemple [1] ch.4 lemme 7.4) donc le support de $\mathcal{M}$ est égal au support de gr $\mathcal{M}$ = $\bigoplus_{(i,j)} \mathrm{gr}^{ij}\,\mathcal{M}$ avec $\mathrm{gr}^{ij}\,\mathcal{M} = \mathcal{M}_{ij}/\mathcal{M}_{i+1,j}$.

Supposons que l'on se trouve en dehors de la section nulle de T^*X et en dehors de la section nulle de $T^*_\Lambda\tilde{\Lambda}$, alors il existe des opérateurs de $\mathcal{E}^2_\Lambda$ inversibles homogènes de tous degrés donc pour tout (i,j) on a $\mathrm{gr}^{(i,j)}\,\mathcal{M} \approx \mathrm{gr}^{(0,0)}\,\mathcal{M}$

et donc $\mathrm{Supp}^t(\mathcal{M}) = \mathrm{Supp}^t(gr^{(0,0)}\mathcal{M})$.

Lemme 3.1.14 : Soit U un ouvert de $T^*_\Lambda \tilde{X}$; on suppose toujours que, sur U, $T^*_\Lambda \tilde{X}$ est muni des coordonnées (x,y,η,x^*).

Soient I et I' des sous-ensembles de $[1,\dots,n]$, J et J' des sous-ensembles de $[1,\dots,p]$; soient $x' = (x_i)_{i\in I}$, $y' = (y_j)_{j\in J}$, $\eta' = (\eta_j)_{j\in J'}$ et $x^{*\prime} = (x_i^*)_{i\in I'}$. On note $\mathcal{E}'$ le sous-anneau de $\mathcal{E}^2_\Lambda$ sur U des opérateurs dont le symbole total dans les coordonnées (x,y,η,x^*) ne dépend que de $(x',y',\eta',x^{*\prime})$.

Soit ψ la projection $U \to \mathbb{C}^{|I|+|J|+|I'|+|J'|}$ définie par $\psi(x,y,\eta,x^*) = (x',y',\eta',x^{*\prime})$. On considère $\mathcal{E}'$ comme un faisceau sur $\psi(U) = V$.

Soit $\mathcal{M}$ un $\mathcal{E}^2_\Lambda$-module cohérent muni d'une bonne bifiltration $(\mathcal{M}_{ij})$, de support Z.

On suppose que $\psi : Z \to V$ est un difféomorphisme, alors :

a) $\psi_*(\mathcal{M})$ est cohérent sur $\mathcal{E}'$ et $\psi_*(gr^{(0,0)}\mathcal{M})$ est cohérent sur $\mathcal{O}'(0,0) = gr^{(0,0)}(\mathcal{E}')$.

b) Si $\psi_*(gr^{(0,0)}\mathcal{M})$ est libre sur $\mathcal{O}'(0,0)$ et si $(e_1,\dots,e_N)$ est un sous-ensemble de $\psi_*\mathcal{M}$ tel que $(\bar{e}_1,\dots,\bar{e}_N)$ soit une base de $\psi_*(gr^{(0,0)}\mathcal{M})$ on a $\psi_*\mathcal{M} = \bigoplus_{i=1}^{N} \mathcal{E}' e_i$.

Démonstration : D'après l'hypothèse, Z est défini localement par des équations :

$$\begin{cases} x_i = a_i(x',y',\eta',x^{*\prime}) & i \notin I \\ y_j = b_j(x',y',\eta',x^{*\prime}) & j \notin J \\ \eta_j = c_j(x',y',\eta',x^{*\prime}) & j \notin J' \\ x_i^* = d_i(x',y',\eta',x^{*\prime}) & i \notin I' \end{cases}$$

(1) Montrons que si $\mathcal{N}$ est un $\mathcal{E}^2_\Lambda$-module cohérent dont le support est contenu dans Z, $\psi_*\mathcal{N}$ est localement de type fini sur $\mathcal{E}'$.

Il est clair qu'on peut supposer $\mathcal{N}$ de la forme $\mathcal{E}/\mathcal{J}$ où $\mathcal{J}$ est un idéal cohérent $\mathcal{E}^2_\Lambda$. Si $\sigma(\mathcal{J})$ est l'idéal des symboles principaux des éléments de $\mathcal{J}$, d'après le Nullstellensatz, il existe $M \in \mathbb{N}$ tel que $(x_i-a_i)^M$ pour $i \notin I$, $(y_j-b_j)^M$ pour $j \notin J$, $(\eta_j-c_j)^M$ pour $j \notin J'$ et $(x_i^*-d_i)^M$ pour $i \notin I'$ soient dans $\sigma(\mathcal{J})$.

Soient A_i, B_j, C_j, D_i des éléments de $\mathcal{J}$ tels que $\sigma(A_i) = (x_i-a_i)^M$, $\sigma(B_j) = (y_j-b_j)^M$, $\sigma(C_j) = (\eta_j-c_j)^M$ et $\sigma(D_i) = (x_i^*-d_i)^M$ (ces sections sont définies sur un voisinage U_0 d'un point p donné de U).

Soit $\mathcal{J}_0 = \sum\limits_{i\notin I} \mathcal{E}^2_\Lambda A_i + \sum\limits_{j\notin J} \mathcal{E}^2_\Lambda B_j + \sum\limits_{j\notin J'} \mathcal{E}^2_\Lambda C_j + \sum\limits_{i\notin I'} \mathcal{E}^2_\Lambda D_i$. Alors d'après le théorème de division 2.7.1, $\psi_*\left(\mathcal{E}^2_\Lambda/\mathcal{J}_0\right)$ est un $\mathcal{E}'$-module libre de type fini (cf. démonstration du théorème 2.9.12) donc $\psi_* \mathcal{N}$ est un $\mathcal{E}'$-module de type fini.

(2) Montrons que $\mathcal{M}$ est cohérent.

D'après le (1), il existe un $\mathcal{E}^2_\Lambda$-module cohérent $\mathcal{M}_0$ de support contenu dans Z libre sur $\mathcal{E}'$ et une surjection $\mathcal{M}_0 \to \mathcal{M}$. Le noyau $\mathcal{K}$ de ce morphisme est à support dans Z donc $\psi_* \mathcal{K}$ est de type fini sur $\mathcal{E}'$ d'après la partie (1) et donc $\mathcal{M}$ est de présentation finie sur $\mathcal{E}'$ donc cohérent.

(3) Le même raisonnement montre que $\psi_*(\mathrm{gr}\,\mathcal{M})$ est cohérent sur gr $\mathcal{E}'$ et que $\psi_*(\mathrm{gr}^{(0,0)}\mathcal{M})$ est cohérent sur $\mathrm{gr}^{(0,0)}\,\mathcal{E}'$.

(4) Si $\psi_* \mathcal{M}$ est un sous-module de $(\mathcal{E}')^{M_1}$, le théorème 2.5.1 et le corollaire 2.5.2 donnent immédiatement la partie b du lemme.

Dans le cas général, on conclut en prenant une résolution de $\psi_* \mathcal{M}$(cf. [4] corollaire 4.12).

<u>Fin de la démonstration du théorème 3.1.12</u> : Tout d'abord si le support de $\mathcal{M}$ est contenu dans la section nulle de $T^*_\Lambda\tilde{X}$, $\mathcal{M}$ est un $\mathcal{E}_X$-module cohérent de support contenu dans Λ. Le support de $\mathcal{M}$ est donc une sous-variété involutive de T^*X contenue dans Λ donc une sous-variété bi-involutive de $T^*_\Lambda\tilde{X}$.

Dans le cas contraire, $(\mathrm{Supp}^t \mathcal{M}) \cap (T^*_\Lambda \tilde{X} \smallsetminus \Lambda)$ est un ouvert dense de $\mathrm{Supp}^t \mathcal{M}$.

Or il est clair qu'il suffit de montrer le théorème sur un ouvert dense de $\mathrm{Supp}^t \mathcal{M}$, donc dans la suite nous pourrons nous placer en dehors de la section nulle de $T^*_\Lambda \tilde{X}$. Pour la même raison, il suffit de montrer le théorème aux points lisses de $\mathrm{Supp}^t \mathcal{M}$.

Enfin il suffit de montrer le point (2) du théorème pour des générateurs de l'idéal de définition de $\mathrm{Supp}^t \mathcal{M}$, donc on peut supposer que f et g sont bihomogènes et que leurs différentielles sont indépendantes.

Supposons que (2) n'est pas vérifié en un point $p \in \Omega$ au voisinage duquel $Z = \mathrm{supp}^t \mathcal{M}$ est lisse.

Il existe donc deux fonctions bihomogènes f et g dont les différentielles sont indépendantes au point p, qui s'annulent sur Z et telles que $\{f,g\}(p) \neq 0$.

On peut même supposer $f \in \mathcal{O}(0,0)$, $g \in \mathcal{O}(1,1)$ et $\{f,g\} \equiv 1$.

Alors il existe une transformation bicanonique homogène de $T^*_\Lambda \tilde{X}$ au voisinage de p qui transforme les fonctions f et g en x_1 et x_1^* respectivement. On peut lui associer une transformation bicanonique quantifiée qui va transformer $\mathcal{M}$ en un $\mathcal{E}^2_\Lambda$-module dont le support sera contenu dans $\{x_1 = x_1^* = 0\}$.

Dans la suite nous supposerons donc que $Z = \mathrm{Supp}^t(\mathcal{M})$ est lisse et contenue dans $\{x_1 = x_1^* = 0\}$.

Il existe des sous-ensemble I et I' de $[2,\ldots,n]$, J' et J' de $[1,\ldots,p]$ tels que si $x' = (x_i)_{i\in I}$, $y' = (y_j)_{j\in J}$, $\eta' = (\eta_j)_{j\in J'}$ et $x^{*\prime} = (x_i^*)_{i\in I'}$ et si ψ est la projection $(x,y,\eta,x^*) \to (x',y',\eta',x^{*\prime})$, ψ soit un difféomorphisme de Z sur $\mathbb{C}^N$ $(N = |I|+|I'|+J+|J'|)$ au voisinage du point p.

D'après le lemme précédent $\mathcal{M}' = \psi_*(\mathcal{M})$ est $\mathcal{E}'$-module cohérent et $gr^{(0,0)} \mathcal{M}'$ est un $\mathcal{O}'(0,0)$-module cohérent.

$\mathcal{O}'(0,0)$ est le faisceau des fonctions holomorphes sur $\mathbb{C}^N$ homogènes de degré 0 en η et en x^*, ce faisceau est isomorphe au faisceau des fonctions holomorphes sur $\mathbb{C}^{N-2}$.

. Le support de $gr^{(0,0)}(\mathcal{M}')$ est un ouvert de $\mathbb{C}^N$ donc $gr^{(0,0)}(\mathcal{M}')$ est libre en dehors d'une hypersurface. On peut donc supposer qu'au point p, $gr^{(0,0)}(\mathcal{M}')$ est libre.

Soit $\bar{e}_1,\dots,\bar{e}_M$ une base de $gr^{(0,0)}(\mathcal{M}')$ que l'on relève en une base $e_1,\dots,e_M$ de $\mathcal{M}'$, les (e_i) étant dans $\mathcal{M}'_{oo}$.

Si $e = \begin{pmatrix} e_1 \\ \vdots \\ e_M \end{pmatrix}$ on aura donc :

$$x_1\, e = P\, e \quad \text{et} \quad \frac{\partial}{\partial x_1}\, e = Q\, e$$

où P et Q sont des matrices à coefficients respectivement dans $\mathcal{E}'(0,0)$ et $\mathcal{E}'(1,1)$.

D'après le Nullstellensatz, il existe $\lambda \in \mathbb{N}$ tel que x_1^λ et $x_1^{*\lambda}$ annulent $gr^{(0,0)}(\mathcal{M}')$ donc $\sigma_{oo}(P)$ et $\sigma_{1,1}(Q)$ sont des matrices nilpotentes.

Quitte à remplacer $\psi(p)$ par un point voisin, on peut supposer qu'il existe une matrice inversible A à coefficients dans $\mathcal{O}'(0,0)$ telle que $A^{-1}\,\sigma_{oo}(P)A$ soit réduit à la forme de Jordan au voisinage de $\psi(p)$.

En prolongeant A a une matrice inversible de $\mathcal{E}'(0,0)$, on peut supposer que $\sigma_{oo}(P) = P_{oo}$ est sous la forme de Jordan.

$$\frac{\partial}{\partial x_1}(x_1\, e) = \frac{\partial}{\partial x_1}(P\, e) = P\,\frac{\partial}{\partial x_1}\, e = P\,Q\,e$$

$$x_1\,\frac{\partial}{\partial x_1}\, e = Q\,P\,e$$

$$\text{or} \quad \left[\frac{\partial}{\partial x_1}\,,\, x_1\right] = 1 \quad \text{donc} \quad P\,Q - Q\,P = 1 \quad .$$

Nous allons montrer que ceci est impossible ce qui terminera la démonstration du théorème.

On peut écrire $P = \sum_{\substack{j \leqslant 0 \\ i>0 \text{ si } j=0}} P_{ij}$ et $Q = \sum_{\substack{j \leqslant 1 \\ i>1 \text{ si } j=1}} Q_{ij}$

et $$PQ - QP = \sum_{\substack{j \leqslant 1 \\ i>1 \text{ si } j=1}} R_{ij}$$

Pour tout (i,j), P_{ij}, Q_{ij} et R_{ij} sont des matrices à coefficients dans $\mathcal{O}'(i,j)$.

$R_{oo} = R^1_{oo} + R^2_{oo}$ avec :

$$R^1_{oo} = \sum_{i=2}^{n} \frac{\partial P_{oo}}{\partial x_i^*} \frac{\partial Q_{11}}{\partial x_i} - \frac{\partial Q_{11}}{\partial x_i^*} \frac{\partial P_{oo}}{\partial x_i}$$

$$R^2_{oo} = \sum_{i\geqslant 1} \left[P_{-i,-1}, Q_{+i,1} \right] + \sum_{i \geqslant 0} \left[P_{i,o} , Q_{-i,o} \right]$$

P_{oo} est une matrice constante donc $R^1_{oo} = 0$ et $Tr(R^2_{oo}) = 0$ donc $Tr(R_{oo}) = 0$ ce qui est en contradiction avec $PQ - QP = 1$. q.e.d.

3.2 Problème de Cauchy dans le domaine complexe

Dans ce paragraphe, nous allons établir que le problème de Cauchy est bien posé pour les solutions d'un système d'équations à valeurs dans un $\mathcal{E}_X$-module cohérent lorsque la sous-variété sur laquelle est posé le problème de Cauchy est non microcaractéristique (théorème 3.2.3).

En fait nous aurons le théorème non seulement pour les $\mathcal{E}_X$-modules mais aussi pour tous les $\mathcal{E}_X(r,s)$-modules cohérents $(1 \leqslant s \leqslant r \leqslant +\infty)$ retrouvant dans le cas $r = s = 1$ les théorèmes de Kashiwara-Schapira [15].

Comme application nous montrerons le théorème 3.2 sur le problème de Cauchy pour les fonctions holomorphes ramifiées autour d'une hypersurface complexe ; ce théorème généralise des résultats de Hamada-Leray-Wagschal[7] et Wagschal [25] et aussi la proposition 4.2. de Kashiwara-Schapira [15].

Enfin nous appliquerons ce théorème dans le paragraphe 3.4 pour démontrer le corollaire 3.4.10 sur la croissance des solutions d'un système holonôme.

Rappelons que si X est une variété analytique complexe, si r et s sont deux rationnels tels que $1 \leqslant s \leqslant r \leqslant +\infty$, nous avons défini au §.1.5 les faisceaux $\mathcal{E}_X(r,s)$ d'opérateurs microdifférentiels de type (r,s) et que en particulier on a $\mathcal{E}_X(1,1) = \mathcal{E}_X^{\infty}$ et $\mathcal{E}_X(\infty,1) = \mathcal{E}_X$.

Si $\mathcal{M}$ est un $\mathcal{E}_X$-module cohérent, nous avons posé $\mathcal{M}(r,s) = \mathcal{E}_X(r,s) \otimes_{\mathcal{E}_X} \mathcal{M}$, en particulier si Z est une sous-variété de X on définit ainsi $\mathcal{C}_{Y|X}(r,s)$.

<u>Remarque</u> <u>3.2.1</u> : La définition 2.10.3 se traduit de la manière suivante pour les $\mathcal{E}_X$-modules :

Soient $\varphi : Y \to X$ un morphisme de variétés analytiques complexes, ρ et $\overline{\omega}$ les applications canoniques :

$$T^*X \xleftarrow{\overline{\omega}} (T^*X) \times_X Y \xrightarrow{\rho} T^*Y$$

Soient Λ une sous-variété involutive de T^*X et $p : T^*(T^*X) \to T^*_\Lambda\tilde{\Lambda}$ l'application canonique.

a) Si $\mathcal{M}$ est un $\mathcal{E}_X$-module cohérent, φ est non-microcaractéristique de type (r,s) pour $\mathcal{M}$ le long de Λ si et seulement si :

$$T^*_{(Y\times_X T^*X)}(T^*X) \cap p^{-1}\, Ch^2_\Lambda(r,s)(\mathcal{M})$$

est contenu dans la section nulle de $T^*(T^*X)$.

b) Si $\mathcal{M}$ et $\mathcal{N}$ sont deux $\mathcal{E}_X$-modules cohérents, φ est non microcaractéristique de type (r,s) pour $(\mathcal{M},\mathcal{N})$ si et seulement si :

$$T^*_{(Y\times_X T^*X)}(T^*X) \cap Ch^2(r,s)\ (\mathcal{M},\mathcal{N})$$

est contenu dans la section nulle de $T^*(T^*X)$.

Si Y est une sous-variété de X et $\varphi : Y \to X$ l'injection on dira que Y est non microcaractéristique ... si φ l'est.

Rappelons que l'on note $\mathcal{D}^2_\Lambda(r,s) = \mathcal{E}^2_\Lambda(r,s)\big|_\Lambda$, c'est un faisceau sur Λ qui est égal à $\mathcal{E}_X\big|_\Lambda$ lorsque $s=1$.

Si $\mathcal{M}$ est un $\mathcal{E}_X$-module cohérent et si Y est une sous-variété de X non caractéristique pour $\mathcal{M}$, on notera $\mathcal{M}_Y$ le $\mathcal{E}_Y$-module cohérent induit par $\mathcal{M}$ sur Y.

Si Y est non microcaractéristique de type (r,s) pour $\mathcal{M}$ le long de Λ, si $\Lambda' = \rho(\bar{\omega}^{-1}(\Lambda))$, nous noterons $\mathcal{M}_Y^{[r,s]}$ le $\mathcal{D}_{\Lambda'}(r,s)$-module induit par $\mathcal{M}$ sur Y, c'est-à-dire que si $\varphi : Y \to X$ et l'application canonique alors suivant les notations du §.2.10 $\mathcal{M}_Y^{[r,s]} = \varphi^*(\mathcal{D}^2_\Lambda \otimes_{\mathcal{E}_X|_\Lambda} \mathcal{M}|_\Lambda)$.

En général, même si Y est à la fois non caractéristique pour $\mathcal{M}$ et non microcaractéristique de type (r,s) pour $\mathcal{M}$ le long de Λ, il n'y a aucun rapport entre $\mathcal{D}^2_{\Lambda'}(r,s) \otimes_{\mathcal{E}_Y} \mathcal{M}_Y$ et $\mathcal{M}_Y^{[r,s]}$.

Par exemple si $Y = \{(x,y) \in X \,/\, y=0\}$; $Z = \{(x,y) \in X \,/\, x=0\}$ et si $P = D^2_{y_1} + D_{x_1}$, si $\mathcal{M} = \mathcal{E}_X / \mathcal{E}_X P$ et si on place en un point de $\Lambda = T^*_Z X$ où $\xi_1 \neq 0$, on aura $\mathcal{M}_Y = \mathcal{D}^2_Y$ et $\mathcal{D}^2_\Lambda(r,s) \otimes_{\mathcal{E}_X} \mathcal{M} = 0$ pour $s \geqslant 2$ donc $\mathcal{M}_Y^{[r,s]} = 0$.

Par contre si $s=1$, on a $\mathcal{D}^2_{\Lambda'}[r,1] = \mathcal{E}_Y\big|_{\Lambda'}$ et $\mathcal{M}_Y^{[r,1]} = \mathcal{M}_Y\big|_{\Lambda'}$ pour tout r.

Proposition 3.2.2 : Soient X une variété analytique complexe, Y et Z deux sous-variétés transverses de X.

On pose $\Lambda = T^*_Z X$ *et* $\Lambda' = T^*_{Z\cap Y} Y$.

Soit $\mathcal{M}$ *un* $\mathcal{E}_X$*-module cohérent défini au voisinage d'un ouvert* U *de* $(T^*_Z X)\times_X Y$.

On suppose que Y *est non microcaractéristique de type* (r,s) $(1\leqslant s\leqslant r\leqslant +\infty)$ *pour* $\mathcal{M}$ *le long de* Λ *sur* U.

Alors le morphisme naturel

$$\rho_*(\mathbb{R}\mathcal{H}om_{\mathcal{E}_X}(\mathcal{M}, \mathcal{C}_{Z|X}(r,s)|_U) \longrightarrow \mathbb{R}\mathcal{H}om_{\mathcal{D}^2_{\Lambda',(r,s)}}(\mathcal{M}_Y^{[r,s]}, \mathcal{C}_{Z\cap Y|Y}(r,s))|_U$$

est un isomorphisme.

Lorsque $s=1$ *cet isomorphisme devient :*

$$\rho_*(\mathbb{R}\mathcal{H}om_{\mathcal{E}_X}(\mathcal{M}, \mathcal{C}_{Z|X}(r,s))|_U) \longrightarrow \mathbb{R}\mathcal{H}om_{\mathcal{E}_Y}(\mathcal{M}_Y, \mathcal{C}_{Z\cap Y|Y}(r,s))|_U .$$

Remarques : Dans [15], Kashiwara et Schapira ont démontré cette proposition pour $\mathcal{C}^{\mathbb{R}}_{Z|X}$ et donc pour $\mathcal{C}^{\infty}_{Z|X}$, c'est-à-dire pour le cas r = s = 1.

Notre démonstration est entièrement différente, nous ne l'écrivons pas pour $\mathcal{C}^{\mathbb{R}}_{Z|X}$ mais nous pourrions le faire exactement de la même manière que pour $\mathcal{C}_{Z|X}(r,s)$.

Si r = ∞, s = 1 on trouve $\mathcal{C}_{Z|X}$ et dans ce cas la propositon a aussi été démontrée par Teresa Monteiro-Fernandes [20].

Démonstration : Soit d la codimension de Y dans X, alors $\Sigma = (T^*_Z X) \times_Z (Z \cap Y)$ est une sous-variété de codimension d de $\Lambda = T^*_Z X$.

Soient $\pi : \widetilde{{}^{\Sigma}\Lambda^*} \to \Lambda$ et $\pi' : T^*_\Sigma \Lambda \setminus \Sigma \to \Sigma$ les projections canoniques.

Alors d'après [24] chapitre I proposition 1.2.5 on a un triangle :

$$\begin{array}{ccc} & \mathscr{C}_{Z|X}(r,s)\big|_\Sigma & \\ \swarrow & & \nwarrow {\scriptstyle (+1)} \\ \mathbb{R}\Gamma_\Sigma\left(\mathscr{C}_{Z|X}(r,s)\right)[2d] & \longrightarrow & \mathbb{R}\pi'_* \mathbb{R}\Gamma_{T^*_\Sigma\Lambda}\left(\pi^{-1}\mathscr{C}_{Z|X}(r,s)\right)[2d] \end{array}$$

D'après les §.1.1 et 1.5 on a :

$$\mathbb{R}\Gamma_\Sigma\left(\mathscr{C}_{Z|X}(r,s)\right)[d] = \mathscr{B}^{2\infty}_{Z\cap Y|Z|X}(r,s)$$

$$\mathbb{R}\Gamma_{T^*_\Sigma\Lambda}\left(\pi^{-1}\mathscr{C}_{Z|X}(r,s)\right)[d] = a^{-1}\mathscr{C}^{2\mathbb{R}}_{Z\cap Y|Z|X}(r,s)$$

où a est l'application antipodale $T^*_\Sigma\Lambda \to T^*_\Sigma\Lambda$. On a donc un triangle :

$$\begin{array}{ccc} & \mathscr{C}_{Z|X}(r,s)\big|_\Sigma & \\ \swarrow & & \nwarrow {\scriptstyle (+1)} \\ \mathscr{B}^{2\infty}_{Z\cap Y|Z|X}[d] & \longrightarrow & \mathbb{R}\pi'_* \mathscr{C}^{2\mathbb{R}}_{Z\cap Y|Z|X}(r,s)[d] \end{array}$$

Appliquons le foncteur $\mathbb{R}\mathscr{H}om_{\mathscr{E}_X}(\mathscr{M},.)$ à ce triangle :

$$\begin{array}{ccc} & \mathbb{R}\mathscr{H}om_{\mathscr{E}_X}\left(\mathscr{M}, \mathscr{C}_{Z|X}(r,s)\right)\big|_\Sigma & \\ \swarrow & & \nwarrow {\scriptstyle (+1)} \\ \mathbb{R}\mathscr{H}om_{\mathscr{E}_X}\left(\mathscr{M}, \mathscr{B}^{2\infty}_{Z\cap Y|Z|X}\right)[d] & \longrightarrow & \mathbb{R}\mathscr{H}om_{\mathscr{E}_X}\left(\mathscr{M}, \mathbb{R}\pi'_*\mathscr{C}^{2\mathbb{R}}_{Z\cap Y|Z|X}(r,s)\right)[d] \end{array}$$

$$\mathbb{R}\mathscr{H}om_{\mathscr{E}_X}\left(\mathscr{M}, \mathbb{R}\pi'_*\mathscr{C}^{2\mathbb{R}}_{Z\cap Y|Z|X}(r,s)\right) = \mathbb{R}\pi'_*\,\mathbb{R}\mathscr{H}om_{\pi^{-1}\mathscr{E}_X}\left(\pi^{-1}\mathscr{M}, \mathscr{C}^{2\mathbb{R}}_{Z\cap Y|Z|X}(r,s)\right)$$

(ici π est la projection $T^*_\Sigma\Lambda \to \Sigma$).

D'après le théorème 2.8.5, $\mathcal{E}^2_\Lambda(r,s)$ est plat sur $\pi^{-1}\mathcal{E}_X$ donc puisque $\mathcal{C}^{2\mathbb{R}}_{Z\cap Y|Z|X}(r,s)$ est un $\mathcal{E}^2_\Lambda(r,s)$-module (Remarque 2.2.6), on a :

$$\mathbb{R}\mathcal{H}om_{\pi^{-1}\mathcal{E}_X}\left(\pi^{-1}\mathcal{M}, \mathcal{C}^{2\mathbb{R}}_{Z\cap Y|Z|X}(r,s)\right) =$$

$$\mathbb{R}\mathcal{H}om_{\mathcal{E}^2_\Lambda(r,s)}\left(\mathcal{E}^2_\Lambda(r,s)\otimes_{\pi^{-1}\mathcal{E}_X}\pi^{-1}\mathcal{M}, \mathcal{C}^{2\mathbb{R}}_{Z\cap Y|Z|X}(r,s)\right)$$

Or l'hypothèse de la proposition signifie exactement que les supports de $\mathcal{E}^2_\Lambda(r,s)\otimes_{\pi^{-1}\mathcal{E}_X}\pi^{-1}\mathcal{M}$ et de $\mathcal{C}^{2\mathbb{R}}_{Z\cap Y|Z|X}(r,s)$ sont disjoints en dehors de la section nulle (en effet le support du premier est $Ch^2_\Lambda(r,s)(\mathcal{M})$ et celui du second est $T^*_{((Z\cap Y)\times_Z T^*_Z X)}(T^*_Z X)$) donc le support de

$$\mathbb{R}\mathcal{H}om_{\mathcal{E}^2_\Lambda(r,s)}\left(\mathcal{E}^2_\Lambda(r,s)\otimes_{\pi^{-1}\mathcal{E}_X}\pi^{-1}\mathcal{M}, \mathcal{C}^{2\mathbb{R}}_{Z\cap Y|Z|X}(r,s)\right)$$

est contenu dans la section nulle de $T^*_\Lambda\tilde{\Lambda}$ donc :

$$\mathbb{R}\pi^!_* \ \mathbb{R}\mathcal{H}om_{\pi^{-1}\mathcal{E}_X}\left(\pi^{-1}\mathcal{M}, \mathcal{C}^{2\mathbb{R}}_{Z\cap Y|Z|X}(r,s)\right) = 0$$

et on a donc un isomorphisme :

$$\mathbb{R}\mathcal{H}om_{\mathcal{E}_X}\left(\mathcal{M}, \mathcal{C}_{Z|X}(r,s)\right)\Big|_\Sigma \xrightarrow{\sim} \mathbb{R}\mathcal{H}om_{\mathcal{E}_X}\left(\mathcal{M}, \mathcal{B}^{2\infty}_{Z\cap Y|Z|X}(r,s)\right)[d] \tag{3.2.1}$$

Soit $\mathcal{D}^2_\Lambda(r,s) = \mathcal{E}^2_\Lambda(r,s)\Big|_\Lambda$ (Λ considéré comme section nulle de $T^*\Lambda$). $\mathcal{D}^2_\Lambda(r,s)$ est plat sur $\mathcal{E}_X$ et $\mathcal{B}^{2\infty}_{Z\cap Y|Z|X}(r,s)$ est un $\mathcal{D}^2_\Lambda(r,s)$-module (remarque 2.2.6) donc :

$$\mathbb{R}\mathcal{H}om_{\mathcal{E}_X}\left(\mathcal{M}, \mathcal{B}^{2\infty}_{Z\cap Y|Z|X}(r,s)\right) = \mathbb{R}\mathcal{H}om_{\mathcal{D}^2_\Lambda(r,s)}\left(\tilde{\mathcal{M}}, \mathcal{B}^{2\infty}_{Z\cap Y|Z|X}(r,s)\right)$$

avec $\widetilde{\mathcal{M}} = \mathcal{D}^{2}_{\Lambda}(r,s) \otimes_{\mathcal{E}_X} \mathcal{M}$.

Appliquons le théorème 2.10.8 à $\varphi : Y \to X$ injection canonique et $\Lambda = T^*_Z X$, alors $\Lambda' = T^*_{Z\cap Y} Y$ et on a :

$$\rho_*\left(\mathbb{R}\mathcal{H}om_{\mathcal{D}^2_\Lambda(r,s)}\left(\widetilde{\mathcal{M}}, \mathcal{D}^2_\Lambda(r,s)\right) \overset{\mathbb{L}}{\otimes}_{\mathcal{D}^2_\Lambda(r,s)} \mathcal{D}^{2}_{\Lambda\leftarrow\Lambda'}(r,s)\right)[d] \xleftarrow{\sim}$$

$$\mathbb{R}\mathcal{H}om_{\mathcal{D}^2_{\Lambda'}(r,s)}\left(\varphi^*\widetilde{\mathcal{M}}, \mathcal{D}^2_{\Lambda'}(r,s)\right)$$

avec $\rho : \Lambda \times_X Y \to \Lambda'$ et $\mathcal{D}^2_{\Lambda\leftarrow\Lambda'}(r,s) = \mathcal{E}^2_{\Lambda\leftarrow\Lambda'}(r,s)\big|_{\Lambda'}$.

Soit $\mathcal{N}$ un $\mathcal{D}^2_{\Lambda'}(r,s)$-module à gauche, tensorisons les deux membres de l'égalité ci-dessus par $\mathcal{N}$, on obtient :

$$\rho_*\left(\mathbb{R}\mathcal{H}om_{\mathcal{D}^2_\Lambda(r,s)}\left(\widetilde{\mathcal{M}}, \mathcal{D}^2_{\Lambda\leftarrow\Lambda'}(r,s)\right)\right) \overset{\mathbb{L}}{\otimes}_{\mathcal{D}^2_{\Lambda'}(r,s)} \mathcal{N}\ [d] \xleftarrow{\sim}$$

$$\mathbb{R}\mathcal{H}om_{\mathcal{D}^2_{\Lambda'}(r,s)}\left(\varphi^*\widetilde{\mathcal{M}}, \mathcal{D}^2_{\Lambda'}(r,s)\right) \overset{\mathbb{L}}{\otimes}_{\mathcal{D}^2_{\Lambda'}(r,s)} \mathcal{N}$$

Comme ρ est un isomorphisme on obtient :

$$\rho_*\, \mathbb{R}\mathcal{H}om_{\mathcal{D}^2_\Lambda(r,s)}\left(\widetilde{\mathcal{M}}, \mathcal{D}^2_{\Lambda\leftarrow\Lambda'}(r,s) \overset{\mathbb{L}}{\otimes}_{\rho^{-1}\mathcal{D}^2_{\Lambda'}(r,s)} \rho^{-1}\mathcal{N}\right)[d] \xleftarrow{\sim}$$

$$\mathbb{R}\mathcal{H}om_{\mathcal{D}^2_{\Lambda'}(r,s)}\left(\varphi^*\widetilde{\mathcal{M}}, \mathcal{N}\right)$$

Prenons $\mathcal{N} = \mathcal{D}^{2\infty}_{\Lambda'}(r,s) \otimes_{\mathcal{E}_Y} \mathcal{C}_{Z\cap Y|Y}$, comme $\Lambda' = T^*_{Z\cap Y} Y$ on a

$\mathcal{N} \approx \mathcal{C}_{Z\cap Y|Y}(r,s)$ et d'autre part

$$\mathcal{D}^{2}_{\Lambda\leftarrow\Lambda'}(r,s) \underset{\rho^{-1}\mathcal{D}^{2}_{\Lambda'}(r,s)}{\otimes} \rho^{-1}\mathcal{N} \approx \mathcal{D}^{2\infty}_{\Lambda\leftarrow\Lambda'}(r,s) \underset{\rho^{-1}\mathcal{E}_{Y}}{\otimes} \rho^{-1}\mathcal{C}_{Z\cap Y|Y}$$

$$\approx \mathcal{B}^{2\infty}_{Z\cap Y|Z|X}(r,s) .$$

Nous obtenons donc :

(3.2.2) $$\rho_{*}\,\mathbb{R}\mathcal{H}om_{\mathcal{D}^{2}_{\Lambda}(r,s)}\left(\widetilde{\mathcal{M}}, \mathcal{B}^{2\infty}_{Z\cap Y|Z|X}(r,s)\right)[d] \xleftarrow{\sim} \mathbb{R}\mathcal{H}om_{\mathcal{D}^{2}_{\Lambda'}(r,s)}\left(\varphi^{*}\widetilde{\mathcal{M}}, \mathcal{C}_{Z\cap Y|Y}(r,s)\right).$$

Finalement (3.2.1) et (3.2.2) donnent

$$\rho_{*}\left(\mathbb{R}\mathcal{H}om_{\mathcal{E}_{X}}\left(\mathcal{M}, \mathcal{C}_{Z|X}(r,s)\right)\Big|_{\Sigma}\right) \xrightarrow{\sim} \mathbb{R}\mathcal{H}om_{\mathcal{D}^{2}_{\Lambda'}(r,s)}\left(\mathcal{M}^{[r,s]}_{Y}, \mathcal{C}_{Z\cap Y|Y}(r,s)\right) .$$

q.e.d.

Suivant Kashiwara-Schapira [15], la proposition 3.2.2 permet par des manipulations algébriques de montrer le théorème 3.2.3 suivant qui généralise ladite proposition au cas ou $\mathcal{C}_{Z|X}$ est remplacé par un $\mathcal{E}_{X}$-module cohérent $\mathcal{N}$ quelconque :

(On peut en effet passer d'un module $\mathcal{N}$ quelconque à un module du type $\mathcal{C}_{Z|X}$ en remarquant que :

$$\mathbb{R}\mathcal{H}om_{\mathcal{E}_{X}}\left(\mathcal{M}, \mathcal{N}(r,s)\right) \simeq \mathbb{R}\mathcal{H}om_{\mathcal{E}_{X\times X}}\left(\mathcal{M}\hat{\otimes}\mathcal{N}^{*}, \mathcal{C}_{X|X\times X}(r,s)\right)$$

où X est identifié à la diagonale de X×X).

Théorème 3.2.3 : Soient φ une application holomorphe de Y dans X, ρ et $\bar{\omega}$ les applications $(T^*X)\times_X Y \to T^*Y$ et $(T^*X)\times_X Y \to T^*X$, $d = \dim X - \dim Y$.

Soient $\mathcal{M}$ et $\mathcal{N}$ deux $\mathcal{E}_X$-modules cohérents définis sur un ouvert U de T^*X, soient r et s deux rationnels tels que $1 \leqslant s \leqslant r \leqslant +\infty$.

On suppose que φ est non microcaractéristique de type (r,s) pour $(\mathcal{M},\mathcal{N})$ sur $\bar{\omega}^{-1}(U)$.

Alors on a un isomorphisme naturel :

$$\tilde{\omega}^{-1}\,\mathbb{R}\mathcal{H}om_{\mathcal{E}_X}(\mathcal{M},\mathcal{N}(r,s)) \longrightarrow \mathbb{R}\mathcal{H}om_{\mathcal{E}_X}(\mathcal{M},\mathcal{D}^2_{\Lambda\leftarrow\Lambda'}(r,s)) \overset{\mathbb{L}}{\otimes}_{\rho^{-1}\mathcal{D}^2_{\Lambda'}(r,s)} (\mathcal{D}^2_{\Lambda'\to\Lambda}(r,s) \overset{\mathbb{L}}{\otimes}_{\mathcal{E}_X} \mathcal{N})[d]$$

et lorsque $s=1$ cet isomorphisme devient :

$$\bar{\omega}^{-1}\,\mathbb{R}\mathcal{H}om_{\mathcal{E}_X}\Big(\mathcal{M},\mathcal{N}(r,1)\Big) \longrightarrow \mathbb{R}\mathcal{H}om_{\mathcal{E}_X}\Big(\mathcal{M},\mathcal{E}_{X\leftarrow Y}\Big) \overset{\mathbb{L}}{\otimes}_{\rho^{-1}\mathcal{E}_Y} \Big(\mathcal{E}_{Y\to X}(r,1) \otimes_{\mathcal{E}_X} \mathcal{N}\Big)\,[d]$$

Les deux cas particuliers importants de ce théorème sont les cas $r = s = 1$ où on retrouve le théorème 3.1 de [15] et $r = \infty$, $s = 1$ où on obtient l'isomorphisme :

$$\bar{\omega}^{-1}\,\mathbb{R}\mathcal{H}om_{\mathcal{E}_X}\Big(\mathcal{M},\mathcal{N}\Big) \longrightarrow \mathbb{R}\mathcal{H}om_{\mathcal{E}_X}\Big(\mathcal{M},\mathcal{E}_{X\leftarrow Y}\Big) \overset{\mathbb{L}}{\otimes}_{\rho^{-1}\mathcal{E}_Y} \Big(\mathcal{E}_{Y\leftarrow X} \otimes_{\mathcal{E}_X} \mathcal{N}\Big)\;[d]$$

Sur la section nulle de T^*X le théorème 3.2.3 s'écrit plus simplement :

Corollaire 3.2.4 : Soit $\varphi : Y \to X$ une application holomorphe, $\mathcal{M}$ et $\mathcal{N}$ deux $\mathcal{D}_X$-modules cohérents. On suppose φ non microcaractéristique de type $(r,1)$ pour $(\mathcal{M},\mathcal{N})$ au voisinage de $(T^*_X X) \times_X Y$. Alors le morphisme naturel

$$\varphi^{-1}\, \mathbb{R}\mathcal{H}om_{\mathcal{D}_X}\big(\mathcal{M}, \mathcal{N}(r)\big) \longrightarrow \mathbb{R}\mathcal{H}om_{\mathcal{D}_Y}\big(\mathcal{M}_Y, \mathcal{N}_Y(r)\big)$$

est un isomorphisme.

(Ici $\mathcal{M}_Y$ et $\mathcal{N}_Y$ désignent les modules images inverses de $\mathcal{M}$ et $\mathcal{N}$ par φ tandis que si r est rationnel $1 \leqslant r \leqslant +\infty$,

$$\mathcal{N}(r) = \mathcal{D}_X(r) \otimes_{\mathcal{D}_X} \mathcal{N} \qquad \text{avec} \qquad \mathcal{D}_X(r) = \mathcal{E}_X(r,s)\big|_{T^*_X X}$$

la restriction à $T^*_X X$ de $\mathcal{E}_X(r,s)$ étant indépendante de s).

Suivant toujours [15] on déduit de la proposition 3.2.2 le théorème suivant : (cf. théorème 3.3 de [15]).

Théorème 3.2.5 : Soient Y une sous-variété de X, $\mathcal{M}$ et $\mathcal{N}$ deux $\mathcal{D}_X$-modules cohérents, r un rationnel tel que $1 \leqslant r \leqslant +\infty$.

On suppose Y non caractéristique pour $\mathcal{M}$ et pour $\mathcal{N}$.

Soient $\mathcal{N}'$ un $\mathcal{D}_Y$-module cohérent et ψ un homomorphisme de $\mathcal{N}_Y$ dans $\mathcal{N}'$. Soit $x_o \in Y$. On suppose :

a) pour tout point $x^* \in (T^*_{x_o} X \setminus \{x_o\}) \cap Ch\,\mathcal{M}$, ψ induit un isomorphisme :

$$\mathcal{E}_{Y\to X, x^*} \otimes_{\mathcal{D}_{X,x_o}} \mathcal{N} \longrightarrow \mathcal{E}_{Y,\rho(x^*)} \otimes_{\mathcal{D}_{Y,x_o}} \mathcal{N}'$$

b) Y est non microcaractéristique de type $(r,1)$ pour $(\mathcal{M},\mathcal{N})$ sur $T^*X \setminus T^*_X X$.

c) pour tout j, pour toute variété analytique complexe W, tout $w \in W$ l'application linéaire :

$$\mathcal{E}xt^j_{\mathcal{D}_X}\left(\mathcal{O}_X, \mathcal{N} \otimes_{\mathcal{O}_X} \mathcal{O}_{X\times W}\right)_{(x_o,w)} \longrightarrow \mathcal{E}xt^j_{\mathcal{D}_Y}\left(\mathcal{N}_Y, \mathcal{N}' \otimes_{\mathcal{O}_Y} \mathcal{O}_{Y\times W}\right)_{(x_o,w)}$$

est un isomorphisme.

Alors pour tout j, l'application :

$$\mathcal{E}xt^j_{\mathcal{D}_X}\left(\mathcal{M}, \mathcal{N}(r)\right)_{x_o} \longrightarrow \mathcal{E}xt^j_{\mathcal{D}_Y}\left(\mathcal{M}_Y, \mathcal{N}'_Y(r)\right)_{x_o}$$

est un isomorphisme.

Le théorème 3.2.5 nous donne le théorème suivant qui signifie que le problème de Cauchy est bien posé pour les fonctions holomorphes ramifiées avec croissance :

Soient Z une hypersurface lisse de X, $\{\varphi = 0\}$ une équation locale de Z, on pose :

$$\underline{\mathcal{O}^1_{[Z|X]} = \mathcal{D}_X \operatorname{Log}\varphi}$$

Si $r \in [1,+\infty]$ est rationnel on pose $\mathcal{D}_X(r) = \mathcal{E}_X(r,1)\big|_{T^*_X X}$ et

$$\underline{\mathcal{O}^1_{[Z|X]}(r) = \mathcal{D}_X(r) \operatorname{Log}\varphi}$$

Les $\mathcal{D}_X$-modules $\mathcal{O}^1_{[Z|X]}$ et $\mathcal{O}^1_{[Z|X]}(r)$ ne dépendent ni de la fonction φ choisie ni de la détermination du logarithme.

Si $r = +\infty$, $\mathcal{O}^1_{[Z|X]}(\infty) = \mathcal{O}^1_{[Z|X]}$ est le faisceau des fonctions holomorphes ramifiées autour de Z à singularités polaires sur Z qui s'écrivent localement :

$$\sum_{0\leqslant j\leqslant m} a_j(x) \frac{1}{(\varphi(x))^j} + b(x) \operatorname{Log}\varphi(x)$$

Si $1 \leqslant r < +\infty$, $\mathcal{O}^1_{[Z|X]}(r)$ est le faisceau des fonctions holomorphes ramifiées autour de Z qui s'écrivent localement :

$$\sum_{j=0}^{+\infty} a_j(x)\frac{1}{(\varphi(x))^j} + b(x)\,\mathrm{Log}\,\varphi(x)$$

avec localement :

(3.2.3) $$|a_j(x)| \leqslant C^j \frac{1}{(j!)^{r-1}}\,.$$

Si $(Z_i)_{i=1,\dots,p}$ sont des hypersurfaces de X on note $\sum_{i=1}^{r} \mathcal{O}^1_{[Z_i|X]}(r)$ le conoyau de l'application :

$$\mathcal{O}_X^{p-1} \longrightarrow \bigoplus_{i=1}^{p} \mathcal{O}^1_{[Z_i|X]}(r)$$

définie par $(f_1,\dots,f_{p-1}) \longrightarrow (f_1,f_2-f_1,\dots,-f_{p-1})$.

Théorème 3.2.6 : Soit Y une sous-variété de X, Z une hypersurface de Y, $(Z_i)_{i=1,\dots,p}$ des hypersurfaces de X transverses 2 à 2 et transverses à Y telles que $Z_i \cap Y = Z$ pour tout i.

Soit $\mathcal{M}$ un $\mathcal{D}_X$-module cohérent tel que :

a) $Ch(\mathcal{M}) \cap \rho^{-1}(T^*_Z X) \subset \bigcup_i T^*_{Z_i} X$ $(\rho : T^*X \times_X Y \to T^*Y)$.

b) Y est non microcaractéristique de type $(r,1)$ pour $\mathcal{M}$ sur $T^*_{Z_i} X \setminus T^*_X X$ pour $i = 1,\dots,p$.

Alors pour tout $j \in \mathbb{N}$ on a des isomorphismes :

$$\mathcal{E}xt^j_{\mathcal{D}_X}\Big(\mathcal{M}, \sum_{i=1}^{p} \mathcal{O}^1_{[Z_i|X]}(r)\Big)\Big|_Z \xrightarrow{\ \sim\ } \mathcal{E}xt^j_{\mathcal{D}_Y}\Big(\mathcal{M}_Y, \mathcal{O}^1_{[Z|Y]}(r)\Big)$$

Ce théorème signifie que le problème de Cauchy est bien posé dans les fonctions holomorphes ramifiées autour des hypersurfaces Z_i qui ont des croissances de type (3.2.3), les traces sur Y de ces fonctions étant des fonctions ramifiées autour de Z avec la même croissance.

Supposons que les hypothèses du théorème 3.2.6 sont vérifiées pour $r = 1$ (i.e. on est dans le cas de [15]), alors il existe $r_0 > 1$ tel que les hypothèses du théorème 3.2.6 soient vérifiées pour tout $r \in [1,r_0]$. (En effet si un opérateur vérifie $\sigma_\Lambda(P) \not\equiv 0$, il existe $r > 1$ tel que $\sigma_\Lambda(P) = \sigma_\Lambda^{(r,1)}(P)$ et pour un $\mathcal{E}_X$-module les variétés microcaractéristiques sont données par un nombre fini de symboles σ_Λ d'opérateurs qui annulent le module).

On peut appliquer le théorème aux fonctions ramifiées à singularités polaires si le système $\mathcal{M}$ vérifie la condition de Levi sur chaque $T^*_{Z_i} X$.

Dans le cas d'un système quelconque, on peut également démontrer un théorème analogue au théorème 3.2.6 pour des données sur la variété Y qui soient des fonctions ramifiées à singularités polaires, dans ce cas les solutions obtenues vérifient certaines propriétés d'annulation sur Y :

Si $r \in]1,+\infty[$, le faisceau $\mathcal{D}_X^{(r,Y)}$ est le sous-faisceau de $\mathcal{D}_X(r)$ des opérateurs de symbole $P = \sum_{j\geq 0} P_j(x,\xi)$ tels qu'il existe j_0 tel que P_j s'annule à l'ordre $[r(j-j_0)]$ sur Y. (Si $q \in \mathbb{Q}$, $[q]$ désigne la partie entière de q si $q \geq 0$ et 0 si $q < 0$).

Si $r = +\infty$ on pose encore $\mathcal{D}_X^{(r,Y)} = \mathcal{D}_X$.

Si $\mathcal{N}$ est un $\mathcal{D}_X$-module cohérent on pose :

$$\mathcal{N}(r,Y) = \mathcal{D}_X^{(r,Y)} \otimes_{\mathcal{D}_X} \mathcal{N} .$$

Par exemple $\mathcal{O}^1_{[Z|X]}(r,Y)$ pour deux sous-variétés transverses Z et Y de X (Z de codimension 1 et d'équation locale $\{\varphi = 0\}$) est le faisceau des fonctions holomorphes sur $X \setminus Z$ qui s'écrivent localement :

$$\sum_{j\geq 0} a_j(x) \frac{1}{(\varphi(x))^j} + b(x) \operatorname{Log} \varphi(x)$$

avec

1) $$|a_j(x)| \leqslant C^j \frac{1}{(j!)^{r-1}}$$

2) il existe j_o tel que $a_j(x)$ s'annule à l'ordre $[r(j-j_o)]$ sur Y.

On a la proposition suivante :

Proposition 3.2.7 : On se place sous les hypothèses du théorème 3.2.6 avec $r > 1$.

Alors pour tout j on a des isomorphismes :

$$\mathcal{E}xt^j_{\mathcal{D}_X}\left(\mathcal{M}, \sum_{i=1}^{p} \mathcal{O}^1_{[Z_i|X]}(r,Y)\right)\Big|_Z \xrightarrow{\sim} \mathcal{E}xt^j_{\mathcal{D}_Y}\left(\mathcal{M}_Y, \mathcal{O}^1_{[Z|X]}\right)$$

Démonstration : Il suffit de reprendre la démonstration du théorème 3.2.6 (via la proposition 3.2.2) en remplaçant le faisceau $\mathcal{E}_X(r,1)$ par le faisceau $\mathcal{E}^2_\Lambda(r,1)|_\Lambda$ (cf. théorème 2.8.5 pour la définition de ce faisceau).

Exemple 3.2.8 : (Exemple de Hamada)

Regardons sur un exemple très simple comment se traduisent les résultats précédents. On considère le problème de Cauchy :

$$\begin{cases} \dfrac{\partial^2 u}{\partial x^2} - \dfrac{\partial u}{\partial y} = 0 \\[2ex] u(0,y) = \dfrac{1}{y} \\[2ex] \dfrac{\partial u}{\partial x}(0,y) = 0 \end{cases}$$

Pour l'opérateur $P = D_x^2 - D_y$ sur $T_Z^* X$ avec $Z = \{y=0\}$ on a $\boxed{r = 2}$.

La solution est $u(x,y) = \frac{1}{y} + \frac{1}{y} \sum_{n=1}^{\infty} (-1)^n \frac{n!}{(2n)!} \frac{x^{2n}}{y^n}$. On vérifie bien que le coefficient de $\frac{1}{y^n}$ s'annule à l'ordre 2n sur $Y = \{x=0\}$ et qu'il vérifie une majoration en $C^n \frac{1}{n!}$.

3.3 Théorème de prolongement

Théorème 3.3.1 : Soit Ω un ouvert de T^*X à bord de classe C^1 au voisinage d'un point x^* de T^*X.

Soient $\mathcal{M}$ et $\mathcal{N}$ deux $\mathcal{E}_X$-modules cohérents définis au voisinage de x^* et (r,s) un couple de rationnels tels que $1 \leqslant s \leqslant r \leqslant +\infty$.

On suppose que la normale en x^* à Ω (qui peut être considérée comme un point de $T^*(T^*X)$) n'appartient pas à $Ch^2(r,s)\ (\mathcal{M},\mathcal{N})$.

Alors $\left[\mathbb{R}\Gamma_{\overline{\Omega}}\ \mathbb{R}\mathcal{H}om_{\mathcal{E}_X}(\mathcal{M},\mathcal{N}(r,s))\right]_{x^*} = 0.$

Remarque : Dans le cas $r = s = 1$ ce théorème est démontré dans [16] (théorème 8.2.1).

Dans le cas $r = \infty$, $s = 1$ on obtient (cf. [20]) :

$$(\mathbb{R}\Gamma_{\overline{\Omega}}\ \mathbb{R}\mathcal{H}om_{\mathcal{E}_X}(\mathcal{M},\mathcal{N}))_{x^*} = 0 \quad .$$

Démonstration :

$$\mathbb{R}\mathcal{H}om_{\mathcal{E}_X}\left(\mathcal{M},\mathcal{N}(r,s)\right)_{x^*} = \mathbb{R}\mathcal{H}om_{\mathcal{E}_{X\times X}}\left(\mathcal{M}\mathbin{\hat{\otimes}}\mathcal{N}^*,\ \mathcal{C}_{X|X\times X}(r,s)\right)_{(x^*,x^*)}$$

et dire que la normale α à Ω en x^* n'appartient pas à $Ch^2(r,s)\ (\mathcal{M},\mathcal{N})$ signifie par définition que α n'appartient pas à $Ch^2_{T^*_X X\times X}(\mathcal{M}\mathbin{\hat{\otimes}}\mathcal{N}^*)$. On est donc ramené à montrer le théorème dans le cas ou $\mathcal{N}$ est un $\mathcal{E}_X$-module holonôme simple à support dans une variété lagrangienne Λ.

Lemme 3.3.2 : Soit G un fermé de T^*X de bord de classe C^1 au voisinage d'un point $x^* \in T^*X$. Soit α la normale à G en x^* considérée comme élément de $T^*(T^*X)$.

Soit Λ une sous-variété lagrangienne de T^*X qui passe par x^* et $\tilde{\alpha}$ l'image de α dans $T^*\Lambda$. Soit $\mathcal{N}$ un $\mathcal{E}_X$-module holonôme simple de support Λ. Soient r et s deux rationnels tels que $1 \leqslant s \leqslant r \leqslant +\infty$ et $\mathcal{N}(r,s) = \mathcal{E}_X(r,s)\otimes_{\mathcal{E}_X}\mathcal{N}$.

Alors pour tout $j \in \mathbb{Z}$, $\mathcal{H}^j_G\left(\mathcal{N}(r,s)\right)_{x^*}$ est muni d'une structure de $\mathcal{E}^2_\Lambda(r,s)_{\tilde{\alpha}}$-module.

Fin de la démonstration du théorème 3.3.1 :

$$\mathbb{R}\Gamma_{\bar{\Omega}}\left(\mathbb{R}\mathcal{H}om_{\mathcal{E}_X}\left(\mathcal{M},\mathcal{N}(r,s)\right)\right)_{x^*} = \mathbb{R}\mathcal{H}om_{\mathcal{E}_X}\left(\mathcal{M},\mathbb{R}\Gamma_{\bar{\Omega}}\left(\mathcal{N}(r,s)\right)\right)_{x^*}$$

Pour montrer que $\mathbb{R}\mathcal{H}om_{\mathcal{E}_X}\left(\mathcal{M},\mathbb{R}\Gamma_{\bar{\Omega}}\left(\mathcal{N}(r,s)\right)\right)_{x^*}$ est nul il suffit de montrer que pour tout $j \in \mathbb{Z}$ on a

$$\mathbb{R}\mathcal{H}om_{\mathcal{E}_X}\left(\mathcal{M},\mathcal{H}^j_{\bar{\Omega}}\left(\mathcal{N}(r,s)\right)\right)_{x^*} = 0 \quad .$$

Or $\mathcal{E}^2_\Lambda(r,s)_{\tilde{\alpha}}$ est plat sur $\mathcal{E}_{X,x^*}$ et d'après le lemme précédent $\mathcal{H}^j_{\bar{\Omega}}\left(\mathcal{N}(r,s)\right)_{x^*}$ est un $\mathcal{E}^2_\Lambda(r,s)_{\tilde{\alpha}}$-module donc :

$$\mathbb{R}\mathcal{H}om_{\mathcal{E}_X}\left(\mathcal{M},\mathcal{H}^j_{\bar{\Omega}}\left(\mathcal{N}(r,s)\right)\right)_{x^*} =$$

$$\mathbb{R}\mathcal{H}om_{\mathcal{E}^2_\Lambda(r,s)_{\tilde{\alpha}}}\left(\mathcal{E}^2_\Lambda(r,s)_{\tilde{\alpha}} \otimes_{\mathcal{E}_{X,x^*}} \mathcal{M}_{x^*}, \mathcal{H}^j_{\bar{\Omega}}\left(\mathcal{N}(r,s)\right)_{x^*}\right)$$

et par hypothèse $\mathcal{E}^2_\Lambda(r,s)_{\tilde{\alpha}} \otimes_{\mathcal{E}_{X,x^*}} \mathcal{M}_{x^*} = 0$ donc ce dernier complexe est nul ce qui termine la démonstration du théorème.

Démonstration du lemme 3.3.2 : Nous montrons plus généralement que $\mathcal{H}^j_G\left(\mathcal{N}(r,s)\right)_{x^*}$ est muni d'une structure de $\mathcal{E}^{2\mathbb{R}}_\Lambda(r,s)_{\tilde{\alpha}}$-module.

Rappelons (définition 2.2.2 et remarque 2.2.4) que l'on a définit le module holonôme $\mathcal{M}_\Lambda = \mathcal{N} \hat{\otimes} \mathcal{N}^*\left(\mathcal{N}^* = \mathcal{E}xt^{\dim X}_{\mathcal{E}_X}\left(\mathcal{N},\mathcal{E}_X\right)\right)$ sur $\Lambda \times \Lambda$ et que par définition :

$$\mathcal{E}^{2\mathbb{R}}_\Lambda(r,s) = \mathcal{H}^{\dim X}_{T^*\Lambda}\left(\pi^{-1}\mathcal{M}_\Lambda(r,s)\right)^a$$

avec $a : T^*\Lambda \to T^*\Lambda$ application antipodale et $\pi : \widetilde{\Lambda \times \Lambda^*} \to \Lambda \times \Lambda$ la projection canonique.

Comme nous l'avons vu au paragraphe 2.2., si p_1 et p_2 sont les deux projections de $\Lambda \times \Lambda$ sur Λ, on a un morphisme canonique :

$$\text{(3.3.1)} \qquad \mathbb{R} p_{1!}\left(\mathcal{M}_\Lambda(r,s) \otimes_{\mathbb{C}} p_2^{-1}\, \mathcal{N}(r,s)\right) \longrightarrow \mathcal{N}(r,s)\ [-\dim X]\ .$$

Reprenons la définition de ce morphisme sans passer par l'intermédiaire d'une variété involutive régulière.

Plaçons nous tout d'abord sur $\dot{\Lambda} = \Lambda \smallsetminus T^*_X X$. On a alors :

$$\mathcal{M}_\Lambda(r,s) \otimes^{\mathbb{L}}_{p_2^{-1}\mathcal{E}_X(r,s)} p_2^{-1}\, \mathcal{N}(r,s) = p_1^{-1}\, \mathcal{N}(r,s)\ [\dim X]\ .$$

En effet par une transformation canonique quantifiée, on se ramène à $\Lambda = T^*_Y X$ et $\mathcal{N} = \mathcal{C}_{Y|X}$, alors :

$$\mathcal{M}_\Lambda(r,s) = \mathcal{C}^{(0,a)}_{Y\times Y|X\times X}(r,s) = \mathbb{R}\mathcal{H}om_{p_2^{-1}\mathcal{E}_X(r,s)}\left(\mathcal{C}_{Y\times Y|X\times X},\, p_2^{-1}\, \mathcal{E}_X(r,s)\right)\ [\dim X]$$

donc

$$\begin{aligned}\mathcal{M}_\Lambda(r,s) \otimes^{\mathbb{L}}_{p_2^{-1}\mathcal{E}_X} \mathcal{N}(r,s) &= \mathbb{R}\mathcal{H}om_{p_2^{-1}\mathcal{E}_X(r,s)}\left(\mathcal{C}_{Y\times Y|X\times X},\, p_2^{-1}\, \mathcal{C}_{Y|X}(r,s)\right)\ [\dim X] \\ &= p_1^{-1}\, \mathcal{C}_{Y|X}(r,s).\end{aligned}$$

On a donc un homomorphisme canonique :

$$\begin{aligned}\mathbb{R} p_{1!}\left(\mathcal{M}_\Lambda(r,s) \otimes_{\mathbb{C}} p_2^{-1}\, \mathcal{N}(r,s)\right)[\dim X] \longrightarrow\ & \mathbb{R} p_{1!}\left(\mathcal{M}_\Lambda(r,s) \otimes^{\mathbb{L}}_{p_2^{-1}\mathcal{E}_X(r,s)} \mathcal{N}(r,s)\right)[\dim X] \\ & \mathbb{R} p_{1!}\ p_1^{-1}\, \mathcal{N}(r,s)\ [2 \dim X]\end{aligned}$$

qui composé avec le morphisme de Gysing

$$\mathbb{R}\, p_{1!}\, p_1^{-1}\, \mathcal{N}(r,s)\ [2 \dim X] \longrightarrow \mathcal{N}(r,s)$$

donne le morphisme 3.3.1.

Sur la section nulle on montre en ajoutant une variable, c'est-à-dire en considérant $\tilde{\mathcal{N}} = \mathcal{N} \hat{\otimes}\ \mathcal{E}_{\{0\}|\mathbb{C}}$ que l'on a encore $\mathcal{M}_\Lambda(r,s) \otimes^{\mathbb{L}}_{p_2^{-1}\mathcal{E}_X(r,s)} p_2^{-1}\, \mathcal{N}(r,s) =$ $p_1^{-1}\, \mathcal{N}(r,s)\ [\dim X]$, d'où le même morphisme.

Du morphisme 3.3.1, on déduit le morphisme du lemme :

$$\mathcal{E}^2_\Lambda(r,s)_{\tilde{\alpha}} \times \mathcal{H}^j_G(\mathcal{N}(r,s))_{X^*} \longrightarrow \mathcal{H}^j_G(\mathcal{N}(r,s))_{X^*}$$

en appliquant la proposition 3.1.4. de [16].

(Pour plus de détails voir [10] démonstrations du lemme 4.2.10. en remplaçant X par Λ et $\mathcal{O}_X$ par $\mathcal{N}(r,s)$).

En suivant la démonstration du théorème 4.2.1 de [10], on déduit du théorème 3.3.1 par un raisonnement qui repose sur les conditions de Mittag-Leffler le corollaire suivant : (cf. aussi [9] et [16] §.4)

Corollaire 3.3.3 : *Soient* $\mathcal{M}$ *et* $\mathcal{N}$ *deux* $\mathcal{E}_X$*-modules cohérents définis sur un ouvert* Ω *de* T^*X.

Soit $(\Omega_c)_{c \in \mathbb{R}}$ *une famille d'ouverts de* T^*X *vérifiant les conditions suivantes :*

(0) $c_1 \leqslant c_2 \Rightarrow \Omega_{c_1} \subset \Omega_{c_2}$ *et* $\Omega = \bigcup_{c \in \mathbb{R}} \Omega_c$.

(1) $\Omega_c = \bigcup_{c' < c} \Omega_{c'}$, *et* $\overline{\Omega_{c_2} - \Omega_{c_1}}$ *est compact si* $c_1 \leqslant c_2$.

(2) *Soit* $Z_c = \bigcap_{c' > c} (\overline{\Omega_{c'} - \Omega_c})$, *alors* $\forall c' > c \quad Z_c \subset \Omega_{c'}$.

(3) $\partial \Omega_c$ *est une sous-variété de classe* C^1 *de* T^*X *au voisinage de* Z_c .

(4) $\partial\Omega_c$ est non microcaractéristique de type (r,s) pour $(\mathcal{M},\mathcal{N})$ aux points de Z_c.

Alors on a des isomorphismes canoniques pour tout $c \in \mathbb{R}$ et tout $i \in \mathbb{Z}$:

$$Ext^{i}_{\mathcal{E}_X}(\Omega;\mathcal{M},\mathcal{N}(r,s)) \xleftarrow{\sim} Ext^{i}_{\mathcal{E}_X}(\Omega_c;\mathcal{M},\mathcal{N}(r,s))$$

Toujours suivant [10] et [16], on démontre le théorème suivant :

Théorème 3.3.4 : *Soit Λ une sous-variété lagrangienne lisse homogène de T^*X et $\mathcal{N}$ un $\mathcal{E}_X$-module holonôme simple de support Λ défini sur un ouvert U de Λ.*

Soient r,s deux rationnels tels que $1 \leqslant s \leqslant r \leqslant +\infty$ et $\mathcal{M}$ un $\mathcal{E}_X$-module cohérent défini au voisinage de U dans T^*X.

On suppose que $Ch^2_\Lambda(r,s)(\mathcal{M})$ est un sous-ensemble lagrangien de $T^*\Lambda$ (i.e. on suppose que la dimension de $Ch^2_\Lambda(r,s)(\mathcal{M})$ est égale à celle de Λ).

Alors il existe une stratification de Whitney de U telle que pour tout j les groupes $\mathcal{E}xt^{j}_{\mathcal{E}_X}(\mathcal{M},\mathcal{N}(r,s))$ soient localement constants sur chaque strate.

Corollaire 3.3.5 : *Soient $\mathcal{M}$ et $\mathcal{N}$ deux $\mathcal{E}_X$-modules cohérents définis sur un ouvert U de T^*X.*

On suppose que $Ch^2(r,s)(\mathcal{M},\mathcal{N})$ est un sous-espace lagrangien de $T^*(T^*X)$ (i.e. que $\dim Ch^2(r,s)(\mathcal{M},\mathcal{N}) = \dim T^*X$).

Alors il existe une stratification (complexe) de Whitney de U telle que pour tout j, les groupes $\mathcal{E}xt^{j}_{\mathcal{E}_X}(\mathcal{M},\mathcal{N}(r,s))$ soient localement constants sur chaque strate.

Remarque 3.3.6 : Si r = s = 1, la condition $\dim Ch^2(\mathcal{M},\mathcal{N}) = \dim T^*X$ implique que $\mathcal{M}$ et $\mathcal{N}$ sont holonômes et alors on retrouve le théorème 2.8.1 de [16].

Démonstration du corollaire :

Rappelons que $\mathbb{R}\mathcal{H}om_{\mathcal{E}_X}\left(\mathcal{M}, \mathcal{N}(r,s)\right) \approx \mathbb{R}\mathcal{H}om_{\mathcal{E}_X}\left(\mathcal{M} \hat{\otimes} \mathcal{N}^*, \mathcal{E}_{X|X\times X}(r,s)\right)$

et que par définition $Ch^2(r,s)(\mathcal{M},\mathcal{N}) = Ch^2_{T^*_X X\times X}(r,s)(\mathcal{M} \hat{\otimes} \mathcal{N}^*)$ donc le corollaire se déduit immédiatement du théorème en prenant $\Lambda = T^*_X X\times X$, $\mathcal{N} = \mathcal{E}_{X|X\times X}$ et $\mathcal{M} = \mathcal{M} \hat{\otimes} \mathcal{N}^*$.

Démonstration du théorème 3.3.4 :

Rappelons ([16] définition 10.6.1 ou [10] définition 5.1.2) que si Σ est un sous-ensemble localement fermé de Λ et V un sous-ensemble cônique de $T^*\Lambda$, on dit que Σ est plate en $\sigma \in \Sigma$ par rapport à V si :

$$C(V\,;\pi^{-1}(\Sigma))_p \subset \left\{v \in T_p(T^*\Lambda)\ ;\ <v,\omega(p)> \geqslant 0\right\}$$

pour tout point p de $\pi^{-1}(\sigma)$.
(π est la projection $T^*\Lambda \to \Lambda$, $C(V,\pi^{-1}(\Sigma))_p$ est le cône tangent défini au §.3.1 et ω la 1-forme de $T^*\Lambda$).

D'après le théorème 5.1.5 de [10], si $Ch^2_\Lambda(r,s)(\mathcal{M})$ est lagrangien, il existe une stratification de Whitney $U = \bigcup_{\alpha\in A} U_\alpha$ telle que :

1) $Ch^2_\Lambda(r,s)(\mathcal{M}) \subset \bigcup_\alpha T^*_{U_\alpha}\Lambda$

2) Tous les U_α sont plats par rapport à $Ch^2_\Lambda(r,s)(\mathcal{M})$.

Pour montrer le théorème 3.3.4, il suffit donc de montrer le lemme suivant :

Lemme 3.3.8 : Si Σ est une sous-variété de Λ plate par rapport à $Ch^2_\Lambda(r,s)(\mathcal{M})$, pour tout $j \in \mathbb{N}$ le faisceau $\mathcal{E}xt^j_{\mathcal{E}_X}\left(\mathcal{M}, \mathcal{N}(r,s)\right)\Big|_\Sigma$ est un faisceau localement constant.

Ce lemme se déduit facilement du corollaire 3.3.3 (cf. démonstration du théorème 5.1.3 dans [10] ou du théorème 10.7.1 dans [16]).

3.4 Croissance des solutions d'un système d'équations différentielles

Il est bien connu que si P est un opérateur différentiel ordinaire sur $\mathbb{C}$, à singularités régulières en $x=0$, toute série formelle solution de $Pu=0$ est convergente. Plus généralement, Ramis [21,22] a démontré que si P est quelconque (toujours en dimension 1) la croissance des séries formelles solutions de $Pu=0$ est liée aux pentes du polygône de Newton de P. Le but de ce paragraphe est de généraliser ce résultat aux systèmes d'équations différentielles en dimension quelconque.

Nous noterons, pour $1 \leqslant r \leqslant +\infty$:

$$\mathcal{D}_X\{r\} = \mathcal{E}_X(r,r)\big|_{T^*_X X} \quad \text{et} \quad \mathcal{D}_X(r) = \mathcal{E}_X(r,1)\big|_{T^*_X X}.$$

($T^*_X X$ est la section nulle de T^*X, nous l'identifions à X).

Si $\mathcal{N}$ est un $\mathcal{D}_X$-module cohérent, nous noterons :

$$\mathcal{N}\{r\} = \mathcal{D}_X\{r\} \otimes_{\mathcal{D}_X} \mathcal{N} \quad \text{et} \quad \mathcal{N}(r) = \mathcal{D}_X(r) \otimes_{\mathcal{D}_X} \mathcal{N}.$$

En particulier si x_0 est un point de X on notera :

$$\mathcal{B}_{\{x_0\}|X}\{r\} = \mathcal{D}_X\{r\} \otimes_{\mathcal{D}_X} \mathcal{B}_{\{x_0\}|X} \quad \text{et} \quad \mathcal{B}_{\{x_0\}|X}(r) = \mathcal{D}_X(r) \otimes_{\mathcal{D}_X} \mathcal{B}_{\{x_0\}|X}$$

Si on choisit des coordonnées locales $(x_1,\dots,x_n)$ de X au voisinage de x_0 telles que $x_0 = (0,\dots,0)$ on aura donc :

1) $\underline{r=+\infty}$: $\mathcal{B}_{\{x_0\}|X}\{\infty\} = \mathcal{B}_{\{x_0\}|X}(\infty) = \mathcal{B}_{\{x_0\}|X}$ est l'ensemble des sommes $\sum_{0\leqslant|\alpha|\leqslant m} a_\alpha\, \delta^{(\alpha)}(x)$ avec $a_\alpha \in \mathbb{C}$, $\alpha \in \mathbb{N}^n$.

2) $\underline{r=1}$: $\mathcal{B}_{\{x_0\}|X}\{1\} = \mathcal{B}_{\{x_0\}|X}(1) = \mathcal{B}^{\infty}_{\{x_0\}|X}$ est l'ensemble des séries $\sum_{\alpha\in\mathbb{N}^n} a_\alpha\, \delta^{(\alpha)}(x)$ avec $(a_\alpha)_{\alpha\in\mathbb{N}^n}$ suite de complexes vérifiant :

$$\forall\, \varepsilon>0 \;\exists\, C_\varepsilon>0 \;\text{ t.q. }\; \forall\, \alpha\in\mathbb{N}^n \;\; |a_\alpha| \leqslant C_\varepsilon\, \varepsilon^{|\alpha|} \frac{1}{|\alpha|!}$$

3) <u>$1<r<+\infty$</u> : $\mathcal{B}_{\{x_0\}|X}\{r\}$ est le sous-ensemble de $\mathcal{B}^{\infty}_{\{x_0\}|X}$ des séries $\sum_{\alpha\in\mathbb{N}^n} a_\alpha\, \delta^{(\alpha)}(x)$ qui vérifient :

$$\forall \varepsilon>0 \quad \exists C_\varepsilon>0 \quad \text{t.q.} \quad \forall \alpha\in\mathbb{N}^n \quad |a_\alpha| \leqslant C_\varepsilon\, \varepsilon^{|\alpha|} \frac{1}{(|\alpha|!)^r} .$$

4) <u>$1<r<+\infty$</u> : $\mathcal{B}_{\{x_0\}|X}(r)$ est le sous-ensemble de $\mathcal{B}^{\infty}_{\{x_0\}|X}$ des séries $\sum_{\alpha\in\mathbb{N}^n} a_\alpha\, \delta^{(\alpha)}(x)$ qui vérifient :

$$\exists C>0 \quad \forall \alpha\in\mathbb{N}^n \quad |a_\alpha| \leqslant C^{|\alpha|} \frac{1}{(|\alpha|!)^r}$$

En particulier si M est une variété analytique réelle, si X est un voisinage complexe de M et x_0 un point de M, $\mathcal{B}_{\{x_0\}|X}\{r\}$ (resp. $\mathcal{B}_{\{x_0\}|X}(r)$) est l'ensemble des ultradistributions Gevrey-Roumieu (resp. Gevrey-Beurling) d'ordre r sur M à support dans $\{x_0\}$ pour $1<r<+\infty$, tandis que $\mathcal{B}_{\{x_0\}|X}$ (resp. $\mathcal{B}^{\infty}_{\{x_0\}|X}$) est l'ensemble des distribution (resp. des hyperfonctions) sur M à support dans $\{x_0\}$.

Avant d'énoncer le théorème, rappelons (§.2.9) que si Λ est une variété munie d'une action locale de $\mathbb{C}$ (ce qui est équivalent à la donnée d'un champ de vecteurs u sur Λ), on peut définir dans $T^*\Lambda$ une hypersurface canonique S_Λ : S_Λ est l'ensemble des zéros de la fonction $<\omega,u>$ où ω est la 1-forme canonique de $T^*\Lambda$ définie par la structure d'espace cotangent de $T^*\Lambda$. Ce résultat s'applique en particulier au cas où Λ est une sous-variété lagrangienne homogène de T^*X.

Par exemple si $\Lambda=\{(x,\xi)\in T^*\mathbb{C}^n \;/\; x_1=\ldots=x_p=0 \;\; \xi_{p+1}=\ldots=\xi_n=0\}$ on aura :

$$S_\Lambda=\left\{(x_{p+1},\ldots,x_n,\xi_1,\ldots,\xi_p \;;\; x^*_{p+1},\ldots,x^*_n,\; \xi^*_1,\ldots,\xi^*_p)\in T^*\Lambda \;/\; <\xi,\xi^*> \;=0\right\}$$

<u>Remarque</u> : (cf. [16] proposition 10.4.1)

Si V est une sous-variété isotrope bihomogène de $T^*\Lambda$, V est contenu dans S_Λ (en effet on a $\omega|_V=0$ et u est tangent à V).

Si $\mathcal{M}$ est un $\mathcal{E}_X$-module holonôme, la variété caractéristique de $\mathcal{M}$, $\mathrm{Ch}\,\mathcal{M}$, est de dimension $n = \dim X$ donc $\mathrm{Ch}^2_\Lambda(\mathcal{M}) = C_\Lambda(\mathrm{Ch}\,\mathcal{M})$ est aussi de dimension n, donc d'après le théorème 3.1.12, $\mathrm{Ch}^2_\Lambda(\mathcal{M})$ est lagrangien et donc $\mathrm{Ch}^2_\Lambda(\mathcal{M}) \subset S_\Lambda$.

D'après le théorème 2.6.12., il existe un nombre fini d'opérateurs $P_1,\ldots,P_N$ tels que $\mathrm{Ch}^2_\Lambda(\mathcal{M})$ soit l'ensemble des zéros communs des fonctions $\sigma_\Lambda(P_i)$ pour $i = 1,\ldots, N$. Si r_i désigne la première pente du polygône de Newton de P_i le long de Λ on aura $\sigma_\Lambda(P_i) = \sigma_\Lambda^{(r_i,1)}(P_i)$ donc pour $r = \inf\{r_i \,/\, i = 1,\ldots,N\}$ on a encore

$$\mathrm{Ch}^2_\Lambda(r,1)(\mathcal{M}) \subset S_\Lambda .$$

Nous voyons donc que si $\mathcal{M}$ est holonôme, il existe $r > 1$ tel que $\mathrm{Ch}^2_\Lambda(r,1)(\mathcal{M}) \subset S_\Lambda$.

Rappelons aussi que si X est une variété analytique complexe et $X_{\mathbb{R}}$ la variété analytique réelle sous-jacente, on identifie le fibré cotangent (complexe) à X, T^*X, et le fibré cotangent (réel) à $X_{\mathbb{R}}$, $T^*X_{\mathbb{R}}$.

Si S est une sous-variété analytique réelle de X et $\mathcal{M}$ un $\mathcal{E}_X$-module cohérent, on dit que S est non caractéristique pour $\mathcal{M}$ si, via l'identification précédente, on a

$$T^*_S X \cap \mathrm{supp}(\mathcal{M}) \subset T^*_X X$$

($T^*_X X$ désigne la section nulle de T^*X).

Par exemple si S est l'hypersurface d'équation $\{\varphi = 0\}$, cela signifie que les points $(x, \partial_x f(x))$ n'appartiennent pas à $\mathrm{supp}(\mathcal{M})$.

De même si Λ est une sous-variété lagrangienne complexe de T^*X et S une sous-variété réelle de Λ, si $\mathcal{M}$ est un $\mathcal{E}_X$-module cohérent défini au voisinage de Λ, on dit que S est non microcaractéristique de type (r,s) pour $\mathcal{M}$ le long de Λ si :

$$T^*_S\Lambda \cap \mathrm{Ch}^2_\Lambda(r,s)(\mathcal{M}) \subset T^*_\Lambda\Lambda .$$

Théorème 3.4.1. : Soit x_o un point d'une variété analytique complexe et $\mathcal{M}$ un $\mathcal{D}_X$-module cohérent défini au voisinage de x_o. Soient r_1 et r_2 deux rationnels tels que $1 \leqslant r_1 \leqslant r_2 \leqslant +\infty$.

On suppose qu'il existe une métrique hermitienne sur l'espace vectoriel complexe $T^*_{\{x_o\}}X$ telle que, S désignant la sphère unité de $T^*_{\{x_o\}}X$ pour cette métrique (c'est une hypersurface réelle de $T^*_{\{x_o\}}X$), S soit non microcaractéristique de type (r_2,r_1) pour $\mathcal{M}$ le long de $\Lambda = T^*_{\{x_o\}}X$, i.e.

$$T^*_S\Lambda \cap Ch^2_\Lambda(r_2,r_1)(\mathcal{M}) \subset T^*_\Lambda\Lambda .$$

Alors, pour tout $j \in \mathbb{Z}$ et tout rationnel r tel que $r_1 < r < r_2$ les flèches naturelles :

$$\mathcal{E}xt^j_{\mathcal{D}_X}(\mathcal{M}, \mathcal{B}_{\{x_o\}|X^{(r_2)}}) \longrightarrow \mathcal{E}xt^j_{\mathcal{D}_X}(\mathcal{M}, \mathcal{B}_{\{x_o\}|X^{\{r\}}}) \longrightarrow \mathcal{E}xt^j_{\mathcal{D}_X}(\mathcal{M}, \mathcal{B}_{\{x_o\}|X^{(r)}})$$

$$\longrightarrow \mathcal{E}xt^j_{\mathcal{D}_X}(\mathcal{M}, \mathcal{B}_{\{x_o\}|X^{\{r_1\}}})$$

sont des isomorphismes entre espaces vectoriels de dimension finie sur $\mathbb{C}$.

Remarques :

1) Si $\mathcal{M}$ est de la forme $\mathcal{D}_X / \mathcal{D}_X P$ où P est un opérateur différentiel, l'hypothèse du théorème 3.4.1. pour $r_1 = 1$, $r_2 = +\infty$ est exactement l'hypothèse de Kashiwara-Sjöstrand [16 bis]. (Nous reviendrons sur ce point dans la démonstration).

2) Un cas particulier important où l'hypothèse du théorème est vérifiée est lorsque $Ch^2_\Lambda(r_2,r_1)(\mathcal{M})$ est contenue dans $S_{T^*_{\{x_o\}}X}$. (Nous avons remarqué que si $\mathcal{M}$ est holonôme, il existe $r > 1$ tel que $Ch^2_\Lambda(r,1)(\mathcal{M}) \subset S_{T^*_{\{x_o\}}X}$).

3) Supposons qu'il existe une suite finie de rationnels $s_{-1} = 1 < s_0 < s_1 < \ldots < s_p = +\infty$ telle que pour $\nu = 0,\ldots,p$ l'hypothèse du théorème est vérifiée pour $(s_\nu, s_{\nu-1})$, alors

pour toute solution u du système $\mathcal{M}$ dans $\mathcal{B}^{\infty}_{\{x_0\}|X}$, il existe $\nu \in \{0,\dots,p\}$ tel que :

→ si $\nu < p$ u est dans $\mathcal{B}_{\{x_0\}|X}(s_\nu)$ et pas dans $\mathcal{B}_{\{x_0\}|X}\{s_\nu\}$

→ si $\nu = p$ u est dans $\mathcal{B}_{\{x_0\}|X}$.

Cette hypothèse est vérifiée en particulier pour X de dimension 1, dans ce cas la suite s_j est égale à la suite $(\frac{-1}{\lambda_j})$ ou λ_j parcourt la suite des pentes du polygône de Newton de $\mathcal{M}$ et on retrouve le résultat de Ramis ([21], [22]).

Avant de démontrer le théorème, appliquons-le au cas des séries formelles :

Soit $\hat{\mathcal{O}}$ l'anneau des séries formelles en n variables ; si 0 est l'origine de $\mathbb{C}^n$ et $\mathcal{D}_0$ le germe en 0 du faisceau $\mathcal{D}_{\mathbb{C}^n}$ des opérateurs différentiels sur $\mathbb{C}^n$, $\hat{\mathcal{O}}$ est un $\mathcal{D}_0$-module à gauche.

Pour r rationnel, $1 \leq r < +\infty$, nous noterons $\mathcal{O}\{r\}$ (resp. $\mathcal{O}(r)$) le sous-anneau de $\hat{\mathcal{O}}$ des séries $\sum_{\alpha \in \mathbb{N}^n} a_\alpha x^\alpha$ telles que $\sum_{\alpha \in \mathbb{N}^n} \frac{a_\alpha}{(\alpha!)^{r-1}} x^\alpha$ soit convergente (resp. définisse une fonction entière sur $\mathbb{C}^n$).

$\mathcal{O}\{1\}$ est donc le germe en 0 du faisceau $\mathcal{O}$ des fonctions holomorphes. Nous noterons encore $\mathcal{O}\{\infty\} = \mathcal{O}(\infty) = \hat{\mathcal{O}}$ pour $r = +\infty$.

Pour $1 \leq r \leq +\infty$, $\mathcal{O}\{r\}$ et $\mathcal{O}(r)$ sont munis de structures naturelles d'espaces vectoriels topologiques et il en est de même pour $\mathcal{B}_{\{0\}|\mathbb{C}^n}\{r\}$ et $\mathcal{B}_{\{0\}|\mathbb{C}^n}(r)$.

La formule $< \sum_{\alpha \in \mathbb{N}^n} a_\alpha x^\alpha , \sum_{\alpha \in \mathbb{N}^n} b_\alpha \delta^{(\alpha)}(x) > \longrightarrow \sum_{\alpha \in \mathbb{N}^n} (-1)^{|\alpha|} \alpha! \, a_\alpha b_\alpha$ définit une dualité topologique entre $\mathcal{O}\{r\}$ et $\mathcal{B}_{\{0\}|\mathbb{C}^n}\{r\}$ pour $1 \leq r \leq +\infty$ et entre $\mathcal{O}(r)$ et $\mathcal{B}_{\{0\}|\mathbb{C}^n}(r)$ pour $1 \leq r \leq +\infty$.

Si P est un opérateur différentiel défini au voisinage de 0, $P : \mathcal{O}\{r\} \to \mathcal{O}\{r\}$ (resp. $P : \mathcal{O}(r) \to \mathcal{O}(r)$) est une application linéaire continue et son application transposée ${}^tP : \mathcal{B}_{\{0\}|\mathbb{C}^n}\{r\} \to \mathcal{B}_{\{0\}|\mathbb{C}^n}\{r\}$ (resp. ${}^tP : \mathcal{B}_{\{0\}|\mathbb{C}^n}(r) \to \mathcal{B}_{\{0\}|\mathbb{C}^n}(r)$) n'est autre que l'application définie par l'adjoint formel P^* de P.

Corollaire 3.4.2. : Soit $\mathcal{M}$ un $\mathcal{D}_{\mathbb{C}^n}$-module cohérent défini sur un voisinage de 0 dans $X = \mathbb{C}^n$. Soient r_1 et r_2 deux rationnels tels que $1 \leq r_1 \leq r_2 \leq +\infty$.

On suppose qu'il existe une métrique hermitienne sur $T_{\{0\}}\mathbb{C}^n \approx \mathbb{C}^n$ dont la sphère unité soit non microcaractéristique de type (r_2, r_1) pour $\mathcal{M}$ le long de $\Lambda = T^*_{\{0\}}\mathbb{C}^n$.

Alors pour tout $j \in \mathbb{Z}$ et tout r rationnel, $r_1 < r < r_2$, on a :

$$\mathcal{E}xt^j_{\mathcal{D}_X}(\mathcal{M}, \mathcal{O}\{r\}) = \mathcal{E}xt^j_{\mathcal{D}_X}(\mathcal{M}, \mathcal{O}(r)) = \mathcal{E}xt^j_{\mathcal{D}_X}(\mathcal{M}, \mathcal{O}\{r_1\}) = \mathcal{E}xt^j_{\mathcal{D}_X}(\mathcal{M}, \mathcal{O}(r_2))$$

et ce sont des espaces vectoriels de dimension finie sur $\mathbb{C}$.

Exemples :

i) Si $r_2 = +\infty$ et $r_1 = 1$, et si $\mathcal{M}$ est de la forme $\mathcal{D}_X / \mathcal{D}_X P$ on retrouve le résultat de Kashiwara-Kawaï-Sjöstrand [16 bis] :

$$\text{si} \quad P(z, D_z) = \sum_{|\alpha| = |\beta| \leq m} a_{\alpha\beta}(z) z^\alpha \left(\frac{\partial}{\partial z}\right)^\beta \quad \text{est tel que}$$

$$\forall z \in \mathbb{C}^n \setminus \{0\} \sum_{|\alpha| = |\beta| = m} a_{\alpha\beta}(0) z^\alpha \bar{z}^\beta \neq 0$$

alors les noyaux et conoyaux de $P : \mathcal{O}_0 \to \mathcal{O}_0$ et $P : \hat{\mathcal{O}} \to \hat{\mathcal{O}}$ sont les mêmes. (i.e. toute solution série formelle de $Pu = f$, f convergente, est convergente).

ii) Plus généralement si $P(z,D_z)$ est un opérateur différentiel de symbole principal $p(z,\zeta) = \sum_{|\beta|=|\alpha|=m} a_{\alpha\beta}(z)z^{\alpha}\,\zeta^{\beta}$ qui vérifie

$$\forall z \in \mathbb{C}^n \setminus \{0\} \qquad \sum_{|\alpha|=|\beta|=m} a_{\alpha\beta}(0)z^{\alpha}\,\bar{z}^{\beta} \neq 0$$

alors il existe $r > 1$ tel que toute solution dans $\mathcal{O}(r)$ de $Pu = f$ avec $f \in \mathcal{O}_0 = \mathcal{O}\{1\}$ dans $\mathcal{O}_0$. (r est la première pente du polygône de Newton de P).

iii) Dans [12], Kashiwara-Kawaï montrent que si $\mathcal{M}$ est un système holonôme à points singuliers réguliers, alors pour toute variété lagrangienne Λ, $Ch^2_{\Lambda}(\infty,1)(\mathcal{M}) \subset S_{\Lambda}$. $\mathcal{M}$ vérifie donc les hypothèses du corollaire et on retrouve ainsi leur résultat de [11], à savoir que si $\mathcal{M}$ est holonôme singulier régulier toute solution série formelle est convergente.

Démonstration du corollaire 3.4.2. : Nous verrons dans la démonstration du théorème 3.4.1 que l'on peut se ramener au cas où $\mathcal{M}$ est de la forme $\mathcal{D}_X/\mathcal{D}_X P$ pour un opérateur différentiel P.

Il suffit alors de montrer que le noyau et le conoyau de $P : \mathcal{O}\{r\} \to \mathcal{O}\{r\}$ et de $P : \mathcal{O}(r) \to \mathcal{O}(r)$ sont égaux au noyau et au conoyau de $P : \mathcal{O}(r_2) \to \mathcal{O}(r_2)$ et qu'il sont de dimension finie.

Par dualité, il suffit de voir que l'on peut appliquer le théorème 3.4.1 à P^*.

Or $\sigma_{\Lambda}^{(r_2,r_1)}(P^*)$ est égal à $\sigma_{\Lambda}^{(r_2,r_1)}(P)$ au signe près donc P^* vérifie les hypothèses du théorème 3.4.1.

Démonstration du théorème 3.4.1.

A. Montrons que l'on peut se ramener au cas où $\mathcal{M} = \mathcal{D}_X/\mathcal{D}_X P$

Dans la suite, le problème étant local, nous pourrons supposer que $X = \mathbb{C}^n$ avec $x_0 = 0$; $\mathbb{C}^n$ est muni des coordonnées $(x_1,\dots,x_n)$, $\Lambda = T^*_{\{0\}}\mathbb{C}^n$ des coordonnées $(\xi_1,\dots,\xi_n)$

et $T^*\Lambda$ des coordonnées $(\xi_1,\dots,\xi_n,\xi_1^*,\dots,\xi_n^*)$.

Après un changement de variable (linéaire) on peut supposer que la métrique hermitienne de l'hypothèse est la métrique canonique de $\mathbb{C}^n$ et donc que $S=\{z\in\mathbb{C}^n/z.\bar{z}=1\}$.

Soit u une section de $\mathcal{M}$ définie au voisinage de 0 et $\mathcal{J}\subset\mathcal{D}_X$ l'annulateur de u.

Soit $(\xi_0,\bar{\xi}_0)$ un point de $T_S^*\Lambda$, par hypothèse on a :

$$(\xi_0,\bar{\xi}_0)\notin Ch_\Lambda^2(r_2,r_1)(\mathcal{M})\supset Ch_\Lambda^2(r_2,r_1)(\mathcal{D}_X/\mathcal{J})$$

donc d'après la proposition 2.6.13, il existe un opérateur $P\in\mathcal{J}$ tel que $\sigma_\Lambda^{(r_2,r_1)}(P)(\xi_0,\bar{\xi}_0)\neq 0$.

On peut écrire $\sigma_\Lambda^{(r_2,r_1)}(P)(\xi,\xi^*)=\sum_{\substack{|\alpha|=n\\|\beta|=m}} a_{\alpha\beta}\,\xi^\alpha\,\xi^{*\beta}$, et on définit un opérateur différentiel U par : $U(x,D_x)=\sum_{\substack{|\alpha|=n\\|\beta|=m}} a_{\alpha\beta}\,(-x)^\beta D_x^\alpha$, alors $UP\in\mathcal{J}$ et

$$\sigma_\Lambda^{(r_2,r_1)}(UP)=\Big(\sum_{\substack{|\alpha|=n\\|\beta|=m}}\bar{a}_{\alpha\beta}\,\xi^\beta\,\xi^{*\beta}\Big)\cdot\Big(\sum_{\substack{|\alpha|=n\\|\beta|=m}} a_{\alpha\beta}\,\xi^\alpha\,\xi^{*\beta}\Big)$$

donc $\sigma_\Lambda^{(r_2,r_1)}(UP)\geqslant 0$ sur $T_S^*\Lambda$ et $\sigma_\Lambda^{(r_2,r_1)}(UP)>0$ en $(\xi_0,\bar{\xi}_0)$.

S étant compacte, il existe des opérateurs $P_1,\dots,P_N$ dans $\mathcal{J}$ tels que $\sigma_\Lambda^{(r_2,r_1)}(P_1+\dots+P_N)>0$ sur S.

Nous avons donc montré que pour toute section u de $\mathcal{M}$, il existe un opérateur $P\in\mathcal{D}_X$ tel que $Pu=0$ et

(3.4.1) $$\forall\xi\in\mathbb{C}^n\smallsetminus\{0\}\quad \sigma_\Lambda^{(r_2,r_1)}(P)(\xi,\bar{\xi})=\sum_{|\alpha|=|\beta|=m} a_{\alpha\beta}\,\xi^\alpha\,\bar{\xi}^\beta\neq 0\,.$$

Supposons donc le théorème démontré pour les systèmes de forme $\mathcal{D}/\mathcal{D}_P$ où P est un opérateur qui vérifie (3.4.1).

Soit $\mathcal{M}$ un $\mathcal{D}_X$-module cohérent tel que

$$Ch^2_\Lambda(r_2,r_1)(\mathcal{M}) \cap T^*_S\Lambda = \{0\}$$

et soit $(u_1,\dots,u_N)$ un système de générateurs de $\mathcal{M}$ au voisinage de 0.

D'après ce qui précède, il existe pour $\nu=1,\dots,N$ un opérateur P_ν qui vérifie (3.4.1) et tel que $P_\nu u_\nu = 0$.

Soient $\mathcal{L} = \bigoplus_{\nu=1}^{N} \mathcal{D}/\mathcal{D}_{P_\nu}$ et $\mathcal{M}'$ défini par la suite exacte :

(3.4.2) $$0 \longleftarrow \mathcal{M} \longleftarrow \mathcal{L} \longleftarrow \mathcal{M}' \longleftarrow 0 .$$

On a $Ch^2_\Lambda(r_2,r_1)(\mathcal{M}') \subset Ch^2_\Lambda(r_2,r_1)(\mathcal{L})$ donc $Ch^2_\Lambda(r_2,r_1)(\mathcal{M}') \cap T^*_S\Lambda = \{0\}$. De la suite exacte (3.4.2) et de l'injection $\mathcal{B}(r_2) \hookrightarrow \mathcal{B}\{r\}$ (avec $\mathcal{B} = \mathcal{B}_{\{0\}|\mathbb{C}^n}$) on déduit le diagramme :

$$\begin{array}{ccccccc}
\longrightarrow \mathcal{E}xt^j_{\mathcal{D}}(\mathcal{M},\mathcal{B}\{r\}) & \longrightarrow & \mathcal{E}xt^j_{\mathcal{D}}(\mathcal{L},\mathcal{B}\{r\}) & \longrightarrow & \mathcal{E}xt^j_{\mathcal{D}}(\mathcal{M}',\mathcal{B}\{r\}) & \longrightarrow \dots \\
\uparrow u_j & & \wr\uparrow v_j & & \uparrow w_j & \\
\longrightarrow \mathcal{E}xt^j_{\mathcal{D}}(\mathcal{M},\mathcal{B}(r_2)) & \longrightarrow & \mathcal{E}xt^j_{\mathcal{D}}(\mathcal{L},\mathcal{B}(r_2)) & \longrightarrow & \mathcal{E}xt^j_{\mathcal{D}}(\mathcal{M}',\mathcal{B}(r_2)) & \longrightarrow \dots
\end{array}$$

Si on suppose le théorème vrai pour $\mathcal{D}/\mathcal{D}_P$, les flèches v_j sont des isomorphismes. Montrons par récurrence sur j que les flèches u_j et w_j sont des isomorphismes.

Supposons donc que w_{j-1} est un isomorphisme, alors puisque v_j et v_{j-1} sont des isomorphismes, u_j est injective.

$\mathcal{M}'$ vérifie les mêmes hypothèses que $\mathcal{M}$ donc w_j est injective et donc u_j est bijective.

Par récurrence le théorème est donc vrai pour tout j.

Le même raisonnement s'applique évidemment pour $\mathcal{B}(r)$ avec $r_1 < r \leqslant r_2$.

B. Nous supposons $\mathcal{M} = \mathcal{D}_X / \mathcal{D}_X P$.

Nous devons montrer que si P est un opérateur qui vérifie (3.4.1) le noyau et le conoyau de $P : \mathcal{B}\{r\} \to \mathcal{B}\{r\}$ pour $r_1 \leqslant r < r_2$ sont égaux respectivement au noyau et au conoyau de $P : \mathcal{B}(r_2) \to \mathcal{B}(r_2)$ ou encore que P définit une bijection de $\mathcal{B}\{r\} / \mathcal{B}(r_2)$ dans lui-même.

De même nous devons montrer que P définit une bijection de $\mathcal{B}(r) / \mathcal{B}(r_2)$ dans lui-même si $r_1 < r \leqslant r_2$.

L'hypothèse signifie que P s'écrit :

$$P(x,D_x) = P_o(x,D_x) - R(x,D_x)$$

avec

1) $P_o(x,D_x) = \sum_{|\alpha|=|\beta|=m} a_\alpha^\beta \, x^\alpha \, D_x^\beta$

(3.4.3) $$\forall \xi \in \mathbb{C}^n \setminus \{0\} \quad P_o(\xi,\bar{\xi}) = \sum_{|\alpha|=|\beta|=m} a_\alpha^\beta \, \xi^\alpha \, \bar{\xi}^\beta \neq 0$$

2) $R(x,D_x) = \sum_{(*)} a_\alpha^\beta \, x^\alpha \, D_x^\beta$

où (*) est l'ensemble des conditions suivantes :

(3.4.4) $$(*) = \begin{cases} \alpha \in \mathbb{N}^n, \ \beta \in \mathbb{N}^n, \ |\beta| \leqslant m_o \\ r_\nu(|\alpha| - |\beta|) - |\alpha| \geqslant -m \quad \text{pour} \quad \nu = 1,2 \\ (|\alpha| \, , |\beta|) \neq (m,m). \end{cases}$$

R est un opérateur différentiel à coefficients analytiques donc pour chaque β les séries $\sum_{\alpha} a_{\alpha}^{\beta} x^{\alpha}$ sont convergentes :

(3.4.5) $$\exists C > 0 \quad \forall \alpha \in \mathbb{N}^n \quad \forall \beta \in \mathbb{N}^n \quad |\beta| \leqslant m_0 \quad |a_{\alpha}^{\beta}| \leqslant C^{|\alpha|+1}$$

Nous noterons $\mathcal{B}[N]$ le sous-espace vectoriel de $\mathcal{B}(\infty)$ des sommes finies

$$u = \sum_{|\alpha| \leqslant N} u_{\alpha} \, \delta^{(\alpha)}(t) \quad \text{et} \quad \mathcal{B}_N = \mathcal{B}[N] / \mathcal{B}[N-1] \, .$$

$\mathcal{B}_N$ est donc l'espace vectoriel des séries $\sum_{|\alpha|=N} u_{\alpha} \, \delta^{(\alpha)}(x)$.

Si $u = \sum_{|\alpha|=N} u_{\alpha} \, \delta^{(\alpha)}(x)$ est un élément de $\mathcal{B}_N$ on pose :

$$|u| = \sup_{|\alpha|=N} |u_{\alpha}|$$

$P_0(x,D_x)$ envoie $\mathcal{B}[N]$ dans $\mathcal{B}[N]$ pour tout N donc il opère sur $\mathcal{B}_N$ tandis que, pour tout $\alpha \in \mathbb{N}^n$, D_x^{α} opère de $\mathcal{B}_N$ dans $\mathcal{B}_{N+|\alpha|}$ et x^{α} de $\mathcal{B}_N$ dans $\mathcal{B}_{N-|\alpha|}$. On a les formules :

$$x^{\alpha} \, \delta^{(\gamma)}(x) = \frac{\gamma!}{(\gamma-\alpha)!} \, \delta^{(\gamma-\alpha)}(x) \quad \text{si} \quad \alpha \leqslant \gamma$$

$$D_x^{\alpha} \, \delta^{(\gamma)}(x) = \delta^{(\gamma+\alpha)}(x)$$

$$P_0(x,D_x) u = \sum_{|\gamma|=N} \Big(\sum_{|\alpha|=|\beta|=m} (-1)^{|\alpha|} \, a_{\alpha}^{\beta} \, u_{\gamma+\alpha-\beta} \frac{(\gamma+\alpha)!}{\gamma!} \Big) \delta^{(\gamma)}(x) \, .$$

Lemme 3.4.3 : Il existe sur $\mathcal{B} = \oplus \, \mathcal{B}_N$ *une norme, que nous noterons* $\| \ \|$, *il existe un entier* N_0 *et une constante* $C > 0$ *tels que pour tout* $N \geqslant N_0$ *et tout* $u \in \mathcal{B}_N$ *on ait :*

a) $N^m \| u \| \leqslant C \| P_0 u \|$

b) $\forall \alpha \in \mathbb{N}^n \quad \| D_x u \| \leqslant \| u \|$

c) $\forall \alpha \in \mathbb{N}^n$, $|\alpha| \leqslant N$, $\| x^\alpha u \| \leqslant C^{|\alpha|} \frac{N!}{(N-|\alpha|)!} \| u \|$

(si $|\alpha| > N$, $x^\alpha u = 0$ *)*

d) $C^{-N} |u| \leqslant \| u \| \leqslant C^N |u|$.

Démonstration du théorème 3.4.1 (suite).

Si $u = \sum_{\alpha \in \mathbb{N}^n} u_\alpha \, \delta^{(\alpha)}(x)$, nous poserons $u[N] = \sum_{|\alpha|=N} u_\alpha \, \delta^{(\alpha)}(x)$, c'est un élément de $\mathcal{B}_N$ et d'après le d) du lemme 3.4.3 u est un élément de $\mathcal{B}\{r\}$ $(1 \leqslant r < +\infty)$ si et seulement si :

$$\forall \varepsilon > 0 \quad \exists C_\varepsilon > 0 \quad \forall N \in \mathbb{N} \qquad \| u[N] \| \leqslant C_\varepsilon \, \varepsilon^N \frac{1}{N!^r} .$$

De même u est un élément de $\mathcal{B}(r)$ $(1 < r < +\infty)$ si et seulement si :

$$\exists C > 0 \quad \forall N \in \mathbb{N} \qquad \| u[N] \| \leqslant C^N \frac{1}{N!^r} .$$

Remarquons que l'on a $(P_0 u)[N] = P_0(x, D_x) \, u[N]$ et que d'après le a) du lemme 3.4.3., P_0 est inversible sur chaque $\mathcal{B}(r)$ et chaque $\mathcal{B}\{r\}$ et que l'on a encore :

$$(P_0^{-1} u)[N] = P_0^{-1}(u[N]) \quad \text{et} \quad N^m \| P_0^{-1} \tilde{u} \|_N \leqslant C \| \tilde{u} \|_N .$$

Pour montrer le théorème il suffit donc de montrer que l'opérateur $1 - P_0^{-1} R$ est inversible comme opérateur de $\mathcal{B}\{r\} / \mathcal{B}(r_2)$ dans lui-même et de $\mathcal{B}(r) / \mathcal{B}(r_2)$ dans lui-même.

Pour $h \in \mathbb{N}$ et $u = \sum_{\gamma \in \mathbb{N}^n} u_\gamma \, \delta^{(\gamma)}(x)$ posons :

$$\tilde{R}_h u = \sum_{|\gamma| \geqslant h} \; \sum_{\substack{|\gamma| + |\alpha| - |\beta| \geqslant h \\ (*)}} (-1)^\alpha a_\alpha^\beta \, u_{\gamma+\alpha-\beta} \, (P_0^{-1} x^\alpha D_x^\beta) \, \delta^{(\gamma+\alpha-\beta)}(x) \tag{3.4.6}$$

(Les conditions (*) étant les conditions données en 3.4.4).

Comme $(P_o^{-1} R)u = \sum_{\gamma} \sum_{(*)} (-1)^{\alpha} a_{\alpha}^{\beta} u_{\gamma+\alpha-\beta} (P_o^{-1} x^{\alpha} D_x^{\beta}) \delta^{(\gamma+\alpha-\beta)}(x)$, $\tilde{R}_h u - P_o^{-1} R u$ est un élément de $\mathcal{B}[h+m_o]$ donc de $\mathcal{B}(\infty)$ et donc sur $\mathcal{B}\{r\} / \mathcal{B}(r_2)$ ou sur $\mathcal{B}(r) / \mathcal{B}(r_2)$, $\tilde{R}_h$ est indépendant de h et égal à $(P_o^{-1} R)u$.

Il nous suffit donc de montrer que si h est assez grand $1 - \tilde{R}_h$ est inversible ou encore que la série $\sum_{p \geq 0} (\tilde{R}_h)^p$ est convergente.

Pour montrer le théorème il nous suffit donc maintenant de montrer le lemme suivant :

Lemme 3.4.4. :

(i) *Si $1 \leq r_1 \leq r < r_2 \leq +\infty$, si $u \in \mathcal{B}\{r\}$, il existe $h_o \in \mathbb{N}$ tel que, si $h \geq h_o$, la série $\sum_{p \geq 0} (\tilde{R}_h)^p u$ est convergente dans $\mathcal{B}\{r\}$.*

(ii) *Si $1 \leq r_1 < r' \leq r_2 \leq +\infty$, si $u \in \mathcal{B}(r')$, il existe $h_o \in \mathbb{N}$ tel que si $h \geq h_o$, la série $\sum_{p \geq 0} (\tilde{R}_h)^p u$ est convergente dans $\mathcal{B}(r')$.*

(iii) *Si r et r' vérifient les conditions ci-dessus, l'opérateur $\sum_{p \geq 0} (\tilde{R}_h)^p$ de $\mathcal{F} = \mathcal{B}\{r\} / \mathcal{B}(r_2)$ dans lui-même et de $\mathcal{F}' = \mathcal{B}(r') / \mathcal{B}(r_2)$ dans lui-même est bien défini indépendamment de h par (i) et (ii) et est l'inverse de $1 - \tilde{R}_h$.*

Démonstration du lemme 3.4.4. : Le point (iii) est la conséquence immédiate de (i) et (ii).

Soit $u = \sum_{\gamma} u_{\gamma} \delta^{(\gamma)}(x)$, la formule 3.4.6 donne pour $N \geq h$:

$$(\tilde{R}_h u)[N] = \sum_{\substack{(*) \\ |\alpha| - |\beta| \geq h-N}} (-1)^{\alpha} a_{\alpha}^{\beta} (P_o^{-1} x^{\alpha} D_x^{\beta}) u[N + |\alpha| - |\beta|] \tag{3.4.7}$$

donc d'après le lemme 3.4.3 et les inégalités (3.4.5) :

$$\|(\tilde{R}_h u)[N]\| \leqslant \sum_{\substack{(*)\\ |\alpha|-|\beta|\geqslant h-N}} C^{|\alpha|+1} N^{-m} \frac{(N+|\alpha|)!}{N!} \|u[N+|\alpha|-|\beta|]\| .$$

A. Montrons tout d'abord la partie (ii).

Si $r'=r_2=+\infty$, si $u\in\mathcal{B}(\infty)$, pour h assez grand $\tilde{R}_h u=0$ donc nous pouvons supposer dans la suite $r'<+\infty$.

Si $u\in\mathcal{B}(r')$, il existe $C_1>0$ tel que :

$$\forall N\in\mathbb{N} \quad \|u[N]\| \leqslant C_1^{N+1} \frac{1}{N!^{r'}} .$$

On obtient donc :

$$\|(\tilde{R}_h u)[N]\| \leqslant \sum_{(*)} C^{|\alpha|+1} C_1^{N+|\alpha|-|\beta|+1} \frac{1}{[(N+|\alpha|-|\beta|)!]^{r'}} \frac{(N+|\alpha|)!}{N!} N^{-m}$$

soit $\|(\tilde{R}_h u)[N]\| \leqslant C_1^{N+1} \dfrac{1}{(N!)^{r'}} (\delta_N^1+\delta_N^2+\delta_N^3)$ avec

$$\delta_N^1 = \sum_{\substack{|\beta|>|\alpha|\\ r_2(|\alpha|-|\beta|)-|\alpha|\geqslant -m}} C^{|\alpha|+1} C_1^{|\alpha|-|\beta|} \left(\frac{N!}{(N+|\alpha|-|\beta|)!}\right)^{r'} \frac{(N+|\alpha|)!}{N!} N^{-m}$$

$$\delta_N^2 = \sum_{|\alpha|=|\beta|<m} C^{|\alpha|+1} \frac{(N+|\alpha|)!}{N!} N^{-m}$$

$$\delta_N^3 = \sum_{\substack{|\beta|<|\alpha|\\ r_1(|\alpha|-|\beta|)-|\alpha|\geqslant -m}} C^{|\alpha|+1} C_1^{|\alpha|-|\beta|} \left(\frac{N!}{(N+|\alpha|-|\beta|)!}\right)^{r'} \frac{(N+|\alpha|)!}{N!} N^{-m} .$$

Nous allons majorer successivement ces trois termes :

$$\delta_N^2 \leqslant \sum_{0\leqslant a\leqslant m-1} C^{a+1} \frac{(N+a)!}{N!\ N^m} \sum_{|\alpha|=|\beta|=a} 1$$

$$\delta_N^2 \leqslant 4^{m+n} \frac{(N+m-1)^{m-1}}{N^m} \cdot \frac{C^{m+1}}{C-1} \quad \text{(n est la dimension de X)}$$

donc il existe $h_1 > 0$ tel que $N \geqslant h_1 \Rightarrow \delta_\gamma^2 \leqslant 1/4$.

Supposons maintenant $|\beta| > |\alpha|$ (et $r' \leqslant r_2$) :

$$\left(\frac{N!}{(N+|\alpha|-|\beta|)!}\right)^{r'} \frac{(N+|\alpha|)!}{N!} \leqslant N^{r'(|\alpha|-|\beta|)}(N+|\alpha|)^{|\alpha|} \leqslant (N+|\alpha|)^{r_2(|\alpha|-|\beta|)+|\alpha|}$$

$$\leqslant (N+|\alpha|)^m \text{ si } r_2(|\beta|-|\alpha|)+|\alpha| \leqslant m$$

donc :

$$\delta_N^1 \leqslant \sum_{\substack{|\beta|>|\alpha| \\ r_2(|\alpha|-|\beta|)-|\alpha| \geqslant -m}} C^{|\alpha|+1} C_1^{|\alpha|-|\beta|} \left(\frac{N+|\alpha|}{N}\right)^m$$

$$\delta_N^1 \leqslant \sum_{\substack{r_2 b + a \leqslant m \\ a \geqslant 0,\ b > 0}} C^{a+1} C_1^{-b} \left(\frac{N+a}{N}\right)^m \sum_{\substack{|\beta|-|\alpha|=b \\ |\alpha|=a}} 1$$

$\sum_{\substack{|\beta|-|\alpha|=b \\ |\alpha|=a}} 1 \leqslant 2^{b+2a+2n}$ et d'autre part il existe C_o qui ne dépend que de m tel que

$\left(\frac{N+a}{N}\right)^m \leqslant C_o^a$ donc :

$$\delta_N^1 \leqslant 4^n C \sum_{\substack{r_2 b + a \leqslant m \\ a \geqslant 0,\ b > 0}} (4 C C_o)^a C_1^{-b} 2^b .$$

Donc si C_1 est assez grand devant C et C_o (qui ne dépendent que de P) on a :

$$\delta_N^1 \leqslant \frac{1}{4} .$$

Supposons maintenant $|\beta| < |\alpha|$ (et $r' > r_1$) :

$$\left(\frac{N!}{(N+|\alpha|-|\beta|)!}\right)^{r'} \frac{(N+|\alpha|)!}{N!} \leqslant N^{r'(|\beta|-|\alpha|)} (N+|\alpha|)^{|\alpha|}$$

$$\leqslant N^{(r'-r_1)(|\beta|-|\alpha|)} (N+|\alpha|)^{r_1(|\beta|-|\alpha|)+|\alpha|}$$

$$\leqslant N^{-(r'-r_1)(|\alpha|-|\beta|)} (N+|\alpha|)^m \quad \text{si} \quad r_1(|\beta|-|\alpha|)+|\alpha| \leqslant m$$

$$\delta_N^3 \leqslant \sum_{\substack{|\beta|<|\alpha| \\ r_1(|\alpha|-|\beta|)-|\alpha|\geqslant -m}} C^{|\alpha|+1} \left(\frac{C_1}{N^{r'-r_1}}\right)^{|\alpha|-|\beta|} \left(\frac{N+|\alpha|}{N}\right)^m$$

$$\leqslant \sum_{\substack{(r_1-1)a - b \geqslant -m \\ a>0,\ b\geqslant 0}} C^{a+b+1} \left(\frac{C_1}{N^{r'-r_1}}\right)^a \left(\frac{N+a+b}{N}\right)^m \sum_{\substack{|\alpha|-|\beta|=a \\ |\beta|=b}} 1$$

$$\leqslant 4^n C \sum_{\substack{a>0, b\geqslant 0 \\ b\leqslant (r_1-1)a+m}} (C\,C_o)^{a+b}\, 2^{a+2b} \left(\frac{C_1}{N^{r'-r_1}}\right)^a$$

$$\leqslant 4^n C \sum_{a>0} [(r_1-1)a+m](4\,C\,C_o)^{r_1 a+m} \left(\frac{C_1}{N^{r'-r_1}}\right)^a$$

donc il existe $h_2 > 0$ (qui dépend de C, C_o, C_1, r', m, n) tel que si $N \geqslant h_2$ on ait $\delta_N^3 \leqslant \frac{1}{4}$.

Finalement nous avons montré qu'il existe C_1^o tel que si $C_1 \geqslant C_1^o$ il existe h_o tel que si $h \geqslant h_o$ et $N \geqslant h$ on ait $\delta_N^1 + \delta_N^2 + \delta_N^3 \leqslant \frac{3}{4}$ donc si u vérifie :

$$||u[N]|| \leqslant C_1^{N+1} \frac{1}{(N!)^{r'}} \quad \text{pour} \quad N \geqslant h$$

alors $\| (\tilde{R}_h u)[N] \| \leqslant \frac{3}{4} C_1^{N+1} \frac{1}{(N!)^{r'}}$.

On aura donc : $\left\| \left(\sum_{p \geqslant 0} \tilde{R}_h u \right)[N] \right\| \leqslant 4\ C_1^{N+1} \frac{1}{(N!)^{r'}}$ pour $N \geqslant h$ ce qui montre que

$\sum_{p \geqslant 0} \tilde{R}_h u$ définit bien un élément de $\mathcal{B}(r')$.

B. Montrons maintenant la partie (i).

Si $u \in \mathcal{B}\{r\}$, pour tout $\varepsilon > 0$ il existe $C_\varepsilon > 0$ tel que

$$\forall N \in \mathbb{N} \qquad \| u[N] \| \leqslant C_\varepsilon\ \varepsilon^{|\gamma|} \left(\frac{1}{|\gamma|!}\right)^r .$$

On obtient donc :

$$\| \tilde{R}_h u[N] \| \leqslant C_\varepsilon\ \varepsilon^N \left(\frac{1}{N!}\right)^r [\delta_N^1(\varepsilon) + \delta_N^2 + \delta_N^3(\varepsilon)] \quad \text{avec}$$

$$\delta_N^1(\varepsilon) = \sum_{\substack{|\beta| > |\alpha| \\ r_2(|\alpha|-|\beta|)-|\alpha| \geqslant -m}} C^{|\alpha|+1}\ \varepsilon^{|\alpha|-|\beta|} \left(\frac{N!}{(N+|\alpha|-|\beta|)!}\right)^r \frac{(N+|\alpha|)!}{N!} \frac{1}{N^m}$$

$$\delta_N^2 = \sum_{\substack{|\alpha| = |\beta| \\ |\alpha| < m}} C^{|\alpha|+1} \frac{(N+|\alpha|)!}{N!} N^{-m}$$

$$\delta_N^3(\varepsilon) = \sum_{\substack{|\beta| < |\alpha| \\ r_1(|\alpha|-|\beta|)-|\alpha| \geqslant -m}} C^{|\alpha|+1}\ \varepsilon^{|\alpha|-|\beta|} \left(\frac{N!}{(N+|\alpha|-|\beta|)!}\right)^r \frac{(N+|\alpha|)!}{N!} N^{-m} .$$

On reprend les calculs du A en remplaçant C_1 par ε et en tenant compte de $r_1 \leqslant r < r_2$.

a) Comme précédemment $N \geqslant h_1 \Rightarrow \delta_N^2 \leqslant \frac{1}{4}$.

b) $\delta_N^1(\varepsilon) < 4^n C \sum_{\substack{a+r_2 b \leqslant m \\ a \geqslant 0, b > 0}} (4 C C_o)^a \left(\frac{2/\varepsilon}{r_2 - r}\right)^b_N$.

Cette somme est finie et $r_2 > r$ donc pour ε donné, il existe $h(\varepsilon)$ tel que $N \geqslant h(\varepsilon) \Rightarrow \delta_N^1(\varepsilon) \leqslant \frac{1}{4}$.

c) $\delta_N^3(\varepsilon) \leqslant 4^n C \sum_{a>0} [(r_1-1)a + m](4 C C_o)^{r_1 a + m} \varepsilon^a$

donc il existe $\varepsilon_o > 0$ tel que $\varepsilon \leqslant \varepsilon_o \Rightarrow \delta_N^3(\varepsilon) \leqslant \frac{1}{4}$.

Nous avons donc montré qu'il existe $\varepsilon_o > 0$ tel que pour tout $\varepsilon \leqslant \varepsilon_o$, il existe $h(\varepsilon)$ tel que si $N \geqslant h(\varepsilon)$ on ait $\delta_N^1(\varepsilon) + \delta_N^2 + \delta_N^3(\varepsilon) \leqslant \frac{3}{4}$ donc si u vérifie $\| u[N] \| \leqslant C_\varepsilon \varepsilon^N (\frac{1}{N!})^r$ pour $N \geqslant h(\varepsilon)$ on aura :

$$\| \tilde{R}_{h(\varepsilon)} u[N] \| \leqslant \frac{3}{4} C_\varepsilon \varepsilon^N (\frac{1}{N!})^r .$$

Prenons $h_o = h(\varepsilon_o)$ et posons $w = \sum_{p \geqslant 0} (\tilde{R}_{h_o})^p u$, d'après la partie A, w est un élément de $\mathcal{B}(r)$; en fait les inégalités précédentes montrent que :

$$\| w[N] \| \leqslant 4 C_{\varepsilon_o} \varepsilon_o^N (\frac{1}{N!})^r .$$

Il reste à montrer que $w \in \mathcal{B}\{r\}$, c'est-à-dire que pour tout $\varepsilon \leqslant \varepsilon_o$, il existe $D_\varepsilon > 0$ tel que $\| w[N] \| \leqslant D_\varepsilon \varepsilon^N (\frac{1}{N!})^r$.

Supposons que pour tout ε, $0 < \varepsilon < \varepsilon_o$, $w - \sum_{p \geqslant 0} (\tilde{R}_{h(\varepsilon)})^p u$ soit dans $\mathcal{B}(r_2)$, alors il existe $C_1 > 0$ tel que :

$$\| w[N] - \left(\sum_{p \geqslant 0} \tilde{R}_{h(\varepsilon)}{}^p u \right)[N] \| \leqslant C_1^N (\frac{1}{N!})^{r_2}$$

donc si $N \geqslant h(\varepsilon)$, $\| w[N] \| \leqslant C_1^N (\frac{1}{N!})^{r_2} + 4 C_\varepsilon \varepsilon^N (\frac{1}{N!})^r$ et il existe donc $D_\varepsilon > 0$ tel que pour tout $N \geqslant h_o$ on ait

$$\| w[N] \| \leqslant D_\varepsilon \, \varepsilon^N \left(\frac{1}{N!}\right)^r .$$

Pour montrer le lemme il suffit donc de montrer que si $u \in \mathcal{B}\{r\}$ et $h \geqslant h_o$ alors $\sum_{p \geqslant 0} (\tilde{R}_h)^p u - \sum_{p \geqslant 0} (\tilde{R}_{h_o})^p u$ est dans $\mathcal{B}(r_2)$.

$$(1 - \tilde{R}_{h_o}) \Big(\sum_{p \geqslant 0} (\tilde{R}_h)^p u - \sum_{p \geqslant 0} (\tilde{R}_{h_o})^p u \Big) =$$

$$\sum_{p \geqslant 0} (\tilde{R}_h)^p u - \tilde{R}_{h_o} \sum_{p \geqslant 0} (\tilde{R}_h)^p u - u = (\tilde{R}_h - \tilde{R}_{h_o}) \sum_{p \geqslant 0} (\tilde{R}_h)^p u .$$

Pour tout v dans $\mathcal{B}\{1\}$, $(\tilde{R}_h - \tilde{R}_{h_o})\, u$ est une somme finie donc est dans $\mathcal{B}(\infty)$ donc dans $\mathcal{B}(r_2)$, or nous avons montré que $\sum_{p \geqslant 0} (\tilde{R}_h)^p u$ est au moins dans $\mathcal{B}(r)$ donc :

$$(1 - \tilde{R}_{h_o}) \Big(\sum_{p \geqslant 0} (\tilde{R}_h)^p u - \sum_{p \geqslant 0} (\tilde{R}_{h_o})^p u \Big) \in \mathcal{B}(r_2)$$

et d'après la partie A cela montre que

$$\sum_{p \geqslant 0} (\tilde{R}_h)^p u - \sum_{p \geqslant 0} (\tilde{R}_{h_o})^p u \in \mathcal{B}(r_2) . \qquad \text{q.e.d.}$$

<u>Démonstration du lemme 3.4.3</u> : Nous allons nous ramener au résultat de Kashiwara-Kawaï-Sjöstrand [16 bis].

Soit $S = \mathbb{C}\,[x_1, \ldots, x_n]$ l'espace des polynômes complexes à n variables et S_N le sous-espace de S des polynômes homogènes de degré N :

$$S_N = \{ v = \sum_{|\alpha| = N} v_\alpha \, x^\alpha \, / \, v_\alpha \in \mathbb{C} \} .$$

On définit une application linéaire bijective $\varphi : \mathcal{B} \to S$ en posant pour tout $\alpha \in \mathbb{N}^n$, $\varphi(\delta^{(\alpha)}(x)) = x^\alpha$. φ envoie $\mathcal{B}_N$ dans S_N pour tout N.

Soit $P(x,D_x)$ un opérateur différentiel de $\mathcal{D}_{\mathbb{C}^n}$ à coefficients polynômiaux, P s'écrit de manière unique $P(x,D_x) = \sum p_{\alpha\beta} x^{\alpha} D_x^{\beta}$ et on pose $\varphi(P)(x,D_x) = \sum p_{\alpha\beta} D_x^{\alpha} x^{\beta}$.

$\varphi(P)$ est encore un opérateur différentiel sur $\mathbb{C}^n$ à coefficients polynômiaux et on a pour tout $u \in \tilde{S}$:

$$\varphi(P u) = \varphi(P)\ \varphi(u) .$$

(Il s'agit en fait d'une transformation de Fourier).

Remarquons encore que la condition (3.4.3) est symétrique en x et en D_x donc que P vérifie (3.4.3) si et seulement si $\varphi(P)$ la vérifie.

Soient $\mathbb{S}^{2n-1}$ la sphère unité de $\mathbb{C}^n$ ($\mathbb{S}^{2n-1} = \{x \in \mathbb{C}^n / x . \bar{x} = 1\}$) et μ la mesure de Lebesgue sur $\mathbb{S}^{2n-1}$ (normalisée par $\mu(\mathbb{S}^{2n-1}) = 1$).

On définit une norme sur S en définissant la norme d'un élément v de S comme la norme dans $L^2(\mathbb{S}^{2n-1},\mu)$ de la restriction de v à $\mathbb{S}^{2n-1}$:

$$\|v\|^2 = \int_{\mathbb{S}^{2n-1}} v(t) \cdot \overline{v(t)}\ d\mu(t) .$$

On a le résultat de Kashiwara-Kawaï-Sjostrand [16 bis] :

Lemme : Soit $P = \sum_{|\alpha|=|\beta|=m} p_{\alpha\beta}\, x^{\alpha} D_x^{\beta}$ *un opérateur différentiel qui vérifie :*

$$\forall x \in \mathbb{C}^n \setminus \{0\} , \sum_{|\alpha|=|\beta|=m} p_{\alpha\beta}\, x^{\alpha} \bar{x}^{\beta} \neq 0 .$$

Alors il existe $C > 0$ *et* $N_o \in \mathbb{N}$ *tels que pour tout* $v \in S_N$ *on ait :*

$$N^m \|v\| \leq C \|P v\| .$$

Transportant ce résultat par φ^{-1} on obtient la partie a) du lemme 3.4.3.

Il reste à montrer les parties b), c) et d) de ce lemme ou encore, après transport par φ :

$\exists\, C>0$ tel que b)' $\forall \alpha \in \mathbb{N} \quad \forall u \in S_N \quad \| x^\alpha u \| \leqslant \| u \|$

c)' $\forall \alpha \in \mathbb{N} \quad \forall u \in S_N \quad \| D_x^\alpha u \| \leqslant C^{|\alpha|} \dfrac{N!}{(N-|\alpha|)!} \| u \|$

d)' $\forall\, u \in S_N \quad C^{-N} |u| \leqslant \| u \| \leqslant C^N |u|$.

On a $\sup\limits_{x \in \mathbb{S}^{2n-1}} |x^\alpha| \leqslant 1$ ce qui montre immédiatement b)'.

Les vecteurs $(x^\gamma)_{|\gamma|=N}$ forment une base orthogonale de l'espace hermitien S_N muni du produit scalaire induit par celui de $L^2(\mathbb{S}^{2n-1},\mu)$. Notons, pour tout γ, $\sigma_\gamma = \| x^\gamma \|$.

On calcule facilement :

$$\sigma_\alpha^2 = C_n \frac{(|\alpha|+n-1)!}{\alpha!}$$

où C_n est une constante qui ne dépend que de n.

La matrice de D_x^α dans la base $(x^\gamma)_{|\gamma|=N}$ étant diagonale on a :

$$\| D_x^\alpha \|_N = \sup_{|\gamma|=N} \frac{\| D_x^\alpha x^\gamma \|}{\| x^\gamma \|} = \sup_{\substack{|\gamma|=N \\ \gamma \geqslant \alpha}} \left(\frac{\gamma!}{(\gamma-\alpha)!} \frac{\sigma_{\gamma-\alpha}}{\sigma_\gamma} \right)$$

soit $\| D_x^\alpha \|_N^2 = \dfrac{(N+n-1)!}{(N-|\alpha|+n-1)!} \sup\limits_{\substack{|\gamma|=N \\ \gamma \geqslant \alpha}} \left(\dfrac{\gamma!}{(\gamma-\alpha)!}\right)^3$, $\dfrac{\gamma!}{(\gamma-\alpha)!} \leqslant \dfrac{|\gamma|!}{(|\gamma|-|\alpha|)!} = \dfrac{N!}{(N-|\alpha|)!}$ tandis que

$$\frac{(N+n-1)!}{(N-|\alpha|+n-1)!} \frac{(N-|\alpha|)!}{N!} = \frac{N+n-1}{N+n-1-|\alpha|} \times \dots \times \frac{N+1}{N+1-|\alpha|} \leqslant 2^{|\alpha| n}$$

donc $\| D_x^\alpha \|_N \leqslant \dfrac{N!}{(N-|\alpha|)!} 2^{n|\alpha|/2}$ ce qui montre c)'.

Pour le point d)' il suffit de remarquer que :

$$|u| \times \left(\inf_{|\alpha|=N} \sigma_\alpha\right) \leqslant \|u\| \leqslant |u| \left(\sum_{|\alpha|=N} \sigma_\alpha^2\right)^{1/2} .$$

Dans le cas de la dimension 1 le théorème 3.4.1 s'étend aux systèmes d'équations microdifférentielles (ce qui est faux en dimension quelconque) :

Proposition 3.4.5 : (dimension 1)

Soit $\mathcal{M}$ un $\mathcal{E}_{\mathbb{C}}$-module cohérent défini au voisinage d'un point $\tilde{x}$ de $\Lambda = T^*_{\{0\}}\mathbb{C}$.

Soient r_1 et r_2 deux rationnels tels que $1 \leqslant r_1 < r_2 \leqslant +\infty$, on suppose que

$$Ch^2_\Lambda\,(r_2,r_1)(\mathcal{M}) \subset S_\Lambda = \{(\xi,\xi^*) \in T^*\Lambda \,/\, \xi\xi^* = 0\}$$

au voisinage de $\pi^{-1}(\tilde{x})$ (π est la projection $T^*\Lambda \to \Lambda$).

Alors pour tous rationnels s_1, s_2 tels que $r_1 \leqslant s_1 \leqslant s_2 \leqslant r_2$ et $s_1 < r_2$ où $r_1 < s_1 = s_2 = r_2 = +\infty$, pour tout $j \in \mathbb{N}$ on a :

$$\mathcal{E}xt^j_{\mathcal{E}_{\mathbb{C}}}\left(\mathcal{M},\, \mathcal{C}_{\{0\}|\mathbb{C}}\,(s_2,s_1)\right)_{\tilde{x}} = \mathcal{E}xt^j_{\mathcal{E}_{\mathbb{C}}}\left(\mathcal{M},\, \mathcal{C}_{\{0\}|\mathbb{C}}\,(r_2,r_1)\right)_{\tilde{x}} .$$

De plus $\mathcal{E}xt^j_{\mathcal{E}_{\mathbb{C}}}\left(\mathcal{M},\, \mathcal{C}_{\{0\}|\mathbb{C}}\,(r_2,r_1)\right)_{\tilde{x}}$ est un $\mathbb{C}$-espace vectoriel de dimendion finie.

Rappelons que $\mathcal{C}_{\{0\}|\mathbb{C}}\,(r,s) = \mathcal{E}_{\mathbb{C}}\,(r,s) \otimes_{\mathcal{E}_{\mathbb{C}}} \mathcal{C}_{\{0\}|\mathbb{C}}$.

$\mathcal{C}_{\{0\}|\mathbb{C}}$ est l'ensemble des séries $\sum_{j \leqslant m} a_j\, \delta^{(j)}(x)$ où les a_j sont des nombres complexes qui vérifient :

$$\sup_j\, (-j)\, |a_j|^{-1/j} < +\infty .$$

$\mathscr{C}_{\{0\}|\mathbb{C}}\,(r,s)$ est donc l'ensemble des séries $\sum_{j\in\mathbb{Z}} a_j\ \delta^{(j)}(x)$ qui vérifient les majorations (1.5.1) et (1.5.2) du paragraphe 1.5.

Si $\tilde{x}$ est sur la section nulle de Λ on retrouve le théorème 3.4.1. En fait, pour montrer le corollaire 3.4.9, nous aurons besoin d'un résultat un peu plus général : nous devons remplacer $\mathscr{E}_X$ par $\mathscr{D}^2_\Lambda(r_2,r_1)$.

Rappelons que $\mathscr{D}^2_\Lambda(r_2,r_1) = \mathscr{E}^2_\Lambda(r_2,r_1)|_\Lambda$ et que $\mathscr{E}_X|_\Lambda$ se plonge dans $\mathscr{D}^2_\Lambda(r_2,r_1)$ (avec égalité si $r_1 = 1$).

Proposition 3.4.6. : Soient r_1 et r_2 deux rationnels tels que $1 \leqslant r_1 < r_2 \leqslant +\infty$.

Soit $\mathcal{M}$ un $\mathscr{D}^2_\Lambda(r_2,r_1)$-module cohérent défini au voisinage d'un point $\tilde{x}$ de $\Lambda = T^*_{\{0\}}\mathbb{C}$.

Soit π la projection $T^*\Lambda \to \Lambda$, on suppose que, au voisinage de $\pi^{-1}(\tilde{x})$, on a :

$$\mathit{support}\left(\mathscr{E}^2_\Lambda(r_2,r_1) \otimes_{\pi^{-1}\mathscr{D}^2_\Lambda(r_2,r_1)} \pi^{-1}\mathcal{M}\right) \subset \{(\xi,\xi^*) \in T^*\Lambda \,/\, \xi\xi^* = 0\}\ .$$

Alors pour tous rationnels s_1 et s_2 tels que $r_1 \leqslant s_1 \leqslant s_2 \leqslant r_2$ et $s_1 < r_2$ ou $r_1 < s_1 = s_2 = r_2 = +\infty$, pour tout $j \in \mathbb{N}$ on a :

$$\mathscr{E}xt^j_{\mathscr{D}^2_\Lambda(r_2,r_1)}\left(\mathcal{M},\ \mathscr{C}_{\{0\}|\mathbb{C}}(s_2,s_1)\right)_{\tilde{x}} = \mathscr{E}xt^j_{\mathscr{D}^2_\Lambda(r_2,r_1)}\left(\mathcal{M},\ \mathscr{C}_{\{0\}|\mathbb{C}}(r_2,r_1)\right)_{\tilde{x}}.$$

De plus ce sont des espaces vectoriels de dimension finie sur $\mathbb{C}$.

Démonstration : Par le même argument que dans la démonstration du théorème 3.4.1, on se ramène au cas où $\mathcal{M}$ est de la forme $\mathscr{D}^2_\Lambda(r_2,r_1) \big/ \mathscr{D}^2_\Lambda(r_2,r_1)\,P$ pour un opérateur P de $\mathscr{D}^2_\Lambda(r_2,r_1)$. Nous devons alors montrer que P est inversible comme opérateur sur $\mathscr{C}_{\{0\}|\mathbb{C}}(s_2,s_1) \big/ \mathscr{C}_{\{0\}|\mathbb{C}}(r_2,r_1)$.

Notons x la coordonnée de $\mathbb{C}$ et $\theta = x D_x$, l'hypothèse du théorème signifie que P s'écrit :

$$P = \theta^m - R \quad \text{avec} \quad R = \sum_{(*)} a_{ij}\, x^i\, D_x^j$$

$$(*) \Longleftrightarrow \begin{cases} i \in \mathbb{N},\ j \in \mathbb{Z} \\ r_\nu(i-j) - i \geqslant -m \ \text{pour}\ \nu = 1,2 \\ (i,j) \neq (0,0) \end{cases}$$

et il existe $C > 0$ tel que : $\begin{cases} \text{si } j \geqslant 0 \ |a_{ij}| \leqslant C^{i+1} \\ \text{si } j < 0 \ |a_{ij}| \leqslant C^{i-j+1}[(-j)!]^{r_1}. \end{cases}$

Si $u = \sum_{j \in \mathbb{Z}} u_j\, \delta^{(j)}(x)$, $\theta u = \sum_{j \in \mathbb{Z}} (j+1) u_j\, \delta^{(j)}(x)$ donc θ est inversible dans $\mathscr{C}_{\{0\}|\mathbb{C}}(s_2,s_1) / \mathscr{C}_{\{0\}|\mathbb{C}}(r_2,r_1)$, pour montrer que P est inversible il suffit donc de montrer que $1 - \theta^{-m} R$ est inversible.

Pour $h \geqslant 0$ et $u = \sum_{k \in Z} u_k\, \delta^{(k)}(x)$ on pose :

$$\tilde{R}_h^+ u = \sum_{k \geqslant h} \frac{1}{(k+1)^m}\, \delta^{(k)}(x) \sum_{\substack{(*) \\ k+i-j>h}} (-1)^i\, a_{ij}\, u_{k+i-j} \frac{(k+i)!}{k!} \tag{3.4.8}$$

$$\tilde{R}_h^- u = \sum_{k \leqslant -h} \frac{1}{(k+1)^m}\, \delta^{(k)}(x) \sum_{\substack{(*) \\ k+i<0}} a_{ij}\, u_{k+i-j} \frac{(-k-1)!}{(-k-i-1)!}. \tag{3.4.9}$$

Pour tout u, $(R_h^+ + R_h^-)u - \theta^{-m} R u$ est une somme finie donc est dans $\mathscr{C}_{\{0\}|\mathbb{C}}(r_2,r_1)$, il suffit donc de montrer qu'il existe h pour lequel $1 - \tilde{R}_h^+ - \tilde{R}_h^-$ est inversible dans $\mathscr{C}_{\{0\}|\mathbb{C}}(s_2,s_1) / \mathscr{C}_{\{0\}|\mathbb{C}}(r_2,r_1)$.

Comme $\tilde{R}_h^+ \tilde{R}_h^- = \tilde{R}_h^- \tilde{R}_h^+ = 0$, il suffit de montrer séparément que les séries $\sum_{p\geq 0} (R_h^+)^p u$ et $\sum_{p\geq 0} (R_h^-)^p u$ sont convergentes dans $\mathscr{C}_{\{0\}|\mathbb{C}}(s_2,s_1)$.

· A. Supposons $s_2 \geq s_1$

Si $u \in \mathscr{C}_{\{0\}|\mathbb{C}}(s_2,s_1)$, il existe $C_1 > 0$ tel que si $u = \sum_{N\in\mathbb{Z}} u_N \, \delta^{(N)}(x)$ on ait :

$$\forall N \geq 0 \quad |u_N| \leq C_1^{N+1} \frac{1}{N!^{s_2}}$$

$$\forall N < 0 \quad |u_N| \leq C_1^{-N+1} (-N-1)!^{s_1} .$$

Si $\tilde{R}_h^+ u = \sum_{N\geq h} v_N^+ \, \delta^{(N)}(x)$ et $\tilde{R}_h^- u = \sum_{N\leq -h} v_N^- \, \delta^{(N)}(x)$ on aura :

$$|v_N^+| \leq C_1^{N+1} \frac{1}{N!^{s_2}} \left[\delta_N^1 + \delta_N^2 + \delta_N^3 + \delta_N^4 \right] \quad \text{avec}$$

$$\delta_N^1 = \sum_{\substack{j>i\geq 0 \\ r_2(i-j)-i\geq -m}} C^{i+1} C_1^{i-j} \left(\frac{N!}{(N+i-j)!}\right)^{s_2} \frac{(N+i)!}{N!} N^{-m}$$

$$\delta_N^2 = \sum_{0\leq i=j<m} C^{i+1} \frac{(N+i)!}{N!} N^{-m}$$

$$\delta_N^3 = \sum_{\substack{0\leq j<i \\ r_1(i-j)-i\geq -m}} C^{i+1} C_1^{i-j} \left(\frac{N!}{(N+i-j)!}\right)^{s_2} \frac{(N+i)!}{N!} N^{-m}$$

$$\delta_N^4 = \sum_{\substack{j<0\leq i \\ r_1(i-j)-i\geq -m}} C^{i-j+1} C_1^{i-j} \left(\frac{N!}{(N+i-j)!}\right)^{s_2} \frac{(N+i)!}{N!} [(-j)!]^{r_1} N^{-m} .$$

Les termes δ_N^1, δ_N^2 et δ_N^3 sont les mêmes que ceux de la démonstration du lemme 3.4.4 et se majorent de la même manière.

$$\delta_N^4 \leqslant \frac{1}{N^m} \sum_{j<0\leqslant i} C(C\,C_1)^{i-j} \left[\frac{N!}{(N+i-j)!}\right]^{s_2} \left(\frac{(N+i-j)!}{N!}\right)^{r_1}$$

$$\leqslant \frac{C}{N^m} \sum_{j<0\leqslant i} (C\,C_1)^{i-j} \left(\frac{1}{i!(-j)!}\right)^{s_2-r_1} .$$

Comme $s_2 > s_1 \geqslant r_1$ la série est convergente et si N est assez grand $\delta_N^4 < \frac{1}{8}$, on obtient donc

$$|v_N^+| \leqslant C_1^{N+1} \left(\frac{1}{N!}\right)^{s_2} \cdot \frac{7}{8}$$

$$|v_N^-| \leqslant C_1^{-N+1} (-N)!^{s_1} \left[\lambda_N^1 + \lambda_N^2 + \lambda_N^3 + \lambda_N^4\right]$$

avec

$$\lambda_N^1 = \sum_{\substack{j>i\geqslant 0 \\ r_2(i-j)-i\geqslant -m}} C^{i+1} C_1^{j-i} \left(\frac{(-N-i+j-1)!}{(-N-1)!}\right)^{s_1} \frac{(-N-1)!}{(-N-i-1)!} N^{-m}$$

$$\lambda_N^2 = \sum_{0\leqslant i=j<m} C^{i+1} \frac{(-N-1)!}{(-N-i-1)!} N^{-m}$$

$$\lambda_N^3 = \sum_{\substack{0\leqslant j<i \\ r_1(i-j)-i\geqslant -m}} C^{i+1} C_1^{j-i} \left[\frac{(-N-i+j-1)!}{(-N-1)!}\right]^{s_1} \frac{(-N-1)!}{(-N-i-1)!} N^{-m}$$

$$\lambda_N^4 = \sum_{\substack{j<0\leqslant i \\ r_1(i-j)-i\geqslant -m}} C^{i-j+1} C_1^{i-j} \left[\frac{(-N-i+j-1)!}{(-N-1)!}\right]^{s_1} \frac{(-N-1)!}{(-N-i-1)!} N^{-m} [(-j)!]^{r_1} .$$

Comme précédemment on voit facilement que si N est assez grand $\lambda_N^1 + \lambda_N^2 + \lambda_N^3 + \lambda_N^4 \leq \lambda^o$ pour λ^o fixé, $0 < \lambda^o < 1$.

Les séries $\sum_{p\geq 0} (\tilde{R}_h^+)^p u$ et $\sum_{p\geq 0} (\tilde{R}_h^-)^p u$ sont donc convergentes dans $\mathscr{C}_{\{0\}|\mathbb{C}}(s_2,s_1)$.

B. Supposons $s_2 = s_1$

Si $u \in \mathscr{C}_{\{0\}|\mathbb{C}}(s_1,s_1)$, si $u = \sum_{N\in\mathbb{Z}} u_N\, \delta^{(N)}(x)$, il existe $C_1 > 0$ et pour tout $\varepsilon > 0$, il existe $C_\varepsilon > 0$ tels que :

$$\forall N \geq 0 \quad |u_N| \leq C_\varepsilon\, \varepsilon^N \frac{1}{N!^{s_1}}$$

$$\forall N < 0 \quad |u_N| \leq C_1^{-N-1}\, (-N-1)!^{s_1}.$$

Si $\tilde{R}_h^+ u = \sum_{N\geq h} v_N^+\, \delta^{(N)}(x)$ on a encore :

$$|v_N^+| \leq C_\varepsilon\, \varepsilon^N \frac{1}{N!^{s_1}} \left[\delta_N^1(\varepsilon) + \delta_N^2 + \delta_N^3(\varepsilon) + \delta_N^4(\varepsilon)\right]$$

où $\delta_N^1(\varepsilon)$, δ_N^2, $\delta_N^3(\varepsilon)$ sont les mêmes que ceux de la démonstration du lemme 3.4.4 donc se majorent de la même manière.

$$\delta_N^4(\varepsilon) = \sum_{\substack{j<0\leq i \\ r_1(i-j)-i\geq -m}} C^{i-j+1}\, \varepsilon^{i-j} \left(\frac{N!}{(N+i-j)!}\right)^{s_1} \frac{(N+i)!}{N!}\, ((-j)!)^{r_1}\, N^{-m}$$

$$\leq \frac{C}{N^m} \sum_{j<0} (C\varepsilon)^{-j} \sum_{i\geq 0} (C\varepsilon)^i \leq \frac{C\,C\varepsilon}{(1-C\varepsilon)^2} \frac{1}{N^m}$$

donc il existe $\varepsilon_o > 0$ tel que $\varepsilon \leq \varepsilon_o \Rightarrow \delta_k^4(\varepsilon) < \frac{1}{8}$. On en déduit la convergence de la série $\sum_{p\geq 0} (R_h^+)^p u$ dans $\mathscr{C}_{\{0\}|\mathbb{C}}(s_1,s_1)$.

Pour ce qui est de R_h^-, le calcul est tout à fait analogue et laissé au lecteur.

Corollaire 3.4.7 : Soient Λ *une sous-variété lagrangienne lisse homogène de* T^*X *et* $\mathcal{N}$ *un* $\mathcal{E}_X$ *module holonôme simple de support* Λ *défini au voisinage d'un point* $\tilde{x}$ *de* Λ.

Soit $\mathcal{M}$ *un* $\mathcal{E}_X$*-module holonôme de support* Λ *au voisinage de* $\tilde{x}$.

Soient r_1 *et* r_2 *deux rationnels tels que* $1 \leq r_1 < r_2 \leq +\infty$, *on suppose que :*

$$Ch^2_\Lambda(r_2, r_1)(\mathcal{M}) \subset \Lambda \text{ au voisinage de } \tilde{x}.$$

(Λ *est identifié à la section nulle de* $T^*\Lambda$*).*

Alors pour tous rationnels s_1, s_2 *tels que* $r_1 \leq s_1 \leq s_2 \leq r_2$ *et* $s_1 < r_2$ *où* $r_1 < s_1 = s_2 = r_2 = +\infty$, *pour tout* $j \in \mathbb{N}$ *on a :*

$$\mathcal{E}xt^j_{\mathcal{E}_X}\left(\mathcal{M}, \mathcal{N}(s_2, s_1)\right)_{\tilde{x}} = \mathcal{E}xt^j_{\mathcal{E}_X}\left(\mathcal{M}, \mathcal{N}(r_2, r_1)\right)_{\tilde{x}}$$

(avec $\mathcal{N}(r,s) = \mathcal{E}_X(r,s) \otimes_{\mathcal{E}_X} \mathcal{N}$*).*

De plus ce sont des espaces vectoriels de dimension finie sur $\mathbb{C}$.

Exemple 3.4.8 : Prenons $r_2 = +\infty$, $r_1 = 1$, la condition ci-dessus signifie que $\mathcal{M}$ est à singularités régulières (théorème 3.1.7).

Si on prend successivement $s_2 = s_1 = +\infty$ puis $s_2 = s_1 = 1$ on obtient :

$$\forall j \in \mathbb{N} \quad \mathcal{E}xt^j_{\mathcal{E}_X}\left(\mathcal{M}, \mathcal{N}^\infty\right)_{\tilde{x}} = \mathcal{E}xt^j_{\mathcal{E}_X}\left(\mathcal{M}, \mathcal{N}\right)_{\tilde{x}} = \mathcal{E}xt^j_{\mathcal{E}_X}\left(\mathcal{M}, \hat{\mathcal{N}}\right)_{\tilde{x}}$$

avec $\mathcal{N}^\infty = \mathcal{E}_X \times_{\mathcal{E}_X} \mathcal{N}$ et $\hat{\mathcal{N}} = \hat{\mathcal{E}}_X \otimes_{\mathcal{E}_X} \mathcal{N}$.

Corollaire 3.4.9 : Soient $\mathcal{M}$ et $\mathcal{N}$ deux $\mathcal{E}_X$-modules cohérents de même support au voisinage d'un point $\tilde{x}$ de T^*X.

Soient r_1 et r_2 deux rationnels tels que $1 \leq r_1 < r_2 \leq +\infty$, on suppose que $Ch^2_\Lambda(r_2,r_1)(\mathcal{M},\mathcal{N})$ est contenu dans la section nulle de $T^*(T^*X)$ au voisinage de $\tilde{x}$.

Alors, pour tous rationnels s_1, s_2 tels que $r_1 < s_1 < s_2 < r_2$ et $s_1 < r_2$ ou $r_1 < s_1 = s_2 = r_2 = +\infty$, pour tout $j \in \mathbb{N}$ on a :

$$\mathcal{E}xt^j_{\mathcal{E}_X}\left(\mathcal{M}, \mathcal{N}(s_2,s_1)\right)_{\tilde{x}} = \mathcal{E}xt^j_{\mathcal{E}_X}\left(\mathcal{M}, \mathcal{N}(r_2,r_1)\right)_{\tilde{x}}.$$

et ces espaces sont de dimension finie sur $\mathbb{C}$.

Démonstration du corollaire 3.4.7 : Par une transformation canonique quantifiée on peut se ramener à $\Lambda = T^*_Z X$ et $\mathcal{N} = \mathcal{C}_{Z|X}$ où Z est l'hypersurface de $\mathbb{C}^n$ d'équation $Z = \{(x_1,\ldots,x_n) \in X \,/\, x_1 = 0\}$, $(X = \mathbb{C}^n)$.

Soit $Y = \{x \in \mathbb{C}^n \,/\, x_2 = \ldots = x_n = 0\}$. D'après les hypothèses du corollaire 3.4.8, Y est non caractéristique pour $\mathcal{M}$ et Y est non microcaractéristique de type (r_2,r_1) pour $\mathcal{M}$ le long de $T^*_Z X$.

On peut donc appliquer la proposition 3.2.2, on obtient (avec $\Lambda = T^*_{\{0\}|\mathbb{C}}$) :

$$\mathbb{R}\mathcal{H}om_{\mathcal{E}_X}\left(\mathcal{M}, \mathcal{C}_{Z|X}(r_2,r_1)\right)_{\tilde{x}} = \mathbb{R}\mathcal{H}om_{\mathcal{D}^2_\Lambda(r_2,r_1)}\left(\mathcal{M}_Y^{[r_2,r_1]}, \mathcal{C}_{\{0\}|\mathbb{C}}(r_2,r_1)\right)_{\rho(\tilde{x})}$$

$$\text{et } \mathbb{R}\mathcal{H}om_{\mathcal{E}_X}\left(\mathcal{M}, \mathcal{C}_{Z|X}(s_2,s_1)\right)_{\tilde{x}} = \mathbb{R}\mathcal{H}om_{\mathcal{D}^2_\Lambda(r_2,r_1)}\left(\mathcal{M}_Y^{[r_2,r_1]}, \mathcal{C}_{\{0\}|\mathbb{C}}(s_2,s_1)\right)_{\rho(\tilde{x})}$$

où $\mathcal{M}_Y^{[r_2,r_1]}$ désigne le $\mathcal{D}^2_\Lambda(r_2,r_1)$-module image inverse de $\mathcal{D}^2_{T^*_Z X}(r_2,r_1) \otimes_{\mathcal{E}_X} \mathcal{M}$ sur $Y = \mathbb{C}$ et ρ la projection $\rho : (T^*X) \times_X Y \to T^*Y$. Y est de dimension 1, $Z \cap Y$ est un point et d'après le théorème 2.10.4 $Ch^2_{T^*_{Z\cap Y}Y}(r_2,r_1)(\mathcal{M}_Y)$ est contenu dans la section nulle de $T^*(T^*_{Z\cap Y}Y)$ donc d'après la proposition 3.4.5 :

$$\mathbb{R}\mathcal{H}om_{\mathcal{D}^2_\Lambda(r_2,r_1)}\left(\mathcal{M}_Y^{[r_2,r_1]}, \mathcal{C}_{Z\cap Y|Y}(r_2,r_1)\right)_{\rho(\tilde{x})} = \mathbb{R}\mathcal{H}om_{\mathcal{D}^2_\Lambda(r_2,r_1)}\left(\mathcal{M}_Y^{[r_2,r_1]}, \mathcal{C}_{Z\cap Y|Y}(s_2,s_1)\right)_{\rho(\tilde{x})}$$

ce qui montre le corollaire.

Démonstration du corollaire 3.4.9 :

Soit $\mathcal{N}^* = \mathbb{R}\mathcal{H}om_{\mathcal{E}_X}\left(\mathcal{N}, \mathcal{E}_X\right) \otimes_{\mathcal{O}_X} \Omega_X^{\otimes -1}$ [codim Ch $\mathcal{N}$], alors

$Ch^2(r_2,r_1)(\mathcal{M},\mathcal{N}) = Ch^2_{T^*_X X\times X}(r_2,r_1)(\mathcal{M}\hat{\otimes}\mathcal{N}^*)$ (déf. 3.1.9) et d'autre part

$\mathbb{R}\mathcal{H}om_{\mathcal{E}_X}\left(\mathcal{M}, \mathcal{N}(r_2,r_1)\right) \approx \mathbb{R}\mathcal{H}om_{\mathcal{E}_{X\times X}}\left(\mathcal{M}\hat{\otimes}\mathcal{N}^*, \mathcal{C}_{X|X\times X}(r_2,r_1)\right)$ donc le corollaire 3.4.10 se ramène immédiatement au corollaire 3.4.8 pour $\mathcal{M}\hat{\otimes}\mathcal{N}^*$ et $\Lambda = T^*_X X\times X$.

BIBLIOGRAPHIE

[1] Björk J.E. :
Rings of differential operators ,
North Holland (1979).

[2] Bony J.M. :
Extension du théorème de Holmgren ,
Séminaire Goulaouic-Schwartz 1975-76, exposé 17.

[3] Bony J.M., Schapira P. :
Propagation des singularités analytiques pour les solutions des équations aux dérivées partielles ,
Ann. Inst. Fourier, Grenoble 26 , 81-140 (1976).

[4] Boutet de Monvel L. :
Opérateurs pseudo-différentiels analytiques ,
Univ. Sci. et Méd. Grenoble (75-76).

[5] Boutet de Monvel L., Kree P. :
Pseudo-differential operators and Gevrey classes ,
Ann. Inst. Fourier 17 , 295-323 (1967).

[6] Hamada Y. :
On the propagation of singularities of the solutions of the Cauchy problem ,
Publ. R.I.M.S. Kyoto 6 (1970), 357-384.

[7] Hamada Y., Leray J., Wagschal C. :
Problème de Cauchy ramifié ,
J. Math. Pures et Appl. 55 , 297-352 (1976).

[8] Kashiwara M. :
Algebraic foundation of the theory of hyperfunctions ,
R.I.M.S. Kyoto (1969) (en japonais).

[9] Kashiwara M. :
On the maximally overdetermined system of linear differential equation I ,
Publ. R.I.M.S., Kyoto, 10 , 563-579 (1975).

[10] Kashiwara M. :

Systems of Microdifferential Equations ,

Progress in Mathematics n° 34 - Birkhäuser (1983).

[11] Kashiwara M., Kawaï T. :

On the holonomic systems of micro-differential equations III. Systems with regular singularities ,

Publ. RIMS, Kyoto Univ. 17 (1981) p 813-979.

[12] Kashiwara M., Kawaï T. :

Deuxième microlocalisation ,

Proc. of Les Houches 1979, Lect. Notes in Physics n° 126 , Springer Verlag.

[13] Kashiwara M., Laurent Y. :

Théorèmes d'annulation et deuxième microlocalisation ,

A paraître.

[14] Kashiwara M., Oshima T. :

Systems of differential equations with regular singularities and their boundary value problems ,

Ann. of Math. 106 (1977) 145-200.

[15] Kashiwara M., Schapira P. :

Problème de Cauchy dans le domaine complexe ,

Inv. Math. 46 , 17-38, (1978).

[16] Kashiwara M., Schapira P. :

Microhyperbolic systems ,

Acta Math. 142 (1979) 1-55.

[16 bis] Kashiwara M., Kawaï T., Sjöstrand J. :

On a class of linear partial differential equations whose formal solutions always converge ,

Ark. Mat. 17 , (1979) 83-91.

[17] Malgrange B. :

L'involutivité des caractéristiques des systèmes différentiels et micro-différentiels ,

Sém. Bourbaki n° 522 (1978).

[17 bis] Malgrange B. :

Frobenius avec singularités ,

Publ. de l'IHES 46 (1976), 163-173.

[18] Monteiro T. :
Thèse de 3ème cycle à l'Université Paris-Nord (1978).

[19] Monteiro T. :
Variété 1-microcaractéristique pour les $\mathcal{E}_X$*-modules cohérents* ,
Note aux C.R.A.S., Paris, 290 (1980), Série A, p 787-790.

[20] Monteiro T. :
Problème de Cauchy microdifférentiel et théorèmes de propagation ,
Note aux C.R.A.S., Paris, 290 (1980), Série A, p 833-836.

[21] Ramis J.P. :
Dévissage Gevrey ,
Astérisque n° 59-60 (1978), p 173-204.

[22] Ramis J.P. :
Théorèmes d'indices Gevrey pour les équations différentielles ordinaires ,
Publication de l'IRMA Strasbourg 118/P-69.

[23] Oshima T. :
Singularities in contact geometry ,
J. Fac. Sci. Univ. of Tokyo, Sec IA, 21 (1974), 43-83.

[24] Sato M., Kawaï T., Kashiwara M. :
Hyperfunctions and pseudo-differential equations ,
Lect. Notes in Math. 287 , Springer, 265-529 (1973).

[25] Wagschal C. :
Sur le problème de Cauchy ramifié ,
J. Math. pures et appl. 53 (1974), p 147-164.

[26] Whitney H. :
Tangents to an analytic variety ,
Ann. of Math. 81 , 496-549 (1964).

[28] Hartshorne R. :
Residues and duality ,
Lect. Notes in Math. n° 20 , Springer, (1966).

[29] Hörmander L. :
An introduction to complex analysis in several variables ,
North Holland (1973).

[30] Hermann R. :
Differential geometry and the calculus of variations ,
Acad. Press (1968).